面向新工科专业建设计算机系列教材

计算机应用基础教程

（微课版）

陈菁 范青刚 张越 刘鑫 ◎编著

清华大学出版社
北京

内容简介

本书根据教育部高等学校计算机科学与技术教学指导委员会非计算机专业计算机基础课程教学指导分委员会颁布的《高等学校非计算机专业计算机基础课程教学基本要求》中大学计算机基础课程教学要求，兼顾2020年版全国计算机等级考试一级考试大纲的要求编写，适用于高等学校非计算机专业大学计算机应用基础课程的教学，也适用于全国计算机等级考试（一级）的学习。内容主要包括：计算机基本领域知识（数据编码、计算机网络等）、常用软件（Windows 7、Word 2016、Excel 2016、PowerPoint 2016）实际操作和全国计算机等级考试一级考试考点分析及模拟试题。全书以二维码的形式将常用软件的操作过程以主题式视频的形式内嵌在相应章节，扫码即学，是纸媒与数媒无缝对接，学、练、考相结合的新形态一体化教材。

图书在版编目（CIP）数据

计算机应用基础教程：微课版/陈菁等编著. —北京：清华大学出版社，2021.12
面向新工科专业建设计算机系列教材
ISBN 978-7-302-59595-3

Ⅰ. ①计… Ⅱ. ①陈… Ⅲ. ①电子计算机—高等职业教育—教材 Ⅳ. ①TP3

中国版本图书馆 CIP 数据核字(2021)第 237498 号

责任编辑：白立军
封面设计：刘　乾
责任校对：焦丽丽
责任印制：丛怀宇

出版发行：清华大学出版社
网　　址：http://www.tup.com.cn，http://www.wqbook.com
地　　址：北京清华大学学研大厦 A 座　　**邮　　编**：100084
社 总 机：010-62770175　　**邮　　购**：010-83470235
投稿与读者服务：010-62776969，c-service@tup.tsinghua.edu.cn
质量反馈：010-62772015，zhiliang@tup.tsinghua.edu.cn
课件下载：http://www.tup.com.cn，010-83470236
印 装 者：三河市铭诚印务有限公司
经　　销：全国新华书店
开　　本：185mm×260mm　　**印　　张**：22　　**字　　数**：509 千字
版　　次：2022 年 1 月第 1 版　　**印　　次**：2022 年 1 月第 1 次印刷
定　　价：69.00 元

产品编号：093555-01

出版说明

一、系列教材背景

人类已经进入智能时代,云计算、大数据、物联网、人工智能、机器人、量子计算等是这个时代最重要的技术热点。为了适应和满足时代发展对人才培养的需要,2017 年 2 月以来,教育部积极推进新工科建设,先后形成了“复旦共识”“天大行动”和“北京指南”,并发布了《教育部高等教育司关于开展新工科研究与实践的通知》《教育部办公厅关于推荐新工科研究与实践项目的通知》,全力探索形成领跑全球工程教育的中国模式、中国经验,助力高等教育强国建设。新工科有两个内涵:一是新的工科专业;二是传统工科专业的新需求。新工科建设将促进一批新专业的发展,这批新专业有的是依托于现有计算机类专业派生、扩展而成的,有的是多个专业有机整合而成的。由计算机类专业派生、扩展形成的新工科专业有计算机科学与技术、软件工程、网络工程、物联网工程、信息管理与信息系统、数据科学与大数据技术等。由计算机类学科交叉融合形成的新工科专业有网络空间安全、人工智能、机器人工程、数字媒体技术、智能科学与技术等。

在新工科建设的“九个一批”中,明确提出“建设一批体现产业和技术最新发展的新课程”“建设一批产业急需的新兴工科专业”。新课程和新专业的持续建设,都需要以适应新工科教育的教材作为支撑。由于各个专业之间的课程相互交叉,但是又不能相互包含,所以在选题方向上,既考虑由计算机类专业派生、扩展形成的新工科专业的选题,又考虑由计算机类专业交叉融合形成的新工科专业的选题,特别是网络空间安全专业、智能科学与技术专业的选题。基于此,清华大学出版社计划出版“面向新工科专业建设计算机系列教材”。

二、教材定位

教材使用对象为“211 工程”高校或同等水平及以上高校计算机类专业及相关专业学生。

三、教材编写原则

(1) 借鉴*Computer Science Curricula* 2013(以下简称CS2013)。CS2013的核心知识领域包括算法与复杂度、体系结构与组织、计算科学、离散结构、图形学与可视化、人机交互、信息保障与安全、信息管理、智能系统、网络与通信、操作系统、基于平台的开发、并行与分布式计算、程序设计语言、软件开发基础、软件工程、系统基础、社会问题与专业实践等内容。

(2) 处理好理论与技能培养的关系,注重理论与实践相结合,加强对学生思维方式的训练和计算思维的培养。计算机专业学生能力的培养特别强调理论学习、计算思维培养和实践训练。本系列教材以"重视理论,加强计算思维培养,突出案例和实践应用"为主要目标。

(3) 为便于教学,在纸质教材的基础上,融合多种形式的教学辅助材料。每本教材可以有主教材、教师用书、习题解答、实验指导等。特别是在数字资源建设方面,可以结合当前出版融合的趋势,做好立体化教材建设,可考虑加上微课、微视频、二维码、MOOC等扩展资源。

四、教材特点

1. 满足新工科专业建设的需要

系列教材涵盖计算机科学与技术、软件工程、物联网工程、数据科学与大数据技术、网络空间安全、人工智能等专业的课程。

2. 案例体现传统工科专业的新需求

编写时,以案例驱动,任务引导,特别是有一些新应用场景的案例。

3. 循序渐进,内容全面

讲解基础知识和实用案例时,由简单到复杂,循序渐进,系统讲解。

4. 资源丰富,立体化建设

除了教学课件外,还可以提供教学大纲、教学计划、微视频等扩展资源,以方便教学。

五、优先出版

1. 精品课程配套教材

主要包括国家级或省级的精品课程和精品资源共享课的配套教材。

2. 传统优秀改版教材

对于已经出版、得到市场认可的优秀教材,由于新技术的发展,计划给图书配上新的教学形式、教学资源的改版教材。

3. 前沿技术与热点教材

反映计算机前沿和当前热点的相关教材，例如云计算、大数据、人工智能、物联网、网络空间安全等方面的教材。

六、联系方式

联系人：白立军
联系电话：010-83470179
联系和投稿邮箱：bailj@tup.tsinghua.edu.cn

面向新工科专业建设计算机系列教材编委会
2019 年 6 月

面向新工科专业建设计算机系列教材编委会

计算机科学与技术专业核心教材体系建设——建议使用时间

课程系列	基础系列	电类系列	程序系列	系统系列	应用系列	选修系列
四年级下						
四年级上			软件工程综合实践	计算机体系结构	计算机图形学	机器学习 物联网导论 大数据分析技术 数字图像技术
三年级下			软件工程 编译原理		人工智能导论 数据库原理与技术 嵌入式系统	
三年级上			算法设计与分析	计算机网络		
二年级下			数据结构	计算机系统综合实践		
二年级上	离散数学(下)	数学逻辑设计 数字逻辑设计验	面向对象程序设计 程序设计实践	操作系统		
一年级下	离散数学(上) 信息安全导论	电子技术基础	计算机程序设计	计逢机原理		
一年级上	大学计算机基础					

FOREWORD

前言

随着计算机技术的迅猛发展，计算机的应用已经渗透到日常生活中的各行各业。计算机已经成为人们日常生活中必不可少的工具，熟练使用计算机是每个现代人必备的技能。在高等院校中，各个专业都需要对学生进行计算机基础教育。“计算机应用基础”已经成为各专业大学生必修的一门公共基础课程。该课程重点在于培养学生的信息能力和信息素养。通过学习本课程，学生不仅可以理解和掌握计算机学科的基本原理、技术和应用，而且可以为学习其他计算机类课程打下良好的基础。

本书由长期从事计算机基础课程教学工作的教师根据实际教学内容，集丰富的教学经验编写而成。内容从教学实际需求出发并结合计算机等级考试要求，合理安排知识结构，兼顾基础知识、基本技能与应用能力的培养，力求妥善处理好理论与应用、深度与广度等关系。注重内容的实用性，努力做到语言简练、由浅入深、循序渐进、图文并茂、通俗易懂。

本书在每章后面配有大量的习题，以培养学生理论与实践相结合的能力。同时为了配合读者参加全国计算机等级考试，在每章都配有“全国计算机等级考试一级考点汇总”，方便读者查阅。

全书共分 6 章，主要内容如下。

第 1 章　介绍计算机基础知识。内容包括计算机的产生与发展、数据在计算机中的表示、计算机系统的硬件组成与工作原理、软件系统概述、多媒体简介、计算机病毒及防治等内容。

第 2 章　介绍 Windows 7 操作系统的基础知识及基本操作。包括操作系统简介、Windows 7 的概述、Windows 7 的使用和基本操作、个性化的系统环境设置、文件与文件夹管理等内容。

第 3 章　介绍 Word 2016 文字处理软件的使用。内容包括初识中文版 Word 2016、文档的基本操作、文档编辑、格式化文档、表格制作、图文混排、页面设置与打印、高级排版操作、高级编辑功能等内容。

第 4 章　介绍 Excel 2016 电子表格软件的使用。内容包括 Excel 2016 应用基础、工作簿的基本操作、工作表的基本操作、公式与函数的应用、图表的操作、数据管理及统计分析等内容。

第 5 章　介绍 PowerPoint 2016 演示文稿制作软件的使用。内容包括

PowerPoint 2016 的概述与基础操作、演示文稿的制作、演示文稿的编辑、演示文稿的修饰与放映等内容。

第 6 章 介绍计算机网络基础与 Internet 的概念及应用。内容包括计算机网络的基础知识、计算机网络的组成、Internet 基础知识、Internet 的应用、计算机网络安全等内容。

全书由陈菁、范青刚主编并负责组织、策划、统稿等工作。第 1 章、第 6 章由陈菁编写,第 2 章由范青刚编写,第 3 章由张越编写,第 4 章由刘鑫编写,第 5 章由张越和刘鑫共同编写。

本书在编写过程中得到了火箭军工程大学电子信息技术教研室的领导和同事的大力支持,在此表示衷心的感谢!

由于编者水平有限,书中难免存在不足或疏漏之处,敬请读者批评指正。

编　者

2021 年 9 月

CONTENTS

目录

第1章

计算机基础知识

随着现代科技的日益更新,计算机及其应用已渗透到社会生活的各个领域,成为人们日常生活与工作的最佳帮手,有力地推动了整个信息化社会的发展。在21世纪,掌握以计算机为核心的信息技术的基础知识和应用能力,是现代大学生必备的基本素质。

本章介绍计算机的基础知识,为进一步学习与使用计算机打下必要的基础。通过本章学习,应掌握以下几点。

- 计算机的发展、类型及其应用领域。
- 计算机中数据的表示、存储与处理。
- 计算机软、硬件系统的组成和主要技术指标。
- 多媒体技术的概念与应用。
- 计算机病毒的概念、特征、分类与防治。

全国计算机等级考试一级考点汇总

考　　点	主要内容
计算机发展简史	计算机发展的四个阶段及特征
计算机的特点	计算机的特点
计算机的应用	计算机的应用
计算机的分类	从几个角度对计算机分类
计算机新技术	计算机新技术概述
数制的概念	二、八、十六进制数的概念
数制转换	不同数制间的转换
西文字符的编码	西文字符的ASCII编码
汉字的编码	汉字的编码的方法
计算机指令	指令定义、组成和执行
程序设计语言	程序设计语言基本概念
“存储程序控制”计算机的概念	冯·诺依曼“存储程序控制”计算机的概念

续表

考　　点	主要内容
微机硬件系统的组成及功能	中央处理器的组成及功能;主存储器、缓冲存储器、辅助存储器的组成及功能;输入输出设备的组成及功能;总线的组成及功能
微型计算机的主要技术指标及配置	微型计算机的主要技术指标及配置
计算机软件系统的组成及功能	计算机软件系统的组成及功能
多媒体基本特征	多媒体基本特征
多媒体硬件系统	多媒体硬件系统的组成
多媒体软件系统	多媒体软件系统的组成
计算机病毒的实质和分类	计算机病毒的实质和分类
计算机病毒的主要特点及感染后的异常现象	计算机病毒的主要特点及感染后的异常现象
计算机病毒的预防与消除	计算机病毒的预防、消除、免疫、检测
计算机使用的安全知识	计算机使用的安全知识

1.1 计算机的产生与发展

人类在文明进步的历史长河中发明了各种省时、省力的工具,以辅助自身处理各种事务。随着时代的进步,需要处理的信息越来越复杂多样,再针对具体事务而发明相应的工具多有不便。因此,能够综合处理各种事务的电子计算机便应运而生。

1.1.1 计算机的诞生

20 世纪 40 年代中期,由于导弹、火箭、原子弹等现代科学技术的发展,出现了大量极其复杂的数学问题,原有的计算工具无法满足要求;而电子学和自动控制技术的迅速发展,也为研制新的计算工具提供了物质技术条件。

1942 年,在宾夕法尼亚大学任教的莫克利提出了用电子管组成计算机的设想。当时正值第二次世界大战,新武器研制中的弹道问题涉及许多复杂的计算,单靠手工计算已远远满足不了要求,急需自动计算的机器。所以莫克利的方案得到了美国陆军弹道研究所高尔斯特丹的关注,于是在美国陆军部的资助下,莫克利从 1943 年开始研制 ENIAC,并于 1946 年完成,如图 1-1 所示。该机器可以在一秒内进行 5000 次加法运算,3ms 便可进行一次乘法运算,与手工计算相比速度大大加快,60s 射程的弹道计算时间由原来的 20min 缩短到 30s。

虽然 ENIAC 存在体积庞大、耗电等缺点,但 ENIAC 的研制成功还是为以后计算机科学的发展奠定了基础。在计算机的发展过程中,每克服它的一个缺点,都为计算机的发展带来很大影响。其中,影响最大的要算"存储程序"原理的采用。将程序存储的设想确立为体系的是美国数学家冯·诺依曼(von Neumann),他在 1945 年提出的这一概念为研制和开发现代计算机奠定了基础。

图 1-1　第一台电子计算机 ENIAC

1.1.2　计算机发展的四个阶段

计算机自问世至今，大体经历了四个阶段，其每个阶段的部件组成及运算速度都显著不同，每个阶段的年代时段、计算机的主要部件组成、内在器件、外存组成及处理速度等特征参见表 1-1。

表 1-1　计算机发展的四个阶段

部　　件	第一阶段（1946—1958）	第二阶段（1959—1964）	第三阶段（1965—1970）	第四阶段（1971 年至今）
主机电子器件	电子管	晶体管	中小规模集成电路	大规模、超大规模集成电路
内存	汞延迟线	磁芯存储器	半导体存储器	半导体存储器
外存储器	穿孔卡片、纸带	磁带	磁带、磁盘	磁盘、磁带、光盘等大容量存储器
处理速度（每秒指令数）	几千条	几万至几十万条	几十万至几百万条	上千万至万亿条

随着集成度更高的特大规模集成电路（Super Large Scale Integrated circuits，SLSI）技术的出现，使计算机朝着微型化和巨型化两个方向发展。尤其是微型计算机，自 1971 年第一片微处理器诞生之后，异军突起，以迅猛的态势渗透到工业、教育、生活等许多领域之中。以 1981 年出现的 IBM/PC 为代表，开始了微型机阶段。它不仅在功能和性能上可以与大、中、小型机相媲美，而且在外观上也优于其他类型的计算机，目前已出现了膝上型、掌上型、口袋式、笔记本式等便于携带的微型机。微型机具有体积小、价格低廉、可靠

性强、使用方便等特点,加之软件功能不断完善,所以迅速地得到了推广和普及,使各个行业的基本业务信息由手工处理逐渐转为计算机处理。微型机的发展和普及极大地拓宽了计算机的应用领域,使人类生活进入全新的信息时代。因此,有人把微型机的发展作为时代发展的里程碑。

我国从1956年开始研制计算机。1958年研制成功第一台电子管计算机——103机。1959年夏研制成功的运行速度为每秒一万次的104机,是我国研制的第一台大型通用数字电子计算机。2005年,联想完成并购IBM/PC,一跃成为全球第三大PC制造商。2008年8月我国自主研发制造的百万亿次超级计算机"曙光5000"获得成功,标志着中国成为继美国之后第二个能制造和应用超百万亿次商用高性能计算机的国家。"曙光5000"系统峰值运算速度达到每秒230万亿次浮点运算,LINPACK运算速度超过每秒160万亿次浮点运算。除了超强的计算能力,它还拥有全自主、超高密度、超高性价比、超低功耗以及超广泛应用等特点。在2010年5月31日公布的高性能计算机世界500强名单中,我国曙光公司研制生产的"星云"高性能计算机实测LINPACK性能达到每秒1.271千万亿次,居世界超级计算机第二位,它表明中国高性能计算机的发展已达到世界领先水平,中国成为具备独立研制高性能巨型计算机能力的国家之一。

1.1.3 计算机的特点、用途和分类

1. 计算机的特点

作为人类智力劳动的工具,计算机具有以下主要特点。

1) 高速、精确的运算能力

由于计算机是由高速电子元件组成的,所以它能够以很快的速度进行运算。计算机运算速度可达到每秒几千万次、几百亿次,甚至几万亿次,使得过去许多无法解决的问题迎刃而解。例如,计算机能在较短的时间内算出24小时内的天气预报,这是以往其他任何计算工具难以实现的。

2) 准确的逻辑判断能力

计算机不仅能够进行算术运算,而且能够进行逻辑运算。有了逻辑判断能力,使得计算机能够进行诸如资料分类、情报检索、逻辑推理和定理证明等具有逻辑加工性质的工作,大大扩展了计算机的应用范围。

3) 强大的存储能力

计算机内部的记忆部件——存储器具有存储大量数据、信息的能力,且能够准确无误地长期保存和快速读取,从而保证了计算机能够自动高速地运行。计算机所具有的这种存储信息的"记忆"能力,使其成为信息处理的有力工具。

4) 自动运算功能

自动连续地高速运行是计算机和其他信息处理工具的本质区别。由于计算机采用的是"存储程序和程序控制"的工作方式,因此它不仅能存储数据,还能存储程序,其内部操作运算是根据人们事先编制的程序在控制器的控制下自动执行的,一般不需要人工干预。

5）网络与通信功能

随着计算机网络的飞速发展，整个国家乃至全球的任何人、任何信息均可联系在整个网络之中，使人们在学习、生活、工作过程中可随时获取所需要的信息。

6）通用性强

由于计算机均采用“存储程序和程序控制”的工作原理，所以它具有通用性。只要在计算机中存入不同的程序，它就能执行并完成不同的任务。程序可以由用户编写，也可以由厂家提供，计算机目前已经应用到教育、金融等领域，而新的应用领域还在不断产生和扩大。

2. 计算机的用途

计算机问世之初，主要用于数值计算，“计算机”也因此得名。如今的计算机几乎和所有学科相结合，应用领域越来越广。尤其是在现代，伴随着现代通信技术的发展，计算机在经济社会各方面起着越来越重要的作用。

1）科学计算

科学计算主要是使用计算机进行数学方法的实现和应用。计算机最初是为科学计算而诞生的。今天计算机计算能力的增加，推进了许多科学研究的进展。例如，著名的人类基因序列分析计划，人造卫星的轨道测算等。这些成果在没有使用计算机之前是根本不可能实现的。

2）数据处理

数据处理的另一个说法叫“信息处理”。随着计算机科学技术的发展，计算机的“数据”不仅包括“数”，而且包括更多的其他数据形式，例如，文字、图像、声音信息等。数据处理就是对这些数据进行输入、分类、存储、合并、整理、统计、报表以及检索查询等。数据处理是目前计算机应用最多的一个领域。

3）实时控制

实时控制系统是指能够及时收集、检测数据，进行快速处理并自动控制被处理对象的操作的计算机系统。其核心是计算机控制整个处理过程，包括从数据输入到输出的整个过程。现代工业生产的过程控制基本上都以计算机控制为主。计算机实时控制不但是一个控制手段的改变，更重要的是它的适应性大大提高，可以通过参数设定、改变处理流程实现不同过程的控制，有助于提高生产质量和生产效率。

4）计算机辅助工程

计算机辅助工程是计算机应用的一个非常广泛的领域。几乎所有过去由人进行的具有设计性质的过程现在都可以由计算机辅助实现部分或全部工作。目前由计算机参与辅助的工程主要有：计算机辅助设计（Computer Aided Design，CAD）、计算机辅助制造（Computer Aided Manufacturing，CAM）、计算机辅助教学（Computer Aided Instruction，CAI），计算机辅助技术（Computer Aided Technology/Test Translation/Typesetting，CAT）、计算机仿真模拟（Simulation）等。

5）网络与通信

将一个建筑物内的计算机和世界各地的计算机通过电话交换网等方式连接起来，就可以构成一个巨大的计算机网络系统，做到资源共享，相互交流。计算机网络的应用所涉及的主要技术是网络互联技术、路由技术、数据通信技术，以及信息浏览技术和网络安全技术等。

计算机通信几乎就是现代通信的代名词。例如，目前发展势头已经超过传统固定电话的移动通信就是基于计算机技术的通信方式。

6）人工智能

计算机可以模拟人类的某些智力活动。利用计算机可以进行图像和物体的识别，模拟人类的学习过程和探索过程。例如，机器翻译、智能机器人等，都是利用计算机模拟人类的智力活动。人工智能是计算机科学发展以来一直处于前沿的研究领域，其主要研究内容包括自然语言理解、专家系统、机器人以及定理自动证明等。

7）数字娱乐

运用计算机网络进行娱乐活动，对许多计算机用户是习以为常的事情。网络上有丰富的电影、电视资源，有通过网络和计算机进行的游戏，甚至还有国际性的网络游戏组织和赛事。数字娱乐的另一个重要发展方向是计算机和电视的组合——数字电视，数字电视走入家庭，使传统电视的单向播放进入交互模式。

3. 计算机的类型

计算机发展到今天，已是琳琅满目，种类繁多，分类方法也各不相同。有一种较为常用的分类方式，就是按计算机的综合性能指标（运算速度、存储容量、输入输出能力、规模大小、软件配置）将计算机分为巨型机、大型机、小型机、微型机、工作站和服务器六大类。

（1）巨型机（super computer）也称超级计算机，是指其运算速度每秒超过数百万亿次的超大型的计算机。它采用大规模并行处理体系结构使其运算速度快、存储容量大、运算处理能力极强。巨型机主要应用于复杂的科学计算和军事、科研、气象、石油勘探等专门的领域。我国自行研制成功的"银河-Ⅲ"百亿次计算机和"曙光"千亿次计算机都是巨型机。

（2）大型机（main frame）有极强的综合处理能力，它的运算速度和存储容量仅次于巨型机，但也具有较高的运算速度，每秒可以执行数亿条指令。并具有较大的存储容量以及较好的通用性，但价格比较昂贵。大型机主要用于计算中心和计算机网络中，通常被用作银行、铁路等大型应用系统中的计算机网络的主机服务器。

（3）小型机（minicomputer）的运算速度和存储容量略低于大型计算机，规模较小、结构简单、操作简便、维护容易、成本较低。由于小型计算机与终端和各种外部设备连接比较容易，适合作为联机系统的主机，所以它主要用于科学计算、数据处理，还用于生产过程的自动控制以及数据采集、分析计算等。

（4）微型机（microcomputer）分台式机和便携机两大类。微型机以其体积小、灵活性好、价格便宜、使用方便、可靠性强等优势很快遍及社会各领域，真正成为人们处理信息的重要工具。微型机使用由大规模集成电路芯片制作的微处理器、存储器和接口，并配置相应的软件，从而构成完整的微型计算机系统。目前最普及的微型机是所谓的 PC（Personal Computer）。

(5) 工作站(workstation)是配有大容量主存、具有高速运算能力和很强的图形处理功能以及较强的网络通信能力的一种高档微型计算机,由高性能的微型计算机系统、输入输出设备以及专用软件组成。

(6) 服务器(server)是一种在网络环境下为多个用户提供服务的共享设备,可分为文件服务器、通信服务器、打印服务器等。例如,各个网站、网络中心的网络服务器等。

1.1.4 计算机的新技术

计算机的技术在日新月异地发展。从现在的技术角度来说,在21世纪初得到快速发展并具有重要影响的新技术有嵌入式技术、网格计算、云计算物联网和中间件技术等。

1. 嵌入式技术

嵌入式技术是将计算机作为一个信息处理部件,嵌入到应用系统中的一种技术。也就是说,它将软件固化集成到硬件系统中,将硬件系统与软件系统一体化。嵌入式技术具有软件代码小、高度自动化和响应速度快等特点。进入21世纪后,其应用越来越广泛。例如,电冰箱、自动洗衣机、数字电视机、数码相机等各种家用电器广泛应用这项技术。

嵌入式系统主要由嵌入式处理器、外围硬件设备、嵌入式操作系统以及特定的应用程序四部分组成,是集软件、硬件于一体的可独立工作的“器件”,用于实现对其他设备的控制、监视或管理等功能。嵌入式系统对功能、可靠性、成本、体积、功耗等有严格要求,以提高执行速度;同时,嵌入式系统要求具有实时性。

2. 网格计算

随着科学的进步,世界上每时每刻都在产生着海量的信息。例如,一台高能粒子对撞机每年所获取的数据,用100万台PC的硬盘都装不下,而分析这些数据,则需要更大的计算能力。面对这样海量数据的计算量,高性能计算机也是束手无策的。于是,人们把目光投向了当今世界大约数亿台在大部分时间里处于闲置状态的PC。假如发明一种技术,自动搜索到这些PC,并将它们并连接起来,它们所形成的计算能力,肯定会超过许多高性能计算机。网格计算的思想由此应运而生,而它所带来的革命,将改变整个计算机世界的格局。

网格计算是专门针对复杂科学计算的新型计算模式。这种计算模式是利用互联网把分散在不同地理位置的计算机组织成一个“虚拟的超级计算机”,其中每台参与计算的计算机就是一个节点,而整个计算是由成千上万个节点组成的“一张网格”,所以这种计算方式称为网格计算。这样组织起来的“虚拟的超级计算机”有两个优势:一是数据处理能力超强;二是能充分利用网上的闲置处理能力。

网格计算技术的特点如下。

(1) 能够提供资源共享,实现应用程序的互联互通。网格与计算机网络不同,计算机网络实现的是一种硬件的连通,而网格能实现应用层面的连通。

(2) 协同工作。很多网格节点可以共同处理一个项目。

(3) 基于国际的开放技术标准。

(4) 网格可以提供动态的服务,能够适应变化。

网格计算技术是一场计算革命,它将全世界的计算机联合起来协同工作,它被人们视为21世纪的新型网络基础架构。

3. 云计算

云计算是网格计算、分布式计算、并行计算、效用计算、网络存储、虚拟化、负载均衡等计算机技术和网络技术发展融合的产物。它旨在通过网络把多个成本相对较低的计算实体整合成一个具有强大计算能力的完美系统,并借助SaaS(软件即服务)、PaaS(平台即服务)、IaaS(基础设施即服务)、MSP(管理服务供应商)等先进的商业模式把这些强大的计算能力分布到终端用户手中。云计算的一个核心理念就是通过不断提高"云"的处理能力,进而减少用户终端的处理负担,最终使用户终端简化成一个单纯的输入输出设备,并能按需享受"云"的强大计算处理能力。云计算的结构如图1-2所示。

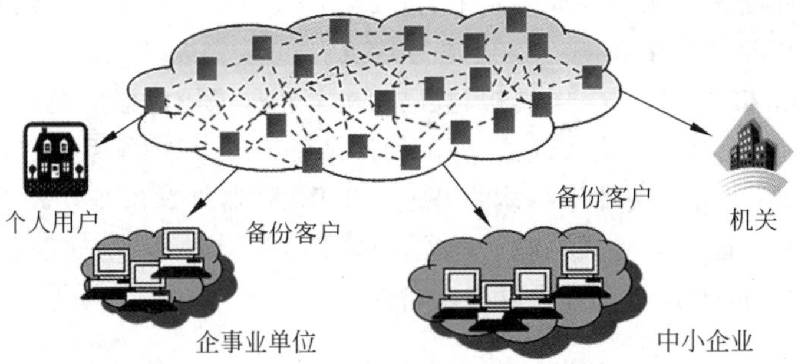

图1-2 云计算的结构

云计算在广泛应用的同时,还有另外一种云存储作为其辅助,如百度网盘、360云盘、腾讯微云等。云存储是指通过集群应用、网格技术或分布式文件系统等功能,将网络中各种不同类型的存储设备通过应用软件集合起来协同工作,共同对外提供数据存储和业务访问功能的一个系统,它可以保证数据的安全性,并节约存储空间。

最简单的云计算技术在网络服务中已经随处可见。例如,搜索引擎、网络信箱等,使用者只要输入简单指令即能得到大量信息。未来如手机、全球定位系统等移动装置都可以通过云计算技术发展出更多的应用和服务功能。

云计算时代,可以抛弃U盘等移动设备,只需要进入金山文档页面,新建文档,编辑内容,然后可直接将文档的URL分享给你的朋友或者同学,他们可以直接打开浏览器访问URL。再也不用担心因PC硬盘的损坏而发生资料丢失事件。

云计算具有超大规模、虚拟化、高可靠性、通用性、高可扩展性、按需服务、极其廉价等特点。其基本原理是使计算分布在大量的分布式计算机上(而非本地计算机或远程服务器中),使企业数据中心的运行与互联网相似,因而企业能够将资源切换到需要的应用上,根据需求访问计算机和存储系统。

目前,云计算已经来到了我们的身边,即将进入我们的学习、生活和工作中。谷歌、微软、百度等公司已经为用户提供了基于个人云计算平台的在线办公软件,能够进行在线文档管理、在线字处理、在线电子表格、在线演示文稿、在线相册等功能。

4. 物联网

由物联网(Internet of Things,IoT)名称可见,物联网就是“物物相连的互联网”。物联网的标准定义是:通过射频识别(Radio Frequency Identification,RFID,俗称电子标签)、红外感应器、全球定位系统、激光扫描器等信息传感设备,按约定的协议,把任何物体与互联网连接起来,进行信息交换和通信,以实现智能化识别、定位、跟踪、监控和管理的一种网络。

这里有两层意思:第一,物联网的核心和基础仍然是互联网,是在互联网的基础上延伸和扩展的网络;第二,其用户端延伸和扩展到了物品与物品之间,进行信息交换和通信。

物联网可以用于数字制造、数字城市、数字农业、公共安全、城市管理、智能交通、安全生产、环境监测、远程医疗、智能家居、智慧边疆等领域,进一步实现了人与物、物与物的融合,使人类对客观世界具有更透彻的感知能力、更全面的认知能力、更为智慧的处理能力。

2005 年 11 月 17 日,在突尼斯举行的“信息社会世界峰会”上,国际电信联盟(ITU)发布了《ITU 互联网报告 2005:物联网》,正式提出了“物联网”的概念。

5. 中间件技术

顾名思义,中间件是介于应用软件和操作系统之间的系统软件。在中间件诞生之前,企业多采用传统的客户机/服务器模式,通常是一台计算机作为客户机,运行应用程序,另外一台计算机作为服务器。这种模式的缺点是系统拓展性差。到了 20 世纪 90 年代初,出现了一种新的思想:在客户端和服务器之间增加了一组服务,这种服务(应用服务器)就是中间件,加入中间件技术的 C/S 结构图如图 1-3 所示。这些组件是通用的,基于某种统一的标准,所以它们可以被重用,其他应用程序可以使用它们提供的应用程序接口调用组件,完成所需的操作。例如,连接数据库所使用的开放数据库互连(Open Database Connectivity,ODBC)就是一种标准的数据库中间件,它是 Windows 操作系统自带的服务。可以通过 ODBC 连接各种类型的数据库。

图 1-3　中间件技术

随着 Internet 的发展,一种基于 Web 数据库的中间件技术开始得到广泛应用,其结构如图 1-4 所示。在这种模式中,浏览器若要访问数据库,则请求将被发给 Web 服务器,再被转移给中间件,最后送到数据库系统,得到结果后通过中间件、Web 服务器返回浏览器。在这里,中间件是通用网关接口(Common Gateway Interface,CGI)、ASP(Active Server Page)或 JSP(Java Server Page)等。

目前,中间件技术已经发展成为企业应用的主流技术,并形成许多种不同的类别,如交易中间件、消息中间件、专有系统中间件、面向对象中间件、数据存取中间件、远程调用中间件等。

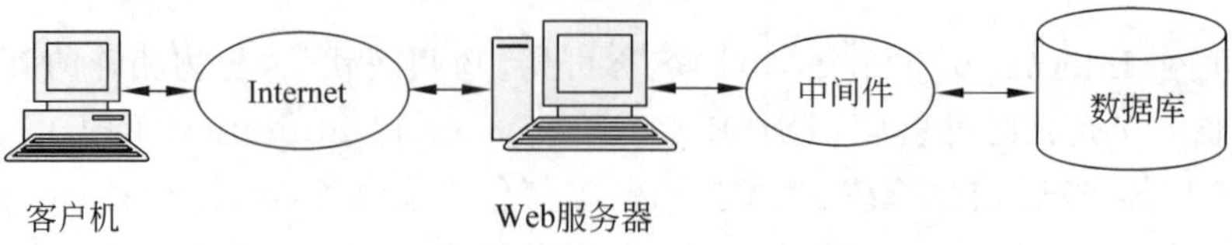

图 1-4 一种基于 Web 数据库的中间件

1.1.5 未来计算机的发展趋势

1. 电子计算机的发展方向

电子计算机技术正在向巨型化、微型化、网络化和智能化的方向发展。

1) 巨型化

巨型化指计算机的运算速度更快、存储容量更大、功能更强。巨型机的应用范围日趋广泛,在航空航天、军事工业、气象、电子、人工智能等领域都发挥着巨大作用。

2) 微型化

微型化指计算机的体积更小、功能更强、可靠性更高、更便携、价格更便宜、适应范围更广。

3) 网络化

网络化指利用现代通信技术和计算机技术,将分布在不同地点的计算机连接起来,按照网络协议互相通信,共享软件、硬件和数据资源。

4) 智能化

智能化指计算机模拟人的感觉、行为和思维过程,使计算机能接受自然语言的命令,具有视觉、听觉、语言、推理、思维、学习等能力,使计算机能越来越多地代替人的思维活动和脑力活动。

2. 未来新一代的计算机

随着计算机应用的广泛和深入,又向计算机技术本身提出了更高的要求。要想提高计算机的工作速度和存储量,关键是实现更高的集成度。传统计算机的芯片是用半导体材料制成的,这在当时是最佳的选择。但随着集成度的提高,它的弱点也日益显现出来。专家们认识到,尽管随着工艺的改进,集成电路的规模越来越大,但在单位面积上容纳的元件数是有限的,在 $1mm^2$ 的硅片上最多不能超过 25 万个,并且它的散热、防漏电等因素制约着集成电路的规模,现在的半导体芯片发展即将达到理论上的极限。因此,有人预测现行的计算机系统将遇到无法逾越的障碍。为此,世界各国研究人员正在加紧研究开发新一代计算机,从体系结构的变革到器件与技术革命都要产生一次量的乃至质的飞跃。

未来新一代的计算机可分为模糊、生物、光子、超导和量子等 5 种类型。

1）模糊计算机

1956年，英国人查德创立了模糊信息理论。依照模糊信息理论，判断问题不是以是、非两种绝对的值或0、1两种数码来表示，而是取许多值，如接近、几乎、差不多及差得远等模糊值来表示。用这种模糊的、不确切的判断进行工程处理的计算机就是模糊计算机。模糊计算机是建立在模糊数学基础上的计算机。模糊计算机除具有一般计算机的功能外，还具有学习、思考、判断和对话的能力，可以立即辨识外界物体的形状和特征，甚至可帮助人从事复杂的脑力劳动。1990年，日本松下公司把模糊计算机装在洗衣机里，能根据衣服的肮脏程度、衣服的质料调节洗衣程序。模糊计算机还能用于地震灾情判断、疾病医疗诊断、发酵工程控制、海空导航巡视等多个方面。

2）生物计算机

微电子技术和生物工程这两项高科技的互相渗透，为研制生物计算机提供了可能。20世纪70年代以来，人们发现脱氧核糖核酸（DNA）处在不同的状态下，可产生有信息和无信息的变化。联想到逻辑电路中的0与1、晶体管的导通或截止、电压的高或低、脉冲信号的有或无等，激发了科学家们研制生物元件的灵感。1995年，来自世界各国的200多位有关专家共同探讨了DNA计算机的可行性，认为生物计算机是由生物电子元件构建的计算机，而不是模仿生物大脑和神经系统中信息传递、处理等相关原理来设计的计算机。其生物电子元件是利用蛋白质具有的开关特性，用蛋白质分子制成集成电路，形成蛋白质芯片、红血素芯片等。利用DNA化学反应，通过和酶的相互作用可以使某基因代码通过生物化学的反应转变为另一种基因代码，转变前的基因代码可以作为输入数据，转变后的基因代码可以作为运算结果。利用这一过程可以制成新型的生物计算机。科学家认为生物计算机的发展可能要经历一个较长的过程。

3）光子计算机

光子计算机是一种用光信号进行数字运算、信息存储和处理的新型计算机，运用集成光路技术，把光开关、光存储器等集成在一块芯片上，再用光导纤维连接成计算机。1990年1月底，贝尔实验室研制成第一台光子计算机，尽管它的装置很粗糙，由激光器、透镜、棱镜等组成，只能用来计算。但是，它毕竟是光子计算机领域中的一大突破。正像电子计算机的发展依赖于电子器件，尤其是集成电路一样，光子计算机的发展也主要取决于光逻辑元件和光存储元件，即集成光路的突破。近十年来CD-ROM光盘、VCD光盘和DVD光盘的接踵出现，是光存储研究的巨大进展。网络技术中的光纤传输和光转换器技术已相当成熟。光子计算机的关键技术，即光存储技术、光互连技术、光集成器件等方面的研究都已取得突破性的进展，为光子计算机的研制、开发和应用奠定了基础。现在，全世界除了贝尔实验室外，日本和德国的很多公司都投入巨资研制光子计算机，预计未来将出现更加先进的光子计算机。

4）超导计算机

低温下电阻变为零的现象称为超导现象。电流在超导线圈中可以无损耗地流动。在计算机诞生之后，超导技术的发展使科学家们想到用超导材料替代半导体制造计算机。在20世纪80年代中期以前，超导材料的超导临界温度仅在液氦温区，实施超导计算机的计划费用昂贵。然而，在1986年左右出现重大转机，高温超导体的发现使人们可以在液氦温区获得新型超导材料，于是超导计算机的研究又获得了各方面的广泛重视。超导计算机具有超导逻辑电路和超导存储器，运算速度是传统计算机无法比拟的。所以，世界各国科学家都在研究超导计算机，但还有许多技术难关有待突破。

5）量子计算机

量子计算机则是遵循着独一无二的量子动力学规律，是一种信息处理的新模式。在量子计算机中，用“量子位”来代替传统电子计算机的二进制位。二进制位只能用 0 和 1 两个状态表示信息，而量子位则用粒子的量子力学状态表示信息，两个状态可以在一个“量子位”中并存。量子位既可以用二进制位类似的 0 和 1 表示，也可以用这两个状态的组合表示信息。正因如此，量子计算机被认为可以进行传统电子计算机无法完成的复杂计算，其运算速度将是传统电子计算机无法比拟的。

1.1.6 信息与信息技术

纵观人类社会发展史和科学技术史，信息技术在众多的科学技术群体中越来越显示出强大的生命力。随着科学技术的飞速发展，各种高新技术层出不穷、日新月异，但是最主要的、发展最快的仍然是信息技术。

1. 数据与信息

人类对世界的认识和改造过程就是获取、加工和发送信息的过程。在中国古代，人们通过狼烟来传递边关的敌情；在近代战争中，人们曾用发射到天空中的不同信号弹表示不同的作战信息；今天，人们通过电视、电话、报刊或互联网，获取、加工、传递和利用着大量的信息，如通过天气预报获取气象信息。

虽然信息长久以来就广泛存在，但却没有一个确切的定义。一般来说，信息既是对各种事物的变化和特征的反映，又是事物之间相互作用和联系的表征。信息是指与客观事物相联系，反映客观事物的运动状态，通过一定的物质载体（如文字、声音、图像等）来表示，是能够被发射、传递和接收的符号或消息。

信息是用数据作为载体来描述和表示的客观现象；信息可以用数值、文字、声音、图像等多种形式表示；信息是对数据加工提炼的结果，是对人类有用的知识；信息是具有含义的符号或消息，而数据是计算机内信息的载体。显而易见，若想得到信息，必须要将客观世界中的现象和问题通过数据这种媒体记载下来。通常把对各种数据经过加工转换而得到信息的过程称为信息处理（或称数据处理）。

但是，信息和数据还是有区别的。对这里所说的数据我们也可以大致归纳出其含义与特征：数据应该是原始的、广义的、可鉴别的抽象符号；数据可以用来描述事物的属性、状态、程度、方式等；数据符号单独表示时没有任何含义，只有把它们放入特定的场合进行解释和加工，才能使其具有意义并升华为信息。

2. 信息技术

信息技术（Information Technology，IT）是用于管理和处理信息所采用的各种技术的总称，主要是应用计算机科学和通信技术来设计、开发、安装和实施信息系统及应用软件。

包括信息的收集、识别、提取、变换、存储、传递、处理、检索、检测、分析和利用等方面的技术。具体而言，信息技术主要包括以下几方面技术。

(1) 信息获取技术。信息获取是应用信息的第一个环节，包括信息识别、信息提取、信息检测等技术，采用的主要技术包括传感技术，以及由传感技术、测量技术与通信技术相结合而产生的遥感技术和遥测技术。

(2) 信息处理技术。它包括对信息的识别、转换、编码、压缩、加密、存储等方面的技术，在对信息进行处理的基础上，还可形成一些新的更深层次的决策信息，即再生信息。信息的处理与再生离不开计算机。

(3) 信息传递技术。它包括各种通信技术，如光纤通信、卫星通信等，广播技术也属于这个范畴，其主要功能是实现信息在异地间的快速传递，以便为更多的用户应用。

(4) 信息使用技术。它包括信息控制技术与信息显示技术等。信息控制技术是通过信息传递和信息反馈对目标系统进行控制的技术，如人造卫星、无人飞机以及远程导弹等。

(5) 信息存储技术。纸张是以前主要的信息存储介质，现代的信息则主要存储在光盘、磁盘、磁带等介质上，不仅存储容量大，而且便于传播、检索、修改。与此相关的技术则构成了现代信息存储技术。

1.2 数据在计算机中的表示

在计算机中能直接表示和使用的有数值数据和字符数据两大类。数值数据通常都带有表示数值正负的符号位，日常所使用的十进制数要转换成等值的二进制数才能在计算机中存储和操作。字符数据包括英文字母、汉字、数字、运算符号以及其他专用符号，它们在计算机中也要转换成二进制编码的形式。

对于图形、图像、声音、视频等多媒体信息来说，需要分别通过不同的方式转换成一连串的二进制代码才能在计算机中存储和处理。

1.2.1 计算机采用二进制编码

在冯・诺依曼型计算机中，所有的信息（包括数据和指令）都采用二进制编码，所以本节首先讨论二进制数制的基本特征。

在二进制系统中只有两个数：0 和 1。不论是指令还是数据，在计算机中都采用了二进制编码形式。即便是图形、声音等这样的较为复杂的信息，也必须转换成二进制数编码形式，才能存入计算机中。信息采用什么表示形式，直接影响计算机的结构与性能。采用基 2 码表示信息，有如下几个优点。

(1) 易于物理实现。因为具有两种稳定状态的物理器件是很多的，如门电路的导通与截止、电压的高与低等，而它们恰好对应表示 1 和 0 两个符号。假如采用十进制，要制造具有十种稳定状态的物理电路，那是非常困难的。

(2) 二进制数运算简单。数学推导证明，对 R 进制数进行算术求和或求积运算，其运算规则有 $R(R+1)/2$ 种。如采用十进制，就有 55 种求和或求积的运算规则，而二进制仅各有 3 种。所以采用二进制简化了运算器等物理器件的设计。

(3) 机器可靠性高。由于电压的高低、电流的有无等都是“质”的变化,两种状态分明。所以基 2 码的传递抗干扰能力强,鉴别信息的可靠性高。

(4) 通用性强。基 2 码不仅成功地运用于数值信息编码(二进制),而且适用于各种非数值信息的数字化编码。特别是仅有的两个符号 0 和 1 正好与逻辑命题的两个值“真”与“假”相对应,从而为计算机实现逻辑运算和逻辑判断提供了方便。

虽然计算机内部均用二进制数来表示各种信息,但计算机与外部交往仍采用人们熟悉和便于阅读的形式,如十进制数据、文字显示以及图形描述等。其间的转换,则由计算机系统的硬件和软件来实现。如图 1-5 表示了各类数据在计算机中的转换过程。

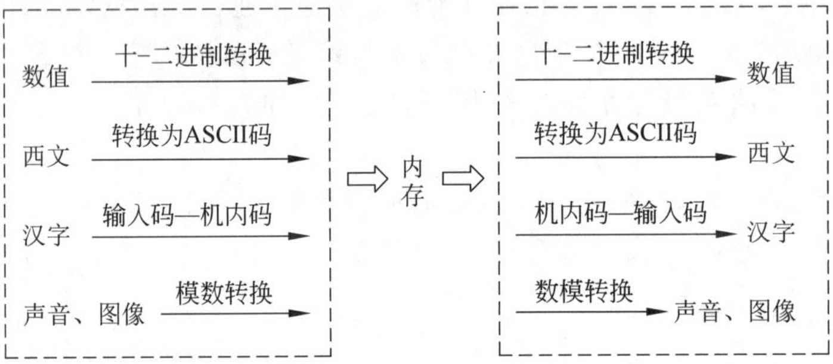

图 1-5 各类数据在计算机中的转换过程

1.2.2 进位记数制

日常生活中,人们使用的数据一般是十进制表示,而计算机中所有的数据都是使用二进制。但为了书写方便,也采用八进制或十六进制形式表示。下面介绍数制的基本概念。为了简化分析,均以整数为例。

如果数制只采用 R 个基本符号(例如,0,1,2,…,$R-1$)表示数值,则称为 R 数制(Radix-Number System),R 称为该数制的基数(Radix),而数制中固定的基本符号,称为“数码”。处于不同位置的数码代表的值不同,与它所在位置的“权”值有关。表 1-2 给出了计算机中常用的几种进位记数制。

表 1-2 计算机中常用的几种进位记数制的表示

进位制	基数	基本符号	权	形式表示
二进制	2	0,1	2^1	B
八进制	8	0,1,2,3,4,5,6,7	8^1	O
十进制	10	0,1,2,3,4,5,6,7,8,9	10^1	D
十六进制	16	0,1,2,3,4,5,6,7,8,9,A,B,C,D,E,F	16^1	H

十六进制的数字符号除了十进制中的 10 个数字符号以外,还使用了 6 个英文字母:A,B,C,D,E,F。它们分别等于十进制的 10,11,12,13,14,15。

采用某种数制来表示某数，通常在数的右下角注明数的进制。十六进制、十进制、八进制、二进制数的角标分别用 H、D、O、B 表示。

例如，十六进制的 1057 和八进制的 1057 分别表示为$(1057)_H$和$(1057)_O$。二进制的 10110 表示为$(10110)_B$。

在数制中有一个规则，就是 N 进制一定采用“逢 N 进一”的进位规则。如十进制就是“逢十进一”，二进制就是“逢二进一”。

1.2.3　*R* 进制转换为十进制

在我们熟悉的十进制系统中，9658 还可以表示成如下的多项式形式：

$$(9658)_D=9\times10^3+6\times10^2+5\times10^1+8\times10^0$$

上式中的 10^3，10^2，10^1，10^0 分别是各位数码的权，可以看出，个位、十位、百位和千位上的数字只有乘上它们的权值，才能真正表示它们的实际数值。

基数为 R 的数字，要将 R 进制数按权展开求和，这就实现了 R 进制对十进制的转换。例如：

$$(234)_H=(2\times16^2+3\times16^1+4\times16^0)_D=(512+48+4)_D=(564)_D$$

$$(234)_o=(2\times8^2+3\times8^1+4\times8^0)_D=(128+24+4)_D=(156)_D$$

$$(10110)_B=(1\times2^4+0\times2^3+1\times2^2+1\times2^1+0\times2^0)_D=(16+4+2)_D=(22)_D$$

1.2.4　十进制转换为 *R* 进制

将十进制数转换为 R 进制数时，可将此数分成整数与小数两部分分别转换，然后再拼接起来即可。

将一个十进制整数转换成 R 进制数采用“除 R 取余”法，即将十进制整数部分连续地除以 R 取余数，直到商为 0 为止，将余数从下到上排列，即取得 R 进制数的整数部分。

小数部分转换成 R 进制数采用“乘 R 取整”法，即将十进制小数部分不断乘以 R，在积中取整数，用剩余小数部分再乘以 R，不断重复上述过程，直到小数部分为 0 或达到要求的精度为止（小数部分可能永远不会得到 0）；所得的整数从上到下排列，取有效精度，即取得 R 进制数的小数部分。

例：将十进制数 225.3125 转换成二进制数。

整数部分转换　　　　　　　　小数部分取整

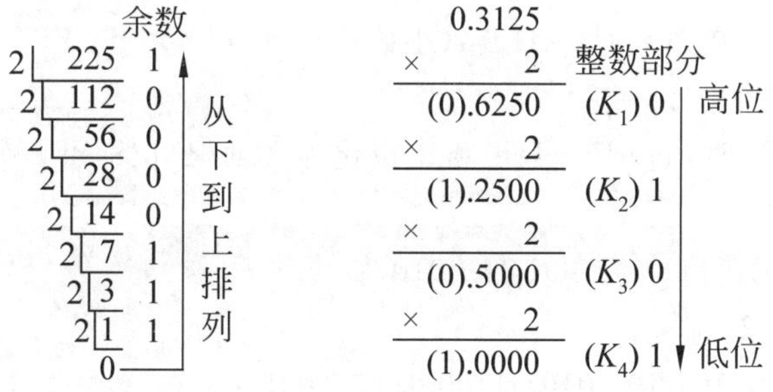

转换结果为$(225.3125)_D=(11100001.0101)_B$。

例如：将十进制数 225.15 转换成八进制数。

转换结果为$(225.15)_D \approx (341.11463)_O$(转换过程请读者自己验证)。

1.2.5 不同数制之间的转换

二进制数非常适合计算机内部数据的表示和运算，但书写起来位数比较长。而八进制数和十六进制数比等值的二进制数的长度短得多，而且它们之间转换也非常方便。因此，在书写程序和数据用到二进制数的地方，往往采用八进制数或十六进制数的形式。

由于二进制、八进制和十六进制之间存在特殊关系：$8^1=2^3$，$16^1=2^4$，即 1 位八进制数相当于 3 位二进制数，1 位十六进制数相当于 4 位二进制数，因此转换方法就比较容易，其对应关系见表 1-3。

表 1-3　二进制数与八进制数、十六进制数之间的对应关系

二进制数	对应八进制数	二进制数	对应十六进制数	二进制数	对应十六进制数
000	0	0000	0	1000	8
001	1	0001	1	1001	9
010	2	0010	2	1010	A
011	3	0011	3	1011	B
100	4	0100	4	1100	C
101	5	0101	5	1101	D
110	6	0110	6	1110	E
111	7	0111	7	1111	F

根据这种对应关系，二进制数转换成八进制数时，以小数点为中心向左右两边分组，每 3 位为一组，两头不足 3 位补 0 即可。同样二进制数转换成十六进制数只要 4 位为一组进行分组。

例如：将二进制数$(10101011.110101)_B$转换成八进制数。

$$(\underline{010}\ \underline{101}\ \underline{011}.\underline{110}\ \underline{101})_B=(253.65)_O\text{(整数高位补 0)}$$

2　5　3　6　5

再如：将二进制数$(10101011.110101)_B$转换成十六进制数。

$$(\underline{1010}\ \underline{1011}.\underline{1101}\ \underline{0100})_B=(AB.D4)_H\text{(小数低位补 0)}$$

A　B　D　4

同样，将八(或十六)进制数转换成二进制数，只要将 1 位化为 3(或 4)位即可。

例如：

$$(2731.62)_O=(010\ 111\ 011\ 001.110\ 010)_B$$

2　7　3　1　6　2

$$(2D5C.74)_H=(0010\ 1101\ 0101\ 1100.0111\ 0100)_B$$

2　D　5　C　7　4

注意：整数前的高位 0 和小数后的低位 0 可取消。

1.2.6　计算机中的信息单位

由于在计算机内部，各种信息都是以二进制编码形式存储，因此这里有必要介绍一下信息存储的单位。信息的单位常采用“位”“字节”“字”几种量纲。

1）位（bit）

位是度量数据的最小单位，在数字电路和计算机技术中采用二进制，代码只有 0 和 1，其中无论 0 还是 1 在 CPU 中都是 1 位。

2）字节（Byte，B）

1 字节由八位二进制数字组成（1B＝8bit）。字节是信息组织和存储的基本单位，也是计算机体系结构的基本单位。

为了便于衡量存储器的大小，统一以字节为单位。常用的是：

KB：1KB＝1024B；　　MB：1MB＝1024KB

GB：1GB＝1024MB；　TB：1TB＝1024GB

3）字（word）

字是位的组合，并作为一个独立的信息单位处理。字又称为计算机字，它的含义取决于机器的类型、字长以及使用者的要求。常用的固定字长有 8 位、16 位、32 位、64 位等。

1.2.7　计算机中数值的表示

数值信息在计算机内的表示方法就是采用二进制数表示。

1. 计算机中正负数的表示

数有正负之分，在计算机中表示正负数是通过符号位进行的。符号位放在数的最高位，一般该位为 0 表示正数，为 1 表示负数。如图 1-6 分别给出一个正数和一个负数的存储格式（本例及下面的例子都用一字节存储一个整数）。

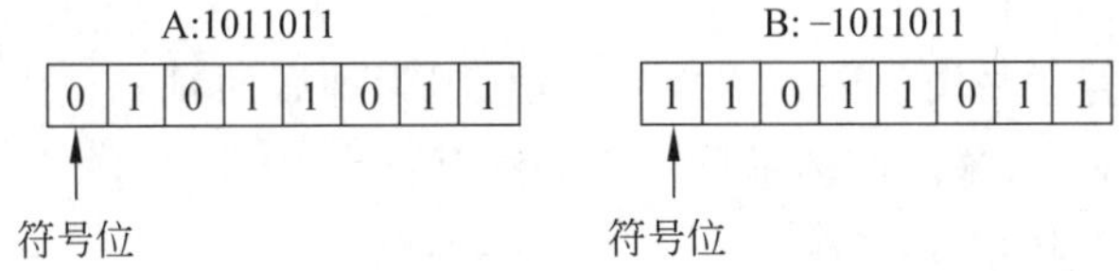

图 1-6　1011011 与－1011011 的存储格式

数值信息在计算机内采用符号数字化处理后，计算机便可以识别和处理数符了。为了改进符号数的运算方法和简化运算器的硬件结构，人们研究了多种符号数的二进制编码方法。

下面介绍几种常用的编码——原码、反码和补码。

1）原码

将符号位数字化为 0 或 1，数的绝对值与符号一起编码，即所谓的“符号—绝对值”表示，称为“原码”。下面给出原码表示的一个例子。如果用一字节存放一个整数，原码的表示方法如下：

$$X=+101011 \quad [X]_{原}=00101011$$

$$X=-101011 \quad [X]_{原}=10101011$$

把一个数在计算机内的表示形式称为“机器数”，而它所代表的数值称为此机器数的“真值”。在上面的例子中，$[X]_{原}$就是机器数，而 X 就机器数的真值。

采用原码表示法，编码简单直观，机器数与真值转换方便。但原码也有如下不足之处。

① 0 的表示不具有唯一性。例如：

$$[+0]_{原}=00000000 \quad [-0]_{原}=10000000$$

② 用原码进行四则运算时，符号位需要单独处理，且运算规则复杂。例如，进行加法运算：若两数同号，则两数相加，结果取共同的符号；若两数异号，则要由大数减去小数，结果采用大数的符号。

2）反码

正数的反码与原码的表示形式相同。负数的反码与原码有如下关系：符号位相同(仍用 l 表示)，其余各位取反(即 0 变 1，1 变 0)。例如：

$$X=+1100110 \quad [X]_{原}=01100110 \quad [X]_{反}=01100110$$

$$X=-1100110 \quad [X]_{原}=11100110 \quad [X]_{反}=10011001$$

3）补码

一个正数的补码与原码相同。一个负数的补码由该数的反码加 1 获得。例如：

$$X=+1100110 \quad [X]_{原}=01100110 \quad [X]_{反}=01100110 \quad [X]_{补}=01100110$$

$$X=-1100110 \quad [X]_{原}=11100110 \quad [X]_{反}=10011001 \quad [X]_{补}=10011010$$

补码的优点之一就是 0 的表示唯一。例如：

$$[+0]_{补}=00000000$$

$$[-0]_{补}=10000000(原)\rightarrow 11111111(反)\rightarrow 00000000(补)$$

当数值信息存储于计算机内时，可以采用原码形式，因为原码与真值的转换十分方便，便于数据的输入输出。

当数值参与运算时采用补码方式最为方便，因为补码的符号位无须单独处理。就如同数字一样参与运算，且最后的结果符号位仍然有效。

例如：计算 67－10。

$$[67]_{补}=01000011 \quad [-10]_{补}=11110110$$

$$[67]_{补}+[-10]_{补}=01000011+11110110=00111001(最高位进位甩掉)$$

补码运算结果仍为补码。在上例中，结果的最高位是 0，说明结果为正数，而正数的补码与原码相同。所以结果的真值是 111001，转换为十进制数为 57。

又如：计算 10－67。

$$[10]_{补}=00001010 \quad [-67]_{补}=10111101$$

$$[10]_{补}+[-67]_{补}=00001010+10111101=11000111$$

从结果最高位得知，运算结果为负。所以为了得到结果的真值，必须先将补码转换为原码，再求真值。由于对补码求补即可得到原码，因此：

$$[结果]_{补}=11000111 \quad [结果]_{原}=10111001$$

结果的真值为－111001，转换为十进制数就是－57。

上面讨论了计算机是如何处理正负数的，下面将讨论计算机中如何处理小数点。

2. 计算机中实数的浮点表示

当计算机中需要处理实型数据时，就出现了如何表示小数点的问题。系统并不是用一位二进制数表示小数点，而是采用浮点数形式，并隐含设定小数点位置。

任何一个实数 X 都可以用浮点形式表示（即科学记数法），如果采用二进制则表示如下：

$$X=\pm M\times 2^{\pm E}$$

其中，M 称为数 X 的尾数。M 采用二进制纯小数形式（0.XXXX），它代表了 X 的全部有效数字，其位数反映了数据的精度；E 称为数 X 的阶码，表示 2 的几次方。E 通常采用二进制整数形式，它决定了数的范围。M 和 E 都可以是正数或负数。

在计算机中，一个浮点数的存储格式（16 位）如图 1-7 所示。

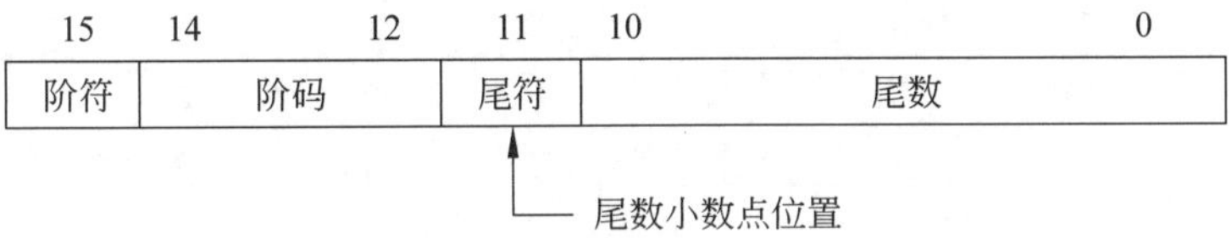

图 1-7　浮点数的存储格式

在实际应用中，阶码和尾数常用补码表示，以便于运算。为了不损失有效数字，系统常对浮点数进行规格化处理，即保证尾数的最高位是 1，这可以通过对阶码的调整实现。

浮点数运算与整数运算相比就复杂多了。例如，浮点数的加法运算，首先要保证参加运算的数是规格化数，然后再“对阶”，即通过移动尾数使两个数的阶码相同，之后尾数才能相加，最后还要对运算结果再进行规格化处理。

1.2.8　字符的表示与存储

字符包括西文字符（字母、数字、各种符号）和中文字符，即所有不可做算术运算的数据。由于计算机是以二进制的形式存储和处理数据的，因此字符也必须按特定的规则进行二进制编码才能进入计算机。字符编码的方法首先确定需要编码的字符总数，然后将每个字符按顺序确定顺序编号，编号值的大小无意义，仅作为识别与使用这些字符的依据。

1）西文字符的编码

计算机中最常用的字符编码是美国信息交换标准交换代码（American Standard Code for Information Interchange，ASCII），以及一些其他编码方式。

（1）ASCII 码。

计算机中最常用的字符编码是 ASCII 码，被国际标准化组织指定为国际标准。它有 7 位码和 8 位码两个版本。国际通用的是用 7 位二进制数表示一个字符的编码，共有 2^7

=128 个不同的编码值,相应可以表示 128 个不同字符的编码,如表 1-4 所示。

表 1-4 ASCII 码表

$b_3b_2b_1b_0$	$b_6b_5b_4$							
	000	**001**	**010**	**011**	**100**	**101**	**110**	**111**
0000	NUL	DLE	SP	0	@	P	、	p
0001	SOH	DC1	!	1	A	Q	a	q
0010	STX	DC2	“	2	B	R	b	r
0011	ETX	DC3	#	3	C	S	c	s
0100	EOT	DC4	$	4	D	T	d	t
0101	ENQ	NAK	%	5	E	U	e	u
0110	ACK	SYN	&	6	F	V	f	v
0111	BEL	ETB	‘	7	G	W	g	w
1000	BS	CAN	(	8	H	X	h	X
1001	HT	EM	)	9	I	Y	l	y
1010	LF	SUB	*	:	J	Z	J	Z
1011	VT	ESC	+	;	K	[	k	{
1100	FF	FS	,	<	L	\	l	|
1101	CR	GS	—	=	M	]	m	}
1110	SO	RS	.	>	N	↑	n	~
1111	SI	US	/	?	O	↓	o	DEL

表 1-4 中对大小写英文字母、阿拉伯数字、标点符号及控制符等特殊符号规定了编码,表中每个字符都对应一个数值,称为该字符的 ASCII 码值。其排列次序为 $b_6b_5b_4b_3b_2b_1b_0$,b_6 为最高位,b_0 为最低位。从 ASCII 码表中看出:有 34 个非图形字符(又称为控制字符)。

例如:

SP(Space)为编码是 0100000　空格

CR(Carriage Return)的编码是 0001101　回车

DEL(Delete)的编码是 1111111　删除

BS(Back Space)的编码是 0001000　退格

其余 94 个可打印字符,也称为图形字符。在这些字符中,数字 0～9、A～Z、a～z 都是顺序排列的,且小写比大写字母的码值大 32,即位值 b_5 为 0 或 1,这有利于大、小写字母之间的编码转换。有些特殊的字符编码是容易记忆的。例如:

a 字符的编码为 1100001,对应的十进制数是 97;则 b 的编码值是 98。

A 字符的编码为 1000001,对应的十进制数是 65;则 B 的编码值是 66。

0 字符的编码为 0110000，对应的十进制数是 48；则 1 的编码值是 49。

计算机的内部用一字节(8 二进制位)存放一个 7 位 ASCII 码，最高位置为 0。由于 ASCII 码采用 7 位编码，所以没有用到字节的最高位。而很多系统就利用这一位作为校验码，以便提高字符信息传输的可靠性。

(2) EBCDIC 码。

EBCDIC 码是美国 IBM 公司在它的各类机器上广泛使用的一种信息代码。一个字符的 EBCDIC 码占用一个字符，用八位二进制码表示信息，最多可以表示出 256 个不同代码。例如，数字 0 的 EBCDIC 码为 FOH，字母 A 的编码为 C1H。

2) 中文字符的编码

ASCII 码只对英文字母、数字和标点符号进行了编码。为了使计算机能够处理、显示、打印、交换汉字字符等，同样也需要对汉字进行编码。我国于 1980 年发布了国家汉字编码标准 GB 2312—1980，全称是《信息交换用汉字编码字符集——基本集》(简称 GB 码)。根据统计，把最常用的 6763 个汉字分成两级：一级汉字有 3755 个，按汉语拼音排列；二级汉字有 3008 个，按偏旁部首排列。由于一字节只能表示 256 种编码，所以一个国标码必须用两字节来表示。为避开 ASCII 表中的控制码，只选取了 94 个编码位置，所以代码表分 94 个区和 94 个位。由区号和位号(区中的位置)构成了区位码。

为了与 ASCII 码兼容，汉字输入区位码和国标码之间有一个转换关系。具体方法是：将一个汉字的十进制区号和十进制位号分别转换成十六进制；然后再分别加上 20H (十进制就是 32，因是非图形字符码值)，就成为汉字的国标码。

例如，汉字“中”的编码如下：

区位码 5448D　$(3630)_H=(00110110\ 00110000)_B$

国标码 5650H　$(3630_H+2020_H)=(01010110\ 01010000)_B$

$=8680_D$(5448 区位分别加 32)

从汉字编码的角度看，计算机对汉字信息的处理过程实际上是各种汉字编码间的转换过程。这些编码主要包括汉字输入码、汉字机内码、汉字地址码、汉字字形码等。这一系列的汉字编码及转换、汉字信息处理中的各编码及流程如图 1-8 所示。

图 1-8　汉字信息处理系统的模型

前面已介绍过国标码，下面不再介绍。

(1) 输入码。

为将汉字输入计算机而编制的代码称为输入码，也叫外码，是利用计算机标准键盘上按键的不同排列组合对汉字的输入进行编码。目前汉字输入编码法的研究发展迅速，已有几百种汉字输入编码法。一个好的输入编码应具有以下特点：编码短，可以减少击键的次数；重码少，可以实现盲打；好学好记，可以便于学习和掌握。但目前还没有一种符合上述全部要求的汉字输入编码方法。目前常用的输入法大致有音码、形码、语音、手写输入或扫描输入等。

可以想象，对于同一个汉字，不同的输入法有不同的输入码。例如，“中”字的全拼输入码是 zhong,其双拼输入码是 vs,而五笔字型的输入码是 kh。这种不同的输入码通过输入字典转换统一到标准的国标码之下。

(2) 机内码。

机内码是为在计算机内部对汉字进行存储、处理的汉字代码,它应能满足存储、处理和传输的要求。当一个汉字输入计算机后转换为机内码,然后才能在机器内传输、处理。汉字机内码的形式也多种多样。目前,对应于国标码,一个汉字的机内码用 2 字节存储,并把每字节的最高二进制位置 1 作为汉字机内码的标识,以免与单字节的 ASCII 码产生歧义。如果用十六进制来表述,就是把汉字国标码的每字节上加 80H(即二进制数 10000000)。所以,汉字的国标码与其机内码有下列关系:

汉字的机内码=汉字的国标码+8080H

例如,在前面我们已知"中"字的国标码为 5650H,则根据上述公式得:

"中"字的机内码="中"字的国标码 5650H+8080H=D6D0H

由此可看出:英文字符的机内编码是 7 位 ASCII 码,一字节的最高位为 0。每个西文字符的 ASCII 码值均小于 128。为了与 ASCII 码兼容,汉字用两字节来存储,区位码再分别加上 20H,就成为汉字的国标码。在计算机内部为了能够区分是汉字还是 ASCII 码,将国标码每字节的最高位由 0 变为 1(也就是说机内码的每字节都大于 128),变换后的国标码称为汉字的内码。

(3) 地址码。

地址码是指汉字库(这里主要指整字形的点阵式字模库)中存储汉字字形信息的逻辑地址码。需要向输出设备输出汉字时,必须通过地址码。汉字库中,字形信息都按一定顺序连续存放在存储介质上,所以汉字地址码也大多是有序的,而且与汉字内码间有着简单的对应关系,以简化汉字内码到汉字地址码的转换。

(4) 字形码。

经过计算机处理的汉字信息,如果要显示或打印出来阅读,则必须将汉字内码转换成人们可读的方块汉字。

汉字字形码又称汉字字模,用于汉字在显示屏或打印机输出。汉字字形码通常有两种表示方式:点阵表示方式和矢量表示方式。

用点阵表示字形时,汉字字形码指的就是这个汉字字形点阵的代码。根据输出汉字的要求不同,点阵的多少也不同。简易型汉字为 16×16 点阵,普通型汉字为 24×24 点阵,提高型汉字为 32×32 点阵、48×48 点阵,等等。如图 1-9 显示了"次"字的 16×16 字形点阵和代码。

Windows 中使用的 TrueType 技术就是汉字的矢量表示方式,它解决了汉字点阵字形放大后出现锯齿现象的问题。

GB 2312 国标码只能表示和处理 6763 个汉字,为了统一表示世界各国、各地区的文字,便于全球范围的信息交流,各级组织公布了各种汉字内码。

Unicode 码是另一个国际编码标准,采用双字节编码统一表示世界上的主要文字。目前,在网络、Windows 系统和很多大型软件中得到应用。

繁体版中文 Windows 95/98/2000/XP 使用的是 BIG5 机内码。

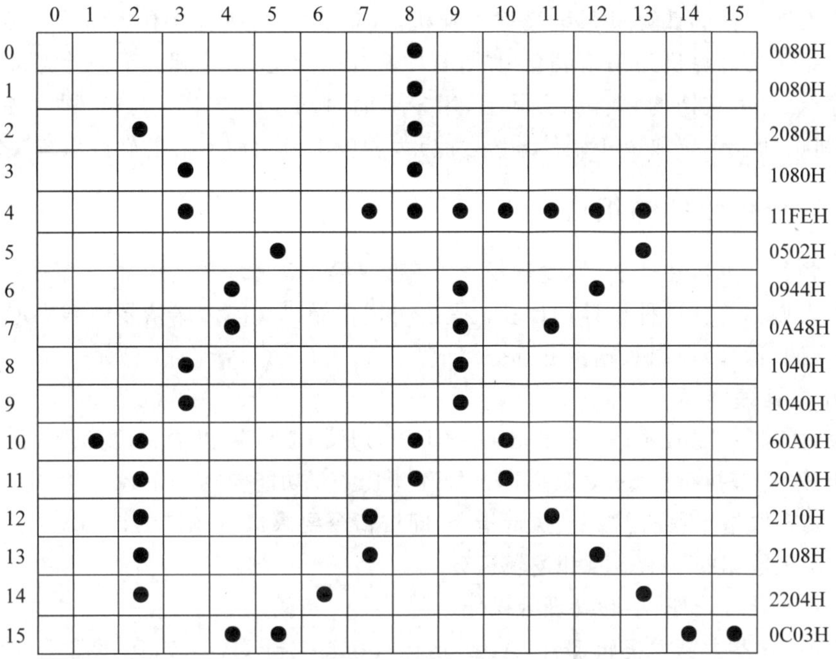

图 1-9　“次”字的 16×16 字形点阵和代码

1.3　计算机系统的硬件组成与工作原理

1.3.1　计算机系统的组成

一个完整的计算机系统是由硬件系统和软件系统两部分组成的，其系统组成如图 1-10 所示。硬件系统是组成计算机系统的各种物理设备的总称，是计算机系统的物质基础，如 CPU、存储器、输入设备、输出设备等。

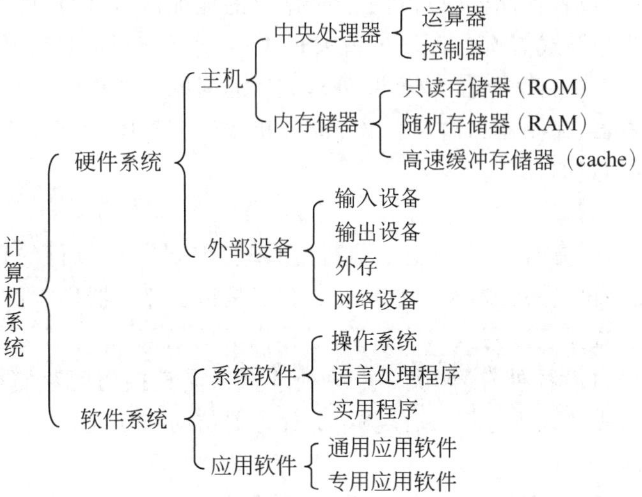

图 1-10　计算机系统组成

没有安装软件的计算机系统又称为裸机,裸机只能识别由0和1组成的机器代码。没有软件系统的计算机几乎是没有用的,软件系统是为运行、管理和维护计算机而编制的各种程序、数据和文档的总称。实际上,用户所面对的是经过若干层软件“包装”的计算机,计算机的功能不仅取决于硬件系统,而更大程度上是由所安装的软件系统决定的。

1.3.2 计算机硬件的组成

尽管各种计算机在性能、用途和规模上有所不同,但其基本结构都遵循冯·诺依曼体系结构。人们称符合这种设计的计算机是冯·诺依曼机。冯·诺依曼模型决定了计算机由输入、存储、运算、控制和输出五部分组成。

1) 中央处理器

中央处理器(Central Processing Unit,CPU)是构成计算机的核心部件,由运算器和控制器组成,用来执行程序,对数据进行处理。其主要功能包括如下。

(1) 实现取指令、分析指令、执行指令,即按指令要求进行相应的控制。

(2) 实现数据的算术运算和逻辑运算。

(3) 实现异常处理、中断处理等操作。

其中,运算器由算术逻辑部件(Arithmetic Logic Unit,ALU)、寄存器及内部总线构成。算术逻辑部件主要完成加、减、乘、除及“与”“或”“非”等逻辑运算。寄存器用来暂存参加运算的数据、中间结果或最终结果。内部总线用来传送数据和控制信号。

控制器由程序计数器、指令寄存器、指令译码器和控制逻辑电路组成。程序计数器提供指令在存储器中的地址,且有计数功能,每取一条指令,自动加1或者加2,指示下一条指令地址。指令寄存器暂存指令。指令译码器对指令进行译码,产生控制该条指令执行的控制信号。控制器的功能可概括为输出指令地址,取出指令,分析指令,向各部件发操作控制信号,即执行指令。

指令由操作码和操作数组成。操作码表示指令的性质或者功能,例如,加、减、乘、除或者数据输入输出等。操作数可以是一个,也可以是两个或者多个,表示参加运算的数据地址(可以在寄存器或者存储器中),其中存放结果的地址称为目的地址或者目的操作数。

在计算机发生故障或者有输入输出请求时,CPU暂停现行程序,转去执行相应的服务程序处理故障或者进行数据输入输出,处理完后返回原来的程序。

控制器把运算器、存储器和输入输出设备连接成一个整体,根据程序有条不紊地控制计算机工作,实现预定的任务。

2) 存储器

存储器(memory)是计算机的记忆装置,用来存储当前要执行的程序、数据以及结果。所以,存储器应该具备存数和取数功能。存数是指往存储器里“写入”数据;取数是指从存储器里“读取”数据。读写操作统称为“对存储器的访问”。存储器分为内存储器(简称内存)和外存储器(简称外存)两类。中央处理器只能直接访问存储在内存中的数据。外存中的数据只有先调入内存后,才能被中央处理器访问和处理。

3) 输入输出设备

输入设备是用来向计算机输入命令、程序、数据、文本、图形、图像、音频和视频等信息的。其主要作用是把人们可读的信息转换为计算机能识别的二进制代码输入计算机，供计算机处理。例如，用键盘输入信息时，敲击它的每个键位都能产生相应的电信号，再由电路板转换成相应的二进制代码送入计算机。目前常用的输入设备有键盘、鼠标、扫描仪等。

计算机的输入输出系统实际上包含输入输出设备和输入输出接口两部分。输出设备的主要功能是将计算机处理后的各种内部格式的信息转换为人们能识别的形式（如文字、图形、图像和声音等）表达出来。

输入输出设备（input/output devices）简称 I/O 设备，有时也称为外部设备，是计算机系统不可缺少的组成部分，是计算机与外部世界进行信息交换的中介，是人与计算机联系的桥梁。

1.3.3　微型计算机的组成

微型计算机与大、中、小型计算机的区别在于微型计算机的 CPU 采用了大规模和超大规模集成电路技术。通常将微型计算机的 CPU 芯片称作微处理器（Micro Processing Unit，MPU）。微型计算机的发展是与微处理器的发展同步的。Intel 公司的创始人之一戈登·摩尔（Gordon Moore）曾预言：计算机的 CPU 性能"每 18 个月，集成度将翻一番，速度将提高一倍，而其价格将降低一半"，这就是著名的摩尔定律。这一定律量化和揭示了微型计算机的独特的发展速度，而如今翻一番的周期已缩短为 12 个月甚至更短。

下面介绍微型计算机的主要组成部件。

1）微处理器

微型机的微处理器（microprocessor）又称为中央处理器，主要包括运算器和控制器以及若干寄存器，现代微处理器中还包括高速缓冲存储器（cache）。CPU 内部各部件之间用内部总线连接，它是计算机的核心部件。计算机的所有操作都受 CPU 控制，所以它的品质直接影响整个计算机系统的性能。CPU 可以直接访问内存储器，它和内存储器构成了计算机的主机，是计算机系统的主体。I/O 设备和辅助存储器（又称外存）统称为外部设备（简称外设），它们是沟通人与主机联系的桥梁。

CPU 的性能指标直接决定了由它构成的微型计算机系统性能指标。CPU 的性能指标主要有字长和时钟主频两个。随着 CPU 主频的不断提高，它对 RAM 的存取更快了，而 RAM 的响应速度达不到 CPU 的速度，这样就可能成为整个系统的"瓶颈"。为了协调 CPU 与 RAM 之间的速度差问题，在 CPU 芯片中又集成了高速缓冲存储器（cache）。

cache 按其功能通常分为两类：CPU 内部的 cache 和 CPU 外部的 cache。CPU 内部的 cache 也称为一级 cache，它是 CPU 内核的一部分，负责在 CPU 内部的寄存器与外部的 cache 之间的缓冲。CPU 外部的 cache 是二级 cache，它相对于 CPU 是独立的部件，主要用于弥补 CPU 内部 cache 的容量过小，负责整个 CPU 与内存之间的缓冲。微机中配置的 cache 的容量相对内存来说要小得多，一般为 256KB 或 512KB。自 Pentium Ⅲ 开始，将板载的 cache 与 CPU 内核封装在同一芯片中，不能随意选择大小，它也不属于 CPU，这种设计的 cache 叫作片载，由于其工作频率与 CPU 内核相同，也被称为全速 cache。而主板继续使用的速度更高、容量更大的 cache 就成了三级 cache。

2）存储器

存储器分为两大类：一类是设在主机中的内部存储器（简称内存），也叫主存储器，用于存放当前运行的程序和程序所用的数据，属于临时存储器；另一类是属于计算机外部设备的存储器，叫外部存储器(简称外存)，或称辅助存储器(简称辅存)。外存属于永久性存储器。当需要某一程序或数据时，首先应调入内存，然后再运行。

(1) 主存储器(main memory)。

微机的内存按功能可分为两类：一类称为随机存取存储器(Random Access Memory，RAM)，另一类称为只读存储器(Read Only Memory，ROM)。通常所说的计算机内存容量均指 RAM 容量，即计算机的主存。RAM 有两个特点，第一个特点是可读写性，也就是说对 RAM 既可以进行读操作，又可以进行写操作。读操作时不破坏内存已有的内容，写操作时才改变原来已有的内容。第二个特点是易失性，即电源断开(关机或异常断电)时，RAM 中的内容立即丢失。因此，微机每次启动时都要对 RAM 进行重新装配。

只读存储器：CPU 对 ROM 只取不存，里面存放的信息一般由计算机制造厂商写入并经固化处理，用户是无法修改的。即使断电，ROM 中的信息也不会丢失。因此，ROM 中一般存放计算机系统管理程序，如监控程序、基本输入输出系统(BIOS)模块等。

存储器的主要性能指标有两个：容量和速度。

容量指一个存储器包含的存储单元数，一般以字节为单位，如 8KB、128MB、4GB 等，这里 $1KB=2^{10}B$，$1MB=2^{20}B$，$1GB=2^{30}B$。存储器的容量对一台计算机的整体性能指标具有重要的影响，容量越大，保存的信息越多，处理问题的能力也就越强。每个存储单元都有一个编号，叫作内存地址。内存地址一般由十六进制数表示。

速度是另一个衡量存储器性能的重要指标，一般用存储周期(也称读写周期)来表示。存储周期指两次访问(读出或写入)存储器之间的最小时间间隔。存储器速度的快慢取决于存储单元电路的性质和存储器的结构。

(2) 外部存储器。

微机系统使用的软盘、硬盘、光盘和磁带等都属于外部存储器，又称为辅助存储器，简称外存。常用于存储系统程序、大型数据文件及数据库等数据文件和程序文件。与内存相比，外部存储器的特点是存储量大、价格较低，而且在断电的情况下也可以长期保存信息，所以又称为永久性存储器。目前，常用的外存有磁盘存储器、磁带存储器、光盘存储器和 USB 闪速存储器等。

软盘存储器。简称软盘(floppy disk)，是一种磁介质形式的存储器。软盘用柔性材料制成圆形底片，在表面涂有磁性材料，被封装在护套内，保护套保护磁面上的磁层不被损伤，也防止盘片旋转时产生静电引起数据丢失。软盘盘片被逻辑地划分成若干同心圆，每个同心圆称为一个磁道，磁道又等分成若干段，每段称为一个扇区。软盘的存储容量可由下面的公式求出：软盘总容量=磁面数×磁道数×扇区数×每扇区字节数。目前在微机上使用的软盘主要是容量 1.44MB 的 3.5 英寸软盘，它有 2 个面，每面 80 磁道，每磁道 18 扇区，每扇区可存放 512 字节的数据($2\times80\times18\times512B=1.44MB$)。

硬盘存储器，简称硬盘(hard disk)，是计算机的主要外部存储器。它是一种可移动磁头(磁头可在磁盘径向移动)、盘片组固定安装在驱动器中的磁盘存储器。其主要特点是将盘片、磁头、电机驱动部件乃至读写电路等做成一个不可随意拆卸的整体，硬盘由若干硬盘片组成，硬盘片由表面涂有磁性材料的铝合金构成。硬盘按盘的直径大小可分为 3.5 英寸、2.5 英寸及 1.8 英寸等数种。目前大多数微机上使用的硬盘是 3.5 英寸的。硬盘的容量比软盘要大得多，存取信息的速度也快得多，并且采用密封装置，所以防尘性能好、可靠性高，对环境要求不高。如图 1-11 是硬盘示例图。

图 1-11　硬盘示例图

衡量硬盘的常用指标有容量、转速、硬盘自带 cache 的容量和数据传输速率等。硬盘的存储容量可由下面的公式求出：硬盘总容量＝柱面数×磁道数×扇区数×每扇区字节数。目前硬盘容量从 100GB 到几 TB 不等。硬盘的转速有 5400 转/分钟、7200 转/分钟等几种。高速硬盘有 32MB 自带 cache。硬盘的数据传输率主要受硬盘控制卡和输入输出接口、硬盘自带 cache 的容量以及数据传送模式等参数的影响。

移动存储产品包括移动硬盘和优盘等。USB 移动硬盘的优点是体积小、重量轻（一般重 200g 左右）、容量大（一般在 80～320GB）、存取速度快（USB 1.1 标准接口的传输率是 12MB/s，而 USB 2.0 的传输率为 480MB/s）。另外可以通过 USB 接口即插即用，当前的计算机都配有 USB 接口，在 Windows 7 操作系统下，无需驱动程序，可以直接热插拔，使用非常方便。USB 优盘又称拇指盘。它利用闪存（flash memory）在断电后还能保持存储数据而不丢失的特点而制成。由于闪存盘没有机械读写装置，避免了移动硬盘容易碰伤、跌落等原因造成的损坏。其优点是体积小、重量轻、通过计算机的 USB 接口即插即用、容量从 64MB 到 16GB 不等。

光盘（optical disc）是大容量辅助存储器，呈圆盘状，与磁盘类似，也需要由光盘驱动器来读写。但它不是用电磁转换的机制读写信息，而是用光学的方式进行的。

3）总线（bus）和主板（main board）

微机常用部件采用总线进行相连。所谓总线就是系统部件之间传送信息的公共通道，各部件由总线连接并通过它传递数据和控制信号。按照传送信号的性质划分，总线一般又分为如下三部分：数据总线、地址总线和控制总线。

数据总线是一组用来在存储器、运算器、控制器和 I/O 部件之间传输数据信号的公共通路。一方面用于 CPU 向主存储器和 I/O 接口传送数据，另一方面用于主存储器和 I/O 接口向 CPU 传送数据，是双向的总线。数据总线的位数是计算机的一个重要指标，它体现了传输数据的能力，通常与 CPU 的位数相对应。

地址总线是 CPU 向主存储器和 I/O 接口传送地址信息的公共通路。地址总线传送地址信息，地址是识别信息存放位置的编号，地址信息可能是存储器的地址，也可能是 I/O 接口的地址。它是自 CPU 向外传输的单向总线。由于地址总线传输地址信息，所以地址总线的位数决定了 CPU 可以直接寻址的内存范围。

控制总线是一组用来在存储器、运算器、控制器和 I/O 部件之间传输控制信号的公共通路。控制总线是 CPU 向主存储器和 I/O 接口发出命令信号的通道，又是外界向 CPU 传送状态信息的通道。

常见的总线标准有 ISA 总线、PCI 总线、AGP 总线和 EISA 总线等。ISA 总线采用 16 位的总线结构,适用范围广,目前很多的接口卡都是根据 ISA 标准生产的。PCI 总线采用 32 位的高性能总线结构,可扩展到 64 位,与 ISA 总线兼容。目前,高性能微型计算机主板上都设有 PCI 总线。AGP 总线是随着三维图形的应用而发展起来的一种总线标准。AGP 总线在图形与内存之间提供了一条直接的访问途径。EISA 总线是对 ISA 总线的扩展。

总线结构是当今计算机普遍采用的结构,其特点是结构简单清晰、易于扩展,尤其是在 I/O 接口的扩展能力方面,如图 1-12 所示是一个基于总线结构的计算机的结构示意图。

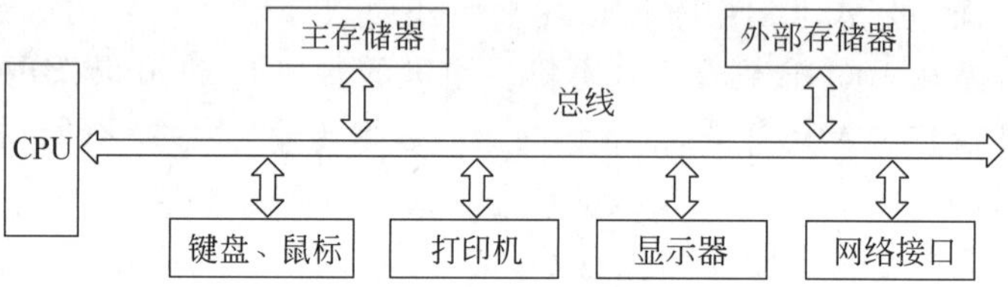

图 1-12 基于总线结构的计算机的结构示意图

总线体现在硬件上就是计算机主板(main board),它也是配置计算机时的主要硬件之一。主板上配有插入 CPU、内存条、显示卡、声卡、网卡、鼠标和键盘等部件的各类扩展槽或接口,而光盘驱动器和硬盘驱动器则通过扁缆与主板相连。主板的主要指标是:所用的芯片组,工作的稳定性和速度,提供插槽的种类和数量等。

4) 输入设备(input devices)

输入设备是用来向计算机输入信息的设备。其主要作用是把人们可读的信息转换为计算机能识别的二进制代码输入计算机,供计算机处理。常用的输入设备有键盘、鼠标、条形码阅读器、光学字符阅读器、触摸屏、手写笔、语音输入设备和图像输入设备等,其他输入设备如图 1-13 所示。

(a) 扫描仪 (b) 照相机 (c) 摄像机 (d) 游戏操作杆

图 1-13 其他输入设备

5) 输出设备(output devices)

输出设备的任务是将信息传送到中央处理器之外的介质上,显示器和打印机是计算机中最常用的两种输出设备。

显示器也称为监视器,是微机中最重要的输出设备之一。显示器用于微机或终端,显示的信息包括文本、数字、图形、图像和视频等多种不同的信息。

打印机是把文字或图形在纸上输出以供阅读和保存的计算机外部设备,如图 1-14 所示。一般微机使用的打印机有点阵式打印机、喷墨式打印机和激光打印机三种。

(a) 点阵式打印机　(b) 喷墨式打印机　(c) 机光打印机

图 1-14　点阵式、喷墨式和激光打印机

1.3.4　微型计算机的主要技术指标

微型计算机的性能涉及体系结构、软硬件配置、指令系统等多种因素，一般来说主要有下列技术指标。

(1) 字长。字长是指计算机运算部件一次能同时处理的二进制数据的位数。字长标志着计算机的计算精度和速度。计算机的字长取决于CPU内部通用寄存器、运算器的位数和数据总线的宽度。字长高的计算机，其数据运算精度就高，在取同样精度的情况下，其运算速度也快。当然，硬件成本也高。通常，字长一般为字节的整倍数，如8位、16位、32位、64位等。目前普遍使用的Intel和AMD微处理器的微机大多支持32位字长，也有支持64位的微机，意味着该类型的机器可以并行处理32位或64位二进制数的算术运算和逻辑运算。

为了提高数据的处理能力，CPU的基本字长也可以高于数据总线的宽度。例如，CPU内的寄存器、运算器都是64位，而CPU对外的数据输入、输出仅为32位，这样的计算机就称为准64位机。

(2) 时钟主频。时钟主频是指CPU的时钟频率。它的高低一定程度上决定了计算机速度的高低。主频以吉赫兹(GHz)为单位，一般来说，主频越高，速度越快。由于微处理器发展迅速，微机的主频也在不断提高。奔腾(Pentium)处理器，目前CPU的主频已达到1～3GHz。

(3) 运算速度。运算速度是指计算机进行数值运算的快慢程度，用"指令条数/秒"和MIPS(Million Instructions Per Second，百万条指令/秒)表示。运算速度通常有两种表示方法：一种是把计算机在一秒内所完成定点加法的次数记为该机的运算速度，称为定点加法速度；另一种是把计算机在每秒钟内平均完成的四则运算次数记为该机的运算速度，称为平均速度。

(4) 存储容量。计算机内存的存储单元总数称为内存容量，通常以MB或GB为单位。目前微机普通主板的内存容量一般为4GB。好的主板可以到16GB，服务器主板可以到32GB。

在计算机系统中，任何信息都必须通过内存进行处理，对于用户外存(如硬盘、光盘、U盘等)上的所用数据和程序，必须调入内存的RAM后才能被处理。因此，内存容量直接影响计算机的处理能力。内存容量大则可运行比较大型的复杂程序，存放较多的数据，以减少对外存的频繁访问，从而提高程序运行的速度。

(5) 存取周期。内存储器的存取周期也是影响整个计算机系统性能的主要指标之一。简单来讲,存取周期就是 CPU 从内存储器中存取数据所需的时间。目前,内存的存取周期为 7～70ns。

此外,计算机的可靠性、可维护性、平均无故障时间和性能价格比也都是计算机的技术指标。

1.3.5 计算机的工作原理

1. "存储程序"的工作原理

计算机之所以能够模拟人脑自动地完成某项工作,就在于它能够将程序与数据装入自己的"大脑"、开始"脑力劳动"——执行程序并对数据进行处理。程序就是为完成预定任务用某种计算机语言编写的一组指令序列,计算机按照程序规定的流程依次执行指令,最终完成程序所描述的任务。

计算机硬件能够识别和执行的指令序列称为"机器指令",而每条机器指令都规定了计算机所要执行的一种基本操作。计算机的"本能"就是能够执行属于它自己的一组机器指令。由此可见,计算机的工作方式取决于它的两个基本能力:一是能够存储程序,二是能够自动地执行程序,这就是计算机的"存储程序"工作原理。

2. 计算机的指令系统

指令是要求计算机执行某种操作的命令。程序是由一系列指令所组成的有序集合,计算机执行程序就是执行这一系列指令。从计算机组成的层次结构来说,计算机的指令被分成多个层次。其中,计算机硬件能直接识别并执行的操作命令称为机器指令,通常简称指令(本节后面提到的指令都是指机器指令)。一台计算机中所有机器指令的集合称为该计算机的指令系统。指令系统是表征计算机性能的重要因素,它的格式与功能不仅直接影响机器的硬件结构,而且也直接影响系统软件,影响机器的适用范围。

1) 指令格式

指令格式是指令用二进制代码表示的结构形式。一条指令一般应提供两方面的信息:一是指明操作的性质,即要求计算机做何操作,有关的代码称为操作码;二是给出与操作数有关的信息,如直接给出操作数本身或是指明操作数的来源、运算结果存放在何处以及下一条指令从何处取得等。由于大多数情况下指令中只给出操作数来源的地址,仅在个别情况下直接给出操作数本身,因此第二方面信息往往称为地址码。操作码和地址码各由一定的二进制代码组成,它们的结构与组合形式就构成了指令格式,基本的指令格式如图 1-15 如示。

操作码OP（n位）	地址码AD（m位）

图 1-15 基本的指令格式

指令的操作码用不同的操作码字段编码表示该指令应进行什么性质的操作。例如,加法操作码为 0001、减法操作码为 0010、从存储器取数的操作码为 0100 等。CPU 中的控制器用来解释每个操作码,因此机器就能执行操作码所表示的操作。

组成操作码字段的位数一般取决于计算机指令系统的规模。较大的指令系统就需要更多的位数来表示每条特定的指令。例如,一个指令系统只有 8 条指令,则有 3 位操作码就够了(3 位操作码可以产生 $2^3=8$ 种组合);如果有 32 条指令,那么就需要 5 位操作码(5 位操作码可以产生 $2^5=32$ 种组合)。一般来说,一个包含 n 位操作码的指令系统,最多能表示 2^n 条指令。

地址码字段指出操作数所在的存储器地址或寄存器地址。通常根据地址码字段所包含的地址个数而将相应的指令称为零地址指令、一地址指令、二地址指令、三地址指令等多种格式。

一个指令中包含二进制代码的位数,称为指令字长度。一个指令系统中,如果各种指令字长度相等,称为等长指令字结构。其特点是指令字结构简单,便于译码,能简化控制器结构。如果指令字长度随指令功能而异,则称为变长指令字结构。其特点是指令结构灵活,能充分利用指令字长度,但指令译码较复杂,控制器设计也就比较复杂。

2）指令系统类型

指令系统是编制程序的基础。过去计算机系统为了增强功能并保持计算机系列的兼容性,不断增加新的指令类型,使得一个指令系统中包含尽可能多的指令,一条指令中包含尽可能多的操作命令信息,于是指令系统变得复杂化。具有这种复杂指令系统的计算机称为复杂指令集计算机(Complex Instruction Set Computer,CISC)。但统计研究发现,CISC 中最经常使用的简单指令仅占指令总数的 20%,而出现的频率约达到 80%。于是出现了另一种趋势,即通过简化指令系统来提高计算机系统的性能,相应的计算机结构也发生了变化。具有这种精简指令系统的计算机称为精简指令集计算机(Reduced Instruction Set Computer,RISC)。采用 RISC 技术的微处理器发展非常迅速,成为重要的发展方向。

3. 计算机的基本工作原理

计算机的工作过程实际上是快速地执行指令的过程。当计算机在工作时,有两种信息在执行指令的过程中流动:数据流和控制流。

数据流是指原始数据、中间结果、结果数据、源程序等。控制流是由控制器对指令进行分析、解释后向各部件发出的控制命令,指挥各部件协调地工作。

下面,以指令的执行过程来认识计算机的基本工作原理。指令的执行过程分为以下四个步骤。

(1) 取指令。按照程序计数器中的地址,从内存储器中取出指令,并送往指令寄存器。

(2) 分析指令。对指令寄存器中存放的指令进行分析,由译码器对操作码进行译码,将指令的操作码转换成相应的控制电位信号;由地址码确定操作数地址。

(3) 执行指令。由操作控制线路发出完成该操作所需要的一系列控制信息,去完成该指令所要求的操作。

(4) 一条指令执行完成,程序计数器加 1 或将转移地址码送入程序计数器,然后回到步骤(1)。一般把计算机完成一条指令所花费的时间称为一个指令周期,指令周期越短,指令执行越快。通常所说的 CPU 主频或称工作频率,就反映了指令执行周期的长短。

1.4 软件系统概述

软件系统是为运行、管理和维护计算机而编制的各种程序、数据和文档的总称。没有安装软件的计算机称为“裸机”,裸机只能识别由 0 和 1 组成的机器代码。所以,没有软件系统的计算机是无法工作的。实际上,用户所面对的是经过若干层软件“包装”的计算机,计算机的功能不仅取决于硬件系统,在更大程度上是由所安装的软件系统决定的。硬件系统和软件系统互相依赖,不可分割。

如图 1-16 所示表示了计算机硬件、软件与用户之间的关系,这种关系是一种层次结构,其中计算机硬件处于内层,用户在最外层,而软件则是硬件与用户之间的接口,用户通过软件使用计算机的硬件。

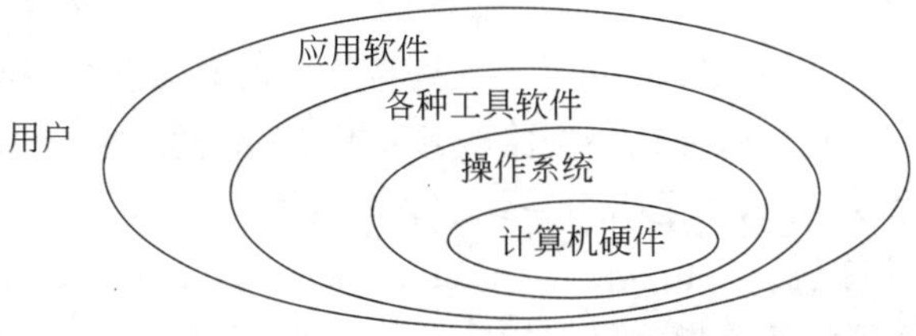

图 1-16 计算机系统层次结构

1.4.1 软件系统及其组成

计算机最初被运用时遇到一个问题,就是程序员不得不进行大量的重复设计以便完成一个特定的任务。如任何一个程序都需要使用输入输出设备,需要保存数据,所以早期的程序员必须负责编写与机器直接关联的各种操作代码。为此计算机设计者考虑把这些公共的操作统一编制为一个可以被许多程序调用的程序,把对实际问题的处理和对机器的操作分开,以减少编程的复杂性和不必要的重复过程。随着这种设计过程的逐步完善,系统软件和应用软件就逐渐组成了计算机软件系统的两个部分,如图 1-17 所示。

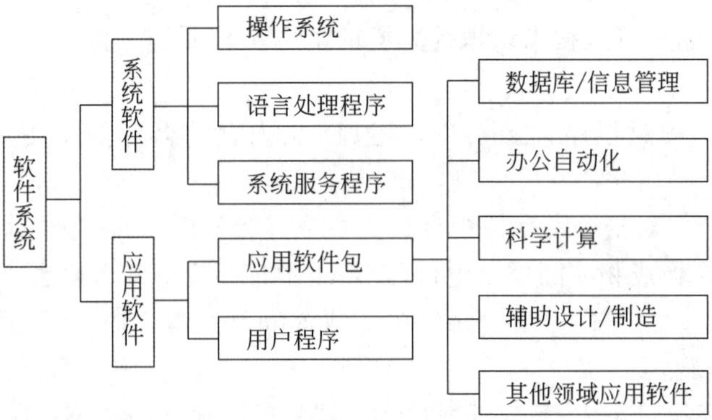

图 1-17 计算机软件系统的组成

系统软件主要包括操作系统、语言处理程序、系统服务程序等。其中,最主要的是操作系统,它处在计算机系统中的核心位置,它可以直接支持用户使用计算机硬件,也支持用户通过应用软件使用计算机。如果用户需要使用系统软件,也要通过操作系统提供交互。

语言处理程序是系统软件的重要组成部分。它也是最早开始商品化和系统化的软件。

系统服务程序主要是指一些为计算机系统提供服务的工具软件和支撑软件,如编辑程序、调试程序、系统诊断程序等,这些程序主要是为了维护计算机系统的正常运行,方便用户在软件开发和实施过程中的应用,如 Windows 中的磁盘整理工具程序等。还有一些著名的工具软件如 Norton Utility,它集成了对计算机维护的各种工具程序。

数据库(database)是应用最广泛的软件。把各种不同性质的数据进行组织,以便能够有效地进行查询、检索,并管理这些数据是运用数据库的主要目的。各种信息系统,包括从提供图书查询的书店销售软件,到银行、保险公司这样的大企业的信息系统,都需要使用数据库。

1.4.2　计算机语言

人与计算机之间的“沟通”,或者说人们让计算机完成某项任务,需要使用计算机语言。随着计算机技术的不断发展,计算机所使用的“语言”也在快速地发展,并形成了一种体系。

1. 机器语言

在计算机中,直接用二进制代码表示指令系统的语言称为机器语言。机器语言是计算机硬件系统真正能理解和执行的唯一语言。因此,它的效率最高,执行的速度最快,而且无须“翻译”。但如果直接用机器语言来编写程序,程序员可就苦不堪言了。例如,8BD8H 和 03DBH 是 8086/8088 微处理器的机器指令编码,如果不通过相应的参考书查看指令的编码格式,是很难知道它的含义的。

2. 汇编语言

用机器语言编写程序存在许多不足,为了克服这些缺点,人们想到是否能用一些符号来代替难读、难懂、难记忆的机器语言,因而出现了汇编语言。

汇编语言是一种把机器语言“符号化”的语言,汇编语言的指令和机器指令基本上一一对应,机器语言直接用二进制代码,而汇编语言指令采用了助记符,这些助记符一般使用人们容易记忆和理解的英文缩写。如用 ADD 表示加法指令,MOV 表示传送指令等。指令中的操作数和操作数的地址不直接用二进制表示,而是用标号代表,有时也用十六进制表示。相对来说,汇编语言比机器语言更容易理解、便于记忆。上面提到的 8086/8088 的两条机器指令 8BD8H 和 03DBH,用汇编语言表示其实就是“MOV BX,AX”和“ADD BX,BX”,显然用汇编语言表示容易理解得多。

汇编语言编写的程序必须被翻译成机器语言程序,机器才能执行。用汇编语言编写的程序一般称为汇编语言源程序,翻译后的机器语言程序一般称为目标程序。将汇编语言源程序翻译成目标程序的软件称为汇编程序。图 1-18 表示了汇编语言的翻译过程。

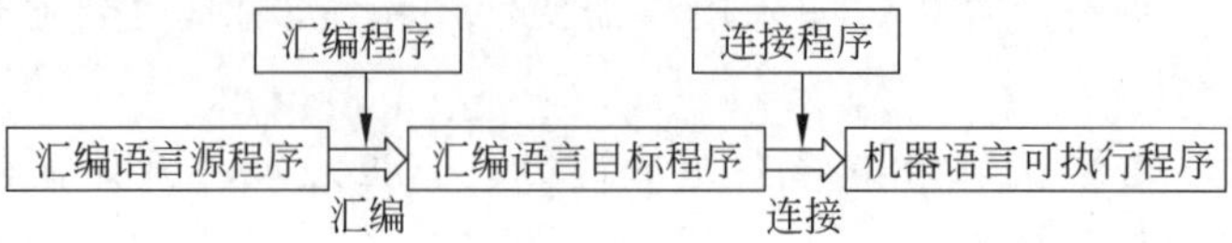

图 1-18 汇编语言的翻译过程

3. 高级语言

虽然汇编语言比机器语言前进了一步,但使用起来仍然很不方便,编程仍然是一种极其烦琐的工作,而且汇编语言的通用性差。人们在继续寻找一种更加方便的编程语言,于是出现了高级语言。

高级语言又称算法语言,具有严格的语法规则和语义规则,没有二义性。在语言表示和语义描述上,它更接近人类的自然语言(指英语)和数学语言,例如 Pascal 语言中采用 Write 和 Read 来表示输出和输入,直接采用算术运算符号+、−、×和÷分别来表示加、减、乘和除。计算机高级语言的种类很多,目前常见的有 Pascal、C、C++、Visual Basic、Visual C、Java、Python 等。

很显然,用高级语言编写的源程序在计算机中是不能直接执行的,必须翻译成机器语言程序才能执行,通常翻译的方式有两种:一种是编译方式,另一种是解释方式。

编译方式是将高级语言源程序整个编译成目标程序,然后通过连接程序将目标程序连接成可执行程序的方式。将高级语言源程序翻译成目标程序的软件称为编译程序,这种翻译过程称为编译。编译过程经过词法分析、语法分析、语义分析、中间代码生成、代码优化、目标代码生成 6 个环节,才能生成对应的目标代码程序,目标程序还不能直接执行,还需经过连接和定位生成可执行程序后才能执行。编译过程如图 1-19 所示。

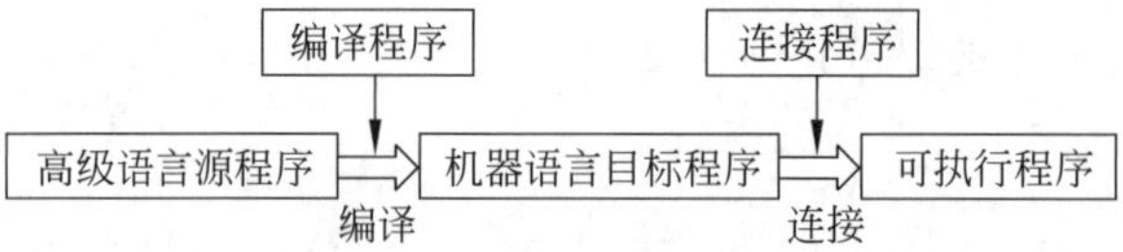

图 1-19 高级语言的编译过程

解释方式是将源程序逐句翻译、逐句执行的方式,解释过程不产生目标程序,基本上是翻译一行执行一行,边翻译边执行。如果在解释过程中发现错误就给出错误信息,并停止解释和执行;如果没有错误就解释执行到最后的语句。常见的解释型语言有 BASIC、Python 等。

无论是编译程序还是解释程序都起着将用高级语言编写的源程序翻译成计算机可以识别与执行的机器指令的作用。但这两种方式是有区别的:编译方式是将源程序经编译、链接得到可执行程序文件后,就可脱离源程序和编译程序,单独执行,所以编译方式的效率高,执行速度快;而解释方式在执行时,源程序和解释程序必须同时参与才能运行,由于不产生目标文件和可执行程序文件，解释方式的效率相对较低，执行速度较慢。

1.4.3 应用软件

计算机软件中，应用软件使用得最多。它们包括从一般的文字处理到大型的科学计算和各种控制系统的实现，有成千上万种类型。我们把这类为解决特定问题而与计算机本身关联不多，或者说其使用与计算机硬件基本无关的软件统称为应用软件。

常用的应用软件有如下几类。

(1) 办公软件和办公套件。它是日常办公需要的一些软件，一般包括文字处理软件、电子表格处理软件、演示文稿制作软件、个人数据库、个人信息管理软件等。常见的办公软件套件有 Microsoft Office 和金山公司的 WPS 等。

(2) 多媒体处理软件。多媒体技术已经成为计算机技术的一个重要方面。因此，多媒体处理软件也应该是应用软件领域中一个重要的分支。多媒体处理软件主要包括图形处理软件、图像处理软件、动画制作软件、音频和视频处理软件、桌面排版软件等。例如，Adobe 公司的 Photoshop 等。

(3) Internet 工具软件。随着计算机网络技术的发展和 Internet 的普及，涌现了许许多多基于 Internet 环境的应用软件。如 Web 服务软件、Web 浏览器、文件传送工具 FRP、远程访问工具 Telnet、下载工具 FlashGet 等。

1.5 多媒体简介

1.5.1 多媒体概述

媒体是指承载和传输信息的载体，包括文字、声音、图像、动画和视频等内容。人类在信息的交流中要使用各种各样的信息载体，多媒体(multimedia)就是指多种信息载体的表现形式。在日常生活中，很容易找到一些多媒体的例子，如报纸杂志、画册、电视、广播、电影等，这是传统的多媒体技术。随着计算机处理能力的增强，现在人们所说的多媒体技术往往与计算机联系起来，通过计算机获取、处理、编辑、存储和展示多种不同类型信息的媒体。而计算机多媒体技术和电影、电视的“多媒体”的本质区别在于计算机多媒体系统具有交互性，这是由计算机的数字化及交互式处理能力带来的优势。

简单定义，多媒体技术就是利用计算机交互式综合处理多种媒体信息，使多种信息建立逻辑连接并集成为一个具有交互性能的系统的技术。这些信息媒体包括文字、声音、图形、图像、动画与视频等。形象地说，多媒体技术就是利用计算机将各种媒体信息以数字化的方式集成在一起，从而使计算机具有表现、存储和处理多种媒体信息的综合能力，它是一种跨学科的综合技术。

多媒体往往有如下一些特性。

(1) 交互性。在多媒体系统中用户可以主动地编辑、处理各种信息，具有人机交互功能。

(2) 集成性。多媒体技术中集成了许多单一的技术，如图像处理技术、声音处理技术等。多媒体能够同时表示和处理多种信息,但对用户而言,它们是集成一体的。这种集成包括信息的统一获取、存储和组织等方面。

(3) 多样性。多样性指信息媒体的多样化,多维化的信息空间使信息的表达更灵活。

(4) 实时性。实时性指在多媒体系统中,由于声音和活动视频图像与时间密切相关,所以要求多媒体技术必须支持对这些媒体的实时同步处理,使声音和图像在播放时不出现停滞。

多媒体技术与计算机技术的发展是密不可分的,具有多种媒体处理能力的计算机被统称为多媒体计算机。例如,电视能够传播文字、声音、动画和视频等媒体信息,但它不能编辑、处理这些媒体信息,因此不是多媒体系统。多媒体技术产生于20世纪80年代。进入20世纪90年代,个人计算机技术的迅猛发展使得其编辑、处理多媒体信息成为可能。1990年Microsoft等公司筹建了多媒体PC市场协会,并于1991年发表了第一代多媒体个人计算机(Multimedia Personal Computer,MPC)的技术标准。此后MPC的技术标准不断提高。

1.5.2 多媒体系统的组成

多媒体系统的硬件是计算机主机及可以接收和播放多媒体信息的各种输入输出设备,其软件是多媒体操作系统及各种多媒体工具软件和应用软件。

1. 硬件结构

典型的多媒体系统的硬件结构可以分为5部分:主机部分、视频部分、音频部分、基本输入输出设备和高级多媒体设备。

主机是多媒体计算机的核心,用得最多的还是微机。目前主机主板上可能集成了多媒体专用芯片。

视频部分负责多媒体计算机图像和视频信息的数字化摄取和回放,主要包括视频压缩卡、电视卡、加速显示卡等。视频压缩卡主要完成视频信号的A/D和D/A转换及数字视频的压缩和解压缩功能,其信号源可以是摄像头、录放像机、影碟机等。电视卡(盒)完成普通电视信号的接收、解调、A/D转换及与主机之间的通信,从而可在计算机上观看电视节目,同时还可以以MPEG压缩格式录制电视节目。加速显示卡主要完成视频的流畅输出,是Intel公司为解决PCI总线带宽不足的问题而提出的新一代图形加速端口。

音频部分主要完成音频信号的A/D和D/A转换及数字音频的压缩、解压缩及播放等功能,主要包括声卡、外接音箱、话筒、耳麦、MIDI设备等。

基本输入输出设备包括视频/音频输入输出设备、人机交互设备和数据存储设备等。视频/音频输入设备包括摄像机、录像机、影碟机、扫描仪、话筒、录音机、激光唱盘和MIDI合成器等;视频/音频输出设备包括显示器、电视机、投影电视、扬声器、立体声耳机等;人机交互设备包括键盘、鼠标、触摸屏和光笔等;数据存储设备包括CD-ROM、磁盘、打印机、可擦写光盘等。

高级多媒体设备还有用于传输手势信息的数据手套、数字头盔和立体眼镜等。

2. 软件系统

多媒体软件主要包括多媒体操作系统、媒体素材制作软件及多媒体函数库、多媒体创作工具与开发环境、多媒体应用软件、多媒体外部设备驱动软件和驱动器接口程序等。这些软件可分为以下五个层次。

第一层(最底层)是直接和多媒体底层硬件打交道的驱动程序,在系统初始化引导程序作用下把它安装到系统 RAM 中,常驻内存。

第二层是多媒体计算机的核心软件,即视频/音频信息处理核心部件,其任务是支持随机移动或扫描窗口下的运动及静止图像的处理和显示,为相关的音频和视频数据流的同步问题提供需要的实时任务调度等。

第三层是多媒体操作系统,除一般的操作系统功能外,它为多媒体信息处理提供设备无关的媒体控制接口。例如,Windows 操作系统提供的媒体控制接口。

第四层是开发工具/著作语言,用于开发多媒体节目,如 Authorware 等。

第五层是多媒体应用程序,包括一些系统提供的应用程序,如 Windows 系统中的录音机、媒体播放器应用程序和用户开发的多媒体应用程序。

1.5.3　媒体的数字化

在计算机和通信领域里,归结为最基本的三种媒体是声音、图像、文本。传统的计算机只能够处理单一的文本媒体,而多媒体计算机能够同时采集、处理、存储和展示多种媒体信息。下面重点介绍声音和图像。

1. 声音

计算机系统通过输入设备(如麦克风等)输入声音信号,并对其进行采样、量化而将其转换成数字信号,然后通过输出设备(如音箱等)输出。

存储声音信息的文件格式有很多种,常用的有 WAV 文件、MIDI 文件、VOC 文件、AU 文件以及 AIF 文件等。WAV 文件是 Windows 中采用的波形文件存储格式,又称为波形文件,它是以 wav 作为文件的扩展名。它是对声音信号进行采样、量化后生成的声音文件。波形文件中除了采样频率、样本精度等内容外,主要是由大量的经采样、量化后得到的声音数据组成的。因此,波形文件的大小可以近似地等于大量的声音数据所占用的存储空间。

2. 图像

1) 静态图像的数字化

一幅图像可以近似地看成是由许许多多的点组成的,因此它的数字化通过采样和量化就可以得到。图像的采样就是采集组成一幅图像的点。量化就是将采集到的信息转换成相应的数值。组成一幅图像的每个点被称为是一个像素,每个像素值表示其颜色、属性等信息。存储图像颜色的二进制数的位数,称为颜色深度。例如,3 位二进制数可以表示 8 种不同的颜色。因此,8 色图的颜色深度是 3。真彩色图的颜色深度是 24,可以表示

16 777 412 种颜色。

2) 动态图像的数字化

由于人眼看到的一幅图像消失后,还将在视网膜上滞留几毫秒,动态图像正是根据这样的原理而产生的。动态图像是将静态图像以每秒钟 n 幅的速度播放,当 $n>25$ 时,显示在人眼中的就是连续的画面。

3) 点位图和矢量图

表达或生成图像通常有两种方法:点位图法和矢量图法。点位图法就是将一幅图像分成很多小像素,每像素用若干二进制位表示像素的颜色、属性等信息。矢量图法就是用一些指令来表示一幅图,如画一条 100 像素长的红色直线、画一个半径为 50 像素的圆等。

4) 图像文件格式

BMP 文件:是 Windows 采用的图像文件存储格式。

GIF 文件:供联机图形交换使用的一种图像文件格式,目前在网络通信中被广泛采用。

TIFF 文件:二进制文件格式,广泛用于桌面出版系统、图形系统和广告制作系统,也可以用于一种平台到另一种平台间图形的转换。

PNG 文件:图像文件格式,其开发目的是替代 GIF 文件格式和 TIFF 文件格式。

WMF 文件:是绝大多数 Windows 应用程序都可以有效处理的格式,其应用很广泛,是桌面出版系统中常用的图形格式。

DXF 文件:一种向量格式,绝大多数绘图软件都支持这种格式。

5) 视频文件格式

AVI 文件:是 Windows 操作系统中数字视频文件的标准格式。

MOV 文件:是 QuickTime for Windows 视频处理软件所采用的视频文件格式,其图像画面的质量比 AVI 文件要好。

MPG/MPEG 文件:是按照 MPEG 标准压缩的全屏视频的标准文件。目前很多视频处理软件都支持这种格式的文件。

DAT 文件:是 VCD 专用的格式文件,文件结构与 MPEG 文件格式基本相同。

1.5.4 多媒体数据压缩

多媒体信息数字化之后,其数据量往往非常庞大。多媒体信息必须经过压缩才能满足实际的需要。

数据压缩可以分为两种类型:无损压缩和有损压缩。无损压缩是指压缩后的数据能够完全还原成压缩前的数据。常用的无损压缩编码技术包括哈夫曼编码和 LZW 编码等。有损压缩是指压缩后的数据不能够完全还原成压缩前的数据,其损失的信息多是对视觉和听觉感知不重要的信息。有损压缩的压缩率要高于无损压缩的压缩率。

JPEG 标准是第一个针对静止图像压缩的国际标准。JPEG 标准制定了两种基本的压缩编码方案,即以离散余弦变换为基础的有损压缩编码方案和以预测技术为基础的无损压缩编码方案。

MPEG 标准规定了声音数据和电视图像数据的编码和解码过程、声音和数据之间的同步等问题。MPEG-1 和 MPEG-2 是数字电视标准，其内容包括 MPEG 电视图像、MPEG 声音及 MPEG 系统等内容。MPEG-4 是于 1999 年发布的多媒体应用标准，其目标是在异种结构网络中能够具有很强的交互功能并且能够高度可靠地工作。MPEG-7 是多媒体内容描述接口标准，其应用领域包括数字图书馆、多媒体创作等。

1.6　计算机病毒及防治

20 世纪 60 年代，被称为计算机之父的数学家冯·诺依曼在其遗著《计算机与人脑》中，详细论述了程序能够在内存中进行繁殖活动的理论。计算机病毒的出现和发展是计算机软件技术发展的必然结果。

1988 年 11 月 2 日，美国康奈尔大学计算机科学系年轻的研究生莫里斯（Morris）在因特网上启动了他编写的蠕虫程序。几小时内，美国因特网中约 6000 台基于 UNIX 的 VAX 小型机和 Sun 工作站遭到蠕虫程序的攻击，使网络堵塞，运行迟缓，直接经济损失达 6000 万美元以上。这件事就像是计算机界的一次大地震，引起了巨大反响，震惊了全世界，引发了人们对计算机病毒的恐慌，也使更多的计算机专家重视和致力于计算机病毒研究。1999 年的 CIH 病毒、梅莎丽病毒以及 2003 年的冲击波等病毒，都在全世界范围内造成了巨大的经济和社会损失。

可以看到，随着计算机和因特网的日益普及，计算机病毒会越来越多。因计算机病毒造成的重要数据遭到破坏和丢失，会造成社会财富的巨大浪费，引起极大的灾难。

1.6.1　计算机病毒的基本知识

1. 什么是计算机病毒

当前，计算机安全的最大威胁是计算机病毒（computer virus）。计算机病毒实质上是一种特殊的计算机程序。这种程序具有自我复制能力，可非法入侵并隐藏在存储介质中的引导部分、可执行程序或数据文件中。当病毒被激活时，源病毒能把自身复制到其他程序体内，影响和破坏程序的正常执行和数据的正确性。有些恶性病毒对计算机系统具有极大的破坏性。计算机一旦感染病毒，病毒就可能迅速扩散，这种现象和生物病毒侵入生物体并在生物体内传染一样。

在《中华人民共和国计算机信息系统安全保护条例》中，计算机病毒被明确定义为“指编制或者在计算机程序中插入的破坏计算机功能或者破坏数据，影响计算机使用并且能够自我复制的一组计算机指令或者程序代码”。

计算机病毒一般具有如下主要特征。

(1) 寄生性。它是一种特殊的寄生程序。不是一个通常意义下的完整的计算机程序，而是寄生在其他可执行的程序中。因此，它能享有被寄生的程序所能得到的一切权利。

(2) 破坏性。破坏是广义的，不仅是指破坏系统、删除或修改数据，甚至格式化整个磁盘，而且包括占用系统资源、降低计算机运行效率等。

(3) 传染性。它能够主动将自身的复制品或变种传染到其他未染毒的程序上。

(4) 潜伏性。病毒程序通常短小精悍,寄生在别的程序上使得其难以被发现。在外界激发条件出现之前,病毒可以在计算机内的程序中潜伏、传播。

(5) 隐蔽性。当运行受感染的程序时,病毒程序能首先获得计算机系统的监控权,进而能监视计算机的运行,并传染其他程序。但不到发作时机,整个计算机系统看上去一切如常。其隐蔽性使广大计算机用户对病毒失去应有的警惕性。

计算机病毒是计算机科学发展过程中出现的"污染",是一种新的高科技类型犯罪。它可以造成重大的政治、经济危害。因此,舆论谴责计算机病毒是"射向文明的黑色子弹"。

2. 计算机感染病毒的常见症状

计算机病毒虽然很难检测,但是,只要细心留意计算机的运行状况,还是可以发现计算机感染病毒的一些异常情况的。示例如下。

(1) 磁盘文件数目无故增多。

(2) 系统的内存空间明显变小。

(3) 文件的日期/时间值被修改成新近的日期或时间(用户自己并没有修改)。

(4) 感染病毒后的可执行文件的长度通常会明显增加。

(5) 正常情况下可以运行的程序却突然因内存区不足而不能装入。

(6) 程序加载时间或程序执行时间比正常的明显变长。

(7) 计算机经常出现死机现象或不能正常启动。

(8) 显示器上经常出现一些莫名其妙的信息或异常现象。

随着制造病毒和反病毒双方较量的不断深入,病毒制造者的技术越来越高,病毒的欺骗性、隐蔽性也越来越好。只有在实践中细心观察才能发现计算机的异常现象。

1.6.2 计算机病毒的分类及工作原理

1. 计算机病毒的寄生方式

计算机病毒是一种可直接或间接执行的文件,它依附于其他文件,不能以独立文件的形式存在,只能隐藏在现有的程序代码内或隐藏在计算机硬件中,是没有文件名的秘密程序。计算机病毒的寄生方式主要有以下几种。

(1) 寄生在磁盘引导扇区中。任何操作系统都有自举的过程(即在计算机加电时,操作系统将自己从磁盘中加载到计算机内存中的过程)。操作系统在自举时,首先要读取磁盘引导扇区中的引导记录(引导扇区是存放操作系统的系统文件信息的扇区。一般说来,磁盘上的 0 磁面 0 磁道 1 扇区就是引导扇区),并依靠这些引导记录将操作系统的系统文件从磁盘加载到内存中。

引导型病毒程序就利用了操作系统自举的这一特点,它将部分病毒代码放在引导扇区中,而将原来的引导扇区中的引导记录及病毒的其他部分放到磁盘的其他扇区,并将这些扇区标志为坏簇。这样,在开机启动系统时,病毒首先就被激活了。病毒被激活后,它首先将自身复制到高端内存区域,然后设置触发条件。当这些工作完成后,病毒程序才将计算机系统的控制权转交给原来的引导记录，由引导记录装载操作系统。在系统的运行过程中，一旦病毒设置的触发条件成立，病毒就被触发，然后就进行传播或进行破坏。

（2）寄生在程序中。这种病毒一般寄生在正常的可执行程序中（宏病毒则可寄生在程序源代码中），一旦程序被执行，病毒就被激活。当被病毒感染的程序被激活时，病毒程序会将自身常驻内存，然后设置触发条件，可能立即进行传染，也可能先隐藏下来以后再发作。

病毒通常寄生在程序的首部和尾部，但都要修改源程序的长度和一些控制信息，以保证病毒成为源程序的一部分。这种病毒传染性比较强。

（3）寄生在硬盘的主引导扇区中。主引导扇区中的记录先于所有的操作系统执行，病毒程序隐藏在这里可以破坏操作系统的正常引导。例如，前几年频繁出现的大麻病毒就寄生在硬盘的主引导扇区中。

2. 计算机病毒的分类

目前，常见的计算机病毒按其感染的方式，可分为如下 5 类。

1）引导区型病毒

通过读 U 盘、光盘（CD-ROM）及各种移动存储介质感染引导区型病毒，感染硬盘的主引导记录（MBR），当硬盘主引导记录感染病毒后，病毒就企图感染每个插入计算机进行读写的移动盘的引导区。这类病毒常常将其病毒程序替代主引导中的系统程序。引导区型病毒总是先于系统文件装入内存储器，获得控制权并进行传染和破坏。

2）文件型病毒

文件型病毒主要感染扩展名为 com、ext、drv、bin、ovl、sys 等可执行文件。通常寄生在文件的首部或尾部，并修改程序的第一条指令。当染毒程序执行时就先跳转去执行病毒程序，进行传染和破坏。这类病毒只有当带毒程序执行时，才能进入内存，一旦符合激发条件，它就发作。文件型病毒种类繁多，且大多数活动在 DOS 环境下，但也有些文件病毒可以感染 Windows 下的可执行文件，如 CIH 病毒就是一个文件型病毒。

3）混合型病毒

这类病毒既可以传染磁盘的引导区，也传染可执行文件，兼有上述两类病毒的特点。

4）宏病毒

宏病毒与上述病毒不同，它不感染程序，只感染 Microsoft Word 文档文件（即 DOC 文件）和模板文件（即 DOT 文件），与操作系统没有特别的关联。它们大多以 Visual Basic 或 Word 提供的宏程序语言编写，比较容易制造。它能通过软盘文档的复制、E-mail 下载 Word 文档附件等途径蔓延。当对感染宏病毒的 Word 文档操作时（如打开文档、保存文档、关闭文档等操作）它就进行破坏和传播。Word 宏病毒的破坏容易导致以下后果：不能正常打印；封闭或改变文件名称或存储路径；删除或随意复制文件；封闭有关菜单；无法正常编辑文件。

5）Internet 病毒（网络病毒）

Internet 病毒大多是通过 E-mail 传播的，“黑客”是危害计算机系统的源头之一。“黑客”指利用通信软件，通过网络非法进入他人的计算机系统，截取或篡改数据，危害信息安全。如果网络用户收到来历不明的E-mail,不小心执行了附带的“黑客程序”,该用户的计算机系统就会被偷偷地修改注册表信息,“黑客程序”也会悄悄地隐藏在系统中。当用户运行Windows时,“黑客程序”会驻留在内存,一旦该计算机联入网络,外界的“黑客”就可以监控该计算机系统,从而“黑客”可以对该计算机系统“为所欲为”。已经发现的“黑客程序”有BO(Back Orifice)、Netbus、Netspy、Backdoor等。

1.6.3 计算机病毒的防治策略

计算机病毒的防治要从防毒、查毒、解毒三方面来进行。对于一个病毒防范系统能力和效果的评价也要从防毒能力、查毒能力和解毒能力三方面进行。

防毒是指根据系统特性,采取相应的系统安全措施预防病毒侵入计算机系统。查毒是指对于确定的环境,能够准确地报出病毒名称。所谓的环境包括内存、文件、引导区(含主引导区)、网络等。解毒是指清除系统中的病毒,并恢复被病毒感染的对象。感染对象包括内存、引导区、可执行文件、文档文件、网络等。

防毒能力是指预防病毒侵入计算机系统的能力。通过采取预防措施,可以准确且实时地监测并预防经由光盘、软盘、硬盘、局域网、因特网(包括FTP方式、E-mail、HTTP方式)或其他形式的文件下载等多种方式进行的数据复制或数据传输,能够在病毒侵入系统时发出警报,并记录携带病毒的文件,及时清除其中的病毒。对网络而言,能够向网络管理员发送关于病毒入侵的信息,记录病毒入侵的工作站,必要时还能够注销工作站,隔离病毒源。

查毒能力是指发现和追踪病毒来源的能力。通过查毒能够准确地发现计算机系统是否感染病毒,准确查找出病毒的来源,并能给出统计报告。查毒能力应由查毒率和误报率来评判。

解毒能力是指从感染对象中清除病毒,恢复被病毒感染前的原始信息的能力。解毒能力应由解毒率来评判。

1. 计算机病毒预防

计算机病毒主要通过移动存储介质(如U盘、移动硬盘)和计算机网络两大途径进行传播。人们从工作实践中总结出一些预防计算机病毒的简易可行的措施,这些措施实际上是要求用户养成良好的使用计算机的习惯。具体归纳如下。

(1) 专机专用。制定科学的管理制度,对重要任务部门应采用专机专用,禁止与任务无关人员接触该系统,防止潜在的病毒犯罪。

(2) 利用写保护。对那些保存有重要数据文件且不需要经常写入的移动介质盘应使其处于写保护状态,以防止病毒的侵入。

(3) 慎用网上下载的软件。通过Internet是病毒转播的一大途径,对网上下载的软件最好检测后再用。也不要随便阅读从不相识人员发来的电子邮件。

(4) 分类管理数据。对各类数据、文档和程序应分类备份保存。

(5) 建立备份。对每个购置的软件应复制副本,定期备份重要的数据文件,以免遭受病毒危害后无法恢复。可以用打包软件将系统备份,以方便恢复。

(6) 采用病毒预警软件或防病毒卡。例如防火墙是指具有病毒警戒功能的程序。准备连接 Internet 时,启动了防火墙能连续不断地监视计算机是否有病毒入侵,一旦发现病毒立即显示提示,清除病毒。采用这种方法会占用一些系统资源。

(7) 定期检查。定期用杀病毒软件对计算机系统进行检测,发现病毒并及时消除。

(8) 准备系统启动盘。为了防止计算机系统被病毒攻击而无法正常启动,应准备系统启动盘。如果是品牌机,厂家会提供系统启动盘或恢复盘;如果是用户自己装配的计算机,最好制作系统启动盘,以便在系统染上病毒无法正常启动时,用系统盘启动,然后再用杀毒软件杀毒。

2. 计算机病毒的清除

如果计算机染上了病毒,文件被破坏了,最好立即关闭系统。如果继续使用,会使更多的文件遭受破坏。重新启动计算机系统,并用杀毒软件进行查杀病毒。一般的杀毒软件都具有清除/删除病毒的功能。清除病毒是指把病毒从原有的文件中清除掉,恢复原有文件的内容;删除是指把整个文件全删除掉。经过杀毒后,被破坏的文件有可能恢复成正常的文件。用反病毒软件消除病毒是当前比较流行的方法,它既方便又安全,一般不会破坏系统中的正常数据。特别是优秀的反病毒软件都有较好的界面和提示,使用相当方便。通常,反病毒软件只能检测出已知的病毒并消除它们,不能检测出新的病毒或病毒的变种。所以,各种反病毒软件的开发都不是一劳永逸的,而要随着新病毒的出现不断升级。目前较著名的反病毒软件都能实时检测系统并驻留在内存中,随时检测是否有病毒入侵。

目前较流行的杀毒软件产品有 360 安全卫士、腾讯电脑管家、金山毒霸、火绒安全软件、瑞星杀毒等。

计算机感染病毒后,用反病毒软件检测和消除病毒是被迫的处理措施,况且已经发现相当多的病毒在感染之后会永久性地破坏被感染程序,如果没有备份将不易恢复。因此,像"讲究卫生,预防疾病"一样,对计算机病毒采取预防为主的方针是合理、有效的。预防计算机病毒应从切断其传播途径入手。

习题

1. 计算机的发展经历了哪几个阶段?各阶段有什么特点?
2. 按综合性能指标分类,常见的计算机分哪几类?每类的特点是什么?
3. 计算机由哪几部分组成?分别说明各部件的作用。
4. 存储器的容量单位有哪些?
5. 存储器为什么要分内存和外存?二者有什么区别?高速缓存的作用是什么?
6. 指令和程序有什么区别?试述计算机指令的执行过程。
7. 进行下列数制转换。

(1) $(253)_D=(\quad)_B=(\quad)_H=(\quad)_O$

(2) $(66.57)_D=(\quad)_B=(\quad)_H=(\quad)_O$

(3) $(25)_H=(\quad)_B=(\quad)_D$

(4) $(3E1)_H=(\quad)_B=(\quad)_D$

(5) $(670)_O=(\quad)_B=(\quad)_D$

(6) $(10110101101011)_B=(\quad)_D=(\quad)_H=(\quad)_O$

8. 假定某台计算机的机器数占 8 位,试写出十进制数−67 的原码、反码和补码。

9. 什么是 ASCII 码?请写出 D、d、3 和空格的 ASCII 码值。

10. 微型机的基本结构由哪几部分构成?主机主要包括哪些部件?

11. 衡量 CPU 性能的主要技术指标有哪些?

12. 内存按其功能特征可分为哪几类?各有什么特征?

13. 什么是总线?按总线传输的信息特征可分为哪几类?各自的功能是什么?

14. 简述计算机语言的发展过程。

15. 简述媒体和多媒体技术。

16. 简述多媒体的特征。

17. 什么是计算机病毒?如何有效防治计算机病毒?

18. 按照计算机病毒的寄生方式和传播对象来分,计算机病毒主要有哪些类型?

第2章 Windows 7 操作系统

操作系统(Operating System,OS)是计算机系统中最基本、最重要的系统软件,是控制和管理整个计算机系统中所有硬件资源和软件资源的一组程序,是用户和计算机硬件之间的接口。本章将介绍操作系统的有关基本知识及常用的操作系统 Windows 7 的使用。通过本章学习,应掌握以下几点。

- 操作系统的基本概念、功能、组成及分类。
- Windows 操作系统的基本概念和常用术语,文件、文件夹、库等。
- Windows 操作系统的基本概念和应用。

(1) 桌面外观的设置、基本的网络配置。

(2) 熟练文件、磁盘、显示属性的查看、设置等操作。

(3) 中文输入法的安装、删除和选用。

(4) 掌握搜索软件、查询程序的方法。

(5) 了解软件和硬件的基本系统工具。

全国计算机等级考试一级考点汇总

考　　点	主 要 内 容
操作系统的概念及功能	什么是操作系统,操作系统的功能
操作系统的分类	操作系统的分类
Windows 7 的特点	Windows 7 的几大特点
Windows 7 的启动、注销和退出	Windows 7 的启动、注销和退出
Windows 7 的桌面组成	桌面的图标,任务栏和语言栏
Windows 7 的图形用户界面	多视窗技术,菜单技术,联机帮助
Windows 7 的桌面的基本操作	鼠标右键的操作,桌面任务栏的操作
创建新用户账户	创建新用户账户
Windows 7 的窗口	窗口的分类,窗口的组成,窗口的操作
菜单的组成及基本操作	菜单的组成及基本操作
查看计算机的基本信息	查看计算机的基本信息的方法、步骤
“资源管理器”的启动和退出	什么是资源管理器,“资源管理器”的启动和退出

续表

考　点	主要内容
创建快捷方式	什么是快捷方式,创建快捷方式
运行 MS-DOS 的命令环境	启动运行 MS-DOS 的命令环境
Windows 7 的帮助功能	Windows 7 的帮助功能使用
应用程序"画图"	"画图"程序的使用
应用程序"记事本"	"记事本"程序的使用
应用程序"写字板"	"写字板"程序的使用
应用程序"计算器"	"计算器"程序的使用
文件与文件夹的创建	文件和文件夹的概念,文件与文件夹的创建
文件与文件夹的选定	文件与文件夹的选定方法
文件与文件夹的目录结构	文件与文件夹的目录结构
文件与文件夹的复制、移动、删除	文件与文件夹的复制、移动、删除方法
文件与文件夹的重命名	文件与文件夹的重命名方法
文件与文件夹的属性设置	文件与文件夹的属性设置方法
文件与文件夹的查找	文件与文件夹的查找方法
设置显示器	显示器的分辨率、色彩、视频保护程序的设置
设置键盘和鼠标	键盘和鼠标的设置
添加和删除应用程序	更改或删除程序,添加新程序,添加/删除 Windows 组件
改变日期/时间和时区设置	改变日期/时间和时区设置
中文输入法的安装与输入	中文输入法的安装与输入
在"开始"菜单中添加新项目	在"开始"菜单中添加新项目

2.1 操作系统简介

2.1.1 操作系统的概念及功能

计算机发展到今天,从微型机到高性能计算机,无一例外都配置了一种或多种操作系统,操作系统已经成为现代计算机系统不可分割的重要组成部分。

操作系统直接运行在裸机上,是对计算机硬件系统的第一次扩充。在操作系统的支持下,计算机才能运行其他软件。操作系统是人与计算机之间通信的桥梁,为用户提供了一个清晰、简洁、易用的工作界面。用户通过操作系统提供的命令和交互功能实现各种访问计算机的操作。

操作系统是计算机系统中最基本、最重要的系统软件,是控制和管理整个计算机系统中所有硬件资源和软件资源的一组程序，是用户和计算机硬件之间的接口。

操作系统的主要功能是资源管理、程序控制和人机交互等。

(1) 资源管理。系统的设备资源和信息资源都是操作系统根据用户需求，按一定的策略来进行分配和调度的。操作系统对计算机资源的管理主要分为处理机管理、存储器管理、设备管理和文件管理四大功能。

(2) 程序控制。一个用户程序的执行自始至终都是在操作系统控制下进行的。一个用户将他要解决的问题用某一种程序设计语言编写了一个程序后，就将该程序连同对它执行的要求输入计算机内，操作系统就根据要求控制这个用户程序的执行直到结束。

(3) 人机交互。操作系统的人机交互功能是决定计算机系统“友善性”的一个重要因素。人机交互功能主要靠可输入输出的外部设备和相应的软件来完成。可供人机交互使用的设备主要有键盘、鼠标及各种模式识别设备等。与这些设备相应的软件就是操作系统提供人机交互功能的部分。

2.1.2 操作系统分类

从早期的单道批处理操作系统到目前应用于网络的网络操作系统等，操作系统本身经历了许多发展阶段。从不同的角度可以将操作系统分为多种类型。

(1) 按照使用环境的不同，操作系统可分为批处理操作系统、分时操作系统和实时操作系统。

(2) 按照处理方式的不同，操作系统可分为个人计算机操作系统、网络操作系统和分布式操作系统。

(3) 根据所支持的用户数目不同，操作系统可分为单用户操作系统(MS-DOS、OS/2)和多用户操作系统(UNIX、Windows)。

(4) 根据硬件结构，操作系统可分为网络操作系统(NetWare、Windows NT、OS/2)、分布式系统和多媒体系统等。

2.1.3 常用操作系统介绍

1) DOS

DOS(Disk Operating System)是微软公司在 20 世纪 70 年代研制的配置在 PC 上的单用户命令行(字符)界面操作系统。它曾经广泛地应用在 PC 上，对于计算机的应用普及可以说功不可没。DOS 的特点是简单易学、硬件要求低，但存储能力有限，现已被 Windows 替代。

2) Windows

微软公司的 Windows 操作系统是基于图形用户界面的操作系统。因其生动、形象的用户界面，简便的操作方法，吸引了成千上万的用户，成为目前装机普及率最高的一种操作系统。

微软公司于 1995 年推出 Windows 95，它可以独立运行而不需要 DOS 支持。2000 年，微软公司发布的 Windows 2000 有两大系列：Professional(专业版)及 Server 系列(服务器版)，包括 Windows 2000 Server、Advanced Server 和 Data Center Server，Windows

2000 可进行组网,因此它又是一个网络操作系统。2001 年 10 月 25 日,微软公司又发布了新版本的 Windows XP,其中 XP 是 Experience(体验)的缩写。2003 年,微软公司发布了 Windows 2003,增加了支持无线上网等功能。2005 年,微软公司发布了 Vista 系统(Windows 2005)。对操作系统核心进行了全新修正,界面比以往的 Windows 操作系统有了很大的改进,设置也较为人性化,集成了 Internet Explorer 7 等。2009 年 10 月,微软公司推出了 Windows 7,核心版本号为 Windows NT 6.1。Windows 7 先后推出了简易版、家庭普通版、家庭高级版、专业版、企业版等多个版本,不同用户可根据自身需求选择不同的版本。2012 年 10 月 26 日,Windows 8 正式推出。Windows 8 可用于个人计算机和平板计算机上。该系统具有良好的续航能力,且启动速度更快、占用内存更少,并兼容 Windows 7 所支持的软件和硬件。另外在界面设计上,采用平面化设计。2015 年 7 月 29 日,微软公司发布了 Windows 10。Windows 10 一共发布了 7 个版本:家庭版、专业版、企业版、教育版、移动版、移动企业版本和物联网核心版本。Windows 10 在操作系统的易用性和安全性上有了极大的提升,除了针对云服务、智能移动设备、自然人机交互等新技术的融合之外,还对固态硬盘、生物识别、高分辨率屏幕等硬件进行优化和完善。Window 10 还具有微软公司开发的新浏览器 Microsoft Edge。微软公司计划 2021 推出全新的 Windows 11 操作系统。Windows 11 具有 Windows 10 的全部功能和安全性,同时具有焕然一新的外观,还自带新的工具、声音和应用。

3) UNIX

UNIX 是一种发展比较早的操作系统,在操作系统市场一直占有较大的份额。UNIX 的优点是具有较好的可移植性。可运行于许多不同类型的计算机上,具有较好的可靠性和安全性,支持多任务、多处理、多用户、网络管理和网络应用。缺点是缺乏统一的标准,应用程序不够丰富,并且不易学习。这些都限制了 UNIX 的普及应用。

4) Linux

Linux 是一种源代码开放的操作系统。用户可以通过 Internet 免费获取 Linux 及其生成工具的源代码,然后进行修改,建立一个自己的 Linux 开发平台,开发 Linux 软件。

5) OS/2

1987 年,IBM 公司在推出 PS/2 的同时发布了为 PS/2 设计的操作系统 OS/2。在 20 世纪 90 年代初,OS/2 的整体技术水平超过了当时的 Windows 3.x,但因为缺乏大量应用软件的支持而失败。

6) MacOS

MacOS 是在苹果公司的 Power Macintosh 机及 Macintosh 一族计算机上使用的。它是最早成功的基于图形用户界面的操作系统,具有较强的图形处理能力,广泛应用于平面出版和多媒体应用等领域。MacOS 的缺点是与 Windows 缺乏较好的兼容性,因而影响了它的普及。

7) Novell NetWare

Novell NetWare 是一种基于文件服务和目录服务的网络操作系统,主要用于构建局域网。

8) iOS

iOS 是由苹果公司开发的移动操作系统,它最初是设计给苹果公司研发的智能手机

iPhone 使用的，后来陆续套用到苹果公司的 iPod 和 iPad 上。iOS 与 MacOS 操作系统一样，属于类 UNIX 的商业操作系统。

9）Android

Android 是一种基于 Linux 的自由及开放源代码的操作系统，主要用于智能手机、平板计算机等移动设备。Android 操作系统最初由 Andy Rubin 开发，于 2005 年 8 月由谷歌公司收购注资，目前由谷歌公司和开放手机联盟领导及开发。

2.2　Windows 7 概述

2.2.1　Windows 7 的特点

Windows 系列的操作系统以其直观友好的界面、强大的功能、良好的人机交互性成为目前使用最为广泛的操作系统。Windows 7 是微软公司于 2009 年推出的操作系统，其具有如下特点。

（1）易用。Windows 7 增加了许多方便用户的设计，如窗口半屏显示、快速最大化、跳转列表(Jump List)和系统故障快速修复等。

（2）简单。Windows 7 让搜索和使用信息更加简单，包括本地、网络和互联网搜索功能，用户体验将更加直观、更加高级，还会整合自动化应用程序提交和交叉程序数据透明性。

（3）高效。Windows 7 中，系统集成的搜索功能非常强大，只要用户打开“开始”菜单并开始输入搜索内容，无论要查找应用程序还是文本文件等内容，搜索功能都能够自动运行，给用户的操作带来极大的便利。

2.2.2　Windows 7 的图形用户界面

Windows 7 的桌面采用的是图形用户界面。计算机之所以能够迅速地进入千家万户，各种媒体信息能够方便、快捷地获取、加工和传递，得益于计算机、网络和多媒体等技术的发展，其中具有图形用户界面的操作环境也起到了很大的推动作用。图形用户界面以直观、方便的图像界面呈现在用户面前，用户无须在提示符后面输入命令，而是通过鼠标的单击来告诉计算机要做什么，使一切应用变得相对简单。

图形用户界面技术的特点主要体现在以下三方面。

1. 多视窗技术

在 Windows 7 环境中，计算机桌面只有一个主用户的主工作区。但用户有时需要使用多个应用程序，因此就需要在工作区中能同时显示多个应用程序和文档的功能，这就是多视窗技术。所谓多视窗技术就是指在同一屏幕上打开多个窗口。使用该技术使多个窗口在同一屏幕上显示，相当于有多个屏幕一样，可以有效增加屏幕在同一时间所显示的信息容量。

2. 菜单技术

菜单技术是 Windows 7 系统中最常用的一项技术,用户在使用某软件时,通常是借助于该软件提供的命令来完成任务,而软件功能越强大,它所提供的命令也就越多,需要用户记住的命令也就越多。菜单的出现,为这些命令的编排提供了一种很好的界面技术。它有效地避免了键盘输入命令过程中人为的错误,同时也减轻了用户对命令的记忆负担。“下拉式”菜单和“弹出式”菜单是两种经典且常见的菜单形式。

3. 联机帮助

联机帮助的主要作用是为初学者提供使用新软件的帮助,初学者在使用软件时遇到了困难,可以借助联机帮助随时查询有关信息来解决困难。

2.3 Windows 7 的使用和基本操作

本节重点介绍 Windows 7 的初步使用和常见的操作,包括启动、注销与退出 Windows 7 的方法。

2.3.1 启动与退出

1. 启动

要使用计算机就必须先启动计算机,即人们常说的“开机”。计算机在启动时,会自动对计算机中的内存、显卡和键盘等重要硬件设备进行检测,直到确认各设备工作正常后才会将系统的引导权交给操作系统。

启动计算机进入 Windows 7 操作系统的操作步骤如下。

(1) 确保在连接计算机的外部电源接通的情况下,按下显示器上的电源开关。

(2) 按下主机上的电源开关,之后显示器屏幕上显示提示信息,表示系统开始自检。

稍后将出现如图 2-1 所示的引导界面,然后将出现如图 2-2 所示的 Windows 7 欢迎界面。

图 2-1 Windows 7 启动引导界面

图 2-2 Windows 7 欢迎界面

若计算机中已添加了多个用户账户，在引导界面后会出现如图 2-3 所示的账户选择界面，该界面将列出各用户的图标，单击某个图标即可进入欢迎界面。

若所选账户设置了启动密码，在选择账户后会先进入如图 2-4 的账户登录界面，在文本框中输入密码后，按 Enter 键或单击文本框后面的按钮进入欢迎界面。

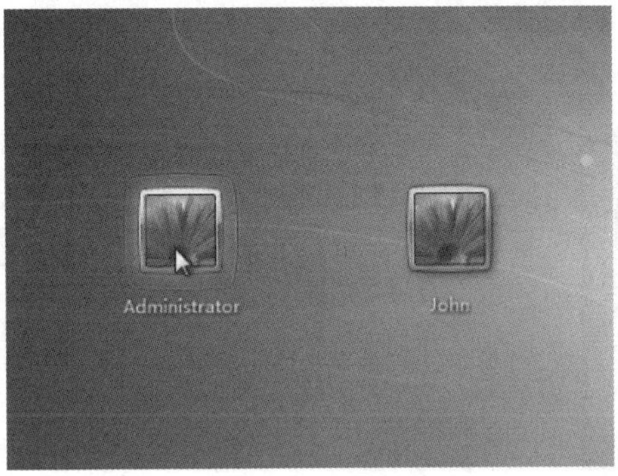

图 2-3　账户选择界面

图 2-4　账户登录界面

在欢迎界面稍等片刻即可进入操作系统。进入操作系统后，会显示操作系统的桌面。如图 2-5 所示为 Windows 7 的默认桌面。

图 2-5　Windows 7 的默认桌面

2. 退出

在需要关闭计算机或重新启动计算机时，可退出 Windows 7 操作系统。在退出 Windows 7 前应关闭所有的应用程序，并按下述操作步骤退出 Windows 7 操作系统，非正常退出可能造成数据丢失和资源浪费，严重时还将造成系统损坏。

退出 Windows 7 操作系统的操作步骤如下。

单击 按钮，在弹出的“开始”菜单（见图 2-6）中单击 关机 按钮，即可退出 Windows 7。

若在弹出的“开始”菜单中单击或用鼠标指向 关机 按钮旁边的 按钮，则会弹出如图 2-7 所示的菜单，菜单中有“切换用户”“注销”“锁定”“重新启动”和“睡眠”5 个按钮，其作用分别如下。

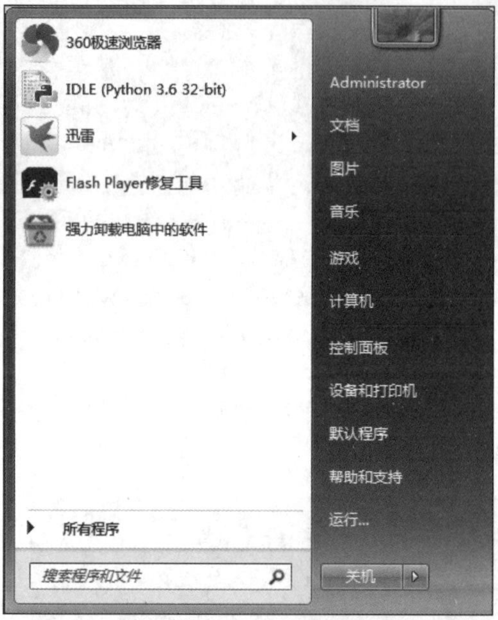

图 2-6　单击“关机”按钮

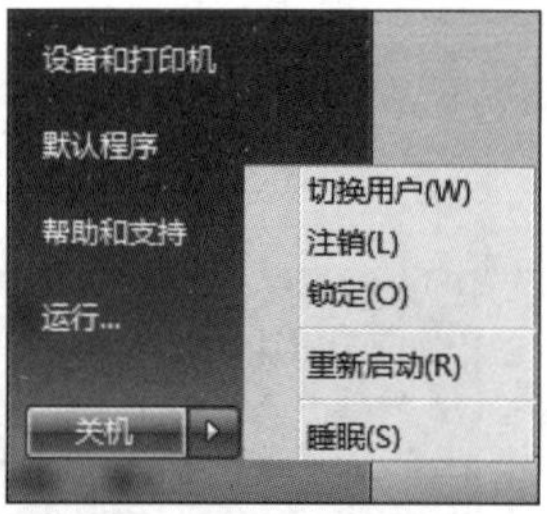

图 2-7　“关机”菜单

“切换用户”按钮：单击该按钮退出当前用户，并不关闭当前运行的程序，然后返回到如图 2-3 所示的账户选择界面，选择要切换到的用户账户图标进行登录即可。

“注销”按钮：单击该按钮会退出当前用户，并关闭当前正在使用的所有程序，然后返回到如图 2-4 所示的账户登录界面。

“锁定”按钮：单击该按钮会退出当前用户，但并不关闭当前运行的程序，然后返回到如图 2-4 所示的账户登录界面。

“重新启动”按钮：单击该按钮，计算机将重新启动。

“睡眠”按钮：单击该按钮，计算机将进入睡眠状态，即以最小的能耗保证计算机处于锁定状态。

2.3.2　桌面组成

桌面是显示窗口、图标、菜单和对话框的屏幕工作区域。它由桌面图标、桌面背景、任务栏和“开始”按钮等构成，如图 2-8 所示。

(1) 桌面背景：桌面背景是操作系统为用户提供的一个图形界面，作用是让系统的外观变得更美观。用户可根据需要更换不同的桌面背景。

(2) 桌面图标：包括“计算机”“网络”“回收站”和一些常用的应用程序快捷方式

图标。

图 2-8　桌面

(3) 任务栏：包含“开始”按钮、快速启动栏、任务按钮区、语言栏等，默认情况下出现在桌面底部。可通过单击任务按钮在运行的程序间切换。也可隐藏任务栏，将其移至桌面的两侧或顶部，或按其他方法自定义任务栏。

(4) “开始”按钮：位于桌面左下角的按钮即是“开始”按钮，单击该按钮在弹出的“开始”菜单中可对 Windows 7 进行各种操作。

2.3.3　桌面的操作

针对桌面的基本操作是常用的系统操作技术，主要包括：在桌面右击的相关操作和任务栏的操作。

1. 桌面右击的相关操作

在桌面空白处右击，会弹出相应菜单，如图 2-9 所示。

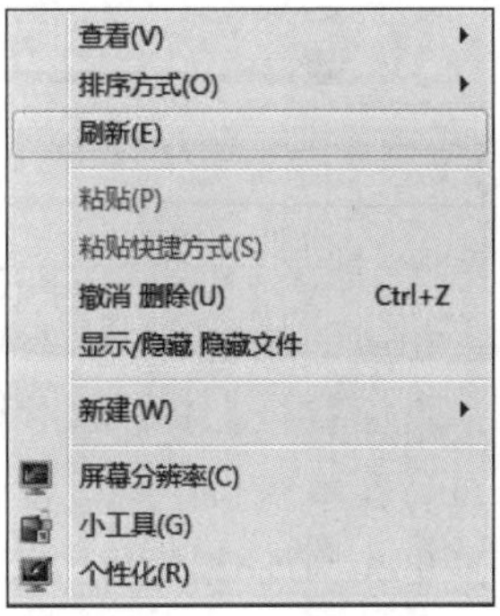

图 2-9　桌面右击操作列表

(1) 排序方式：鼠标指向“排序方式”，会弹出如图 2-10 所示的子菜单，其中显示 4 个排列图标命令：名称、大小、项目类型、修改日期。单击它们可以分别按照菜单名称要求的顺序进行排列。

(2) 刷新：让桌面的显示信息更新为最新的状态。

(3) 新建：鼠标指向“新建”，将会弹出如图 2-11 所示的子菜单。选择其中的选项可分别用来新建文件夹或者 Excel 表格、Word 文档等不同类型的文件。

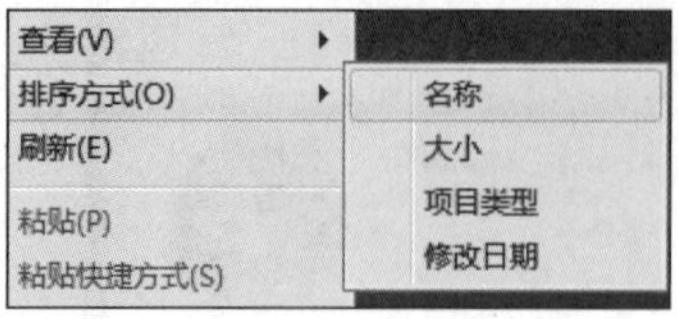

图 2-10 “排序方式”子菜单

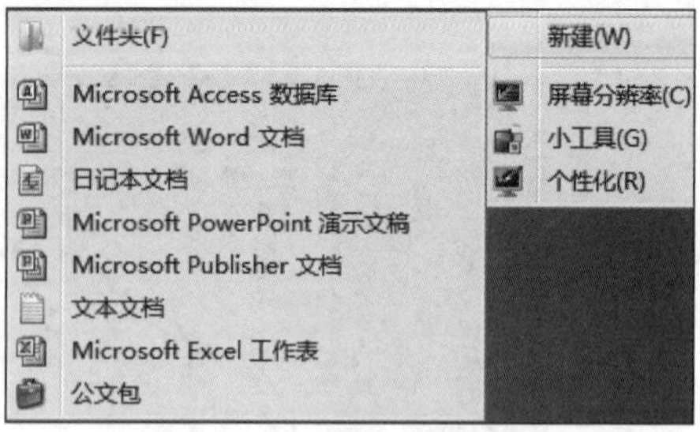

图 2-11 “新建”子菜单

(4) 个性化：单击如图 2-11 所示菜单中的“个性化”选项,将会弹出“个性化”窗口,如图 2-12 所示。在“个性化”窗口中,可以在主题列表中选择一个主题,单击主题即可应用。主题是图标、字体、颜色、声音和其他窗口元素的预定义的集合,它使用户的桌面具有与众不同的外观。单击“联机获取更多主题”超链接可以进入微软公司官方网站下载更多风格的主题。

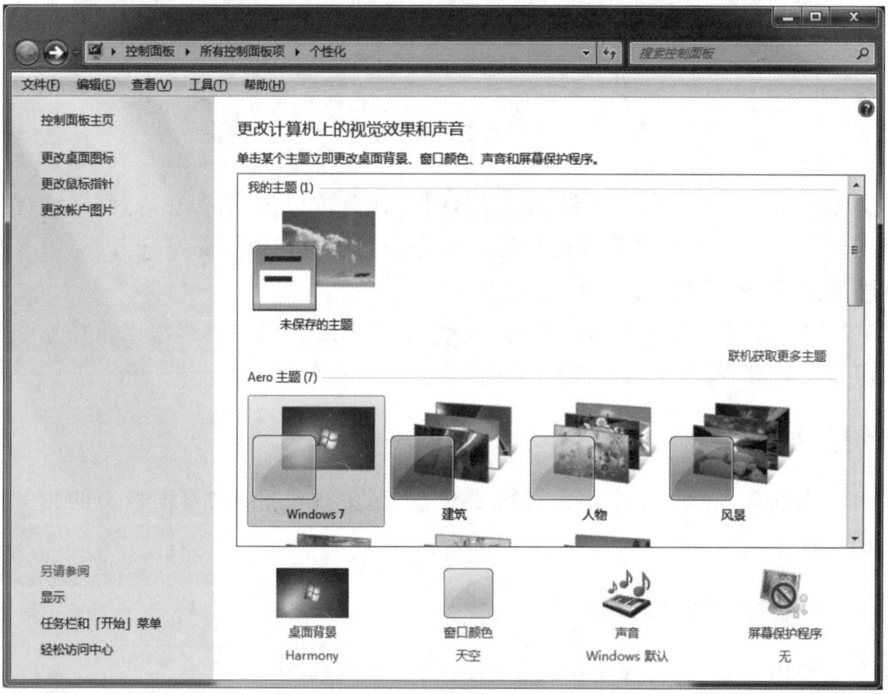

图 2-12 “个性化”窗口

“个性化”窗口下方还有桌面背景、窗口颜色、声音、屏幕保护程序 4 个超链接。分别单击相应的超链接,可以进入对应的设置窗口。

桌面背景：单击如图 2-12 界面中的“桌面背景”,将出现如图 2-13 所示的“桌面背景”窗口。在本窗口中可以设置桌面背景图。单击中间的列表框中的某一图片,即可将桌面背景更换为所选图片。或者可以单击“浏览”按钮,打开“浏览文件夹”对话框,选择保存在计算机磁盘中的图片,如图 2-14 所示。选择桌面背景图片后,可以选择图片在桌面的位置,在"图片位置"列表中,可以选择"填充""适应""居中""平铺""拉伸"。

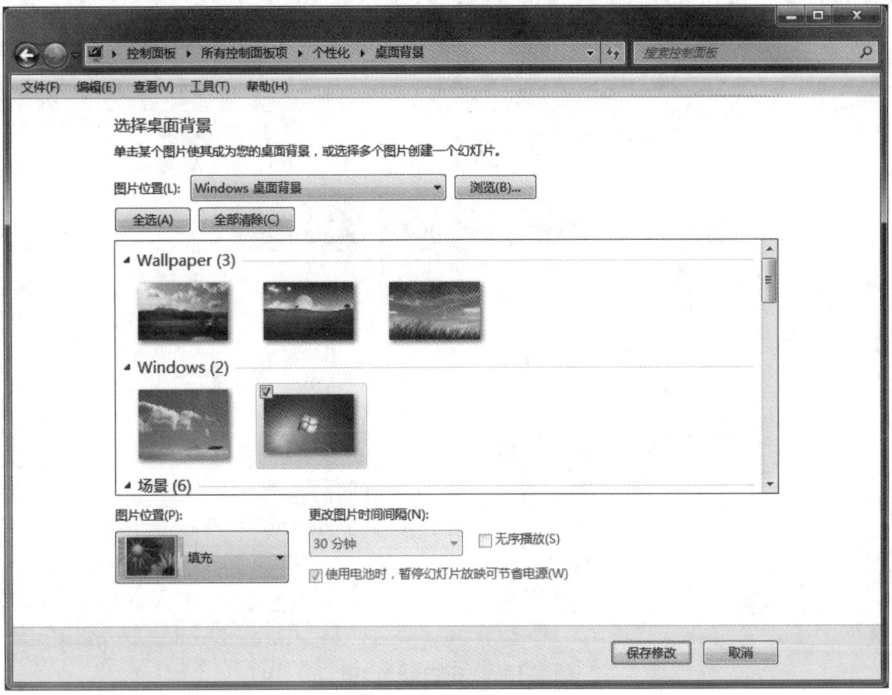

图 2-13　"桌面背景"窗口

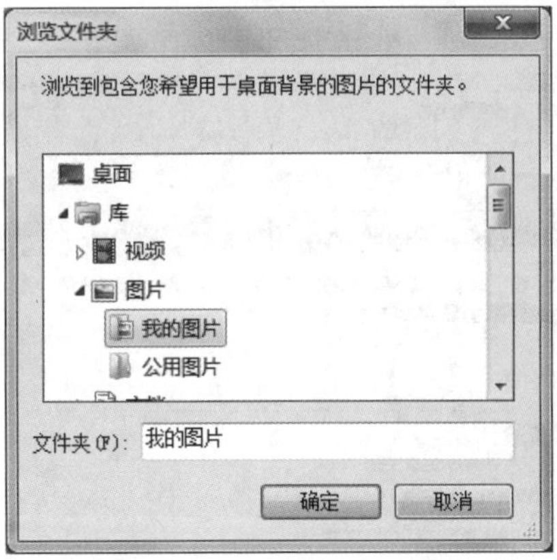

图 2-14　"浏览文件夹"对话框

窗口颜色:单击如图 2-12 所示界面中的"窗口颜色",将出现如图 2-15 所示的"窗口颜色"窗口。可以在列表中选择不同样式的窗口边框、"开始"菜单和任务栏的颜色。

声音:单击如图 2-12 所示界面中的"声音",将出现如图 2-16 所示的"声音"对话框。在"声音方案"下拉列表中可以选择需要应用的声音主题。声音主题是应用于 Windows 和程序事件中的一组声音。若要更改声音,单击程序事件列表中的事件,选择要应用的声音即可。

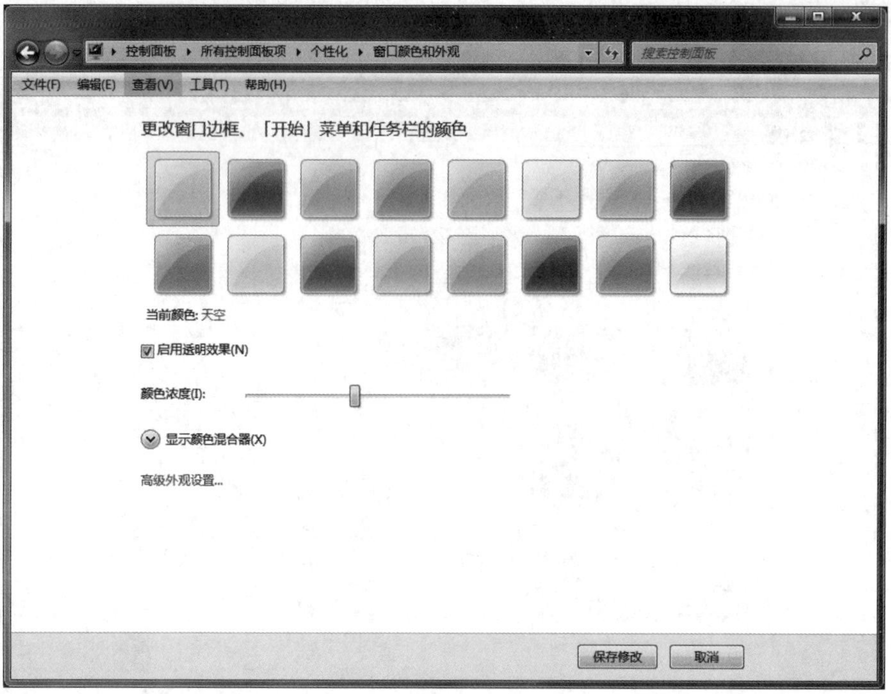

图 2-15 “窗口颜色”窗口

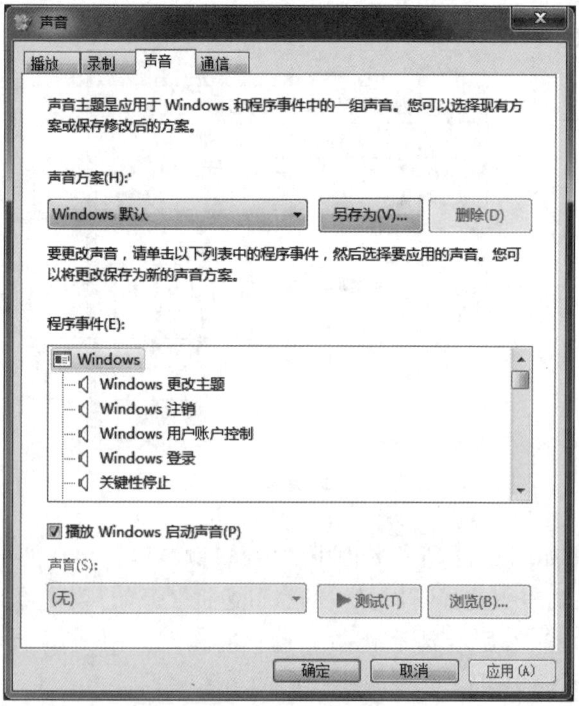

图 2-16 “声音”对话框

屏幕保护程序：单击如图 2-12 所示界面中的"屏幕保护程序"，将出现如图 2-17 所示的"屏幕保护程序设置"对话框。在"屏幕保护程序"下拉列表中可以选择屏幕保护的显示图样，在"等待"后的文本框中可以设置启动屏保的时间限制。如果计算机超过一定时间(在"等待"中指定的分钟数)未操作，屏幕保护程序就会自动启动。如果要在启动后将其清除，移动一下鼠标或按任意键即可。还可以选中"在恢复时显示登录屏幕"以设置清除屏保时必须输入密码来重新回到桌面。

图 2-17　"屏幕保护程序设置"对话框

2. 任务栏的操作

(1) "开始"按钮：单击"任务栏"左下角的"开始"按钮，弹出如图 2-18 所示的"开始"菜单，可以允许您轻松地访问计算机上最有用的项目。单击"帮助和支持"可以学习使用 Windows、获取疑难解答信息、得到支持等。单击或将鼠标指向"所有程序"可以打开一个程序列表，列出计算机上当前安装的程序。还包括系统程序、关机、注销等常用操作。在用户账户区可见当前账户的用户名和账户图标，单击该图标可打开"用户账户"窗口，可在该窗口更改用户账户的密码和图片。单击"常用菜单"和"系统控制区"中的命令，可以打开相应的程序或打开下一级弹出菜单。在搜索栏的文本框中输入要搜索的文件名或程序名后按 Enter 键，可快速找到该文件或程序。

(2) 快速启动栏：如图 2-19 所示，用于放置常用的应用程序快捷方式，可通过拖曳将需要的快捷方式添加或删除。单击其中图标可以打开相应的应用程序。

(3) 任务按钮：如图 2-19 所示，系统会将打开的程序任务显示在任务栏，在打开很多

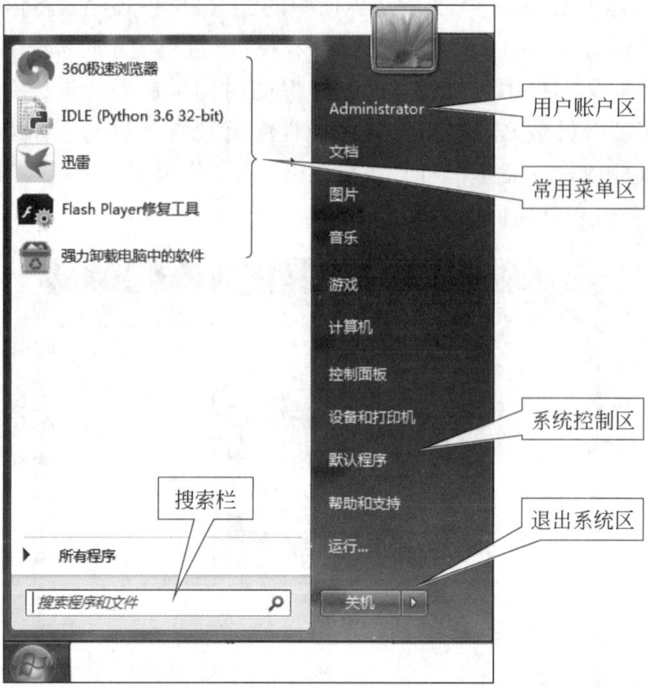

图 2-18 开始菜单

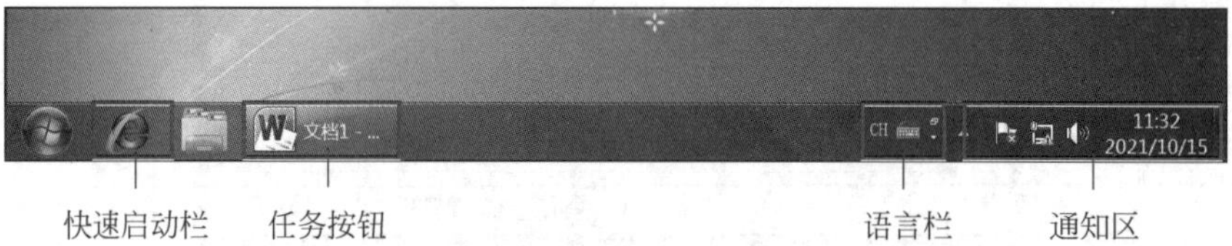

图 2-19 任务按钮

文档和程序窗口时,会在任务栏显示程序任务按钮,单击该按钮然后单击某个文档,即可查看该文档。

(4) 通知区:在任务栏按钮右边的区域会显示时间,也可以包含快速访问程序的快捷方式。例如,"音量控制"和"电源选项"。其他快捷方式也可能暂时出现,它们提供关于活动状态的信息。例如,将文档发送到打印机后会出现打印机的快捷方式图标,该图标在打印完成后消失。该区域中可以挤满发生一定事件(如收到电子邮件或打开"任务管理器")时所显示的通知图标。

(5) 语言栏:用于切换和显示系统使用的输入法。其默认状态为图标,表示处于英文输入状态,单击图标,在弹出的菜单中可选择其他输入法。

可以将语言栏移动到屏幕的任何位置,也可以将其最小化到任务栏或使其透明化。如果不使用它,则可以关闭它。因为文字服务会占用内存并可能影响性能,所以应删除不使用的文字服务。可以通过按住 Ctrl 键再按 Shift 键切换不同输入法。

2.3.4　创建新用户账户

向计算机添加用户时，意味着正在允许个人有权访问计算机上的文件和程序。单击“开始”按钮，单击“控制面板”，在窗口右侧的“查看方式”中选择“大图标”打开所有控制面板项，然后单击“用户账户”，打开后界面如图 2-20 所示。单击“管理其他账户”，打开如图 2-21 所示的“管理账户”窗口。

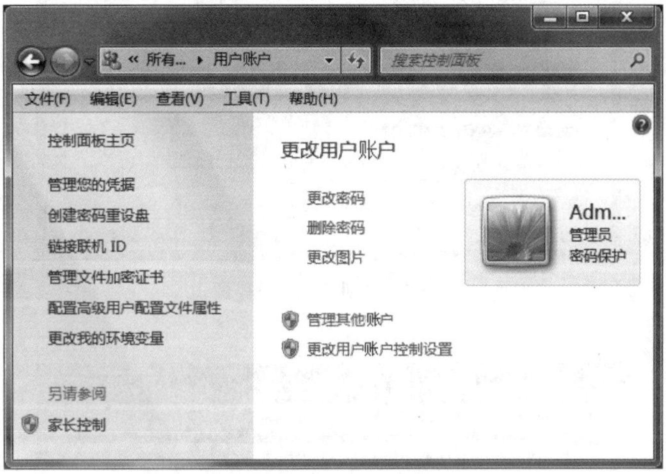

图 2-20　“用户账户”窗口

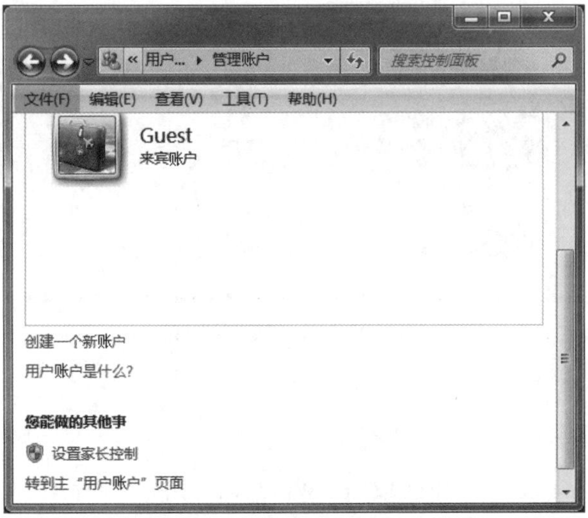

图 2-21　“管理账户”窗口

单击“创建一个新账户”，填入新用户名，如图 2-22 所示。单击“创建账户”按钮将返回“管理账户”窗口，并显示新创建的用户账户，如图 2-23 所示。

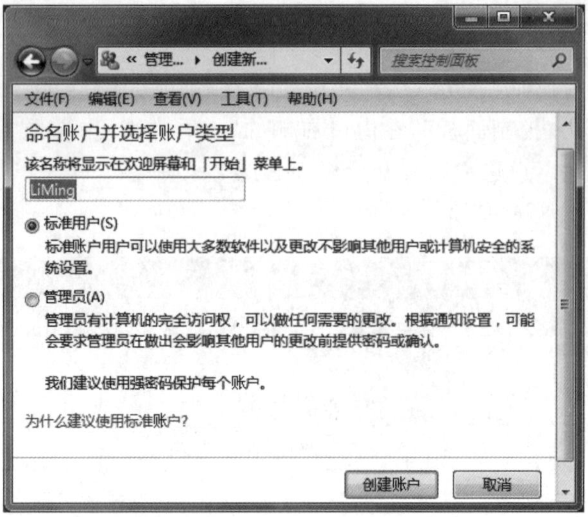

图 2-22 “创建新账户”窗口

图 2-23 “管理账户”窗口

2.3.5 窗口

窗口是指显示在桌面的工作区域，在 Windows 7 中打开程序、文件或文件夹时都将打开其对应的窗口，虽然窗口的样式多种多样，但组成结构大致相同。双击桌面上的“计算机”图标即可打开“计算机”窗口，打开其他窗口的方法与此类似，通过它可以对存储在计算机中的所有资料进行操作。一般来说，每个应用程序都有一个属于自己的窗口。

1. 窗口分类

窗口包括应用程序窗口、文档窗口、文件夹窗口、对话窗口等，如图 2-24 所示为“写字板”应用程序窗口。

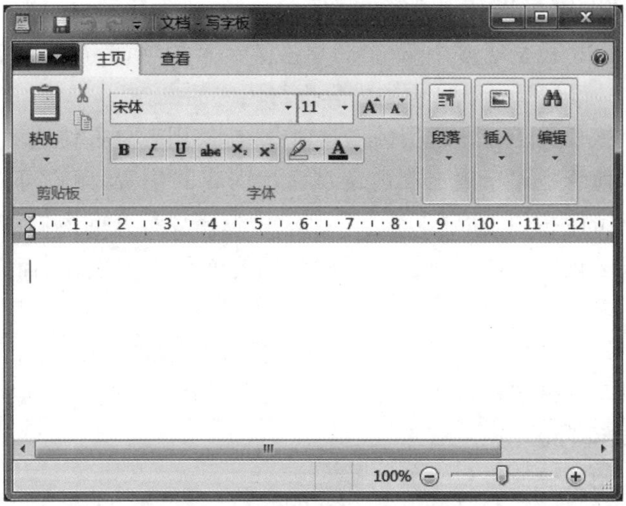

图 2-24　“写字板”应用程序窗口

2. 窗口组成

以“计算机”窗口为例，窗口组成如图 2-25 所示，主要由标题栏、菜单栏、工具栏、地址栏、导航窗格、细节窗格、窗口工作区、搜索框组成。

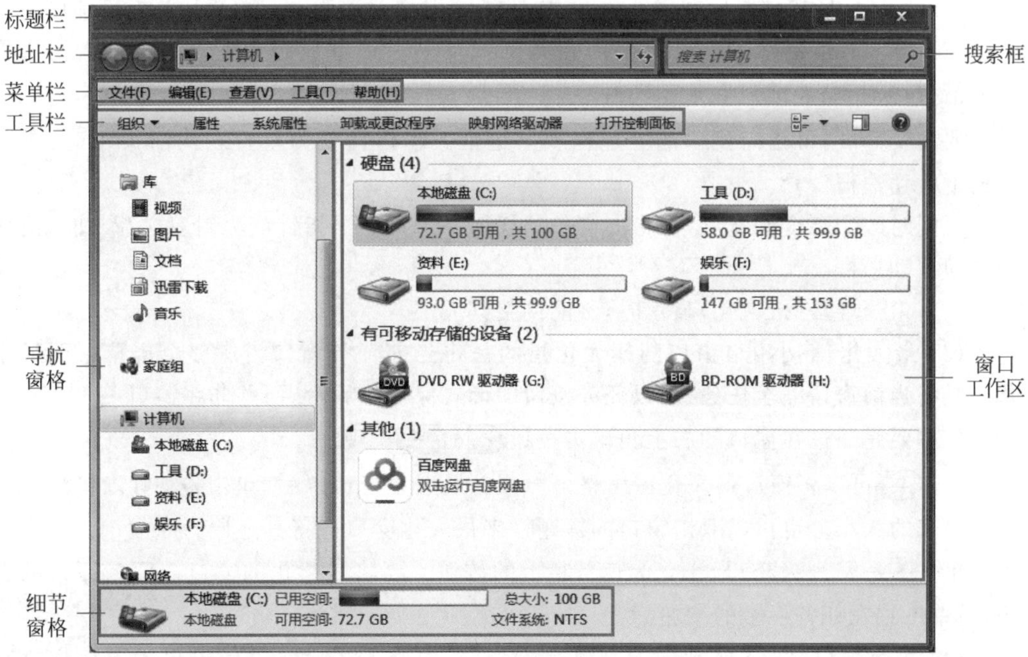

图 2-25　“计算机”窗口组成

(1) 标题栏：标题栏位于窗口的顶部，右端由“最小化”按钮、“最大化”按钮和“关闭”按钮组成，可以分别对窗口进行最小化、最大化和关闭操作。

(2) 菜单栏：该栏包含了多个菜单项，单击某个菜单项即可弹出相应的下拉菜单，其中又包含多个命令，可对“计算机”中的内容进行相应的操作。

(3) 工具栏：该栏展示一些常用的工具命令，让使用者更方便地使用计算机。

(4) 地址栏：地址栏用于确定当前窗口显示内容的位置，用户可以通过在地址栏中输入或单击其右侧的按钮，在弹出的下拉列表中选择要打开的窗口地址。

(5) 导航窗格：该窗格给用户提供了树状结构文件夹列表，从而方便用户快速定位所需的目标。

(6) 细节窗格：该窗格用于显示当前窗口或所选对象的详细信息。

(7) 窗口工作区：该工作区用于显示主要内容，如多个文件夹、磁盘驱动等。它是窗口中最主要的组成部分。

(8) 搜索框：用于快速查找文件。

3. 窗口操作

窗口的基本操作包括移动窗口、最大/最小化窗口、改变窗口大小、切换窗口、选择命令、操作窗口中的对象和关闭窗口等。

(1) 移动窗口：窗口是显示在桌面上的，当打开的窗口遮盖了桌面上其他的内容，或打开的多个窗口出现重叠现象时，可通过移动窗口位置来显示其他内容。移动窗口的方法是：单击窗口标题栏后按住鼠标左键不放拖动窗口标题栏到适当位置后释放鼠标左键即可。

(2) 窗口大小调整：要改变宽度，可指向窗口的左边框或右边框。当指针变为水平双向箭头↔时，向左或向右拖动边框。

要改变高度，可指向窗口的上边框或下边框。当指针变为垂直双向箭头↕时，向上或向下拖动边框。

要同时改变高度和宽度，可指向窗口的任何一个角。当指针变为斜双向箭头时，沿任何方向拖动边框。

当窗口全屏幕(最大化)显示时，不能调整其大小。

(3) 最大化、最小化：窗口的最大化指的是将当前任务窗口占满整个屏幕。而最小化则是将当前窗口缩至任务栏，以任务按钮的形式保存至后台，而并非将窗口关闭。它们的操作主要是通过在窗口的右上角单击按钮和实现。

单击可以将窗口最大化占满整个屏幕。最大化窗口以后，单击可以将窗口还原为原来的大小。也可以双击窗口的标题栏来最大化窗口或将其还原为原大小。

单击可以将窗口最小化为任务栏上的按钮。要将最小化的窗口还原为原来的大小，可单击它在任务栏上的按钮。

(4) 关闭窗口：当不需要对窗口进行操作时，可将其关闭。关闭窗口的方法主要有以下几种。

① 单击窗口右上角的按钮。

② 将该窗口切换至当前窗口，然后按 Alt＋F4 组合键。

③ 在任务栏中窗口对应的任务按钮上右击，在弹出的快捷菜单中选择“关闭窗口”命令。

2.3.6　查看计算机基本信息

在桌面“计算机”上右击，然后选择“属性”，弹出“系统”窗口。或者打开 “控制面板”中的所有控制面板项，单击“系统”打开如图 2-26 所示“系统”窗口即可以查看计算机的基本信息，如 Windows 版本、计算机硬件配置和计算机名称、域和工作组设置等信息。通过单击“系统”左窗格中的链接可以更改重要系统设置。

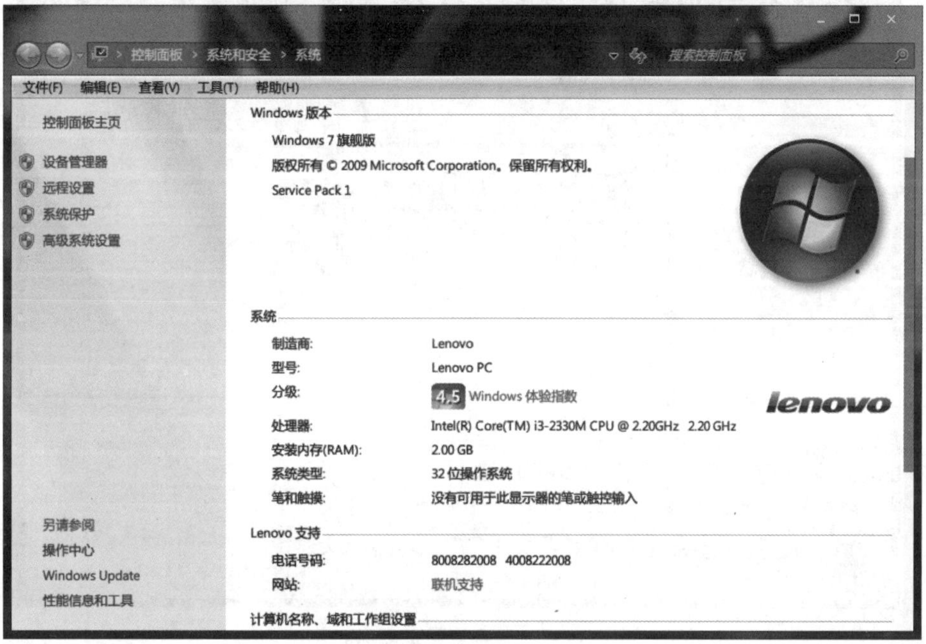

图 2-26　“系统”窗口

(1) 设备管理器：该链接将打开“设备管理器”窗口，在此窗口可查看计算机中的硬件设备信息、更改设置和更新驱动程序。

(2) 远程设置：该链接将打开“系统属性”窗口的“远程”选项卡，在此页面可进行远程桌面设置和远程协助设置。

(3) 系统保护：该链接将打开“系统属性”窗口的“系统保护”选项卡，此页面用于进行系统还原和保护设置。

(4) 高级系统设置：该链接将打开“系统属性”窗口的“高级”选项卡，此页面用于访问高级性能、用户配置文件和系统启动设置。

2.3.7　资源管理器的使用

Windows 资源管理器显示了计算机上的文件、文件夹和驱动器的分层结构。同时显示了映射到计算机上的驱动器号的所有网络驱动器名称。使用 Windows 资源管理器，可以复制、移动、重新命名以及搜索文件和文件夹。

1. “资源管理器”的打开和关闭

要打开“Windows 资源管理器”，单击“开始”按钮弹出“开始”菜单，依次指向“所有程序”“附件”，然后单击“Windows 资源管理器”。还可以右击“开始”按钮，在弹出的菜单中选择“打开 Windows 资源管理器”。打开的界面如图 2-27 所示。“资源管理器”窗口与“计算机”窗口类似，只是导航窗格中默认选择的是“库”。关于“库”的解释见 2.5.1 节。

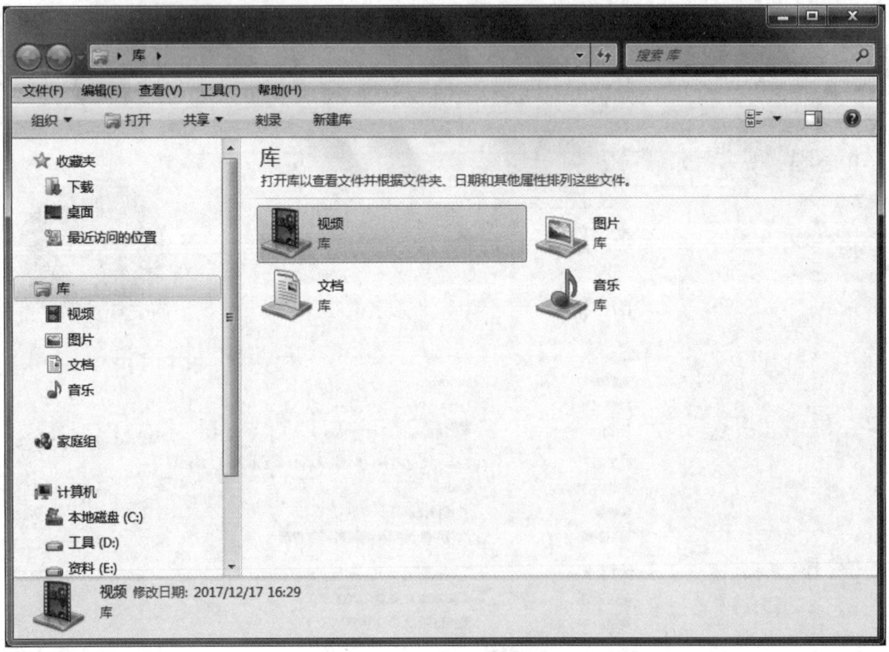

图 2-27 “资源管理器”窗口

2. “资源管理器”的使用

(1) 打开资源管理器导航窗格中的某个文件或文件夹。

通过资源管理器中的导航窗格可以更方便地对各个不同位置的文件或文件夹进行操作，在导航窗格中单击展开某个文件夹或某个库，在右侧窗口便会自动出现该文件夹或该库内的文件及文件夹情况。

例如，打开 E 盘中的“c 语言”文件夹的操作步骤如下：在导航窗格单击“计算机”选项中“资料(E:)”前的 ▹ 按钮，在展开的 E 盘中可查找到“c 语言”文件夹，单击文件夹即可将其打开，并在右侧的窗口中查看，如图 2-28 所示。

(2) 在资源管理器中复制或移动文件或文件夹。

可以打开要复制或移动的文件或文件夹，然后单击该文件，不松开左键的状态下拖动到其他目标文件夹或驱动器，再松开左键。将“c 语言”文件夹从 E 盘拖动至 D 盘，如图 2-29 所示。

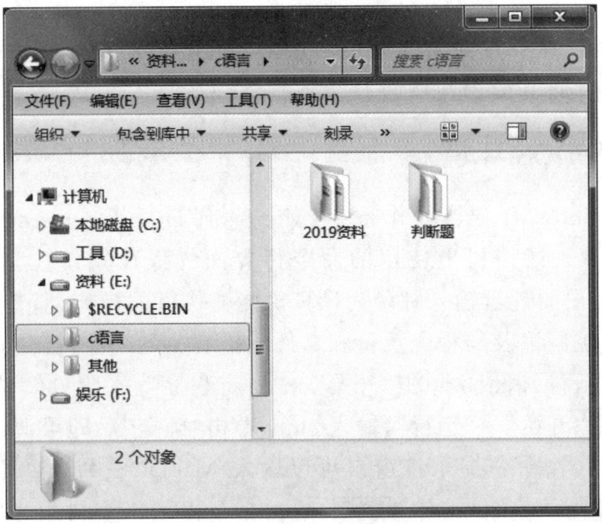

图 2-28　通过文件夹列表打开文件夹

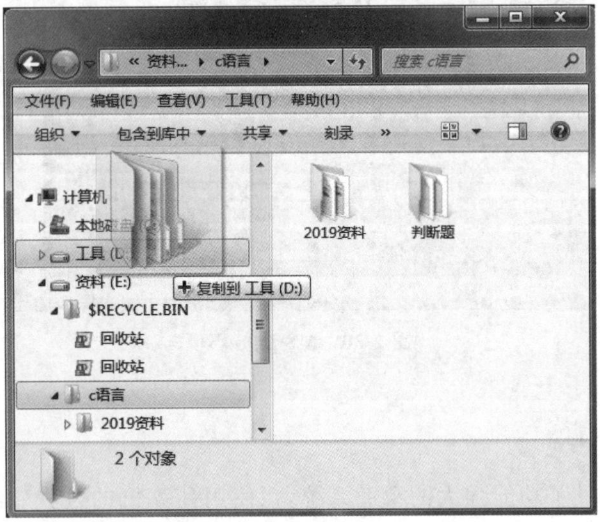

图 2-29　复制或移动文件或文件夹

2.3.8　创建快捷方式

创建快捷方式就是在桌面建立各种应用程序、文件、文件夹等的快捷方式图标，双击这些图标就可打开这些项目。在桌面上放置快捷方式的 3 种方法如下。

（1）打开要创建快捷方式的项目所在的位置，右击该项目，然后单击“创建快捷方式”，新的快捷方式将出现在原始项目所在的位置上，最后将新的快捷方式拖动到桌面上即可。

（2）使用鼠标右键将项目拖到桌面上，放开鼠标后，在弹出的菜单中单击“在当前位置创建快捷方式”。

(3) 右击该项目,然后在弹出的菜单中单击“发送到/桌面快捷方式”,这将为所选文件夹创建快捷方式并将其放置在桌面上。

2.3.9 运行 MS-DOS 环境

MS-DOS 是 Microsoft 磁盘操作系统(Microsoft Disk Operating System)的首字母组合,它是一种在个人计算机上使用的命令行界面的操作系统。与其他操作系统(如 OS/2)一样,它将用户的键盘输入翻译为计算机能够执行的操作,监督诸如磁盘输入和输出、视频支持、键盘控制以及与程序执行和文件维护有关的一些内部功能等操作。

要打开命令提示符,请依次单击“开始”→“所有程序”→“附件”,然后单击“命令提示符”。或者依次单击“开始”→“运行”,输入 cmd,单击“确定”后即可调出 MS-DOS 运行环境,如图 2-30 所示。在命令提示符窗口可以输入 MS-DOS 命令。要结束 MS-DOS 会话,可以单击标题栏的“关闭”按钮,或在命令提示符窗口中光标闪烁的地方输入 exit,然后按 Enter 键。

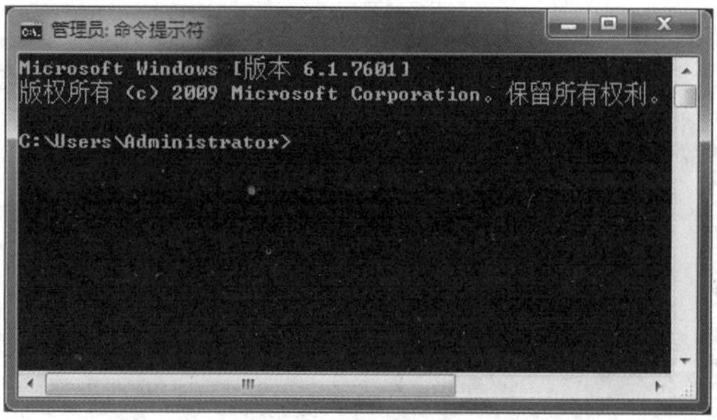

图 2-30　MS-DOS 环境

2.3.10 帮助功能

Windows 7 提供了功能强大的帮助系统,在使用计算机的过程中遇到疑难问题无法解决时,可以在帮助系统中寻找解决问题的方法。在帮助系统中不但有关于 Windows 7 操作与应用的详尽说明,而且可以在其中直接完成对系统的操作。

打开“开始”菜单,选择“帮助和支持”命令后,即可打开“Windows 帮助和支持”窗口,如图 2-31 所示。在这个窗口中会为用户提供帮助主题、指南、疑难解答等支持服务。帮助系统以 Web 页的风格显示内容,以超链接的形式打开相关的主题,这样用户可以很方便地进行搜索并找到所需要的内容,快速了解 Windows 7 的新增功能及各种常规操作。

2.3.11 “开始”菜单的使用

1. 启动应用程序

通过“开始”菜单,可以很方便地启动各种应用程序,此类应用程序为安装好操作系统

图 2-31　“Windows 帮助和支持”窗口

后自动添加至“开始”菜单的“所有程序”项中的快捷方式，也有用户自行安装的应用程序的快捷方式。下面以启动“记事本”程序为例介绍如何启动应用程序。

单击“开始”按钮，依次选择“所有程序”→“附件”→“记事本”，如图 2-32 所示。屏幕上出现“记事本”窗口。

图 2-32　打开“记事本”

2. 搜索程序和文件

Windows 7 操作系统提供了搜索文件的命令，这极大地方便了用户的操作。搜索文件的过程如下：单击“开始”按钮打开“开始”菜单，然后在搜索框中输入字词或字词的一部分。输入后,与所输入文本相匹配的项将出现在“开始”菜单上。例如,用户想要查找扫雷游戏,在搜索框中输入“扫雷”,即可看到搜索结果,如图 2-33 所示。

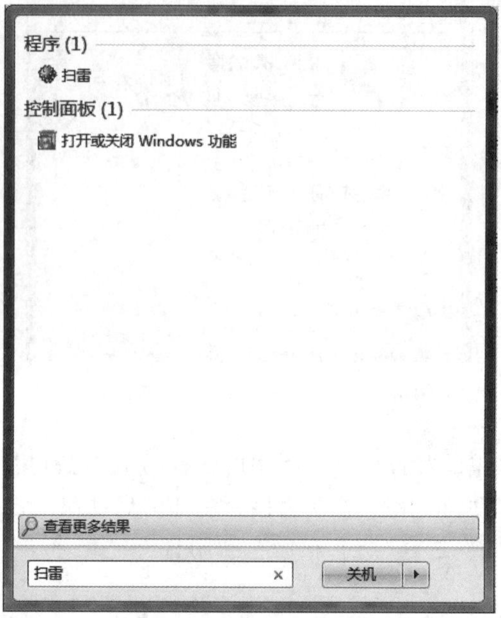

图 2-33 搜索结果

2.3.12 键盘和鼠标的使用

1. 键盘的布局

键盘是输入文字的主要工具。无论是英文、中文、特殊字符还是各种数据信息都可通过键盘输入计算机中。只有掌握了键盘上每个键的分布位置,以及每个键的作用和正确的击键方法,才能快速准确地输入字符。

目前大多数用户使用的键盘都是 107 键的标准键盘,该键盘按照各键功能的不同,可大致分为功能键区、主键盘区、编辑控制键区、小键盘区及状态指示灯区 5 个键位区,如图 2-34 所示。

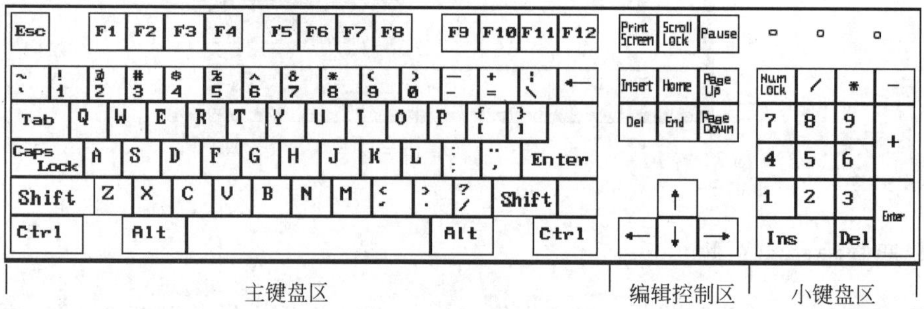

图 2-34 键盘布局

功能键区：功能键区位于键盘的顶端，排列成一行，包括 F1～F12 键、Esc 键和最右侧的 3 个控制键。其中 F1～F12 键和 Esc 键在不同的应用软件中有着各自不同的作用。通常情况下，按 Esc 键可以起到取消和退出的作用；在程序窗口中按 F1 键可以获取该程序的帮助信息；按 Power 键将执行关机操作；按 Sleep 键将使计算机转入睡眠状态以节约用电；按 Wake Up 键可将计算机从睡眠状态唤醒。

主键盘区：主键盘区既是键盘上使用最频繁的键区，也是键盘中键位最多的一个区域，主要用于输入英文、汉字、数字和符号，该区由字母键、数字键、符号键、控制键和 Windows 功能键组成。

编辑控制键区：编辑控制键区位于主键盘区和小键盘区之间，主要用于在文本编辑中对光标进行控制。

小键盘区：小键盘区位于键盘的最右侧，主要用于快速输入数字及进行光标移动控制，在银行系统和财务会计等领域应用广泛。小键盘区的所有键几乎都是其他键区的重复键，如主键盘区的数字键和符号键，编辑控制键区的 Home 键、End 键和↑、↓、←、→键等。

状态指示灯区：状态指示灯区位于小键盘区上方，主要包括 Num Lock、Caps Lock 和 Scroll Lock 3 个指示灯，分别用来指示小键盘的工作状态、大小写状态以及滚屏锁定状态。

2. 掌握正确的击键指法与姿势

掌握正确的击键方法和打字姿势，可加快文字输入速度，从而提高工作效率并减轻长时间工作带来的疲劳感。

1）手指的分工

为了确定每根手指的分工，将键盘中的 A、S、D、F、J、K、L 和“;”8 个键指定为基准键位，左右手除两个拇指外的其他 8 个手指分别对应其中的一个键位。其中，F 和 J 键称为定位键，该键的表面通常有一小横杠，便于用户快速找到这两个键。在没有进行输入操作时，应将左右手食指分别放在 F 和 J 键上，其余 3 个手指依次放下就能找到相应的键位；左右手的两个大拇指则应轻放在空格键上。

在将各手指分别放于基准键位后便可开始击键操作，这时除拇指外，双手其他手指应分别负责不同的区域，即分别负责相应字符的输入，如图 2-35 所示。只有将手指进行合理分工后，操作键盘时才不会出现盲目、混乱输入的情况。

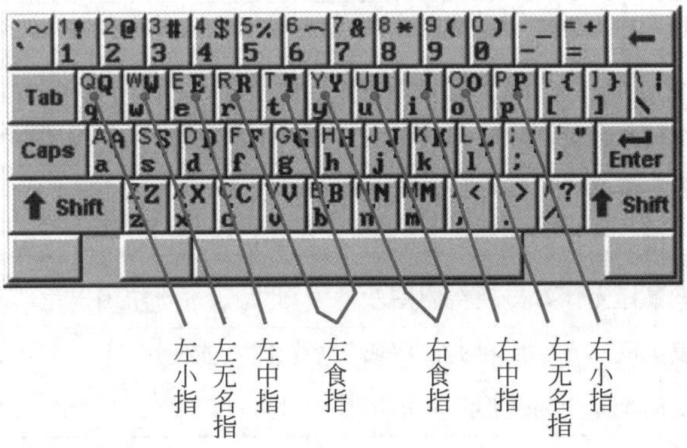

图 2-35　打字输入

2）击键规则

在敲击键盘时应注意以下几点规则：敲击键位要迅速，按键时间不宜过长，否则易造成重复输入的情况；击键时是指关节用力，而不是手腕用力；当每次完成击键动作后，只要时间允许，一定要习惯性地回到各自的基准键位；应严格遵守手指分工，不要盲目敲击。

3. 鼠标的使用

使用鼠标时，食指和中指自然放在鼠标的左键和右键上，拇指横向放在鼠标左侧，无名指和小指放在鼠标右侧，拇指与无名指及小指轻轻握住鼠标；手掌心贴住鼠标后部，手腕自然垂放在桌面上。

鼠标对计算机的控制操作是通过鼠标光标来完成的，在移动鼠标时，屏幕上出现的形状的指示图标即为鼠标光标。鼠标的基本操作可根据实现的功能不同分为 5 种，其功能和作用分别如下。

指向：移动鼠标，将鼠标光标放置到目标对象上。

单击：将鼠标光标指向目标对象后，用食指按下鼠标左键后快速松开按键的过程，常用于选择对象、打开菜单或发出命令等操作。

双击：将鼠标光标指向目标对象后，用食指快速并连续地按鼠标左键两次，常用于启动某个程序、打开窗口和文件夹等操作。

右击：将鼠标光标指向目标对象后，用中指按下鼠标右键后快速松开按键的过程，常用于弹出目标对象的快捷菜单等操作。

滚动：指在浏览网页或长文档时，滚动 3 键鼠标的滚轮，此时文档将向滚轮滚动方向移动。

在使用鼠标进行上述操作或系统处于不同的工作状态时，鼠标光标会变为不同的形状，表 2-1 列举了几种常见鼠标光标的形状及其所代表的含义。

表 2-1 鼠标光标的形状及其所代表的含义

鼠标光标的形状	含 义
	表示 Windows 7 准备接受输入命令
	表示 Windows 7 正处于忙碌状态
	表示系统正在处理较大的任务，用户需要等待
I	此光标出现在文本编辑区，表示此处可输入文本内容
↔ ↕	鼠标光标位于窗口的边缘时出现该形状，此时拖动鼠标可改变窗口大小
⤡ ⤢	鼠标光标位于窗口的四角时出现该形状，拖动鼠标可同时改变窗口的高度和宽度
	表示鼠标光标所在的位置是个超链接
	该鼠标光标在移动对象时出现，拖动鼠标可移动对象位置
+	该鼠标光标常出现在制图软件中，此时可进行精确定位
⊘	表示鼠标光标所在的按钮或某些功能不能使用
	鼠标光标变为此形状时单击某个对象可以得到与之相关的帮助信息

4. 键盘和鼠标的配合使用

在操作的过程中可将鼠标和键盘配合使用，从而提高工作效率。下面介绍几种常用的键盘和鼠标的配合使用方法。

Ctrl＋单击：在选择对象时，按住 Ctrl 键，再用鼠标逐个单击对象，可选择相邻或不相邻的多个对象。在不同的软件中，“Ctrl＋单击”的作用可能有所不同，例如，在 Word 文档中按住 Ctrl 键再单击时，会选择光标所在的整个句子。

Shift＋单击：在选择对象时，先单击第一个对象，然后按住 Shift 键的同时再单击另一个对象，则两个对象之间的所有顺序排列的对象均会被选中。例如，在 Word 文档中先将鼠标光标定位到文档中的某一位置，按住 Shift 键并单击其他位置，则两个位置之间的所有文本都将被选择。

Alt＋单击：这个组合方式应用较少，例如，在 Word 文档中按住 Alt 键再拖动鼠标，则可选择一个矩形文字区域。

右击＋按键：在用鼠标右击某一对象时，通常会弹出其相应的快捷菜单，通过它可以按其命令快捷键进行一些与该对象相关的操作。

2.3.13　多媒体的使用

1. Windows 7 的多媒体功能

Windows 7 的多媒体功能十分强大，它提供了真正意义上的家庭多媒体和娱乐功能。在 Windows 7 操作系统中，极具代表性的多媒体及娱乐软件正是 Windows 7 内置的 Windows Media Player，它是一种多媒体播放器，可以播放多种格式的音频、视频文件以及混合型的多媒体文件。用户可以轻松地使用它来播放音乐、视频和 DVD。

2. Windows Media Player 的使用

Windows Media Player 可以播放音频 CD、MP3 等多种格式的媒体文件，其操作界面如图 2-36 所示。下面介绍如何用 Windows Media Player 播放音频 CD 和 MP3。

播放音频 CD 的过程如下：把音频 CD 放入光驱中，稍候片刻，Windows Media Player 会自动打开并播放 CD 中的音乐。如果一分钟后还没自动进行播放，双击桌面上的“计算机”图标，再双击光驱图标。如果 Windows Media Player 不能自动播放音乐，可单击 Windows Media Player 窗口中的“播放”按钮。如果 CD-ROM 中有 CD 光盘，在播放选项卡中将显示 CD 曲目列表，单击“播放”按钮，即可开始播放，双击目录列表中的某个曲目，也可以播放该曲目。需要停止播放时，可单击“停止”按钮。需要调整音量大小时，可用鼠标拖动上的滑块。

播放其他音乐文件的操作过程为：打开 Windows Media Player，在播放机库中，单击“播放”选项卡，然后将需要播放的音乐文件拖到播放列表窗格中进行播放即可。

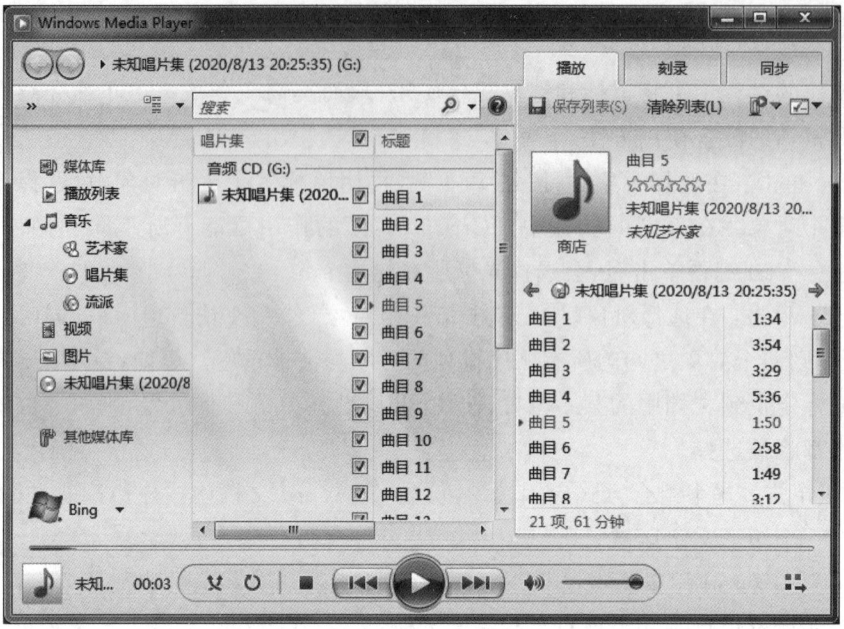

图 2-36 Windows Media Player 操作界面

2.3.14 磁盘管理与使用

1. 磁盘管理

右击“计算机”图标,在快捷菜单中选择“管理”命令,打开“计算机管理”窗口。在左边窗口中双击展开“磁盘管理”项,在右边窗口的上方列出所有磁盘的基本信息,包括类型、文件系统、容量、状态等信息。在窗口的下方按照磁盘的物理位置给出了简略的示意图,并以不同的颜色表示不同类型的磁盘。右击需要进行操作的磁盘,便可以打开相应的快捷菜单,如图 2-37 所示,选择其中的命令便可以对磁盘进行管理操作。

1) 物理磁盘的管理

物理磁盘是计算机系统中物理存在的磁盘,在计算机系统中可以有多块物理磁盘。在 Windows 7 中分别以“磁盘 0”“磁盘 1”等标注出来。右击需要进行管理的物理磁盘,在快捷菜单中依次选择“属性”→“硬件”→“属性”命令,打开物理磁盘“属性”对话框,如图 2-38 所示。

在“常规”选项卡中可以看到该磁盘的一般信息,包括设备类型、制造商、位置和设备状态等信息。在“设备状态”列表中可以显示该设备是否处于正常工作状态。

在“卷”选项卡中列出了该磁盘的卷信息,在下面的“卷”列表框中选择卷,单击“属性”按钮,可以对卷进行设置。

在“驱动程序”选项卡中,用户可以单击“驱动程序详细信息”按钮,查看驱动程序的文件信息。如果需要更改驱动程序,单击“更新驱动程序”按钮,将打开升级驱动程序向导。当新的驱动程序出现异常时,可以单击“回滚驱动程序”按钮,恢复原来的驱动程序。单击

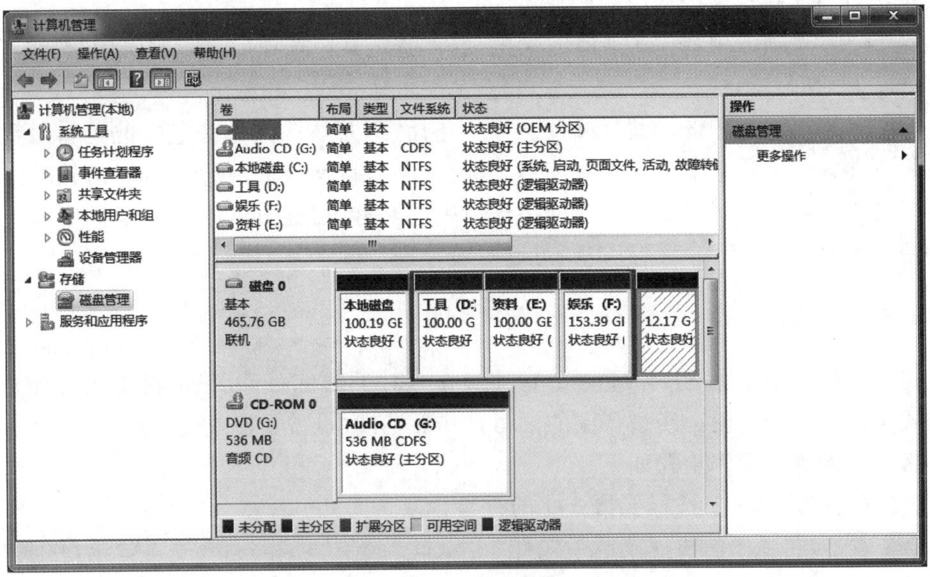

图 2-37　磁盘管理

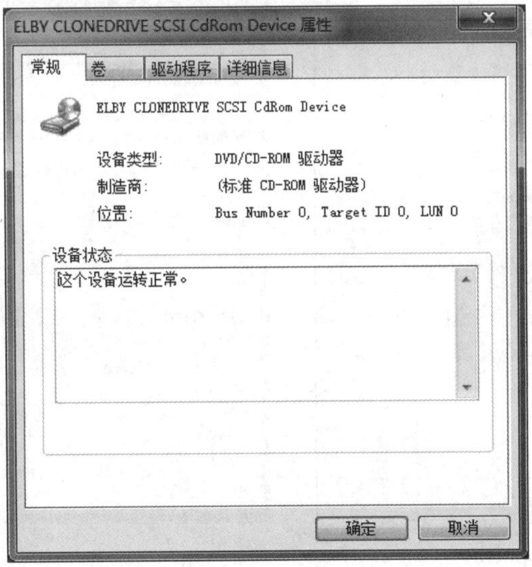

图 2-38　物理磁盘“属性”对话框

“卸载”按钮可以将设备从系统中删除。

2）逻辑磁盘属性设置

通过 Windows 7 的磁盘管理工具，用户可以分别设置单个逻辑磁盘的属性。右击需要管理的逻辑磁盘，在快捷菜单中选择“属性”命令，打开逻辑磁盘属性对话框。

在“常规”选项卡中列出了该磁盘的一些常规信息，如类型、文件系统、可用和已用空间等。最上方的磁盘图标右边的框中用于设置逻辑驱动器的卷标。

在“工具”选项卡中，给出了查错工具、碎片整理工具和备份工具按钮，单击这些按钮，可以直接对当前磁盘进行相应的操作。

在“硬件”选项卡中列出了所有有关的硬件,选定某个选项后,单击“属性”按钮可以打开“属性”对话框。

“共享”选项卡用于设置共享属性。如果选择“不共享该文件夹”项,此逻辑磁盘上的资源将不能被其他计算机上的用户使用。选择“共享该文件夹”项后,可以对共享进一步设置。其中“共享名”用于共享时在网络环境中的名称,可通过文本框设定同时共享的用户的最大数量限制;单击“缓存”按钮可以对缓存进行设置。

2. 格式化磁盘

格式化操作是磁盘的一项重要的管理操作。对于磁盘而言,一张新的磁盘首先要经过格式化处理才能使用。经过多次的读写操作后,有时也需要格式化处理。

格式化磁盘的操作步骤如下。

(1) 打开“计算机”,选择要格式化的磁盘分区。

(2) 右击,在弹出的快捷菜单中选择“ 格式化”命令(见图 2-39(a)),弹出“格式化”对话框,如图 2-39(b)所示。

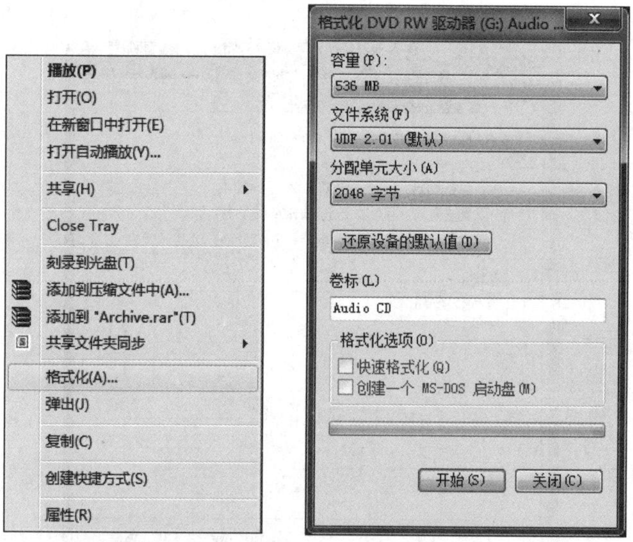

(a) “格式化” 命令　　(b) “格式化” 对话框

图 2-39　“格式化”操作

(3) 在“格式化”对话框中,进行相应的设置,主要是选择文件系统类型(文件系统的概念会在 2.5 节介绍)和设置磁盘的显示名称即卷标,然后单击“开始”按钮即可开始格式化。

3. 磁盘碎片整理

用户在使用计算机的过程中,需要频繁地对磁盘进行存取操作,这样会产生一些磁盘碎片和一些垃圾文件。用户可以通过“磁盘碎片整理”程序和“磁盘扫描”程序对磁盘进行维护。要进行磁盘碎片整理，可按以下操作步骤进行。

(1) 依次执行“开始”→“所有程序”→“附件”→“系统工具”→“磁盘碎片整理程序”命令，将弹出如图 2-40 所示的“磁盘碎片整理程序”窗口。

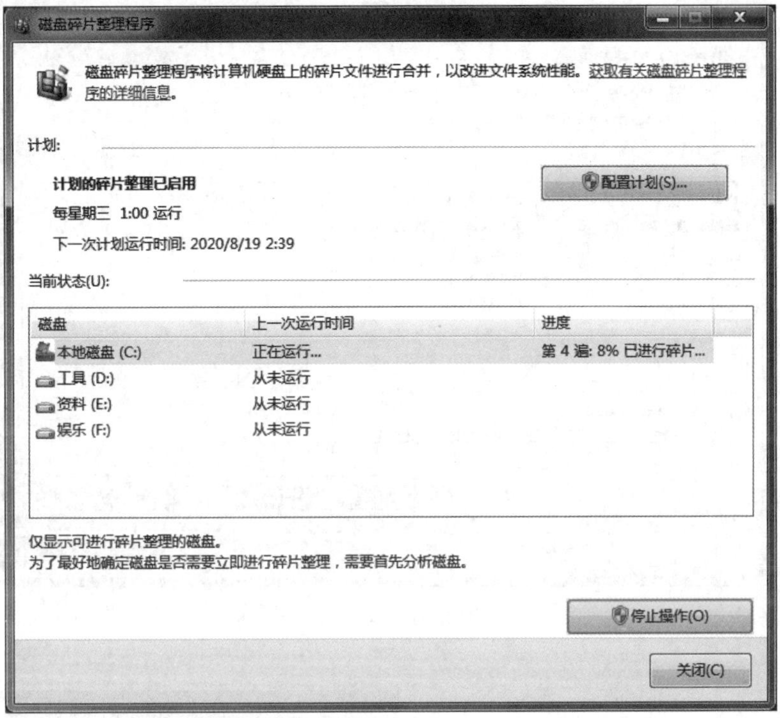

图 2-40　“磁盘碎片整理程序”窗口

(2) 单击选择要整理的驱动器，如 C 盘。然后单击“分析磁盘”按钮，系统会自动对 C 盘进行分析，在“进度”列中会显示分析磁盘的进度。用户可以随时中断分析进程，只需要单击“停止操作”按钮。

(3) 如图 2-41 所示，在 Windows 完成分析磁盘后，可以在“上一次运行时间”列中检查磁盘上碎片的百分比。如果数字高于 10%，则应该对磁盘进行碎片整理。

(4) 单击“磁盘碎片整理”按钮，系统便开始对 C 盘进行整理。

4. 磁盘清理

当磁盘空间不够时，用户可运行“磁盘清理”程序来清理释放临时文件、Internet 缓存文件、下载文件以及不需要的文件程序等无用文件所占的磁盘空间。

运行“磁盘清理”程序，可按以下操作步骤进行。

(1) 依次执行“开始”→“所有程序”→“附件”→“系统工具”→“磁盘清理”命令，打开如图 2-42 所示的“驱动器选择”对话框。

(2) 在“驱动器”的下拉列表框中，选择要清理的驱动器，单击“确定”按钮，打开如图 2-43 所示的“磁盘清理”对话框。

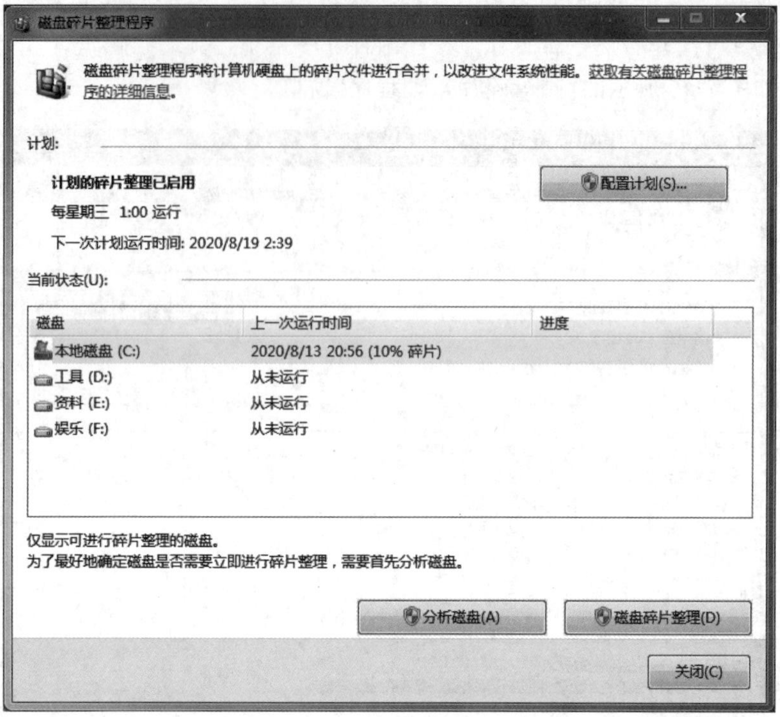

图 2-41　完成分析

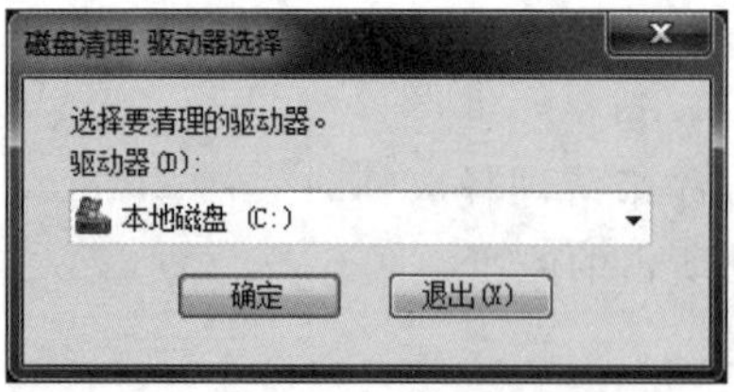

图 2-42　“驱动器选择”对话框

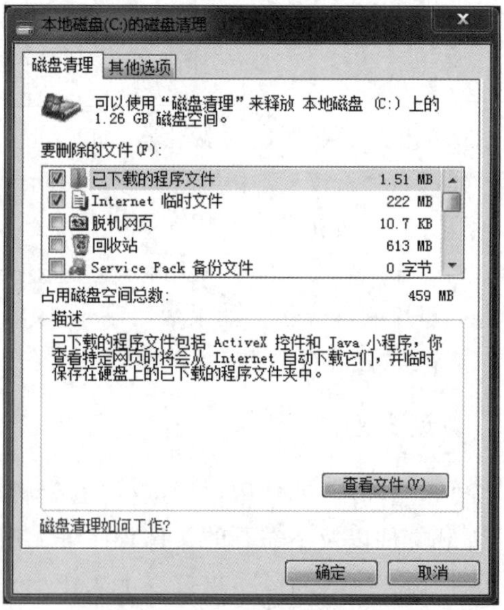

图 2-43　“磁盘清理”对话框

(3) 在对话框的“磁盘清理”选项卡中，勾选“要删除的文件”列表框中的复选框决定删除某类文件。在正式清理文件前，用户可以单击“查看文件”按钮查看将有哪些文件被删除,以免误删除有用的文件。

(4) 单击“确定”按钮,即开始磁盘的清理工作。

5. 磁盘扫描程序

磁盘扫描程序用于检测磁盘是否出现问题,如果磁盘有问题,还可以修复它。通常磁盘的故障有两种:一种是硬故障,另一种是软故障。对于一般的软故障都可以通过磁盘扫描程序进行修复。如果是硬故障则不能修复。

运行“磁盘扫描程序”,具体操作方法如下。

(1) 在“计算机”窗口中右击需要扫描的驱动器,在弹出的快捷菜单中选择“属性”命令选项打开 “属性”对话框。

(2) 单击“工具”选项卡,打开“工具”选项卡,如图 2-44 所示。

(3) 单击“开始检查”按钮,弹出如图 2-45 所示的“检查磁盘工具”对话框。

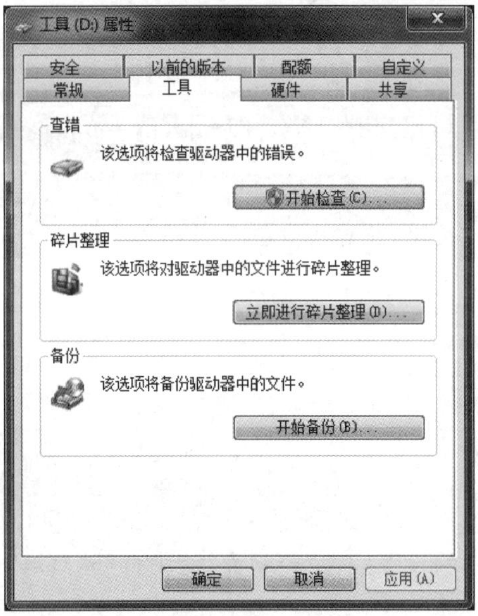

图 2-44　“工具”选项卡

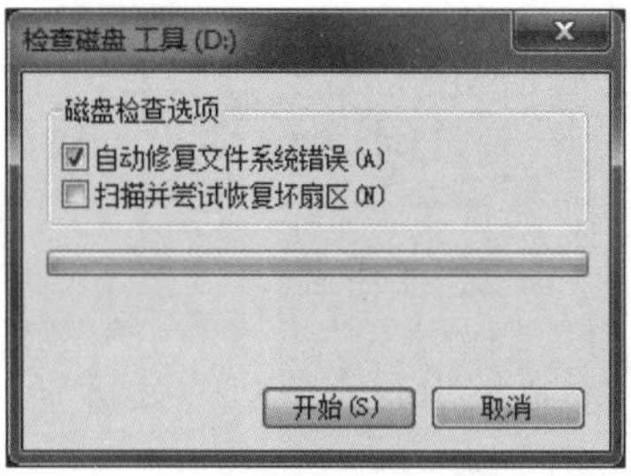

图 2-45　“检查磁盘工具”对话框

用户可以同时选择“自动修复文件系统错误”和“扫描并试图恢复坏扇区”复选框,以便磁盘扫描程序在进行扫描过程中自动修复文件系统的错误和坏扇区。设置完毕后,单击“开始”按钮。扫描结束后,系统会弹出一个确认对话框,单击“确定”按钮即可。

2.3.15　网络配置

1. 连接到无线网络

单击任务栏通知区的网络图标,如图 2-46 所示,在打开的网络列表中,选择要连接的网络,然后单击“连接”按钮。如果无线网络设置了安全密钥,用户输入正确的密钥后即可连接。

2. 连接到有线网络

在“控制面板”中选择“连接到 Internet”命令,在随后弹出的对话框中双击“宽带连接”,如图 2-47 所示,在弹出的“连接 宽带连接”对话框中输入用户名和密码后单击“连接”按钮。设置成功后,以后使用时,在如图 2-46 所示的网络列表中选择自建的宽带连接即可。

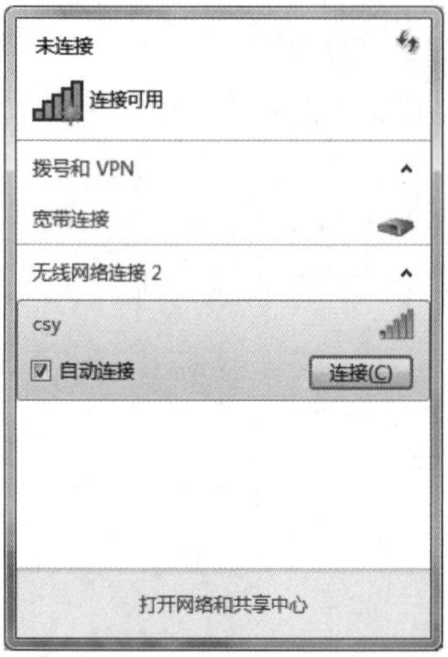

图 2-46 网络列表

图 2-47 “连接 宽带连接”对话框

2.4 个性化的系统环境设置

2.4.1 设置显示器

显示器的设置主要包括分辨率及刷新率的设置。在“控制面板”中打开“显示”窗口。

1. 屏幕分辨率

在“显示”窗口的左窗格中,单击“调整分辨率”。如图 2-48 所示,在“分辨率”列表中,拖曳滑块,可以选择不同的屏幕分辨率,较高的屏幕分辨率会减小屏幕上图标的大小,同时增大桌面上的相对空间。然后单击“应用”,屏幕将会变黑片刻。一旦屏幕分辨率有所更改,有 15 秒钟的时间来确定该更改。单击“保留更改”,确定该更改;单击“还原”或者不进行任何操作即恢复到原来的设置。

2. 刷新率

单击“屏幕分辨率”窗口中的“高级设置”,在“通用即插即用监视器和 Intel(R) HD Graphics Family 属性”对话框中选中“监视器”选项卡,出现如图 2-49 所示界面。在“屏幕刷新频率”下拉列表中,选择新的刷新频率,再单击“确定”按钮。尽管监视器可能支持较高的设置，但默认的刷新频率对液晶屏幕一般设置为 60Hz。较高的刷新频率会减少屏幕的闪烁，但选择对监视器来说过高的设置，可能会使显示器无法使用并损坏硬件。

图 2-48　设置屏幕分辨率

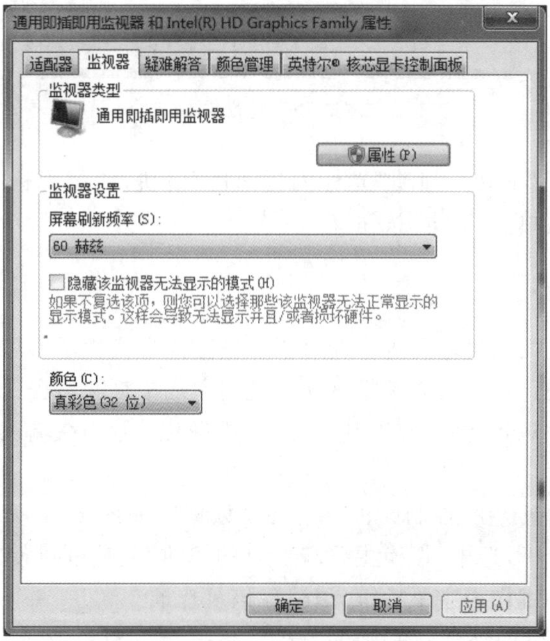

图 2-49　设置刷新率

2.4.2 设置键盘和鼠标

键盘和鼠标是计算机中的常用外设,针对它们的配置可以提高工作效率。

1. 键盘设置

插入键盘后,不需对其进行调整或设置即可工作。然而,可以使用"控制面板"中的"键盘"更改某些设置。键盘的设置如下。

(1) 调整键的重复率:在"控制面板"中打开"键盘",如图 2-50 所示。在"速度"选项卡上,如要调整在按住一个键之后字符重复出现的延迟时间,请拖动"重复延迟"滑块。如要调整在按住一个键时字符重复的速率,请拖动"重复速度"滑块。

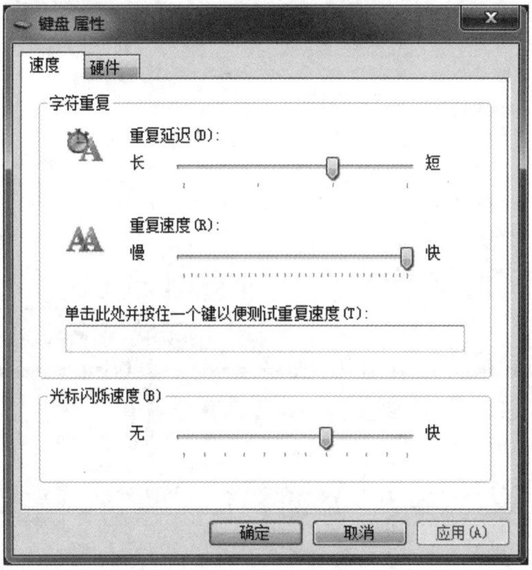

图 2-50 键盘设置

(2) 调整光标闪烁速度:拖动"光标闪烁速度"滑块,测试光标在滑块区左端以新速度闪烁。调整完毕后单击"确定"按钮。

2. 鼠标设置

用鼠标在屏幕上的项目之间进行交互操作就如同现实生活中用手取用品一样。可以用鼠标将对象移动、打开、更改以及将其从其他对象之中剔除出去。还可以更改它的某些功能和鼠标指针的外观和行为,改善其可见性,或将其设置为在输入字符时隐藏。鼠标的配置如下。

(1) 对调鼠标按钮:在"控制面板"中打开"鼠标",如图 2-51 所示。在"鼠标键"选项卡中的"鼠标键配置"下,选中"切换主要和次要的按钮"复选框可使右鼠标键作为主鼠标键。如果要让左鼠标键作为主鼠标键,请清除该复选框。

(2) 更改鼠标指针的外观:在"指针"选项卡上,要同时更改所有的指针,可在"方案"下选择一种新方案。要更改指针,可以在"自定义"列表中进行选择。单击"浏览"按钮,然

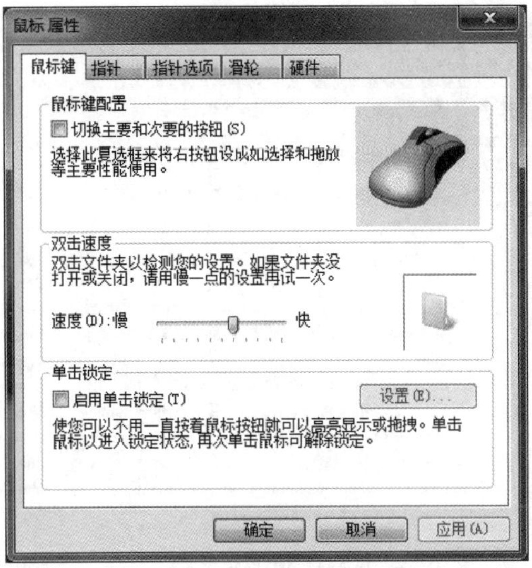

图 2-51　鼠标设置

后双击要用于该任务的新指针名。

(3) 调整鼠标双击速度：在“鼠标键配置”选项卡上的“双击速度”下，拖动滑块可以改变鼠标双击的速度。调整完毕后单击“确定”按钮。

2.4.3　添加和删除应用程序

1) 更改或删除程序

当用户要添加或删除应用程序时，可以打开“控制面板”的“程序和功能”窗口，如图 2-52 所示，在窗口右侧列表中选择要更改或删除的程序，然后单击“卸载”。除了卸载选项外，有些程序还包含更改或修复程序选项，若要更改程序，请单击“更改”或“修复”。

通过这项功能可以将安装在计算机中的应用程序彻底删除，而如果通过直接删除的方法并不能够完全删除程序以及相关的动态连接库文件。

2) 添加新程序

要添加新程序，用户可以购买软件安装光盘，或从 Internet 下载软件安装包到本地磁盘。当使用安装光盘进行安装时，将光盘放入光驱后，系统会自动运行其安装程序，用户按照提示进行安装即可；当使用放在本地磁盘的软件安装包进行安装时，需要在安装包中找到安装程序（通常命名为 Setup.exe 或 Install.exe），双击打开后按照提示进行安装即可。

2.4.4　在“开始”菜单中添加新项目

右击“开始”按钮，在弹出的菜单上单击“属性”，打开“任务栏和「开始」菜单属性”对话框，如图 2-53 所示。单击“自定义”按钮，打开“自定义「开始」菜单”对话框，如图 2-54 所示。在列表中，选择要在经典“开始”菜单上出现项目的复选框后，单击“确定”按钮。当下一次使用“开始”菜单时，用户所选的项将出现在经典“开始”菜单上。

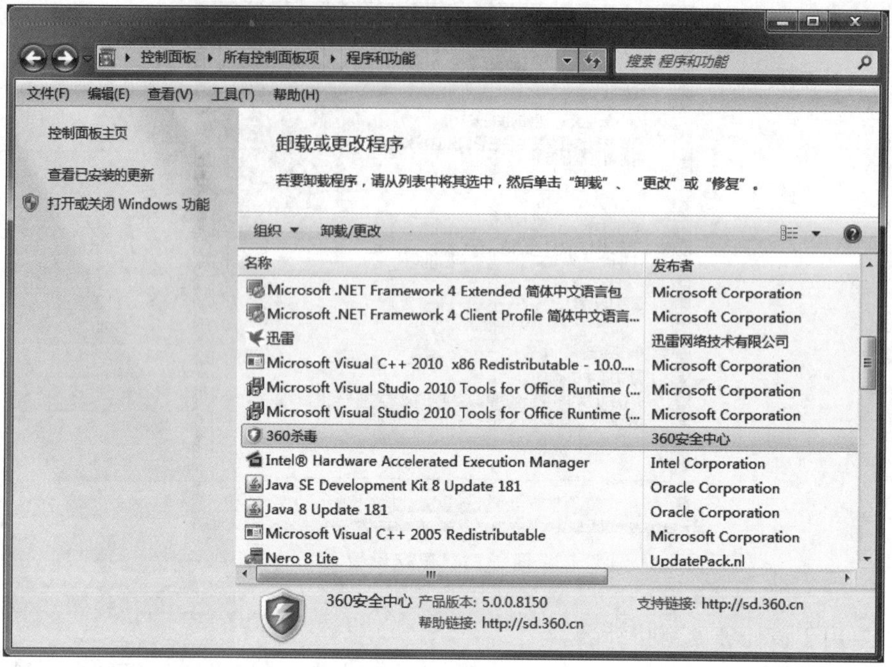

图 2-52 "程序和功能"窗口

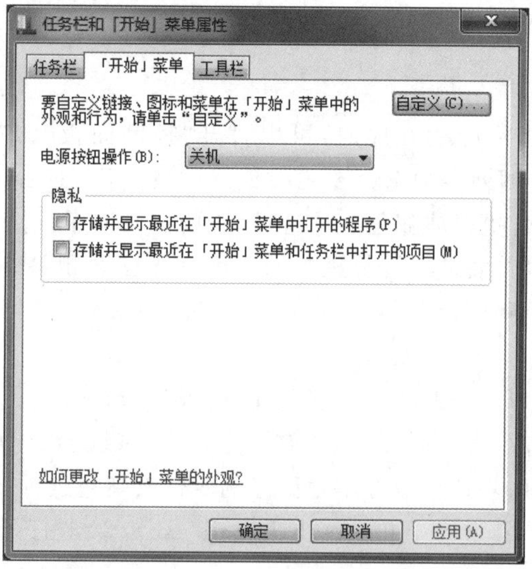

图 2-53 "任务栏和「开始」菜单属性"对话框

2.4.5 任务管理器

有时候打开一个程序或执行某项命令时程序无法响应对应的操作，用退出程序的方法来结束其运行也不能关闭该程序，这时候就需要使用 Windows 7 中的任务管理器来结束无响应的程序，其具体的操作如下。

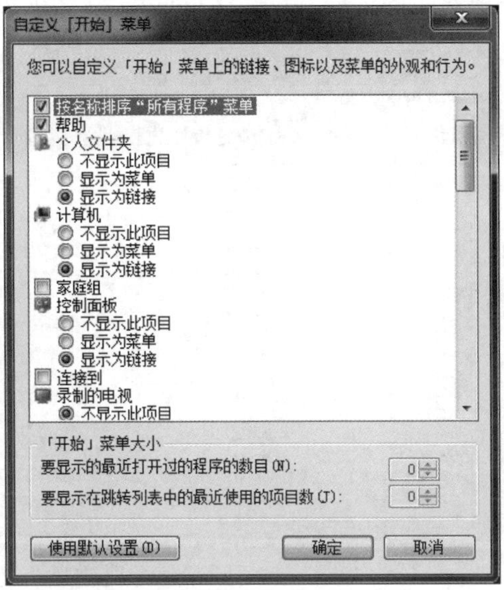

图 2-54　"自定义「开始」菜单"对话框

（1）在桌面任务栏空白处右击，在弹出的快捷菜单中选择"启动任务管理器"命令就可以打开其窗口；或者直接按 Ctrl＋Alt＋Delete 组合键也可以打开"Windows 任务管理器"窗口，如图 2-55 所示。

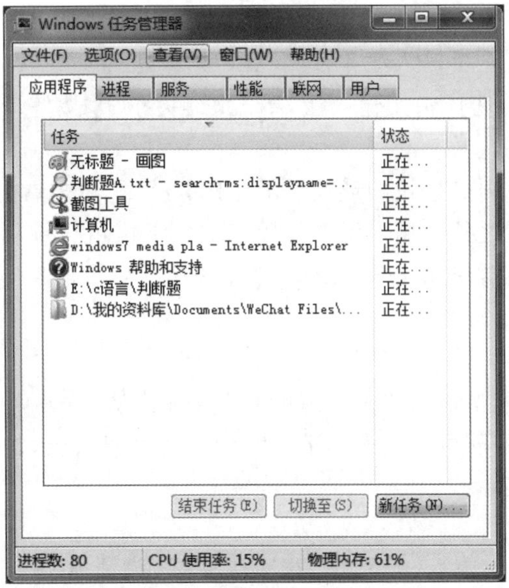

图 2-55　任务管理器操作

（2）在"应用程序"选项卡中，可以看到用户打开的所有应用程序。用鼠标单击选中无法响应的程序，再单击窗口下边"结束任务"按钮，就可以结束无法响应的程序。

（3）如果仍无法结束不响应的程序，可以单击"进程"选项卡，打开如图 2-56 所示的窗口,然后选择应用程序所对应的进程,单击“结束进程”按钮即可。

图 2-56 进程管理

2.4.6 常用的中文输入法操作

根据汉字编码的不同,中文输入法可分为 3 种:字音编码法、字形编码法和音形结合编码法。字音编码法有全拼输入法和智能 ABC 输入法等。

使用输入法首先要选择中文输入法,单击语言栏的按钮,在弹出的菜单中选择合适的中文输入法。

语言栏可以以“最小化”按钮的形式显示在任务栏中,单击右上角的“还原”按钮,它也可以独立显示于任务栏之外。用户可以使用 Ctrl+空格组合键启动或关闭中文输入法,或者使用 Ctrl+Shift 组合键在各种输入法之间切换。

1. 全拼输入法

在众多输入法中,全拼输入法是最简单的中文输入法,它使用汉字的拼音字母作为编码,只要知道汉字的拼音就可以输入汉字。因为它的编码较长,击键较多,而且由于汉字同音字多,所以编码很多。

(1) 输入单个汉字。

例如,使用全拼输入法输入“中”字,其操作步骤如下:先切换至全拼输入法状态,输入“中”的汉语拼音 zhong,注意要输入小写字母,此时即会出现一个提示板,在提示板内可以看到“中”字对应的数字键为 1,按数字键 1 或直接按空格键即可输入“中”字。

(2) 输入词组。

输入词组不仅可以减少编码,还可以减少输入时的重码数,从而使输入的准确性提高,输入速度加快。使用全拼输入法,可输入的词组有双字词组、三字词组、四字词组和多字词组，除了多字词组外，在输入时都要求全码输入。

2. 智能 ABC 输入法

智能 ABC 输入法在全拼输入法的基础上进行了改善，它将汉字拼音进行了简化，把一些常用的拼音字母组合起来，用单个拼音字母来代替，从而减少了编码的长度，大大提高了输入汉字的速度。

在使用智能 ABC 输入法输入汉字时，其优点主要体现在词组和语句的输入上。

例如，使用智能 ABC 输入法输入多字词组"中国人民解放军"。首先，输入多字词组"中国人民解放军"中每个汉字的第一个拼音字母，即 zgrmjfj（输入的字母必须为小写字母）。按空格键或 Enter 键（如果确定输入的多个汉字是词组，按空格键即可显示出整个词组），屏幕上即会显示一个提示板。需要的汉字词组都出现后，按空格键或 Enter 键即可输入该词组。

对于语句的输入，当输入完该语句中每个汉字的第一个字母时，按下空格键或 Enter 键后，只有一个或几个汉字显示（如有重码，可输入需要汉字前的数字序号），再次按空格键或 Enter 键，并在出现的提示板中进行选择，直到整个语句出现后，按空格键或 Enter 键即可输入一条语句。

用智能 ABC 输入法录入过的句子，计算机系统会记住该句子，下次再录入该句子时，输入该句子编码后，按 Enter 键，提示行中即可出现该句子。

3. 其他输入法

若用户想使用其他输入法，如搜狗输入法、百度输入法等。可通过浏览器访问其官方网站，下载其安装包进行安装后，切换到该输入法进行输入即可。

若用户想删除某种输入法，可参照 2.4.3 节中删除应用程序的方法进行卸载即可。

2.4.7 更改日期和时间

在任务栏的右端显示系统提供的时间和星期，将鼠标指针指向时间栏稍作停顿即会显示系统日期。若不想显示日期和时间或需要更改日期和时间，可按下面步骤进行操作。

1. 不显示日期和时间

在"控制面板"中打开"通知区域图标"链接，如图 2-57 所示，将"时钟"的"行为"选为"关闭"即可。

2. 更改日期和时间

单击时间栏，单击"更改日期和时间设置"打开"日期和时间"对话框，如图 2-58 所示。在"日期和时间"选项卡中单击"更改日期和时间"按钮打开"日期和时间设置"对话框，在"日期"栏中单击左右两侧的箭头调整月份，在下方单击数字选择具体日期，在"时间"微调框中可输入或调节准确的时间。更改完毕后，单击"确定"按钮即可。

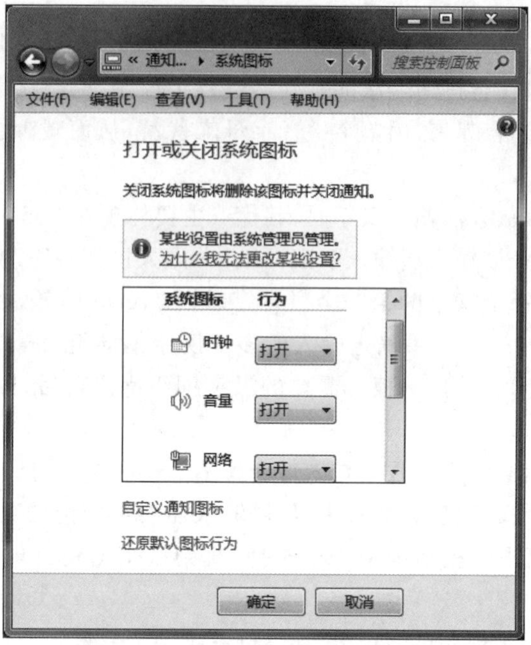

图 2-57 设置时钟的行为

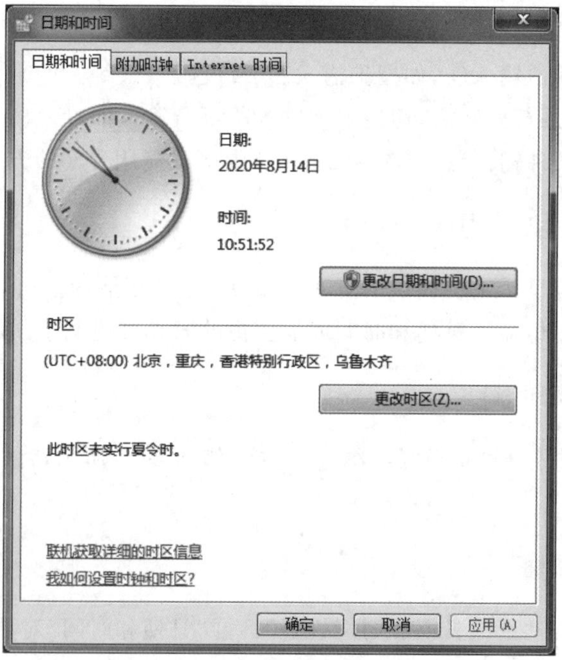

图 2-58 “日期和时间”对话框

2.4.8　打印机的安装设置

Windows 系统的打印机安装可以分为本地打印机的安装和网络打印机的安装。

1. 安装本地打印机

本地打印机就是连接在自己计算机上的打印机。首先将打印机和计算机通过数据线相连,打开计算机和打印机,并将打印机的驱动光盘放入计算机的光驱。单击“开始”菜单并选择“设备和打印机”,就会弹出“设备和打印机”窗口,单击“添加打印机”,就会出现“添加打印机”对话框,如图 2-59 所示。

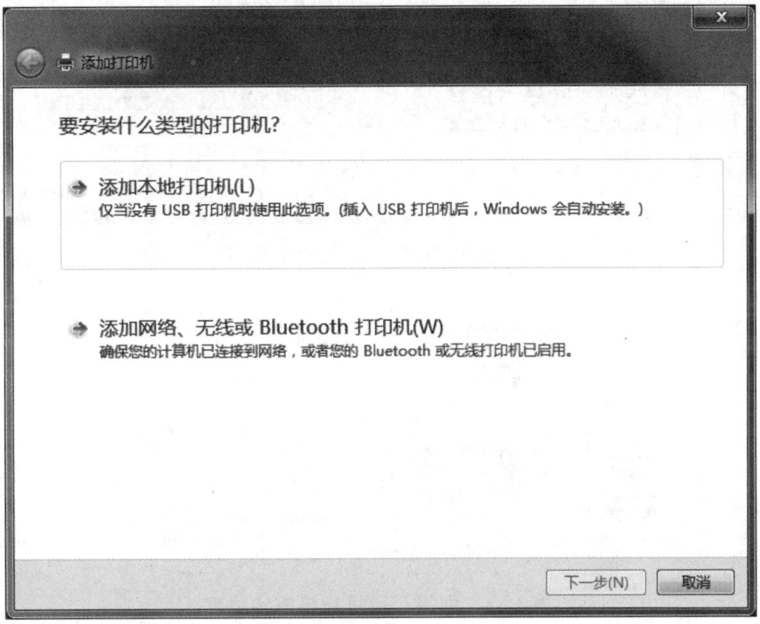

图 2-59　“添加打印机”对话框

单击“添加本地打印机”,在“选择打印机端口”页上,选择“使用现有端口”按钮和建议的打印机端口,然后单击“下一步”按钮。如图 2-60 所示,在“安装打印机驱动程序”页面上,选择打印机制造商和型号,然后单击“下一步”按钮。如果此页面中未提供驱动程序,可单击“从磁盘安装”,然后浏览打印机驱动程序所在的文件夹进行驱动安装。完成向导中的其余步骤后单击“完成”按钮即可完成安装。

2. 安装网络打印机

网络打印机就是指通过局域网共享其他计算机上安装的打印机。其结构如图 2-61 所示：A 为本地计算机;B 为局域网上另外一台连接了打印机的计算机;C 为局域网的互连设备(集线器或交换机等);D 为打印机。安装网络打印机的目的就是计算机 A 通过局域网可以共享使用计算机 B 上连接的打印机。

(1) 在计算机 B 上将打印机设置为共享打印机。具体的方法是：依次单击“开始”→

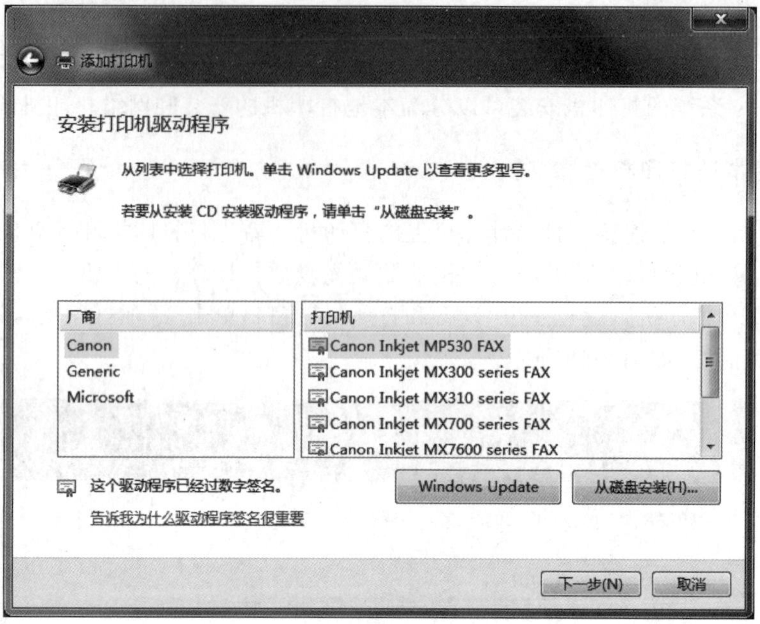

图 2-60　安装打印机驱动程序

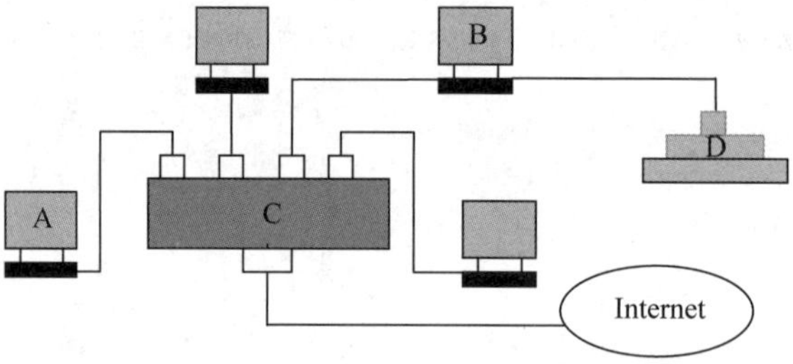

图 2-61　网络打印机连接结构示意

“设备和打印机”;右击要共享的打印机图标,选择“打印机属性”,在弹出的对话框中勾选“共享这台打印机”,然后设置共享名,最后单击“确定”按钮。

(2) 在计算机 A 上添加网络打印机。具体方法是:单击“开始”选择“设备和打印机”;在弹出的窗口里单击“添加打印机”,然后单击“添加网络、无线或 Bluetooth 打印机”,开始搜索可用的打印机,如图 2-62 所示;搜索完成后,在可用的打印机列表中,选择要使用的打印机,然后单击“下一步”按钮;如有提示,单击“安装驱动程序”,则在计算机中安装打印机驱动程序;完成向导中的其余步骤后单击“完成”按钮即可完成安装;若列表中找不到要添加的打印机,则选择“我需要的打印机不在列表中”,按名称或 TCP/IP 地址查找指定的打印机进行添加,如图 2-63 所示。

2.4.9　注册表的设置和使用

1) 什么是注册表

Windows 操作系统的注册表实际上是一个庞大的数据库,它包括操作系统的硬件配

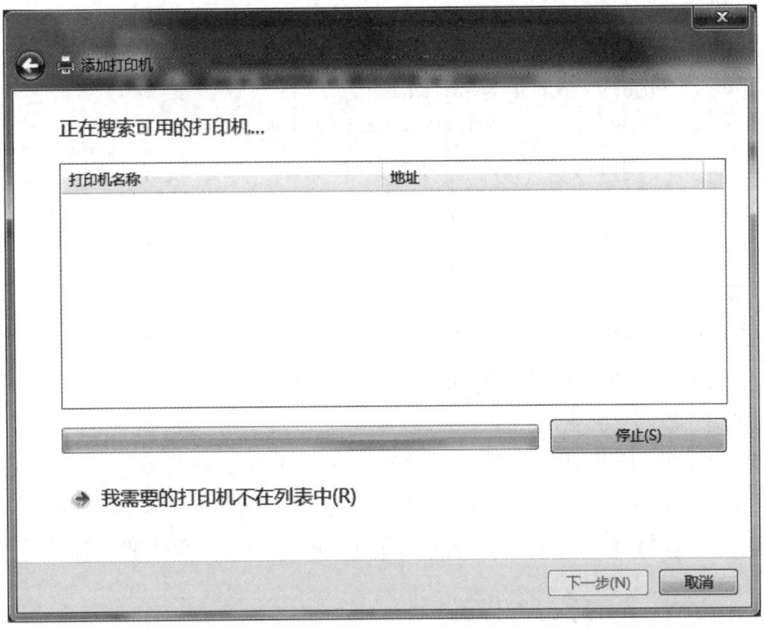

图 2-62　搜索可用的打印机

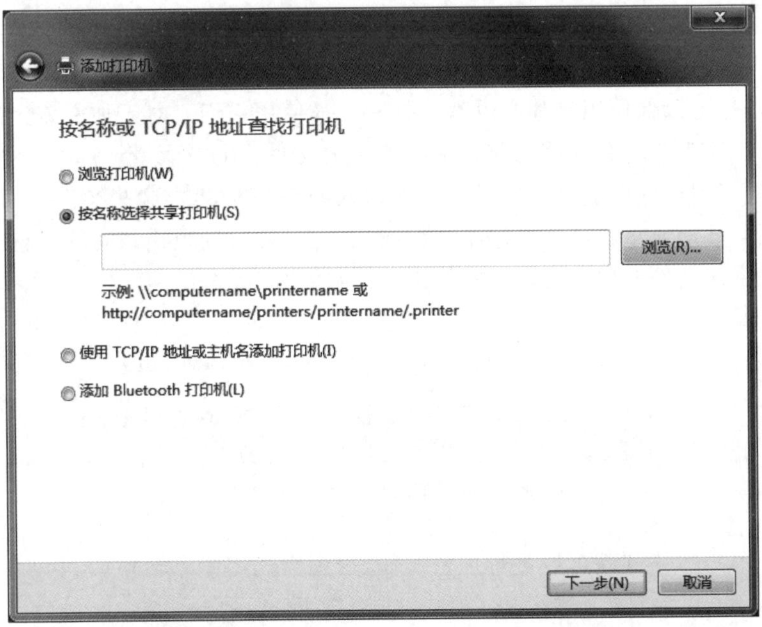

图 2-63　按名称或 TCP/IP 地址查找指定的打印机

置、软件配置、用户环境和操作系统界面的数据信息。注册表是 Windows 操作系统的核心文件，它存放着各种参数，直接控制系统启动、硬件驱动程序装载以及系统应用程序运行。注册表包括以下几部分内容。

(1) 软件和硬件的相关配置和状态信息，应用程序和资源管理器外壳的初始条件、首选项和卸载数据。

(2) 联网计算机的整个系统的设置和各种许可信息,文件扩展名与应用程序的关联信息以及硬件部件的描述、状态和属性等信息。

(3) 性能记录、用户自定义设置以及其他数据信息。

如果对注册表设置修改得当,将会对系统本身和其中的软件进行优化。但注册表中存放着系统的所有配置信息,如果进行了错误的设置还会导致系统的瘫痪,所以对不明白的键值一定不要随便修改。

2) 注册表编辑器的启动

依次单击"开始"→"所有程序"→"附件"→"运行",打开"运行"窗口,在文本框中输入 regedit 或者 regedt32,单击"确定"按钮。或者在 CMD 中输入 regedt32.exe,按 Enter 键。

3) 如何使注册表修改生效

通过重启计算机,或者刷新桌面,或者重启桌面,即按 Ctrl+Alt+Del 组合键,调出任务管理器,结束 Explorer.exe;然后在任务管理器中单击"文件",并在弹出的下拉菜单中选择"新建任务(运行…)"然后输入 Explorer.exe,单击"确定"按钮,新注册表才能生效。

2.4.10 Windows 7 的安全设置

1. 加密文件

加密文件系统也被称为 EFS(Encrypt File System)。加密文件系统提供一种核心文件加密技术,该技术用于在 NTFS 文件系统卷上存储已加密文件。虽然加密了文件或文件夹,用户仍然可以像使用其他文件和文件夹一样使用它们。对于加密该文件的用户,加密是透明的。这表明不必在使用前解密已加密的文件,用户可以像平时那样打开和更改文件。但是,试图访问已加密文件或文件夹的入侵者将被禁止这些操作。如果入侵者试图打开、复制、移动或重新命名已加密文件或文件夹,将收到拒绝访问的消息。事实上,也就是说对加密该文件的用户可以正常使用,其他用户将无法访问。

先来查看硬盘驱动器的文件系统是不是 NTFS 格式:在"计算机"中单击选择某一硬盘驱动器(如 C 盘),在左边将会出现其详细信息,如图 2-64 所示。

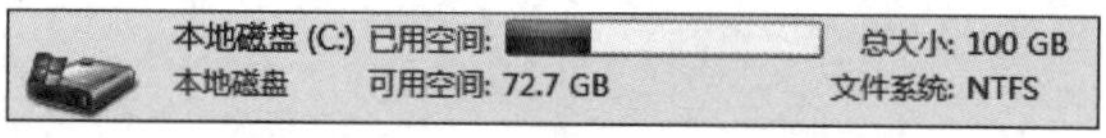

图 2-64 驱动器文件系统格式

如果是 NTFS 格式就可以进行加密操作,否则需先用命令转换成 NTFS 格式或用第三方软件转换或对磁盘进行格式化(不熟悉则不要随意操作)。

这里以创建的"我的文章"文件夹进行加密操作(建议都对文件夹进行加密,这样,只要在该文件夹下创建的文件和子文件夹都会自动被加密)。

(1) 右击"我的文章"文件夹,在弹出的快捷菜单中选择"属性"命令,在出现的文件夹属性窗口中单击"高级",会出现"高级属性"对话框。

(2) 把"加密内容以便保护数据"选项打钩,如图 2-65 所示。单击"确定"按钮。回到

“我的文章”属性对话框再一次单击“确定”按钮后，会出现一个确认对话框。

(3) 选择“将更改应用于此文件夹、子文件夹和文件”前的单选框，如图 2-66 所示，单击“确定”按钮。加密后的文件夹和文件在使用上没有什么不同，只是名称颜色会有所变化。可以用另一个用户登录后试试能不能访问该文件夹。

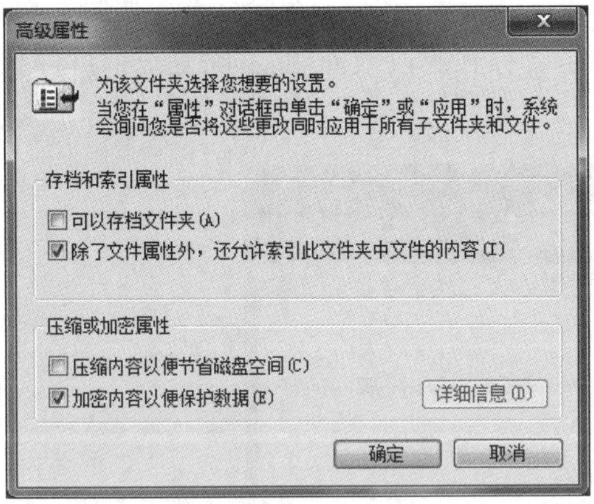

图 2-65　文件夹“高级属性”

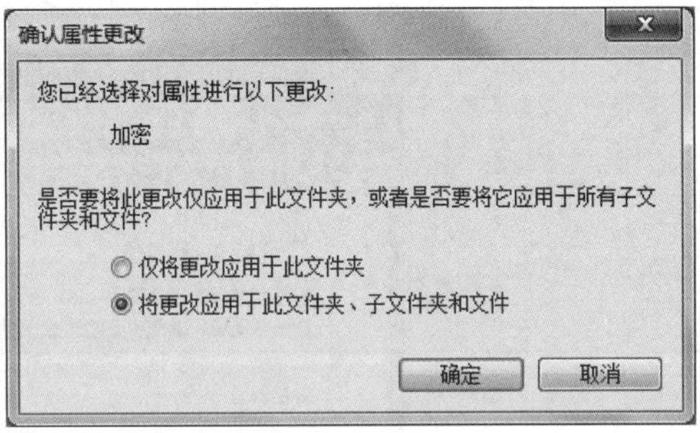

图 2-66　更改加密属性

2. Windows 7 操作中心

为了保护计算机的安全，Windows 7 还专门提供了一个“操作中心”来帮助管理系统的安全设置，可以通过控制面板打开它，如图 2-67 所示。

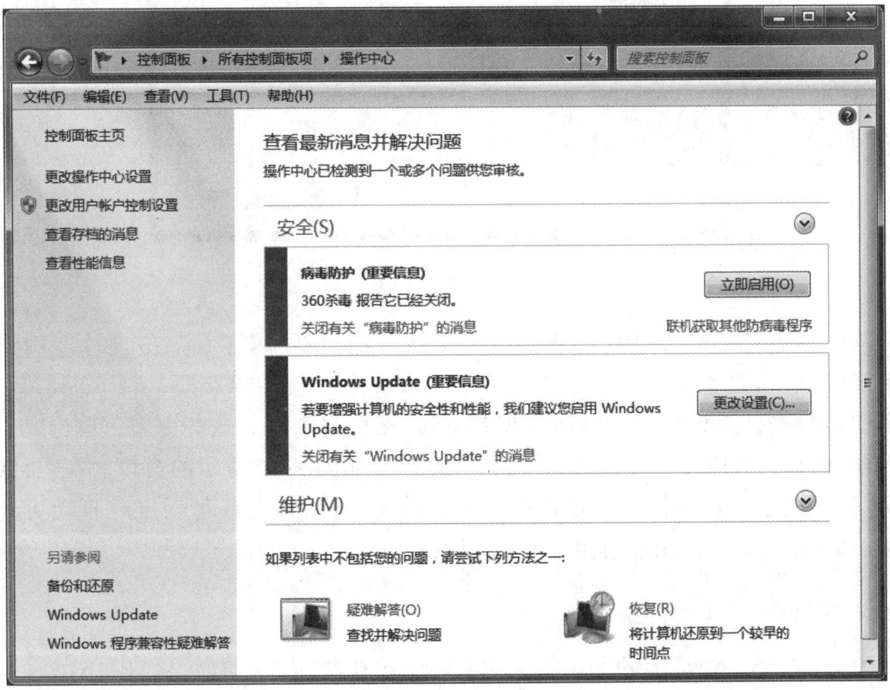

图 2-67　操作中心

操作中心用于管理防火墙设置、Windows Update、反间谍软件设置、Internet 安全和用户账户控制设置,监视计算机维护设置。当受监视项的状态发生更改(如病毒防护被关闭)时,操作中心将在任务栏上的通知区域中发布一条消息来通知用户,操作中心中受监视项的状态颜色也会改变以反映该消息的严重性,并且还会建议用户应采取的操作。

若要更改操作中心的检查项,可在操作中心单击“更改操作中心设置”,如图 2-68 所示,选中某个复选框可使操作中心检查相应项是否存在更改或问题,清除复选框可停止检查该项。

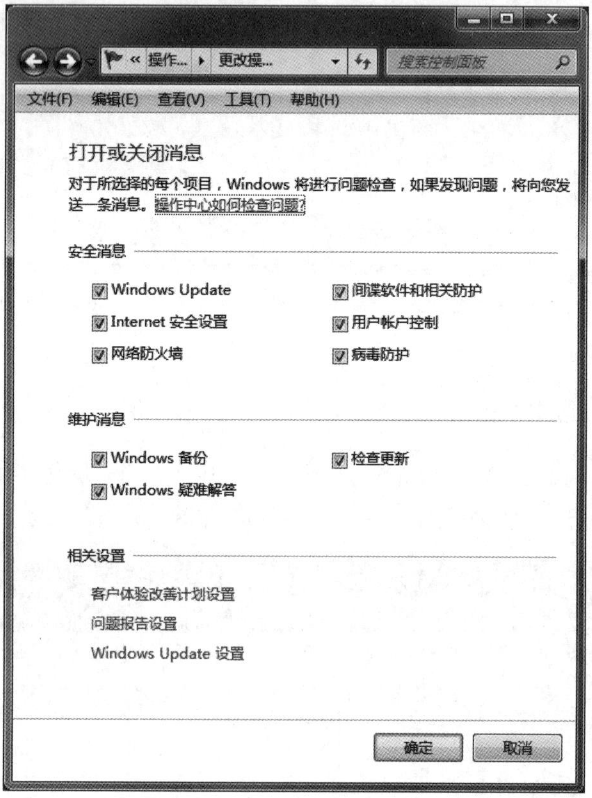

图 2-68 更改操作中心设置

微软公司会定期或必要时对 Windows 7 做一些更新,以弥补一些设计上的错误,或防止系统受攻击,这些更新文件会发布在 Internet 上。使用 Windows Update,Windows 可以定期地检查针对计算机的最新的重要更新,然后自动安装这些更新。单击“更改操作中心设置”窗口的“Windows Update 设置”,会打开如图 2-69 所示的窗口。在“重要更新”中选择“自动安装更新”后,可设置自动更新的时间,可以每天或每周定时自动更新,或者有可用下载时发出通知消息,也可以关闭自动更新。

3. 系统还原

在 Windows 7 系统中,可以利用系统自带的“系统还原”功能,通过对“还原点”的设置,记录对系统所做的更改,当系统出现故障时,使用系统还原功能就能将系统恢复到更改

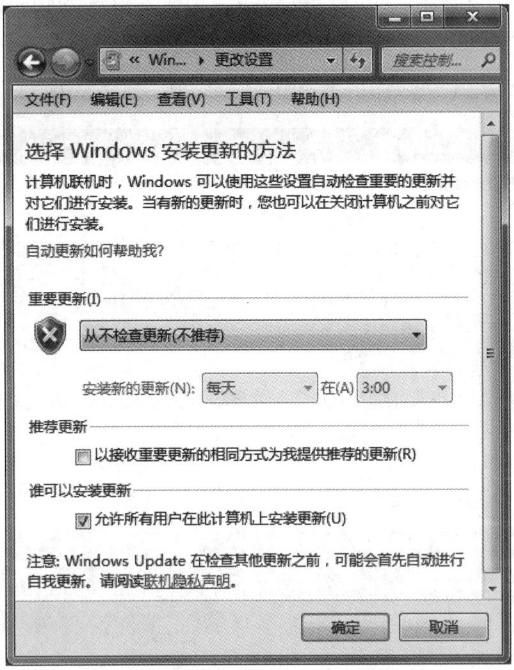

图 2-69　Windows Update 更改设置

之前的状态。

1）创建还原点

右击“计算机”，选择“属性”进入系统信息界面。单击“系统保护”，打开“系统属性”对话框，单击“配置”按钮进行还原设置，选择“还原系统设置和以前版本的文件”或“仅还原以前版本的文件”，单击“确定”按钮。然后在“系统属性”对话框中单击“创建”按钮，在如图 2-70 所示的“系统保护”对话框中填写还原点的描述，然后单击“创建”按钮就可以等待还原点创建成功了，创建成功后会弹出对话框提示“已成功创建还原点”。

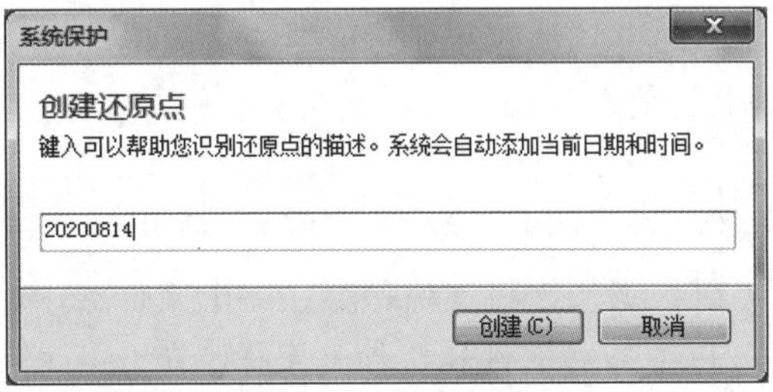

图 2-70　“系统保护”对话框

这里需要说明的是：在创建系统还原点时要确保有足够的硬盘可用空间，否则可能导致创建失败。设置多个还原点方法同上，这里不再赘述。

2）恢复还原点

按上述办法，打开“系统属性”对话框的“系统保护”选项卡，单击“系统还原”按钮，在打开的“系统还原”对话框中单击“下一步”按钮,在如图 2-71 所示的界面中,在左侧日历一栏可以选择设置还原点的日期,然后在右侧还原点列表中单击选中一个还原点,单击“下一步”按钮,在“确认要还原的磁盘”时单击“下一步”按钮,在“确认还原点”时单击“完成”按钮。

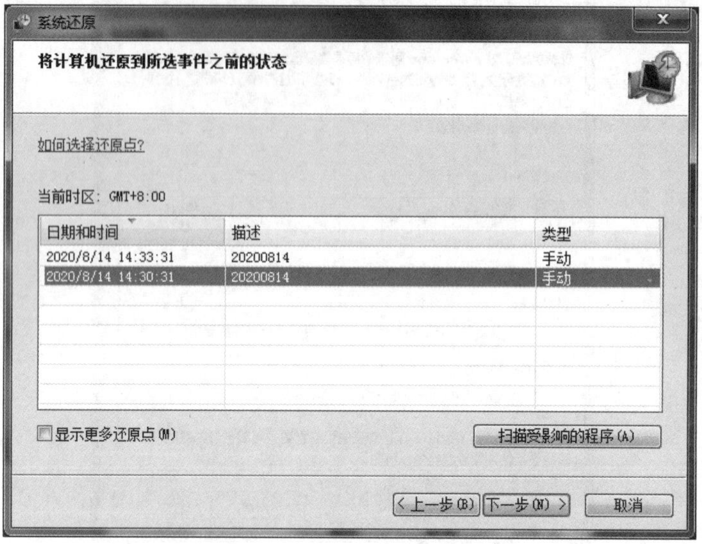

图 2-71 “系统还原”对话框

需要注意的是,由于恢复还原点之后系统会自动重新启动,因此操作之前建议退出当前运行的所有程序,以防止重要文件丢失。

2.5 文件与文件夹管理

2.5.1 文件与文件系统

1) 文件

计算机是以文件(file)的形式组织和存储数据的。简单地说,计算机文件就是用户赋予了名字并存储在磁盘上的信息的有序集合。

2) 文件夹

在 Windows 操作系统中,文件夹是组织文件的一种方式。可以把同一类型的文件保存在一个文件夹中,也可以根据用途将文件保存在一个文件夹中,它的大小由系统自动分配。大多数的 Windows 任务通过文件和文件夹工作。就像在档案柜中使用牛皮纸资料夹整理信息一样,Windows 使用文件夹为计算机上的文件提供存储系统。

文件夹可以包含多种不同类型的文件,例如文档、音乐、图片、视频和程序。可以将其他位置上的文件(例如,其他文件夹、计算机或者 Internet 上的文件)复制或移动到创建的文件夹中。甚至可以在文件夹中创建文件夹。

计算机资源可以是文件、硬盘、键盘、显示器等,将计算机资源统一通过文件夹进行管理,可以规范资源的管理,用户不仅通过文件夹组织管理文件,也可以用文件夹管理其他资源。例如,“开始”菜单就是一个文件夹,“设备”也被认为是一个文件夹。文件夹中除了可以包含程序、文档、打印机等文件和快捷方式外,还可以包含下一级文件夹。通过文件夹把不同的文件进行分组、归类管理。利用资源管理器可以很容易地实现创建、移动、复制、重命名和删除文件夹等操作。

3) 库

库是 Windows 7 中的新增功能,其中包含“视频”“文档”“音乐”“图片”子库。在某些方面,库与文件夹类似,例如,打开库时将看到一个或多个文件,但与文件夹不同的是,库可以收集存储在多个位置中的文件。库实际上不存储项目,它们监视包含项目的文件夹,并允许用户以不同的方式访问和排列这些项目。例如,如果在硬盘和外部驱动器上的文件夹中有图片文件,则可以使用图片库同时访问所有音乐文件。

4) 文件系统

在操作系统中,负责管理和存取文件信息的部分称为文件系统或信息管理系统,就是指信息存储在硬盘上的方式,也即文件命名、存储和组织的总体结构。在文件系统的管理下,用户可以根据文件名访问文件,而不必考虑各种外存储器的差异,不必了解文件在外存储器上的具体物理位置以及存放方式。文件系统为用户提供了一种简单、统一的访问文件的方法,因此它也被称为用户与外存储器的接口。

NTFS 文件系统是 Windows 7 操作系统默认的文件系统,它支持文件系统的故障恢复,尤其是大存储媒体、长文件名等功能。它还通过将所有的文件看作具有用户定义和系统定义属性的对象,来支持面向对象的应用程序。NTFS 具有 FAT 的所有基本功能,并具有优于 FAT 和 FAT32 文件系统的特点。

(1) 更好的文件安全性。

(2) 更大的磁盘压缩。

(3) 支持大磁盘,可达 2TB(NTFS 的最大驱动器容量远远大于 FAT 的最大驱动器容量,并且随着驱动器容量的增加,NTFS 的性能并不下降,这与 FAT 有很大不同)。

2.5.2 文件与文件夹的创建

创建文件夹的方法有两种。

(1) 打开“计算机”,通过地址栏或者导航窗格定位到需要创建文件夹的位置。依次执行“文件”→“新建”→“文件夹”命令,如图 2-72 所示。可以在指定的位置新建一个文件

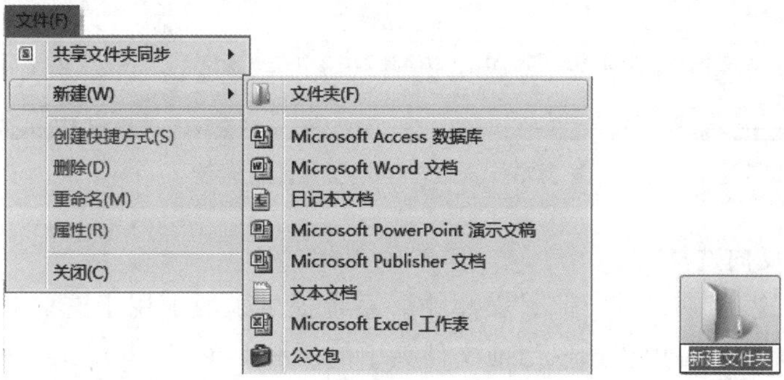

图 2-72 新建文件夹

夹。新文件夹将使用默认名“新建文件夹”。单击文件夹名称使该名称处于选中状态,输入新文件夹的名称,然后按 Enter 键。

(2) 还可以通过右击文件夹窗口或桌面上的空白区域,在弹出的快捷菜单中指向“新建”,然后单击“文件夹”。

2.5.3 文件与文件夹的选定

在管理文件的过程中,若要对多个文件或文件夹进行操作,必须首先选取要操作的文件或文件夹。

1) 选取多个连续对象

如果所要选取的文件或文件夹的排列位置是连续的,则可单击所要选择的第一个文件或文件夹,然后按住 Shift 键的同时单击要选择的最后一个文件或文件夹,即可一次性选取多个连续文件或文件夹。

2) 选取多个不连续对象

如果要选取的文件或文件夹在窗口中的排列位置是不连续的,则可以采用按下 Ctrl 键的同时,单击需要选取的对象的方法来实现,如图 2-73 所示。若取消选取,则再单击即可。

图 2-73 选取不连续文件及文件夹

3) 全选和反向选择

在“资源管理器”窗口的“编辑”菜单中。系统提供了两个用于选取对象的命令:“全选”和“反向选择”,前者用于选取当前文件夹中的所有对象,后者用于选取那些当前没有被选中的对象。或者按快捷键 Ctrl+A 可以全选文件,如图 2-74 所示。

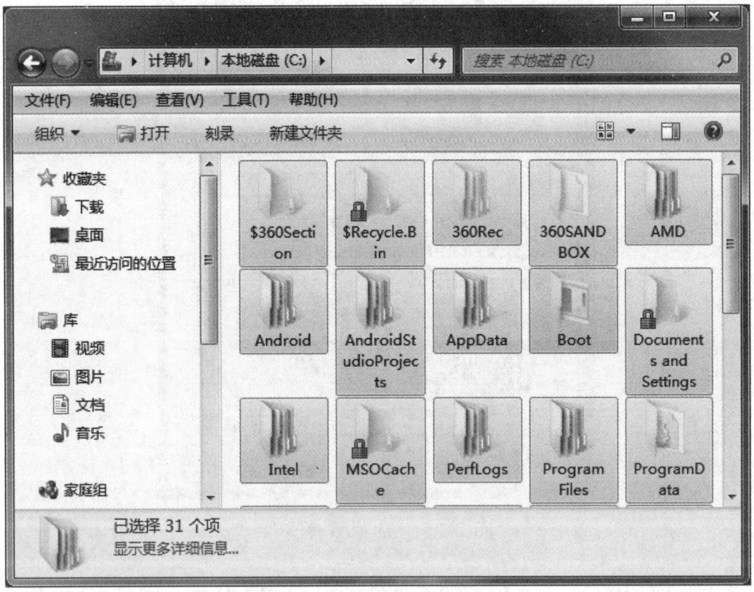

图 2-74 全选文件夹操作

2.5.4 文件与文件夹的浏览

Windows 7 提供了强大的查看文件夹和文件名的功能，用户按不同方式显示文件和文件夹，也可以按不同方式排列窗口中的图标。

1. 查看隐藏文件夹

在计算机中，有些文件或文件夹是隐藏起来的（用户也可以自己隐藏文件），如果需要显示隐藏文件或文件夹中，需要取消窗口中的隐藏选项。

设置显示隐藏文件的过程是：打开"计算机"，依次执行"工具"→"文件夹选项"命令，打开"文件夹选项"对话框。单击"查看"选项卡，在"高级设置"栏中选择"显示隐藏的文件、文件夹和驱动器"单选按钮，如图 2-75 所示。单击"确定"按钮完成设置，此时在"计算机"中即可显示隐藏的文件。若选择"不显示隐藏的文件、文件夹或驱动器"单选按钮，则系统不显示隐藏文件。

2. 按"列表"方式显示文件和文件夹

Windows 7 默认以"平铺"方式显示文件和文件夹，我们打开"计算机"，单击"查看"菜单，在弹出的下拉菜单中可以看到其中的"平铺"命令前有一个圆点。此时，单击"列表"命令，系统将以"列表"方式显示文件和文件夹。两种显示方式的对比如图 2-76 所示。

用户还可以在该菜单中选择超大图标、大图标、中等图标、小图标、详细信息显示方式，则系统分别以超大图标、大图标、中等图标、小图标、详细信息 5 种方式显示文件和文件夹，如图 2-77 所示。

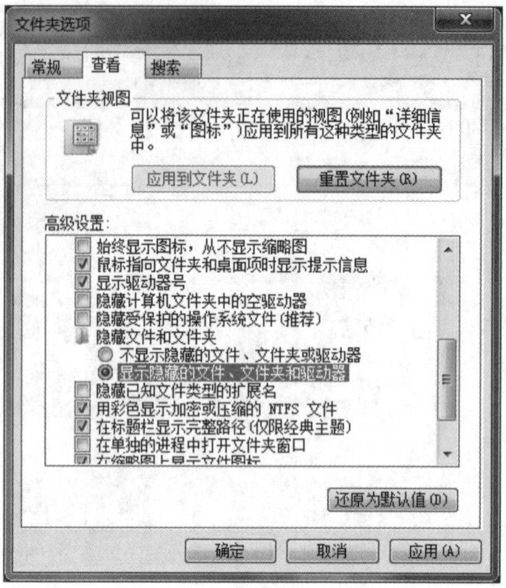

图 2-75　显示所有文件

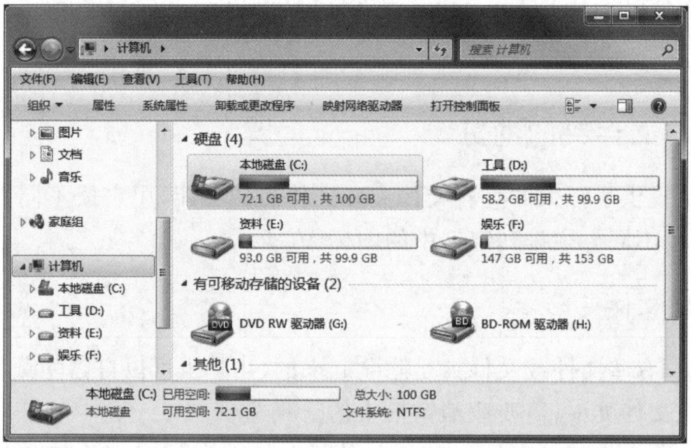

(a)　"平铺"方式

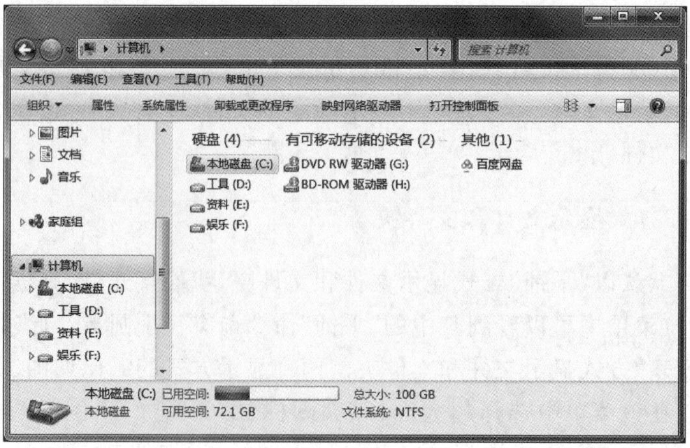

(b)　"列表"方式

图 2-76　以"平铺"和"列表"方式显示文件及文件夹

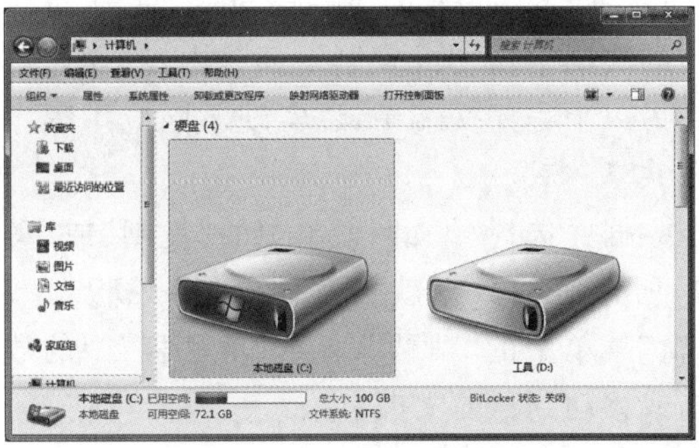

(a) “超大图标”方式

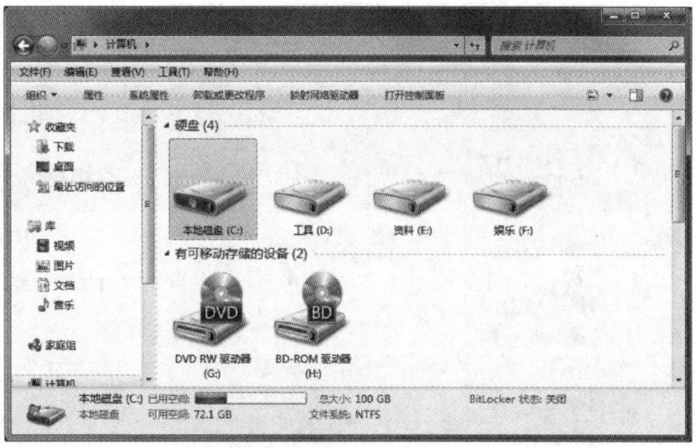

(b) “大图标”方式

(c) “中等图标”方式

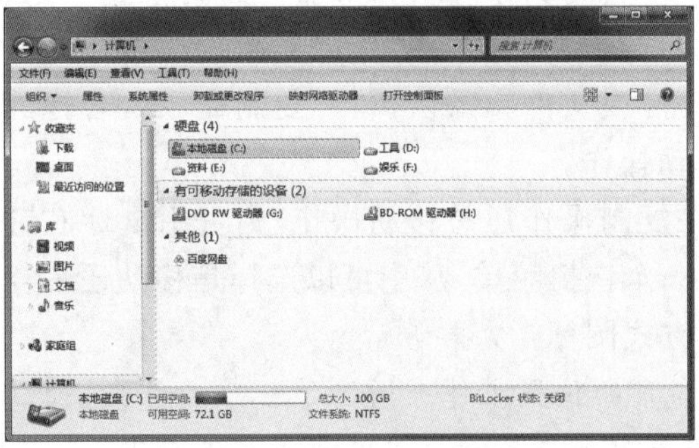

(d) “小图标”方式

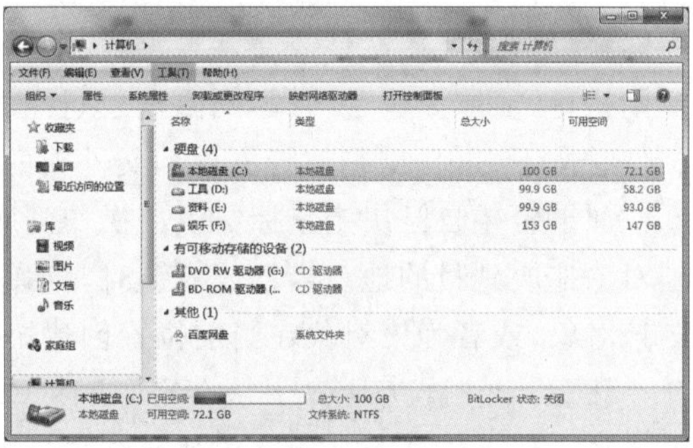

(e) “详细信息”方式

图 2-77　以超大图标、大图标、中等图标、小图标、详细信息方式显示文件及文件夹

3. 文件和文件夹在窗口中的排列

在“计算机”窗口中，定位文件和文件夹可以以不同的排列方式排列在窗口。具体操作方法为：打开“计算机”，定位到指定路径下，执行“查看”→“排列图标”命令，弹出子菜单如图 2-78 所示。在子菜单中，用户可以选择按“名称”“修改日期”“类型”“大小”等方式排列图标，选择一种排列方式即可。

2.5.5　数据交换的中间代理——剪贴板

“剪贴板”是程序和文件之间用于传递信息的临时存储区，它是内存的一部分。通过“剪贴板”可以把各种文件的部分正文、部分图像、部分声音粘贴在一起，形成一个图文并

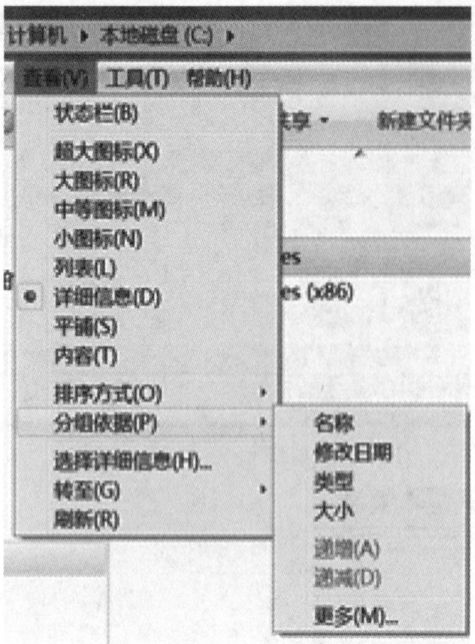

图 2-78 排列显示

茂、有声有色的文档。同样,在 Windows 7 中,也可以从一个程序的文稿中剪切或复制一部分内容,通过剪贴板粘贴到另一个程序文稿中,以实现不同应用程序之间的信息共享。

当选定数据并选择“编辑”菜单中的“复制”或“剪切”命令时,所选定的数据就被存储在“剪贴板”中。再选择“编辑”菜单中的“粘贴”命令,“剪贴板”中的数据就被复制或移动到目的文档中。

2.5.6 文件与文件夹的移动和复制

对文件或文件夹执行移动命令后,原位置的文件或文件夹消失,出现在目标位置。

复制文件或文件夹就是将文件或文件夹复制一份,放到其他地方,执行复制命令后,原位置和目标位置均有该文件或文件夹。

1）用“拖放”的方法移动和复制文件或文件夹对象

最简单的方法就是直接用鼠标把选中的文件或文件夹图标拖放到目的地。至于鼠标“拖放”操作到底是执行复制操作还是移动操作,取决于源对象和目的对象的位置关系。在同一磁盘上拖放文件或文件夹,系统默认执行“移动操作”。若拖放对象同时按下 Ctrl 键则执行“复制操作”。在不同磁盘之间拖放文件或文件夹默认执行“复制命令”,若拖放文件时按下 Shift 键则执行文件和文件夹的移动操作。

如果希望自己决定鼠标“拖放”操作到底是复制操作还是移动操作,则可用鼠标右键把对象拖放到目的地。当释放右键时,将弹出一个快捷菜单,从中可以选择是移动还是复制该对象,或者为该对象在当前位置创建快捷方式图标。

注意:复制或移动文件夹操作,实际上是向目的位置文件夹增添了一个文件夹,并且也将该文件夹中包含的所有文件和子文件夹一同复制或移动到目的位置文件夹中。

2）使用剪贴板复制和移动文件或文件夹

复制和移动文件或文件夹的常规方法是用菜单命令操作。通过“编辑”菜单中的“复制”或“剪切”命令,借助剪贴板来复制和移动文件及文件夹。首先选取要复制的一个或多个文件或文件夹,依次选择“编辑”→“复制”或者“编辑”→“剪切”命令,打开目的文件夹,依次选择“编辑”→“粘贴”命令。或右击,在弹出的快捷菜单中选择“粘贴”命令即可将那些文件或文件夹复制到目的文件夹中,如图 2-79 所示。

2.5.7 文件与文件夹的删除和还原

当不再需要某个文件或文件夹时,可将其删除,以利于对文件或文件夹的管理。删除后的文件或文件夹将被放到“回收站”中,用户可以选择将其彻底删除或还原到原来的位置。

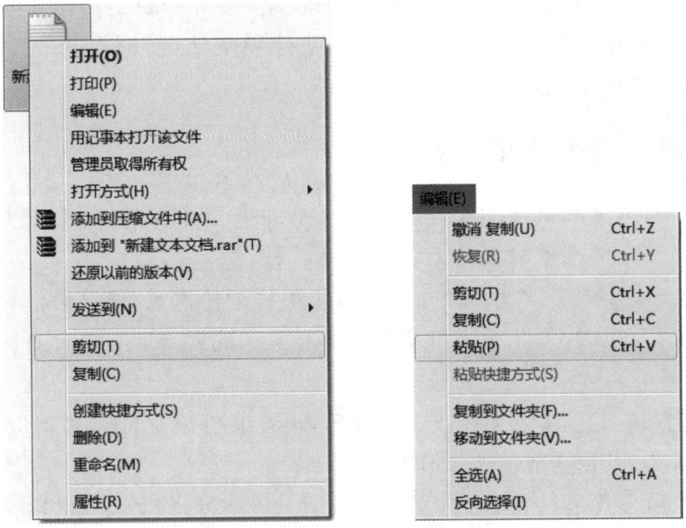

图 2-79　复制、剪切及粘贴操作

1. 删除文件与文件夹

删除文件与文件夹的方法有 3 种。

(1) 选定要删除的文件或文件夹，依次执行“文件”→“删除”命令，或右击，在弹出的快捷菜单中选择“删除”命令。

(2) 选定要删除的文件或文件夹，按 Delete 键删除。

(3) 选定要删除的文件或文件夹，用鼠标直接拖入“回收站”。

执行上述 3 种操作中的任意一种后，系统会弹出“删除文件夹”对话框，如图 2-80 所示。单击“是”按钮完成删除。

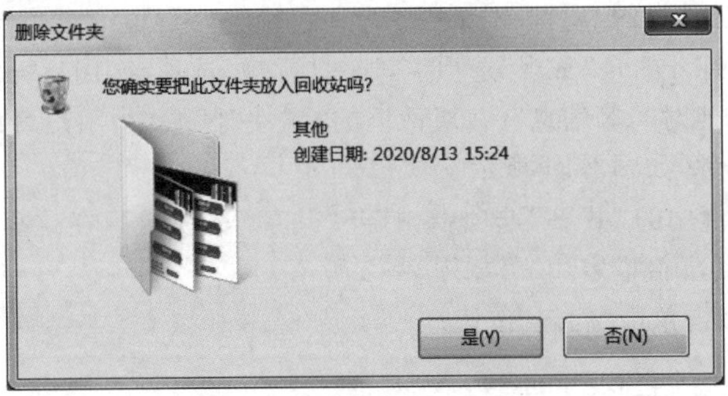

图 2-80　“删除文件夹”对话框

2. 还原“回收站”中的文件或文件夹

“回收站”为用户提供了删除文件或文件夹的补救措施。用户从硬盘中删除文件或文件夹时，Windows 7 会将其自动放入“回收站”中，直到用户将其清空或还原到原位置。

双击桌面上的“回收站”图标,若要删除“回收站”中所有的文件和文件夹,可依次选择“文件”→“清空回收站”命令,若要还原删除的文件和文件夹,可在选取还原的对象后,再依次选择“文件”→“还原”命令。

2.5.8 文件与文件夹的重命名

重命名文件或文件夹就是给文件或文件夹重新取一个新的名称,使其更符合用户的要求。实现文件或文件夹重命名的方法有以下 3 种。

(1) 菜单方式。选中文件或文件夹后,从菜单栏中依次选择“文件”→“重命名”命令。

(2) 右击方式。选中文件或文件夹后,右击选定的对象,在弹出的快捷菜单中选择“重命名”命令。

(3) 二次选择方式。选中文件或文件夹后,再在文件或文件夹名字位置处单击(注意不要快速单击两次,以免变成双击操作)。

采用上述 3 种方式之一操作后,文件或文件夹的名称将处于编辑状态(蓝色反白显示)。直接输入新的名字后,按下 Enter 键即可。

注意: 在 Windows 7 中,每次只能修改一个文件或文件夹的名字。重命名文件时,不要轻易修改文件的扩展名,以便使用正确的应用程序来打开。

2.5.9 文件与文件夹的属性设置

在 Windows 7 操作系统中,用户可以查看文件或文件夹的属性信息,可以将文件设为隐藏,让别人不能浏览该文件;也可以将文件设置为共享,使用本机的其他用户都能享有该资源;还可通过属性查看文件或文件夹的大小、修改时间和设置文件为只读属性等。

设置文件或文件夹的常规属性,可以按以下操作步骤进行。

(1) 从“计算机”中选定要设置属性的文件夹或文件,右击,从弹出的快捷菜单中选择“属性”命令,打开文件夹的“属性”对话框。

(2) 系统默认打开的是“常规”选项卡,通过“常规”选项卡,用户可以查看文件夹的类型、位置、大小和创建时间等信息。在对话框的“属性”区域中,用户可以将文件夹设置为“只读”或“隐藏”属性,如图 2-81 所示。

(3) 单击对话框中的“共享”选项卡,打开“共享”选项卡。在这里用户可以单击“共享”按钮将文件夹共享给指定用户,如图 2-82 所示。

(4) 完成设置后,单击“确定”按钮。

2.5.10 文件与文件夹的搜索

在 Windows 7 操作系统中,用户可以在文件夹或库中搜索文件或文件夹。有时用户找不到某个文件,但知道该文件位于某个特定文件夹或库中,为了节省查找文件或文件夹的时间和精力,可以使用搜索功能。

例如,用户想在 E 盘中搜索名为“判断题 A.txt”的文件。可以打开“计算机”,通过导航窗格打开 E 盘,在窗口顶部的搜索框中输入文件名。此时,系统自动开始搜索,它根据输入的文本筛选当前视图。搜索将查找文件名和内容中的文本，以及标记等文件属性中的文本。如图 2-83 所示，等待一段时间后即可看到搜索结果。

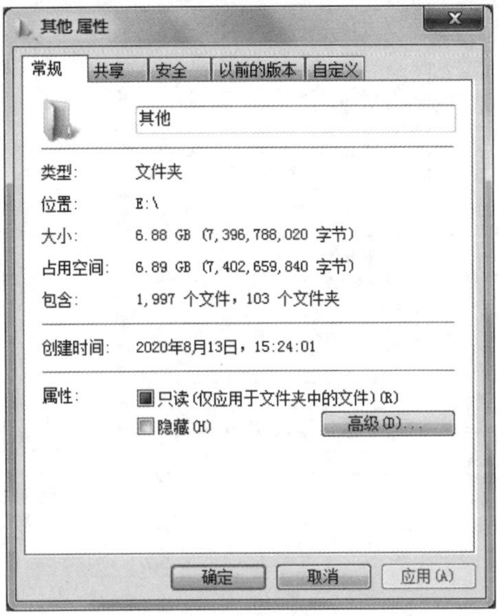

图 2-81　“常规”选项卡

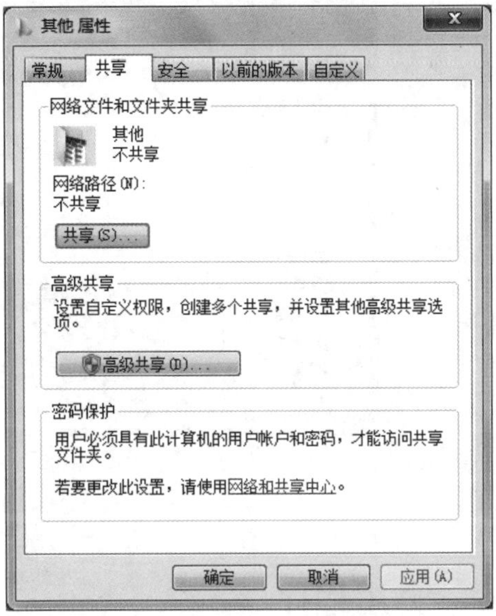

图 2-82　“共享”选项卡

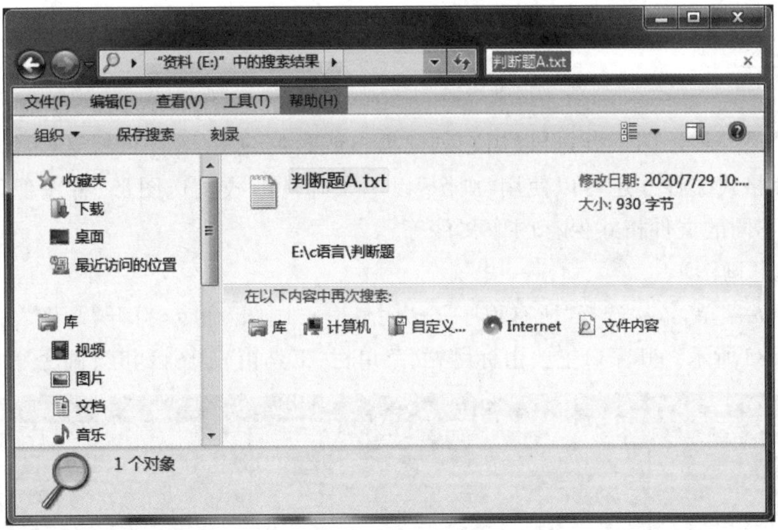

图 2-83　搜索文件

如果要基于多个属性搜索文件，则可以在搜索时使用搜索筛选器指定属性。单击搜索框时，将出现“添加搜索筛选器”栏，其中有“修改时间”“大小”两个选项。如图 2-84 所示，单击相应的搜索筛选器选项，可在弹出的列表框中设置待搜索文件的修改时间和文件大小，从而减少搜索时间。

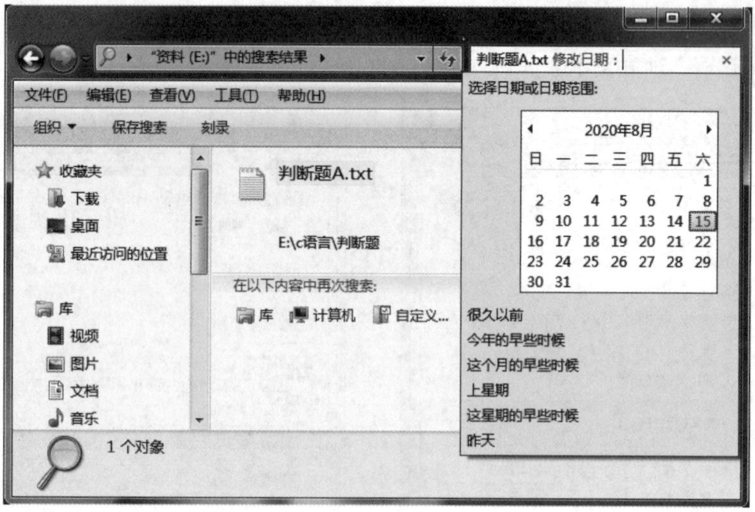

图 2-84 添加搜索筛选器

2.6 实用程序

在 Windows 7 操作系统安装好以后，系统会自带一些应用程序，主要包括画图、记事本、写字板和计算器等，这些都是通过“开始”菜单中的“所有程序”下的“附件”打开的。

2.6.1 画图

“画图”是一种绘图工具，可以用它创建黑白或彩色的图形，并可将这些图形存为位图或其他图片格式文件。还可以使用“画图”以电子邮件形式发送图形、将图像设置为桌面背景、使用不同的文件格式保存图像文件等。

1）认识“画图”

打开开始菜单，依次选择“所有程序”→“附件”→“画图”命令，打开“画图”程序，其操作界面如图 2-85 所示。其窗口主要由标题栏、菜单栏、工具箱、画图区和颜料盒等部分组成。

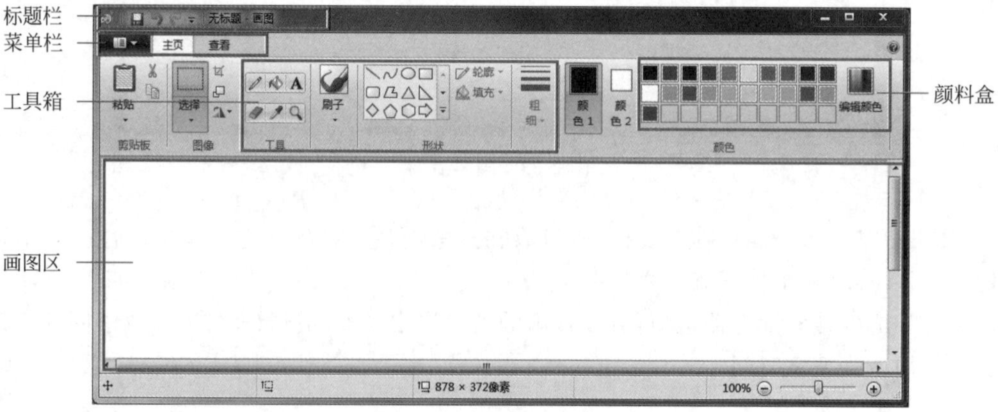

图 2-85 “画图”操作界面

2）绘制线条与几何图形

通过在“画图”程序中使用相关的工具可以绘制线条和几何图形。

（1）绘制线形图形。

在“画图”程序中可以通过直线工具、曲线工具和铅笔工具等绘制线形图形。先在“工具箱”中单击选中相应工具，在“画图区”中按住左键不放在画图区内拖动即可画出工具对应的图形。

（2）绘制多边形图形。

在“画图”中除了可以绘制线条外，还可以使用矩形、椭圆、多边形等工具绘制相应图形。选择“工具箱”中相应工具，在“画图区”中按住左键不放并在画图区内拖动即可画出工具对应的图形。

3）在图片中添加文字

在“画图”程序中使用文字工具可输入文字信息，文本的颜色由前景颜色定义。要使文本的背景透明，可单击图标。要使背景不透明并定义背景颜色，可单击图标。

（1）创建文字。

要在图片中添加文字，单击工具箱中的工具**A**，鼠标光标移至绘图区时变为形状。按住鼠标左键拖动出一个矩形区域，这就是文字编辑区，释放鼠标左键后即可在矩形框内输入文字。在“字体”工具栏中可设置文字字体和大小等属性，然后输入文字即可。

（2）编辑文字。

只有在输入文字的过程中才可以编辑文字。在输入文字的过程中，如果要更改文本颜色，单击颜料盒中的相应颜色即可。在输入文字的过程中，要将文字编辑区变大或变小，只需要将光标移到文字编辑区的任意一个控制点上，当光标变成双向箭头时，拖动鼠标即可。

在输入文字的过程中，要将文字编辑区进行移动，只需要将光标移到文字编辑区的任意一条边上，当光标变为双向箭头时，拖动鼠标即可。

4）编辑和修改图形

编辑和修改图形主要是指对图像进行选取、移动、复制、删除、放大、缩小、填充颜色和提取图像颜色等操作。

（1）图像的选取。

程序有两种选取图形的工具：选取任意形状的裁剪工具和矩形选定工具。两种工具的使用方法相同。

（2）移动图形。

移动图形是指将选取的图形从画图区的一个位置移动到另一个位置。其具体操作为：使用图形选取工具选取需要复制的图形，将鼠标光标移至矩形框内时，鼠标光标变为十字箭头形状，按住鼠标拖动可移动的图形至合适的位置，然后释放鼠标即可。

（3）复制图形。

复制图形是指在画图区的另一个位置上产生一个与选取图形一模一样的图形。其具体操作为：使用图形选取工具选取需要复制的图形，将鼠标光标放于图形之上，按住 Ctrl 键的同时按下鼠标左键不放并拖动，屏幕上出现一个随之移动的图块，移至合适位置，同时释放 Ctrl 键和鼠标左键即可。

(4) 删除图形。

对于不需要的图形,可以将其删除,其具体操作为:选定要删除的图形,按 Delete 键即可,这时将以背景色填充被删除的部分。

(5) 放大和缩小图形。

放大镜工具用于放大或缩小绘图区的显示。单击工具,鼠标光标移至绘图区时变为放大镜形状,在鼠标光标外有一矩形框,表示将放大的绘图区,单击鼠标放大绘图区。

(6) 填充图形。

当图形绘制好后,便可使用填充工具对图形进行填充。

(7) 提取图像的颜色。

取色工具可提取绘图区中的任意颜色,以方便填充相应区域。

(8) 自定义填充色。

在使用"画图"程序的过程中,如果对颜料盒的颜色不满意,可通过"编辑颜色"对话框进行调整。

5) 保存图形

单击左上角的按钮,在展开的菜单中单击"保存",打开"保存为"对话框,输入文件名后,单击"保存"按钮将绘制好的图形进行保存。

2.6.2 记事本

"记事本"是一个基本的文本编辑器,它可用于编辑简单的文档或创建网页。要创建和编辑带格式的文件,请使用"写字板"。

打开"开始"菜单,依次选择"所有程序"→"附件"→"记事本"命令,即可启动"记事本"程序。基本功能如下。

1) 新建文本文档

每次打开"记事本"时,都会自动新建一个文本文档供用户使用。当然,我们也可以手动新建文本文档。其具体操作为:在"记事本"窗口中依次选择"文件"→"新建"命令或按 Ctrl+N 组合键,即可新建一个文本文档。

2) 打开已有的"记事本"文档

在"记事本"窗口中依次选择"文件"→"打开"命令,打开"打开"对话框。通过左边的导航窗格选择文件所在的位置。单击选中文件,然后单击"打开"按钮即可。

3) 编辑文档

当输入一行文字后,按 Enter 键可以将光标移到下一行。在行首直接按 Enter 键,即可插入一个空行。要删除光标后的文字或删除空行,可以按 Delete 键。要输入当前日期和时间,可以依次选择"编辑"→"时间"→"日期"命令。要在文档中查找字或词组,可以依次选择"编辑"→"查找"命令,在打开的对话框中输入要查找的字或词组,然后单击"查找下一个"按钮。要打印当前文档,可以依次选择"文件"→"打印"命令。

4) 保存文档

依次选择"文件"→"保存"命令或"文件"→"另存为"命令,打开"另存为"对话框。通过导航窗格选择文件所在的位置，在“文件名”下拉列表框中输入需保存的文件名。单击“保存”按钮，即可保存文档。

5）退出“记事本”

依次选择“文件”→“退出”命令，或单击右上角的“关闭”按钮关闭“记事本”窗口，即退出“记事本”程序。

如对文件进行编辑后，在未保存的情况下关闭“记事本”窗口，将会打开提示对话框，提示用户文件未保存，单击“保存”按钮可保存，单击“不保存”按钮不保存，单击“取消”按钮将取消关闭操作。

2.6.3　写字板

使用“写字板”可以创建或编辑包括格式或图形的文本文件。还可以使用“写字板”进行基本的文本编辑或创建网页。

打开“开始”菜单，依次选择“所有程序”→“附件”→“写字本”命令，即可启动“写字本”程序，其操作界面如图 2-86 所示。

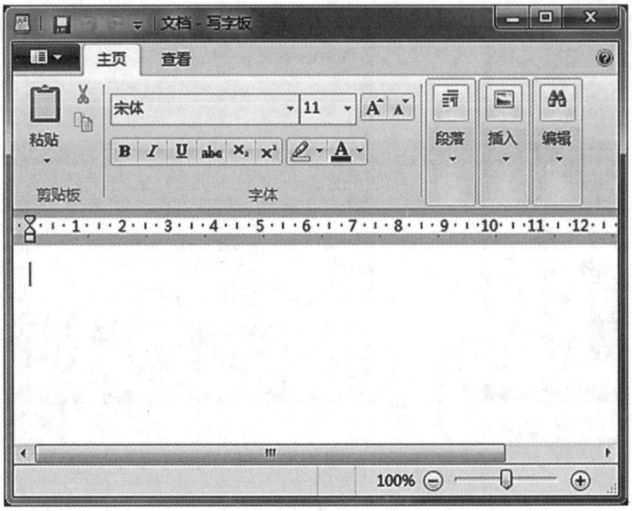

图 2-86　“写字板”操作界面

“写字板”的基本功能如下。

1）创建文档

当用户启动“写字板”程序后，将自动新建一个文档，用户也可以单击按钮打开菜单，在菜单中选择“新建”命令创建新文档。

2）保存文档

对于编辑完的文档应该将其保存在计算机中。

3）编辑和格式化文档

当启动“写字板”程序后，最主要的就是如何编辑文档。当向文档空白处输入文字后，用户可以使用“编辑”和“格式”区随时对它们进行更改。

4）在文档中插入图片

在编辑文档时，可以使用“插入”将相关的图片插入文档中。

5）预览打印文档

当文档编辑完后，用户可以单击按钮 打开菜单，在菜单中通过依次选择“打印”→“打印预览”命令来预览文档的整体效果。

2.6.4 计算器

可以用标准型计算器执行简单的计算，或用科学型计算器执行高级的科学计算和统计。打开“开始”菜单，依次选择“所有程序”→“附件”→“计算器”命令，启动“计算器”程序，如图 2-87 所示。其外形与现实中见到的计算器几乎差不多，用户可以通过单击它的按钮来实现运算功能。

如果用户进行的运算超出了简单的运算范围，可能需要启动科学型计算器。这时可以把标准型计算器转换成科学型计算器。在标准型计算器窗口中依次选择“查看”→“科学型”命令，即可打开科学型计算器，如图 2-88 所示。

图 2-87 标准型计算器界面

图 2-88 科学型计算器界面

2.6.5 截图工具

使用“截图工具”可以将屏幕中显示的内容截取为图片，并保存为文件或复制到其他程序中。打开“开始”菜单，依次选择“所有程序”→“附件”→“截图工具”命令，启动“截图工具”程序。其基本功能如下。

1）捕获截图

如图 2-89 所示，单击“新建”按钮旁边的箭头，从列表中可选择“任意格式截图”“矩形截图”“窗口截图”或“全屏幕截图”，然后选择要捕获的屏幕区域。选择“任意格式截图”时，需围绕对象绘制任意格式的形状；选择“矩形截图”时，可将截取屏幕中任意矩形区域；选择“窗口截图”时，选择一个窗口即可截取该窗口；选择

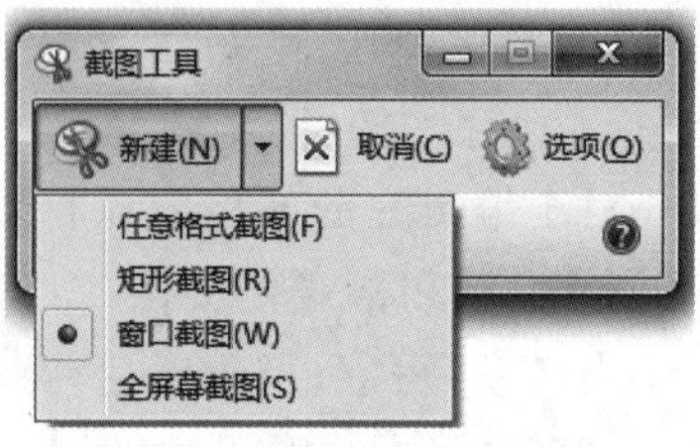

图 2-89 选择截图方式

“全屏幕截图”时，将捕获整个屏幕。

在捕获截图时，会自动将其复制到剪贴板和标记窗口，用户可以在标记窗口中对图片添加标记，或将其粘贴到文档、画图等应用程序中。

2）保存截图

用户还可以将捕获的截图保存在计算机中。单击按钮，通过依次选择“文件”→“另存为”命令打开“另存为”对话框，在“保存类型”中选择截图要保存的格式，可选格式包括 HTML、PNG、GIF 或 JPEG 格式。捕获截图后，可以在标记窗口中单击“保存截图”按钮将其保存。

习题

1. 完成下列操作。

(1) 将“库\文档”中的图标按类型排列。

(2) 在使用“资源管理器”浏览文件时，让用户看到除了隐藏文件以外的所有文件，让用户看到所有文件的扩展名。

(3) 在“库\文档”中创建一个个人文件夹，以自己的姓名命名，然后在个人文件夹中创建 3 个子文件夹，名称分别为 11、22 和 33。

(4) 在文件夹 22 中创建 3 个文件：T1.txt、W2.doc 和 B3.bmp。

(5) 将屏幕上的所有窗口最小化后，对“桌面”截图，并将此图粘贴到图像文件 B3.bmp 中，然后保存、关闭图像文件。

(6) 将文件夹 22 中的 Tl.txt 移动到文件夹 11，将 B3.bmp 改名为 picture.bmp 并复制到文件夹 33，将 W2.doc 彻底删除。

(7) 将文件夹 33 设置为“只读”的共享文件夹。

(8) 为文件夹 22 中的 picture.bmp 创建快捷方式，保存在文件夹 11 中，命名为“桌面”。

(9) 搜索 C 盘 Windows 7 文件夹中字节数为 200KB 以上的 GIF 图像文件，查看搜索到的结果，并将这些 GIF 文件复制到文件夹 11 中。

2. 完成下列操作。

(1) 在 D 盘下建立文件夹 ABC，在文件夹 ABC 下新建文件夹 HAB1 和文件夹 HAB2。

(2) 在文件夹 D:\ABC 下新建文件 DONG.DOC，在文件夹 D:\HAB2 下建立名为 PANG 的文本文件。

(3) 为文件夹 D:\ABC\HAB2 建立名为 KK 的快捷方式，存放在 D 盘根目录下。

(4) 将文件 D:\ABC\DONG.DOC 复制在本文件夹中，命名为 NAME.DOC。

(5) 将文件夹 D:\ABC\HAB1 设置为“只读”属性。

(6) 搜索 C 盘中的文件 SHELL.DLL，然后将其复制在文件夹 D:\HAB2 下。

(7) 将文件夹 D:\ABC\HAB1 的“只读”属性撤销，并设置为“隐藏”属性。

(8) 将文件 D:\HAB2\PANG.TXT 移动到桌面上并重命名为 BEER.TXT。

(9) 删除文件 D:\ABC\NAME.DOC。

(10) 搜索D盘中第一个字母是T的所有PPT文件,将其文件名的第一个字母更改为B,原文件的类型不变。

3. 指法练习,录入下面文字。

研究人员发现4种牙买加雄性变色蜥蜴经常在黎明时分做俯卧撑,头部摆动着,同时颈部颜色鲜艳的皮瓣变得扩张,这种俯卧撑行为还会在每天黄昏重复。哈佛大学、加州大学研究员称,其他的动物,如鸟类、爬行动物等,都在黎明和黄昏发出不同的声音。然而这却是我们第一次发现像雄性变色蜥蜴这样特殊的捍卫领土的视觉性展示。

第3章

Word 2016 文字处理

本章主要介绍 Word 2016，它是一个具有丰富的文字处理功能，图、文、表格混排，所见即所得，易学易用等特点的文字处理软件，是当前深受广大用户欢迎的 Microsoft Office 办公软件中的文字处理软件。通过本章学习，应掌握以下几点。

- Word 的基本概念，Word 的基本功能和运行环境，Word 的启动和退出。
- 文档的创建、打开、输入、保存等基本操作。
- 文本的选定、插入和删除、复制和移动、查找与替换等基本编辑技术；多窗口和多文档编辑。
- 字体格式设置、段落格式设置、文档页面设置和文档分栏等基本排版技术。
- 表格的创建、修改；表格的修饰；表格中数据的输入与编辑；数据的排序和计算。
- 图形和图片的插入；图形的建立和编辑；文本框、艺术字的使用和编辑。
- 文档的保护和打印。

全国计算机等级考试一级考点汇总

考　点	主要内容
Word 2016 的启动	Word 2016 的启动
Word 窗口及其组成	Word 窗口及其组成
Word 2016 的退出	Word 2016 的退出
创建新文档	创建新文档的 4 种方法
打开已存在的文档	打开已存在的文档的几种方法
文档的保存与保护	文档的保存，文档的保护
文本的输入	几种文本输入方法
帮助功能的使用	帮助功能的使用
在文档中插入其他元素	插入表格，插入图片，插入特殊符号，插入文件
文本的查找与替换	文本的查找与替换

续表

考　点	主要内容
文字的编辑	文本块的选择,复制与粘贴,移动与剪切,文字块的选取,对块区域的编辑操作,超文本链接,文字基本修饰
段落的排版	利用水平标尺进行段落缩紧设置,利用“格式”菜单下的“段落”命令进行段落排版
页面设置	几种页面设置方法
打印的相关操作	打印设置,打印预览,打印方式的选择
页眉、页脚与页码的设置	设置页眉和页脚,设置页码
表格的创建	绘制表格,插入表格,复制和粘贴表格
表格的编辑与修饰	表格大小的调整,表格格式的设置,表格中行、列、单元格的插入,表格中单元格的合并与拆分,表格的图文绕排,表格中内容的编辑
表格内数据的排序与计算	表格内数据的排序,表格内数据的计算
图形的绘制	使用绘图工具栏的工具绘制各种图形,绘制网格,图形的移动与组合,曲线图形的绘制与修改
文本框的使用	文本框的插入,修改文本框的设置,利用文本框对文字或图形进行定位,利用文本框链接、增强排版灵活性,利用文本框为图片添加图标

3.1 初识中文版 Word 2016

3.1.1 Word 2016 的启动与退出

1. Word 2016 的启动

Word 2016 的启动有以下 3 种方法。

(1) 单击任务栏上的开始菜单,选择“所有程序”→Microsoft Office→Microsoft Office Word 2016 命令,启动中文 Word 2016,同时系统会自动建立一个名为“文档 1.docx”的空白 Word 文档。

(2) 双击桌面上的 Microsoft Word 快捷图标。

(3) 双击已有的“Word 文档”图标。

2. Word 2016 的退出

Word 2016 的退出有以下 4 种方法。

(1) 单击标题栏右侧的“关闭”按钮×。

(2) 单击菜单“文件”→“关闭”命令,关闭 Word 2016。

(3) 右击标题栏除了按钮之外的区域,在弹出的控制菜单中单击“关闭”命令。

(4) 按 Alt+F4 组合键退出。

如果 Word 文件中的内容自上次存盘之后又进行了修改,则在退出 Word 2016 之前将弹出提示保存的对话框。单击"保存"按钮将保存修改；单击"不保存"按钮将取消修改；单击"取消"按钮，则退出 Word 2016 的操作被中止。

3.1.2　Word 2016 界面简介

中文 Word 2016 的工作界面如图 3-1 所示，其窗口组成及功能如下。

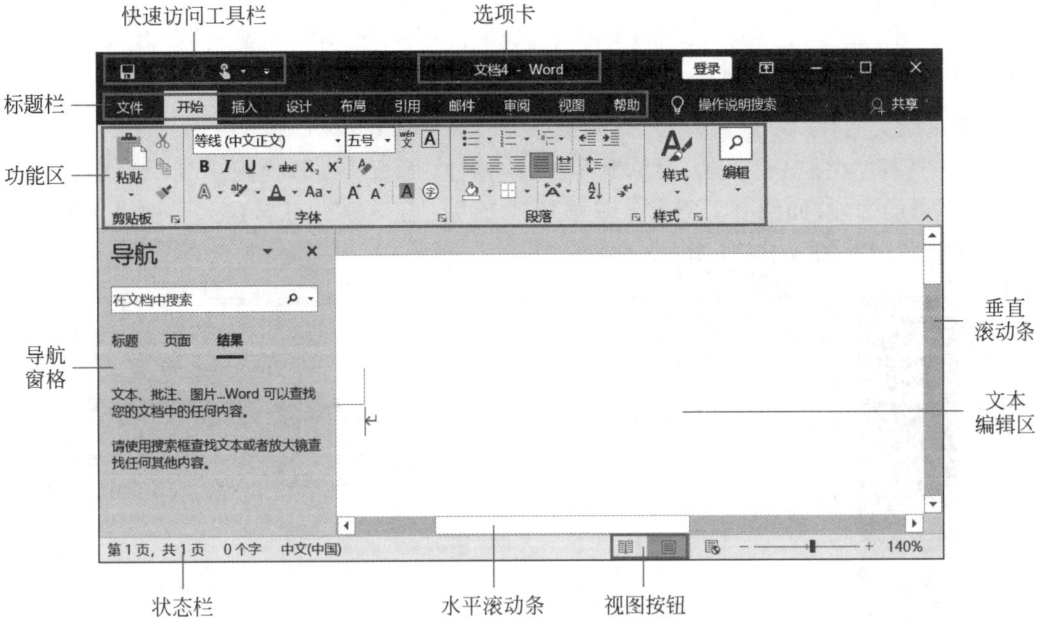

图 3-1　Word 2016 工作界面

(1) 标题栏：位于应用程序窗口的最上面，用于显示当前打开的文档名，单击标题栏右端的按钮，可以最小化、最大化或关闭程序窗口。

(2) 快速访问工具栏：位于 Word 窗口左上角，使用它可以快速访问使用频率较高的工具，如"保存"按钮、"撤销"按钮和"恢复"按钮。

(3) 选项卡和功能区：Word 2016 提供了 10 个功能区选项卡，分别是"文件""开始""插入""设计""布局""引用""邮件""审阅""视图""帮助"。单击任意选项卡即可在其下方功能区显示相应的按钮和命令。单击功能区中的按钮或命令即可完成相应的设置。

(4) 文本编辑区：用来显示和输入文本。

(5) 水平滚动条和垂直滚动条：水平滚动条、垂直滚动条分别用来在水平、垂直方向改变工作表的可见区域，单击滚动条两端的方向按钮，可以使工作表的显示区域按指定方向滚动一个单元格位置。

(6) 视图按钮：通过单击此栏中的 5 个按钮，可以将 Word 2016 的视图模式分别切换到"草稿""页面视图""大纲视图""Web 版式视图""阅读版式视图"5 种不同的模式。

(7) 状态栏：位于 Word 窗口底部，用来显示当前鼠标光标所在的页号、文档的页数、字数等。

(8) 导航窗格：按 Ctrl+F 组合键可显示导航窗格。导航窗格中最上方是搜索框，用于搜索文档中的内容。下方的 3 个选项卡分别用于浏览文档的标题、页面和当前搜索结构。

3.2 文档的基本操作

Word 文档的扩展名为 docx,对 Word 文档的打开和保存操作,实际上就是对扩展名为 docx 的文件的操作。

3.2.1 创建新文档

创建新文档有以下两种方法。

(1) 选择"文件"→"新建"菜单命令打开"新建"面板。在该面板中列举了多种新建 Word 文档的选项,如图 3-2 所示。双击第 1 项"空白文档",可新建一个名为"文档 1.docx"的空白 Word 文档,如图 3-3 所示。

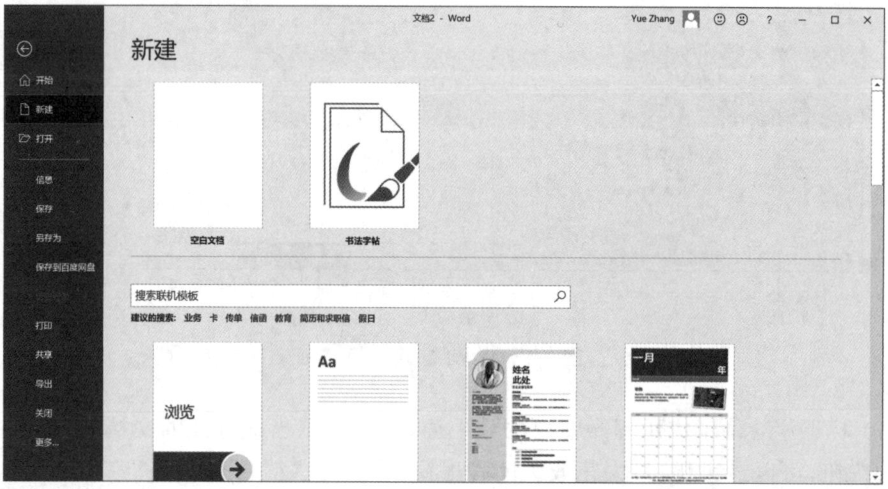

图 3-2 创建 Word 2016 新文档

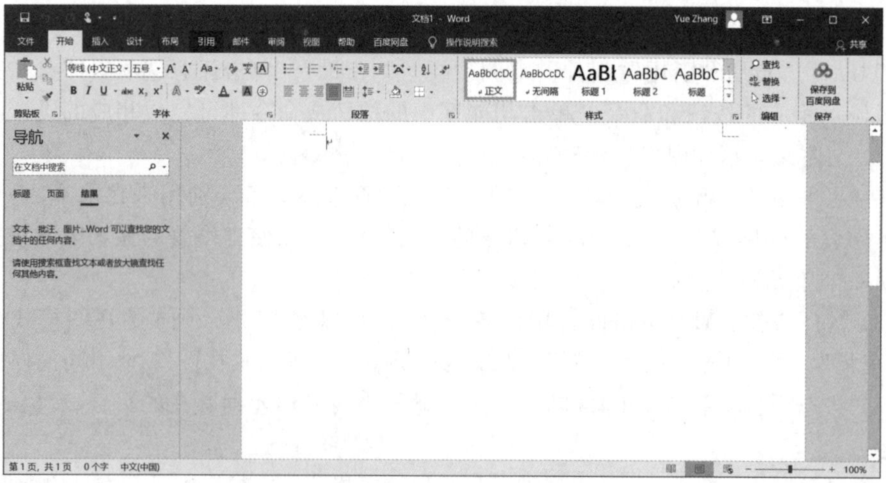

图 3-3 新建空白 Word 文档

（2）利用 Ctrl+N 组合键，可新建空白 Word 文档。

3.2.2　打开文档

在 Word 2016 中，当用户需要打开已经存在的文档时，常用方法有以下两种。

（1）在“计算机”或“资源管理器”中找到并双击所要打开的 Word 文档，即可打开这个文件。

（2）在 Word 2016 中，选择“文件”→“打开”命令，或使用 Ctrl+O 组合键，将会弹出“打开”面板，如图 3-4 所示，在该面板中可以双击打开最近使用过的文档。还可以单击“打开”面板中的“浏览”按钮弹出“打开”对话框，如图 3-5 所示。在列表中单击选择需要打开的文件后，单击“打开”按钮，完成指定文件的打开。如果需要打开的文件不在当前目录下，可以通过当前对话框左侧的导航窗格选择文件所在的目录。单击选中某目录后，下面的列表会显示所选目录下的所有 Word 文件，选中某文件后，再单击“打开”按钮。

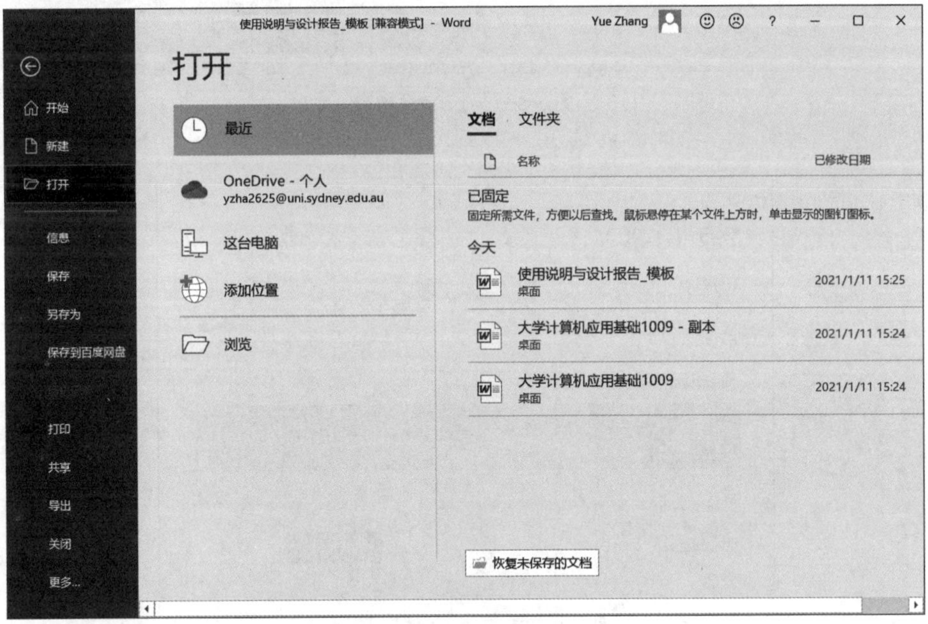

图 3-4　“打开”面板

3.2.3　保存、另存与关闭文档

1. 保存文档

需要保存当前文档时，选择“文件”→“保存”命令，或单击快速访问工具栏的“保存”按钮，如果当前文档从未保存过，将会弹出“另存为”对话框，在“文件名”后面的列表中输入文件名称，例如，“我的第一个 Word”文档。如图 3-6 所示，再单击“保存”按钮，将文档保存在当前目录下。如果当前文档曾经保存过，则会直接以原文件名保存文件，不再出现“另存为”对话框。

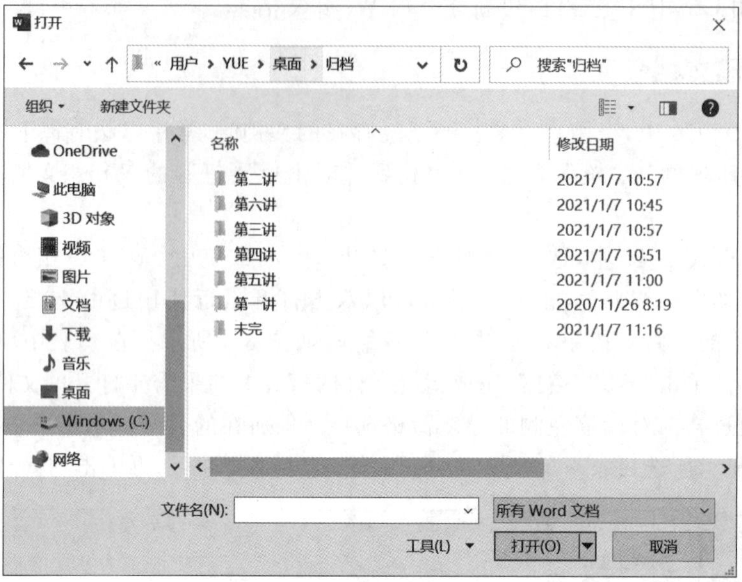

图 3-5 “打开”对话框

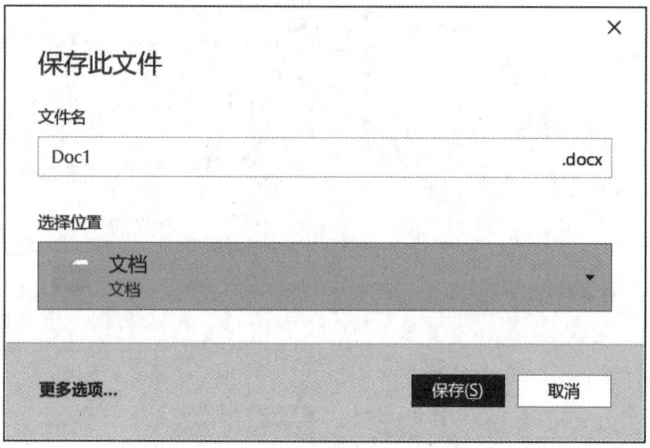

图 3-6 “保存此文件”对话框

2. 另存文档

如果对当前已经保存过的文档需要以其他文件名或在其他路径下保存时,可执行“文件”→“另存为”命令,将会弹出“另存为”面板,在该面板中选择文档的存储位置后,将弹出“另存为”对话框,该对话框中,在“文件名”后面的列表中可以输入与当前文件名不同的文件名。若想改变文件的保存目录,可通过当前对话框左侧的导航窗格重新选择另存文件的目录,再输入文件名后,单击“保存”按钮。

也可以单击“另存为”对话框中的“新建文件夹”按钮,如图 3-7 所示,为新建的文件夹重命名之后,双击进入该文件夹,再进行上述的保存文件操作。

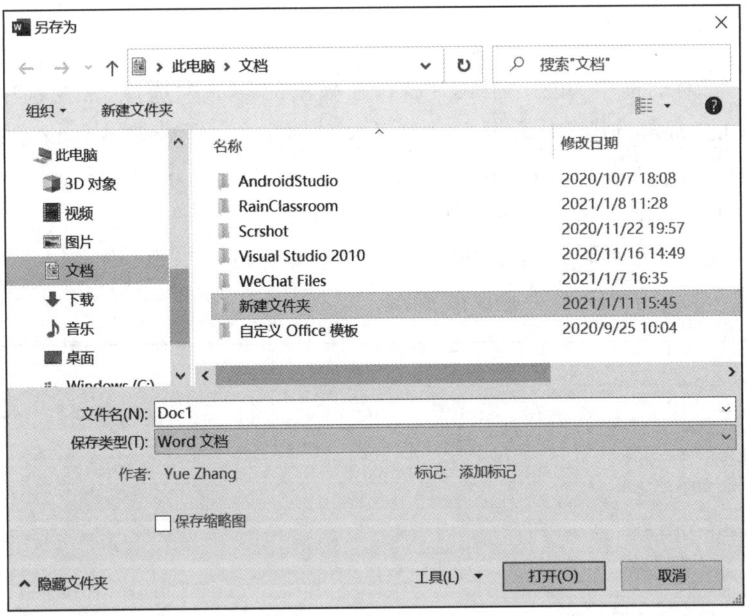

图 3-7 “另存为”对话框

3. 关闭文档

对文档完成所有的操作后，要关闭文档时，可选择“文件”→“关闭”命令，或单击窗口右上角的“关闭”按钮。在关闭文档时，如果在文档打开期间没有对其进行修改，可直接关闭；如果对文档做了修改，但还没有保存，系统将会打开一个提示框，询问是否保存对文档所做的修改，如图 3-8 所示。

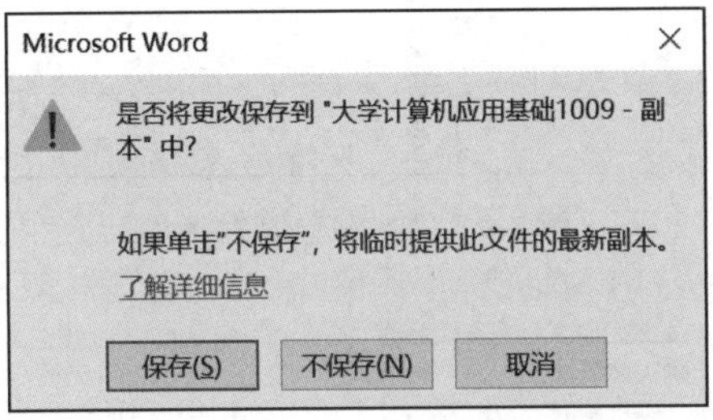

图 3-8 Word 2016 文档的保存与关闭

单击“保存”按钮，如果是已建立的文档，编辑结果则被保存；如果是新建文档，则会弹出“另存为”对话框，按上述保存文件的方法进行保存。单击“不保存”按钮，则不保存编辑结果。单击“取消”按钮，则放弃文档的保存并返回编辑窗口继续编辑。

3.2.4 文档的保护

为防止无关人员查看或修改文档，用户可以给文档设置相应的密码。

1. 设置打开权限密码

在“另存为”对话框中,单击“工具”按钮,在弹出的菜单中选择“常规选项”命令,打开如图 3-9 所示的“常规选项”对话框,在“打开文件时的密码”处输入要设定的密码,单击“确定”按钮后会弹出如图 3-10 所示的“确认密码”对话框,要求用户再次输入打开文件时的密码。再次输入密码后单击“确定”按钮,若两次输入的密码一致,返回“另存为”对话框后单击“保存”按钮,则密码设置成功。若两次输入密码不一致,则会提示“确认密码不符”,密码设置失败,用户需要重新设置密码。

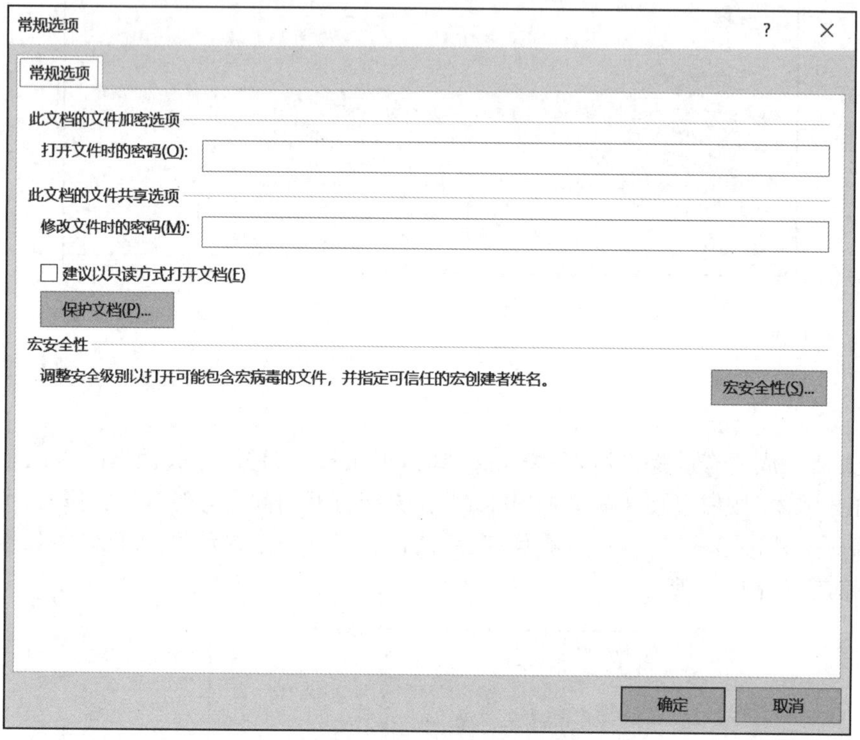

图 3-9 “常规选项”对话框

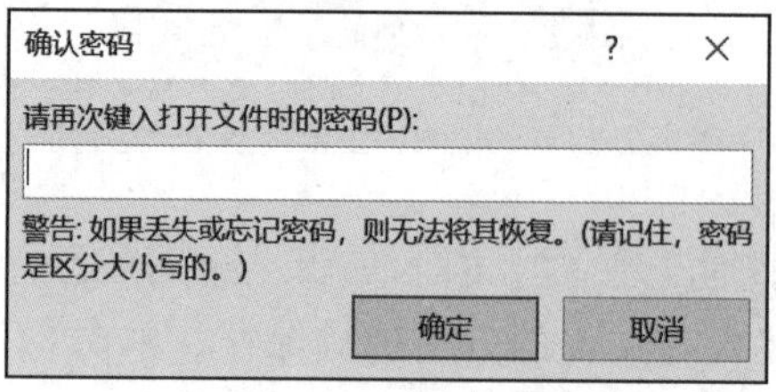

图 3-10 “确认密码”对话框

密码设置成功后,再次打开文档时,会弹出“密码”对话框,要求用户输入密码,仅当密码正确时才能打开文档。

2. 设置修改权限密码

若允许别人打开和查看文档，但不允许别人对其进行修改，应设置修改权限密码，使得不知道密码的人只能以“只读”方式打开该文档。设置修改权限密码的方法与设置打开权限密码非常类似，区别是密码应输入在如图 3-9 所示的“常规选项卡”对话框的“修改文件时的密码”输入框中。

密码设置成功后，再次打开文档时，会弹出“密码”对话框，要求用户输入密码，知道密码的用户输入正确的密码后可以打开、查看和修改文档，而不知道密码的用户可以单击“只读”按钮以“只读”方式打开该文档。

3. 取消已设置的密码

若用户想取消已设置好的打开权限密码或修改权限密码，需要先输入正确的密码打开文档，按照上述方法打开如图 3-9 所示的“常规选项卡”对话框，在“打开文件时的密码”或“修改文件时的密码”输入框删除已设置的密码（以一排 * 的形式显示），单击“确定”按钮，返回“另存为”对话框后单击“保存”按钮，则相应的密码被删除。

4. 文档保护

有时用户认为文档中的某部分内容比较重要，只允许其他人对其进行查看、修订、审阅等操作，但不允许他人对其进行修改，此时可以对这部分内容进行文档保护，操作如下。

选定要保护的文档内容（如某句话或某个段落），选择“审阅”选项卡，在功能区“保护”组中单击“限制编辑”按钮打开“限制编辑”窗格。在该窗格中勾选“仅允许在文档中进行此类型的编辑”，在“编辑限制”下拉列表中可选择“修订”“批注”“填写窗体”“不允许任何更改（只读）”。选择后，对于之前选中的文档内容，只能进行之前选定的操作。

3.3　文档编辑

3.3.1　输入文本

在 Word 中可以输入的文本包括汉字、英文、数字、标点符号和特殊符号等，其输入原则是：录入中文时，选择全角、中文标点状态；录入英文、数字时，选择半角、英文标点状态。输入时，输入的文本总是在当前光标位置进行插入，然后光标后移一位，可再进行输入。可用键盘上的 Backspace 键向前删除已经输入的文本。可用 Enter 键另起一行进行输入。

1. 文本的输入

（1）设置插入点。把鼠标指针指向插入内容的开始位置并单击。

（2）选择输入法。Word 启动后处于英文输入法状态，输入中文时，需要切换到中文输入法状态。单击任务栏右侧的输入法指示器图标，在弹出的快捷菜单中选择一种中文输入法。选择完毕后,若继续按 Ctrl+Shift 组合键,将依次循环选择并显示已安装的各种输入法,此时可见输入法的图标在不断变换。

在此以选择智能 ABC 输入法为例,此时屏幕上出现输入法工具栏,如图 3-11 所示。按 Ctrl+Space 组合键,实现中/英文输入法的切换,然后进行中文输入。

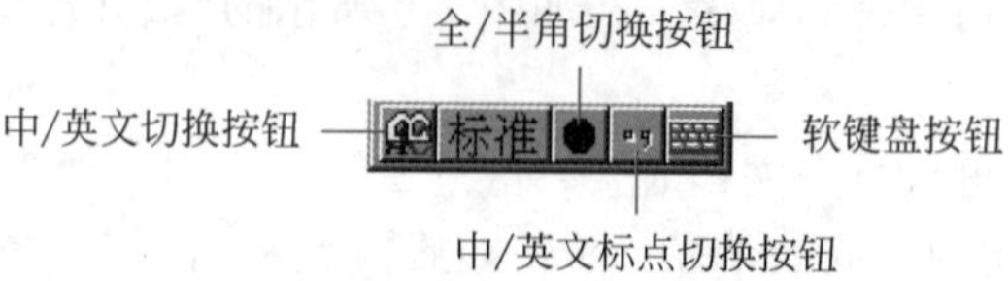

图 3-11　输入法工具栏

2. 符号的插入

当需要插入一些键盘上没有的符号时,先将光标放在需要插入符号的位置,选择“插入”选项卡,在功能区中单击“符号”按钮**Ω 符号**,在弹出的菜单中单击选中需要的符号,则选中的符号出现在当前光标所在位置。若菜单中没有想要插入的符号,单击“其他符号”,打开如图 3-12 所示的“符号”对话框进行选择,选中之后再单击“插入”按钮即可。

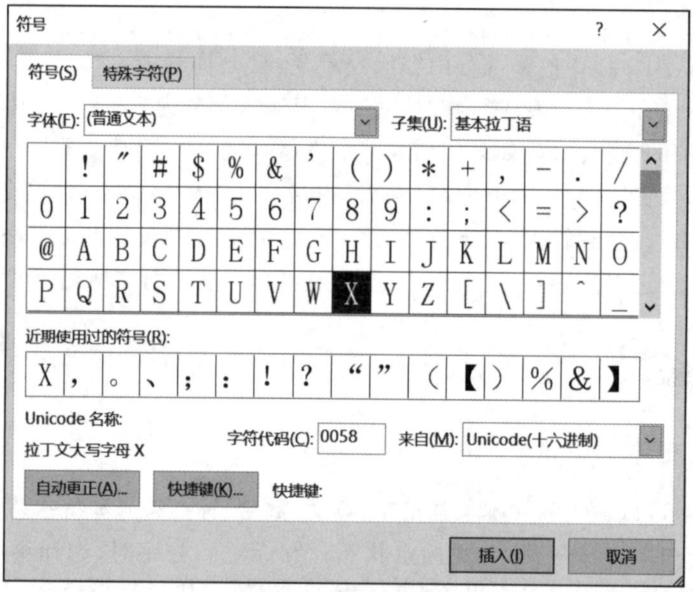

图 3-12　“符号”对话框

3. 日期和时间的输入

当需要输入当前日期或时间时,可以使用以下方法:将插入点移至需要插入日期或时间的位置。选择“插入”选项卡,在功能区中单击“日期和时间”按钮**日期和时间**,打开“日期和时间”对话框。在“语言”下拉列表框中选择“中文(中国)”。在“可用格式”列表框中,可选定某种格式,例如,选定 2020/1/11 如图 3-13 所示。单击“确定”按钮,即可在光标位置处插入上述格式的当前系统时间。

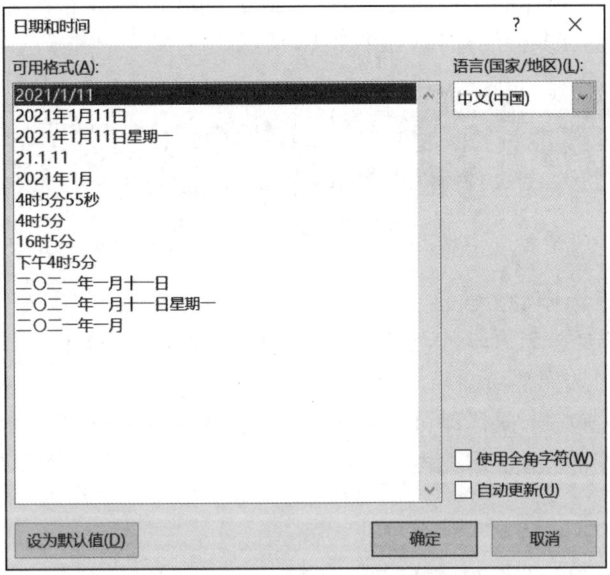
日期和时间
?
×
可用格式(A):
2021/1/11
2021年1月11日
2021年1月11日星期一
21.1.11
2021年1月
4时5分55秒
4时5分
16时5分
下午4时5分
二〇二一年一月十一日
二〇二一年一月十一日星期一
二〇二一年一月
语言(国家/地区)(L):
中文(中国)
使用全角字符(W)
自动更新(U)
设为默认值(D)
确定
取消

图 3-13　“日期和时间”对话框

3.3.2　选择文本

1. 鼠标选择

1）拖动鼠标选择文本

在图 3-14 中，如果想选择前两句，就需要把鼠标指针放在第一个字的左边，按住鼠标左键并向右拖动，直到第二句末“荷塘里。”为止，此时释放鼠标即可。

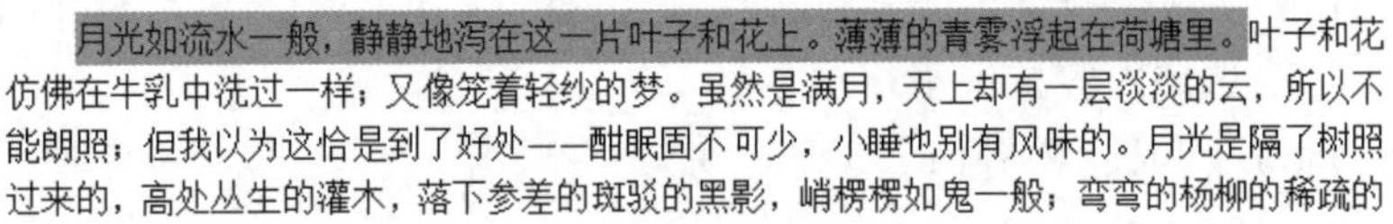
月光如流水一般，静静地泻在这一片叶子和花上。薄薄的青雾浮起在荷塘里。叶子和花
仿佛在牛乳中洗过一样；又像笼着轻纱的梦。虽然是满月，天上却有一层淡淡的云，所以不
能朗照；但我以为这恰是到了好处——酣眠固不可少，小睡也别有风味的。月光是隔了树照
过来的，高处丛生的灌木，落下参差的斑驳的黑影，峭楞楞如鬼一般；弯弯的杨柳的稀疏的

图 3-14　拖动鼠标选择文本

2）利用选定栏选择一行

选定栏为文档窗口左边界和正文左边界之间的一长方形空白区域。当鼠标移动到要选择的行左侧的选定栏时，单击，即可选定该行文本，如图 3-15 所示。

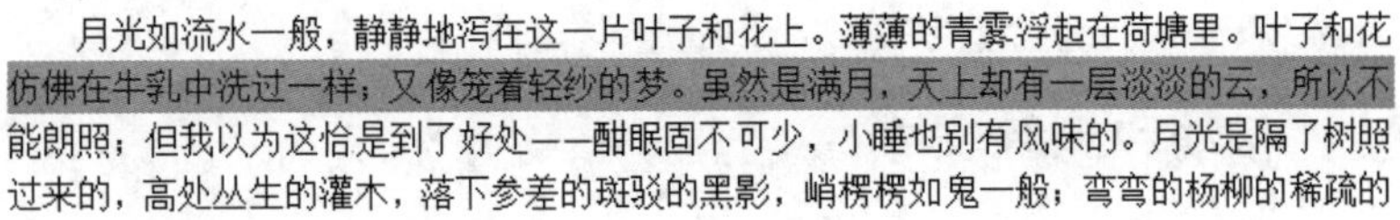
月光如流水一般，静静地泻在这一片叶子和花上。薄薄的青雾浮起在荷塘里。叶子和花
仿佛在牛乳中洗过一样；又像笼着轻纱的梦。虽然是满月，天上却有一层淡淡的云，所以不
能朗照；但我以为这恰是到了好处——酣眠固不可少，小睡也别有风味的。月光是隔了树照
过来的，高处丛生的灌木，落下参差的斑驳的黑影，峭楞楞如鬼一般；弯弯的杨柳的稀疏的

图 3-15　利用选定栏选择一行

3）利用选定栏选择多行

把鼠标移动到要选择的文本的左侧，按住鼠标左键并拖动至要选定的最后一行的左侧，释放鼠标即可完成多行的选择，如图 3-16 所示。

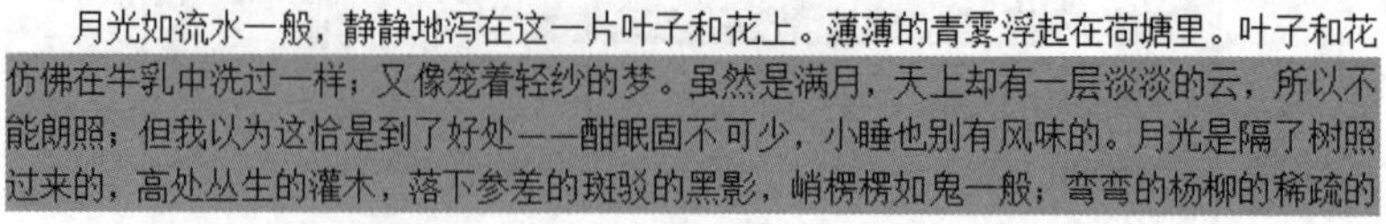
月光如流水一般，静静地泻在这一片叶子和花上。薄薄的青雾浮起在荷塘里。叶子和花仿佛在牛乳中洗过一样；又像笼着轻纱的梦。虽然是满月，天上却有一层淡淡的云，所以不能朗照；但我以为这恰是到了好处——酣眠固不可少，小睡也别有风味的。月光是隔了树照过来的，高处丛生的灌木，落下参差的斑驳的黑影，峭楞楞如鬼一般；弯弯的杨柳的稀疏的

图 3-16　利用选定栏选择多行

4）利用选定栏选择整个段落

将鼠标移动到要选定的段落，在选定栏中快速双击，即可选定整个段落。

5）利用选定栏选择整篇文档

在选定栏中快速三击鼠标即可选择整篇文档，或按住 Ctrl 键不放，将鼠标光标移动到选定栏中单击也可选择整篇文档。

2. 键盘选择

Word 2016 键盘选择文本，主要通过 Ctrl、Shift 和方向键来实现。

Shift+↑：向上选定一行。

Shift+↓：向下选定一行。

Shift+←：向左选定一个字符。

Shift+→：向右选定一个字符。

Ctrl+Shift+←：选定内容扩展至上一单词结尾或上一个分句结尾。

Ctrl+Shift+→：选定内容扩展至下一单词结尾或下一个分句结尾。

Ctrl+Shift+↑：选定内容扩展至段首。

Ctrl+Shift+↓：选定内容扩展至段尾。

Shift+Home：选定内容扩展至行首。

Shift+End：选定内容扩展至行尾。

Shift+PageUp：选定内容向上扩展一屏。

Shift+PageDn：选定内容向下扩展一屏。

Alt+Ctrl+Shift+PageUp：选定内容扩展至文档窗口开始处。

Alt+Ctrl+Shift+PageDn：选定内容扩展至文档窗口结尾处。

Ctrl+Shift+Home：选定内容扩展至文档开始处。

Ctrl+Shift+End：选定内容扩展至文档结尾处。

Ctrl+Shift+F8+方向键：纵向选取整列文本。

Ctrl+A 或 Ctrl+小键盘数字键 5：选定整个文档。

3.3.3　复制、移动和删除文本

1. 复制文本

复制文本的方法有 3 种。

(1) 选择要复制的文本,先选择“开始”选项卡,在功能区“剪贴板”组中单击“复制”按钮复制,用鼠标或键盘移动光标至合适的位置,单击功能区中“剪贴板”组的“粘贴”按钮,完成文本的复制。

(2) 选择要复制的文本,右击,在弹出的菜单中选择“复制”命令,用鼠标或键盘移动光标至合适的位置,右击,在弹出的菜单中选择“粘贴”命令,完成文本的复制。

(3) 选择要复制的文本,方法如 3.3.2 节所述。按下 Ctrl+C 组合键,用鼠标或键盘移动光标至合适的位置;再按下 Ctrl+V 组合键,完成文本的复制。

2. 移动文本

移动文本的方法也有 3 种。

(1) 选择要移动的内容,方法如 3.3.2 节所述。先选择“开始”选项卡,在功能区“剪贴板”组中单击“剪切”按钮剪切;用鼠标或者键盘定位光标至要移动文本的最终位置,单击功能区中“剪贴板”组的“粘贴”按钮,完成文本的移动。

(2) 选择要移动的内容,右击,在弹出的菜单中选择“剪切”命令;用鼠标或者键盘定位光标至要移动文本的最终位置,右击,在弹出的菜单中选择“粘贴”命令,完成文本的移动。

(3) 选择要移动的内容,按下 Ctrl+X 组合键,用鼠标或者键盘定位光标至要移动文本的最终位置;再按下 Ctrl+V 组合键,完成文本的移动。

3. 删除文本

删除文本的方法非常简单,通常使用以下 4 种方法。

(1) 使用 Delete 键：该键可删除光标后面的字符,通常只是在删除数目不多的文字时使用。

(2) 当删除一整段内容时,先选中这个段落,然后按 Delete 键或单击菜单即可把选中的内容全部删除。

(3) 使用 Backspace 键：该键的作用是删除光标前面的字符,可以用来直接删除输入错误的文本。

(4) 先选中要删除的文本,然后输入新文本,则新文本就覆盖了旧文本。

3.3.4　撤销和恢复

撤销和恢复是相对应的,撤销是取消上一步的操作,而恢复就是把撤销的操作再恢复回来。

如果进行了误操作,可单击快速访问工具栏上的“撤销”按钮,或按下 Ctrl+Z 组合键可撤销上一步操作。反之,如果刚才的撤销操作不对,要恢复撤销之前的操作,按下 Ctrl+Y 组合键可还原上一步操作。

3.3.5　查找和替换

Word 2016 提供了“查找”和“替换”功能,可查找一个字、一句话甚至是一段内容。

先选择“开始”选项卡,在功能区“编辑”组中单击“替换”按钮替换打开“查找和替换”对话框,如图 3-17 所示。在“查找内容”文本框中输入要查找的关键字“叶子”,在下面的“替换为”文本框中输入“树叶”,单击“查找下一处”按钮,Word 就自动在文档中找到下一处使用这个词的地方;单击“替换”按钮,Word 会把选中的词替换掉并自动选中下一个词,直至替换完毕,出现如图 3-18 所示的对话框,单击“确定”按钮完成替换过程。如果要一次性替换文档中的全部对象,可单击“全部替换”按钮,系统将自动替换全部内容。

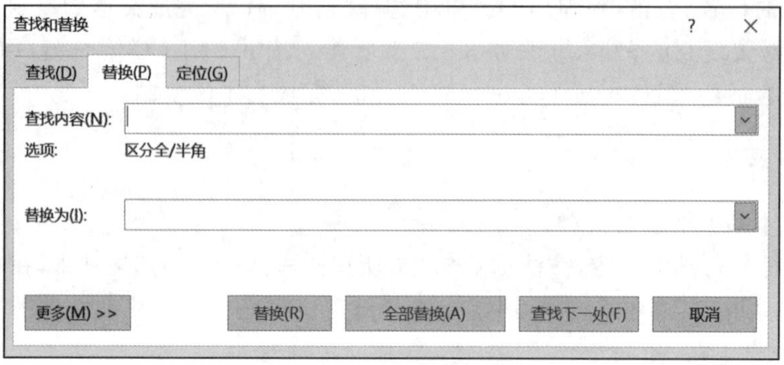

图 3-17 替换操作

图 3-18 替掉完毕

如果不想替换文字,而只是查找,在功能区“编辑”组中单击“查找”按钮 查找,在导航窗格的输入框中输入要查找的文本内容,文档中会将其突出显示,如图 3-19 所示。

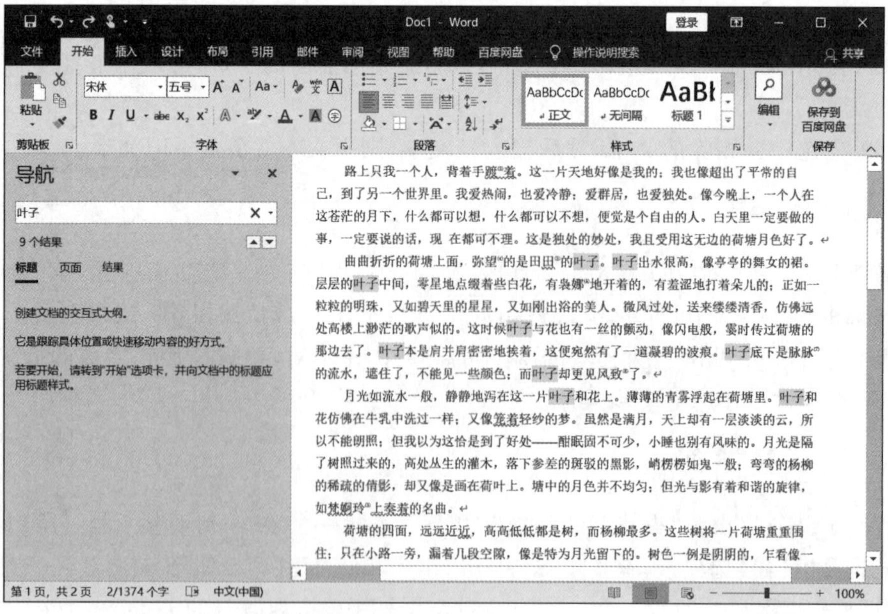

图 3-19 查找操作

3.3.6　多窗口编辑

1. 窗口拆分

为方便编辑长文档，可利用 Word 2016 的窗口拆分功能，将一个文档不同位置的两部分分别显示在两个窗口中。窗口拆分的方法如下。

先选择“视图”选项卡，在功能区“窗口”组中单击“拆分”按钮，待鼠标指针变成上下箭头且屏幕上出现一条灰色分隔线时，拖动鼠标将分隔线移动到待拆分的位置，单击即可完成拆分。

2. 多个文档窗口间的编辑

Word 2016 允许用户同时打开多个文档进行编辑，一个文档对应一个窗口。用户可在各窗口间进行复制、粘贴、剪切等操作。常用操作如下。

打开多个文档后，选择“视图”选项卡，在功能区“窗口”组中单击“切换窗口”按钮，弹出的下拉列表列出了当前所有被打开的文档名，单击文档名可切换当前文档窗口，也可直接在任务栏中选择相应的文档进行切换。单击“全部重排”按钮，可将当前所有被打开的文档窗口排列在屏幕上。单击某个文档窗口即可将其变为当前窗口。单击“并排查看”按钮，可将两个文档窗口并排显示在屏幕上。

3.4　格式化文档

3.4.1　设置字符格式

1. 设置字体

(1) 选择要改变字体的文字。

(2) 单击“开始”选项卡，单击功能区“字体”组 宋体 上的小黑箭头按钮，打开“字体”下拉列表框，从中选择一个合适的字体即可，如图 3-20 所示。

2. 设置字号

字号代表字符的大小。在文档的排版过程中，使用不同的字号能体现不同的格式。设置字号的操作步骤如下。

(1) 选择要改变字号的文字。

(2) 单击“字体”组 五号 上的小黑箭头按钮，打开“字号”下拉列表框，从中选择合适的字号即可。以后输入的文字就会以新设置的字号为准输出。

图 3-20　“字体”下拉列表框

3. 设置字形

字形代表文本的字符形式。在“字体”组有几个常用的按钮，就是用来设置字形的。

3.4.2 设置段落格式

1. 段落间距

将光标定位在要设置的段落中，或整体选中要设置段落的段，右击，在弹出的菜单中选择“段落”命令，打开“段落”对话框，如图 3-21 所示。在“间距”选项组中，通过单击向上和向下的按钮，可以设置该段的段前及段后间距。

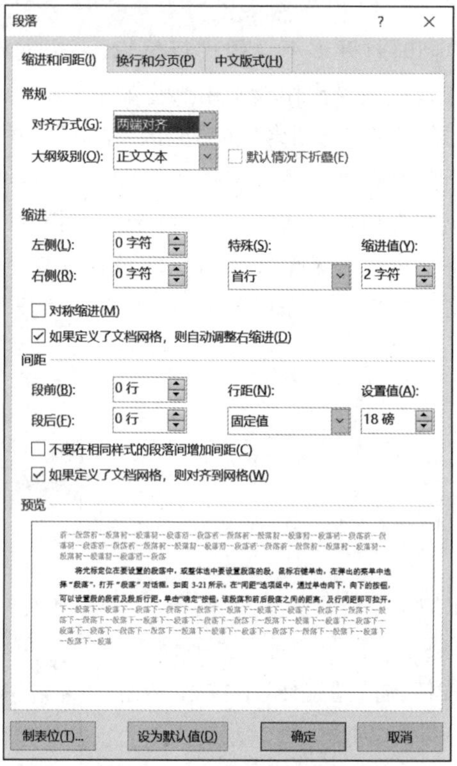

图 3-21 “段落”对话框

2. 对齐方式

Word 2016 提供了 5 种对齐方式。可在选中要对齐的文字后，单击“开始”选项卡，在功能区“段落”组上的“左对齐”按钮、“居中对齐”按钮、“右对齐”按钮、“两端对齐”按钮和“分散对齐”按钮，选择 5 种对齐方式之一进行设置，来实现段落的对齐。

3. 段落行距

行距就是行和行之间的距离。选中文本，打开段落对话框，在“行距”和“设置值”两项中配合设置，可以设定行与行之间的距离。例如，“行距”选择“固定值”，则可在“设置值”中设定固定值的大小；若在“行距”选择“单倍行距”，则“设置值”不需要设定任何值。

4. 段落的缩进

段落的缩进有首行缩进、左缩进、右缩进和悬挂缩进 4 种形式，可在“段落”对话框中进行设置。

3.4.3　设置边框和底纹

1. 给文本添加边框和底纹

(1) 添加边框：选择要添加边框的文本，选择“开始”选项卡，单击功能区中“字体”组的“字符边框”按钮。

(2) 添加底纹：选择要添加边框的文本，选择“开始”选项卡，单击功能区中“字体”组的“字符底纹”按钮。

给文本添加边框和底纹的效果如图 3-22 所示。以上方法只能设置最简单的边框和底纹样式，若需要选择更多样式，可选中文本后，参考下一部分“给段落添加边框和底纹”的方式进行设置。

月光如流水一般，静静地泻在这一片树叶和花上。薄薄的青雾浮起在荷塘里。树叶和花仿佛在牛乳中洗过一样；又像笼着轻纱的梦。虽然是满月，天上却有一层淡淡的云，所以不能朗照；但我以为这恰是到了好处——酣眠固不可少，小睡也别有风味的。月光是隔了树照过来的，高处丛生的灌木，落下参差的斑驳的黑影，峭楞楞如鬼一般；弯弯的杨柳的稀疏

图 3-22　添加边框和底纹后文本的效果

2. 给段落添加边框和底纹

(1) 添加边框：选择要添加边框的段落，选择“开始”选项卡，单击功能区中“段落”组的“添加边框和底纹”按钮右侧的下拉按钮，从弹出的菜单中选择“边框和底纹”命令，打开如图 3-23 所示的“边框和底纹”对话框。在“边框”选项卡中(默认)的“设置”选项组中选择一种边框样式；在“线型”列表框中选择边框线的线型；在颜色下拉列表框中选择边框线的颜色；在“宽度”下拉列表框中选择边框线的宽度；在“应用于”下拉列表框中选择边框线的应用范围，可以选择文字或者段落；然后单击“确定”按钮即可。

(2) 添加底纹：选择要添加底纹的段落，按照上述方式打开“边框和底纹”对话框，打开“底纹”选项卡。在“底纹”选项卡的“填充”列表框中单击选择填充颜色；在“图案”选项组中选择底纹的样式和颜色；然后单击“确定”按钮即可。

给段落添加边框和底纹的效果如图 3-24 所示。

3. 给页面添加边框和底纹

(1) 添加边框：选择“页面布局”选项卡，单击功能区中“页面背景”组的“页面边框”按钮，打开“边框和底纹”对话框的“页面边框”选项卡，本选项卡中的内容和设置方法和

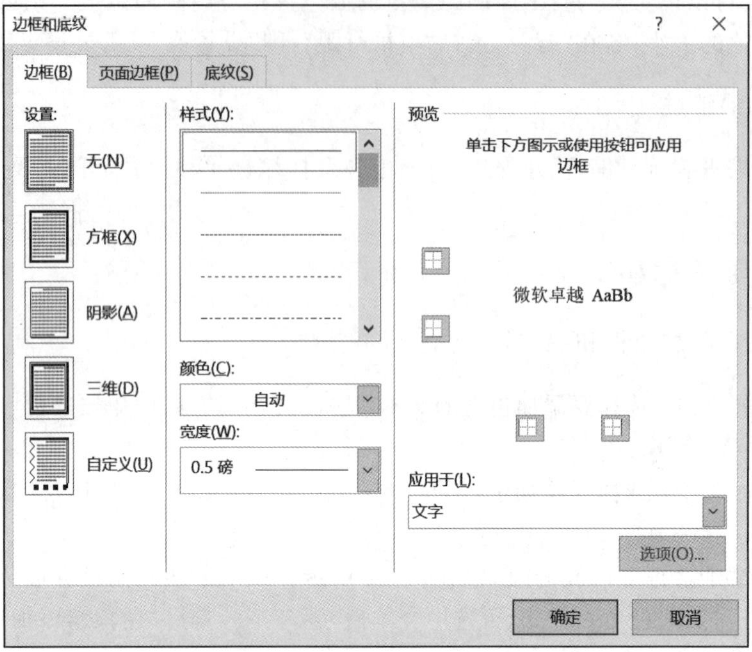

图 3-23 “边框和底纹”对话框

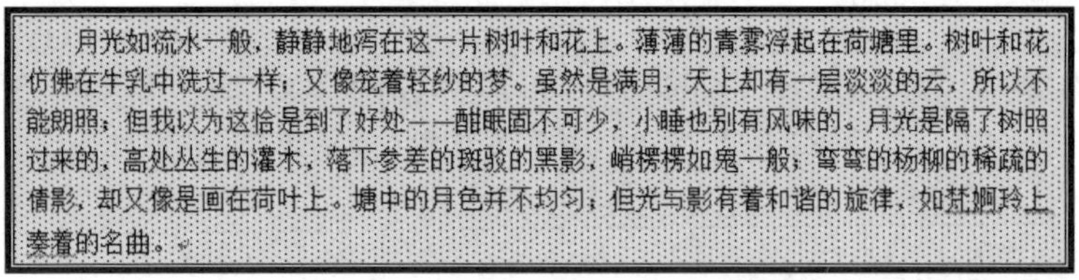
月光如流水一般，静静地泻在这一片树叶和花上。薄薄的青雾浮起在荷塘里。树叶和花仿佛在牛乳中洗过一样；又像笼着轻纱的梦。虽然是满月，天上却有一层淡淡的云，所以不能朗照；但我以为这恰是到了好处——酣眠固不可少，小睡也别有风味的。月光是隔了树照过来的，高处丛生的灌木，落下参差的斑驳的黑影，峭楞楞如鬼一般；弯弯的杨柳的稀疏的倩影，却又像是画在荷叶上。塘中的月色并不均匀；但光与影有着和谐的旋律，如梵婀玲上奏着的名曲。

图 3-24 给段落添加边框和底纹的效果

“边框”选项卡类似，不同之处在于多了用于选择边框样式的“艺术型”下拉列表。完成设置之后，单击“确定”按钮即可。

(2) 添加底纹：选择“页面布局”选项卡，单击功能区中“页面背景”组的“页面颜色”按钮，在弹出的菜单中可选择页面填充颜色，或者选择“其他颜色”命令打开“颜色”对话框选择其他颜色，也可以选择“填充效果”命令打开“填充效果”对话框，在“渐变”“纹理”“图案”“图片”4 个选项卡中设置填充效果。

给页面添加边框和底纹的效果如图 3-25 所示。

3.4.4 设置项目符号和编号

1. 项目符号

选中目标段落(如果只对一个段落设置项目符号或编号，则只需要将光标置于段落中任意位置)，然后，择“开始”选项卡，单击功能区中“段落”组的“项目符号”按钮 ☰ ▾ 右侧

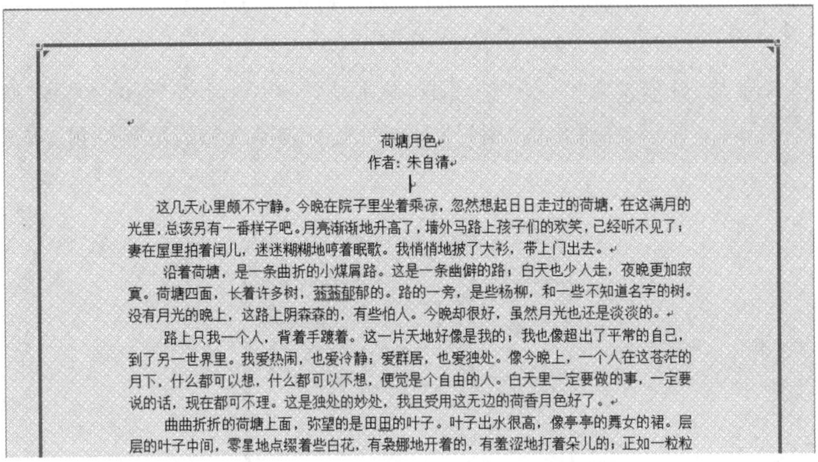
荷塘月色
作者：朱自清

这几天心里颇不宁静。今晚在院子里坐着乘凉，忽然想起日日走过的荷塘，在这满月的光里，总该另有一番样子吧。月亮渐渐地升高了，墙外马路上孩子们的欢笑，已经听不见了；妻在屋里拍着闰儿，迷迷糊糊地哼着眠歌。我悄悄地披了大衫，带上门出去。

沿着荷塘，是一条曲折的小煤屑路。这是一条幽僻的路；白天也少人走，夜晚更加寂寞。荷塘四面，长着许多树，蓊蓊郁郁的。路的一旁，是些杨柳，和一些不知道名字的树。没有月光的晚上，这路上阴森森的，有些怕人。今晚却很好，虽然月光也还是淡淡的。

路上只我一个人，背着手踱着。这一片天地好像是我的；我也像超出了平常的自己，到了另一世界里。我爱热闹，也爱冷静；爱群居，也爱独处。像今晚上，一个人在这苍茫的月下，什么都可以想，什么都可以不想，便觉是个自由的人。白天里一定要做的事，一定要说的话，现在都可不理。这是独处的妙处，我且受用这无边的荷香月色好了。

曲曲折折的荷塘上面，弥望的是田田的叶子。叶子出水很高，像亭亭的舞女的裙。层层的叶子中间，零星地点缀着些白花，有袅娜地开着的，有羞涩地打着朵儿的；正如一粒粒

图 3-25　给页面添加边框和底纹的效果

的下拉按钮，如图 3-26 所示，在弹出的“项目符号”下拉列表中选择需要的项目符号即可，效果如图 3-27 所示。

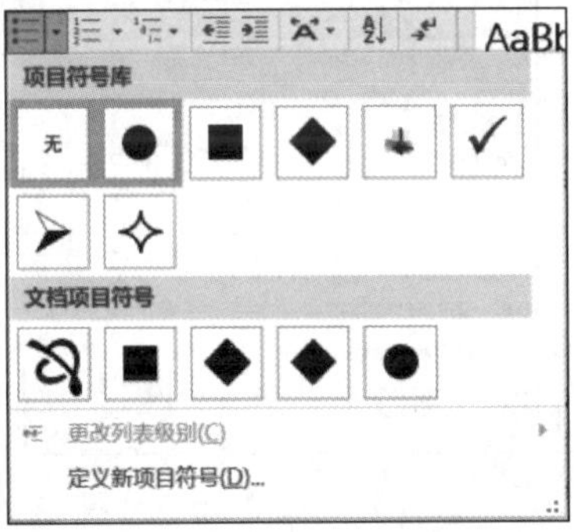

图 3-26　“项目符号”下拉列表

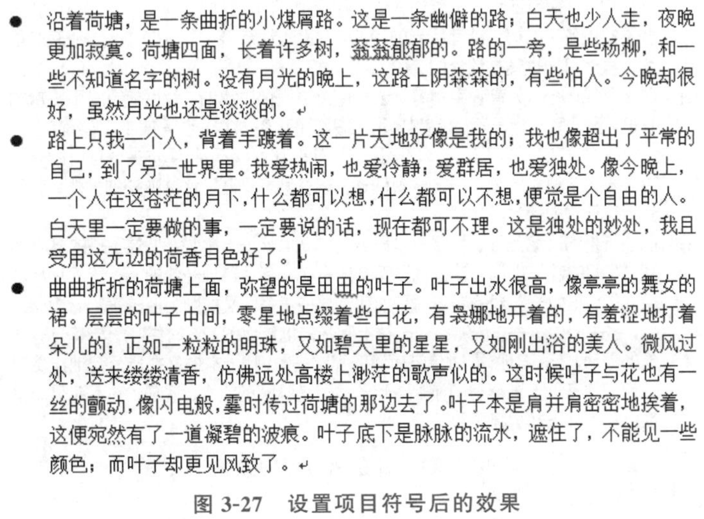
- 沿着荷塘，是一条曲折的小煤屑路。这是一条幽僻的路；白天也少人走，夜晚更加寂寞。荷塘四面，长着许多树，蓊蓊郁郁的。路的一旁，是些杨柳，和一些不知道名字的树。没有月光的晚上，这路上阴森森的，有些怕人。今晚却很好，虽然月光也还是淡淡的。
- 路上只我一个人，背着手踱着。这一片天地好像是我的；我也像超出了平常的自己，到了另一世界里。我爱热闹，也爱冷静；爱群居，也爱独处。像今晚上，一个人在这苍茫的月下，什么都可以想，什么都可以不想，便觉是个自由的人。白天里一定要做的事，一定要说的话，现在都可不理。这是独处的妙处，我且受用这无边的荷香月色好了。
- 曲曲折折的荷塘上面，弥望的是田田的叶子。叶子出水很高，像亭亭的舞女的裙。层层的叶子中间，零星地点缀着些白花，有袅娜地开着的，有羞涩地打着朵儿的；正如一粒粒的明珠，又如碧天里的星星，又如刚出浴的美人。微风过处，送来缕缕清香，仿佛远处高楼上渺茫的歌声似的。这时候叶子与花也有一丝的颤动，像闪电般，霎时传过荷塘的那边去了。叶子本是肩并肩密密地挨着，这便宛然有了一道凝碧的波痕。叶子底下是脉脉的流水，遮住了，不能见一些颜色；而叶子却更见风致了。

图 3-27　设置项目符号后的效果

2. 编号设置

选中目标段落,然后选择“开始”选项卡,单击功能区中“段落”组的“编号”按钮右侧的下拉按钮,如图 3-28 所示,在弹出的“编号”下拉列表中选择需要的编号即可,效果如图 3-29 所示。

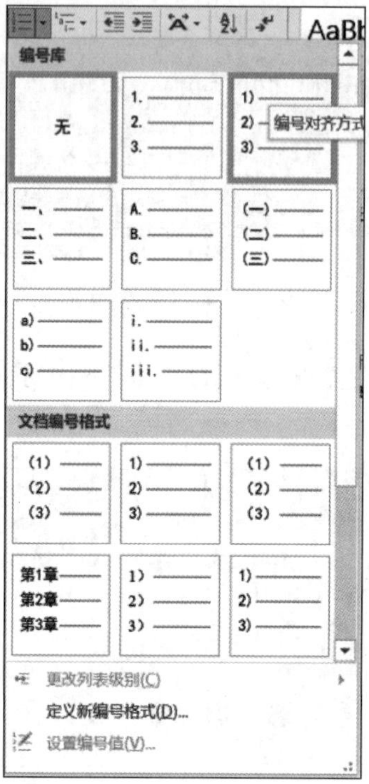

图 3-28 “编号”下拉列表

1) 沿着荷塘,是一条曲折的小煤屑路。这是一条幽僻的路;白天也少人走,夜晚更加寂寞。荷塘四面,长着许多树,蓊蓊郁郁的。路的一旁,是些杨柳,和一些不知道名字的树。没有月光的晚上,这路上阴森森的,有些怕人。今晚却很好,虽然月光也还是淡淡的。

2) 路上只我一个人,背着手踱着。这一片天地好像是我的;我也像超出了平常的自己,到了另一世界里。我爱热闹,也爱冷静;爱群居,也爱独处。像今晚上,一个人在这苍茫的月下,什么都可以想,什么都可以不想,便觉是个自由的人。白天里一定要做的事,一定要说的话,现在都可不理。这是独处的妙处,我且受用这无边的荷香月色好了。

3) 曲曲折折的荷塘上面,弥望的是田田的叶子。叶子出水很高,像亭亭的舞女的裙。层层的叶子中间,零星地点缀着些白花,有袅娜地开着的,有羞涩地打着朵儿的;正如一粒粒的明珠,又如碧天里的星星,又如刚出浴的美人。微风过处,送来缕缕清香,仿佛远处高楼上渺茫的歌声似的。这时候叶子与花也有一丝的颤动,像闪电般,霎时传过荷塘的那边去了。叶子本是肩并肩密密地挨着,这便宛然有了一道凝碧的波痕。叶子底下是脉脉的流水,遮住了,不能见一些颜色;而叶子却更见风致了。

图 3-29 设置编号后的效果

3.4.5　使用格式刷工具

在文档中常常有许多需要设置为相同格式的文本，此时，用户无须一一设置，只需要利用“开始”选项卡功能区中“剪贴板”组的“格式刷”按钮，进行快速复制格式即可。

1. 一次性使用

(1) 选定已设置好格式的文本或字符，或将插入点移到已设置好的文本或字符中。

(2) 单击“剪贴板”组的“格式刷”按钮，取得已有的格式。

(3) 将鼠标指针移至要改变格式的文本或字符中，从文本开始位置拖动鼠标至结束位置，将格式复制即可。

2. 多次使用

具体操作步骤如下。

(1) 选定已设置好格式的文本或字符，或将插入点移到已设置好的文本或字符中。

(2) 双击“格式刷”按钮，取得已有的格式。

(3) 将鼠标指针移至要改变格式的文本或字符中，从文本开始位置拖动鼠标至结束位置，将格式复制。

(4) 重复执行步骤(3)，对文档格式多次(或多处)进行复制。

(5) 复制完毕后，单击“格式刷”按钮或按 Esc 键，退出格式的复制。

3.5　表格制作

3.5.1　创建表格

在日常工作和生活中，人们时常要用到表格。在 Word 2016 中，提供了较强的表格处理功能，可以方便地创建表格和修改表格，还可以对表格中的数据进行计算、排序等处理。

Word 2016 中的表格由若干行和若干列组成，行和列交叉的部分叫作单元格。单元格是表格处理的基本单位。

创建表格的方法有很多种，下面分别予以介绍。

1) 利用“表格”按钮

选择“插入”选项卡，单击功能区“表格”组的“表格”按钮，会出现一个表格行数和列数的选择框，拖动鼠标即可选择表格的行数和列数，之后释放鼠标即可在光标处插入表格。如图 3-30 所示，选择表格的行数为 4、列数为 4，释放鼠标后 Word 文档会在光标处插入 4×4 表格。

2) 利用“插入表格”对话框创建表格

单击“表格”按钮，在弹出的下拉列表中选择“插入表格”命令，打开“插入表格”对话

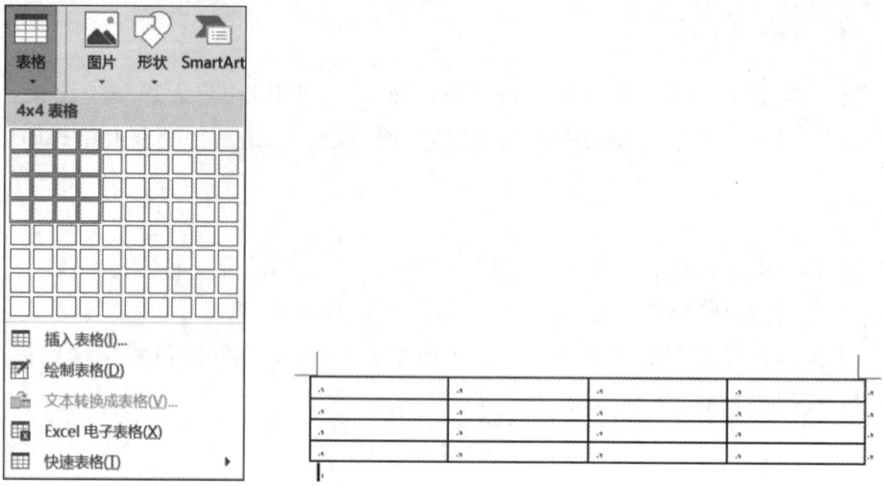

图 3-30 "插入表格"按钮操作

框,如图 3-31 所示。在行数和列数文本框中输入要创建表格的行数和列数,同时可以在"自动调整"操作选项组中设置表格的列宽,也可以选择根据内容或窗口调整表格。设置好以上选项之后,单击"确定"按钮即可。

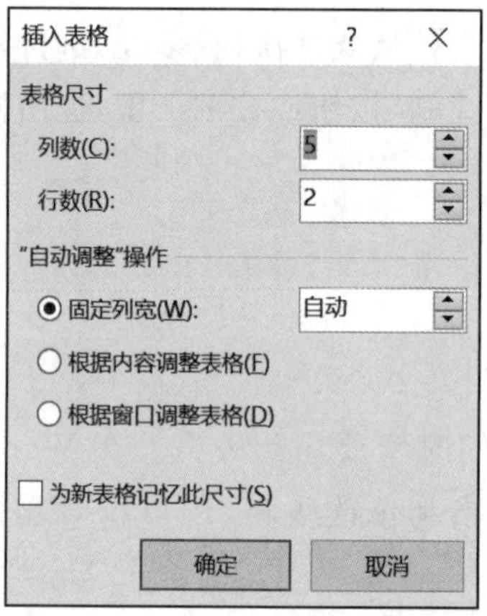

图 3-31 "插入表格"对话框

3) 利用表格模板创建表格

单击"表格"按钮,在弹出的下拉列表中选择"快速表格"命令,在弹出的下拉列表中选择合适的表格模板,可直接插入,效果如图 3-32 所示。

4) 利用自由绘制表格方式创建表格

单击"表格"按钮,在弹出的下拉列表中选择"绘制表格"命令,鼠标指针变为铅笔状。在文档空白处画出表格边框,效果如图 3-33 所示。在表格内侧画出内侧线,效果如图 3-34 所示。如果要去掉多余的线条,可将光标定位在要擦除的地方,并单击"橡皮擦"按钮,效果如图 3-35 所示。

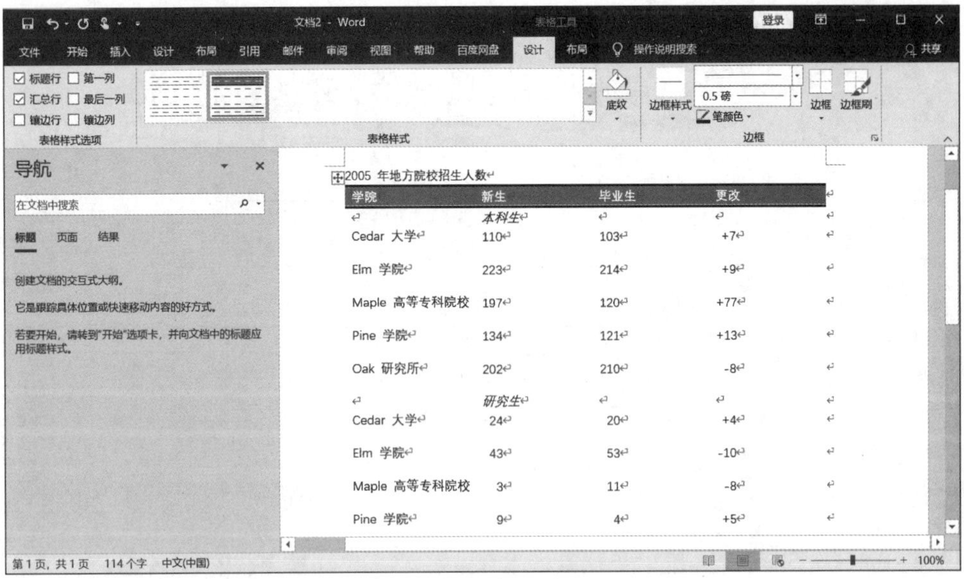

图 3-32 插入表格模板

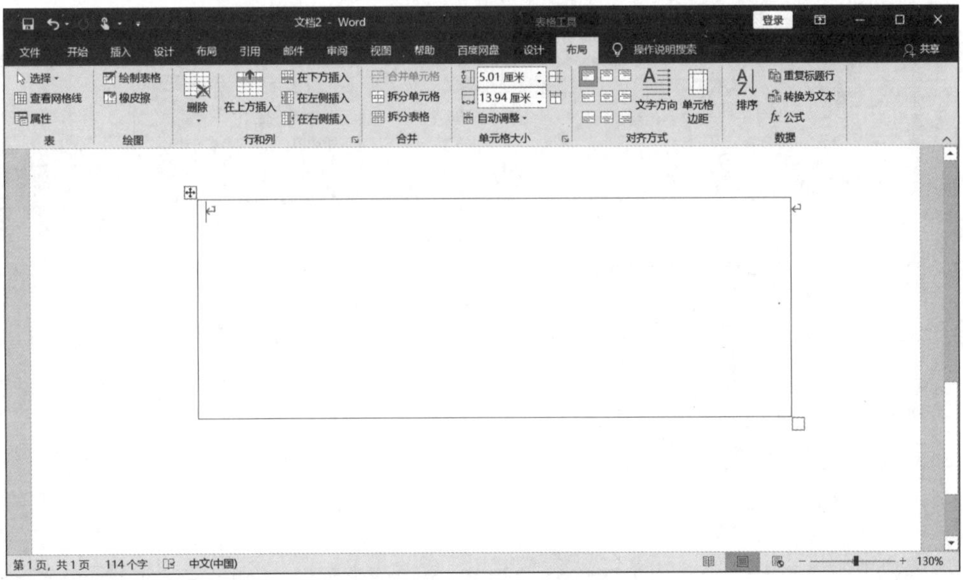

图 3-33 画出表格边框操作

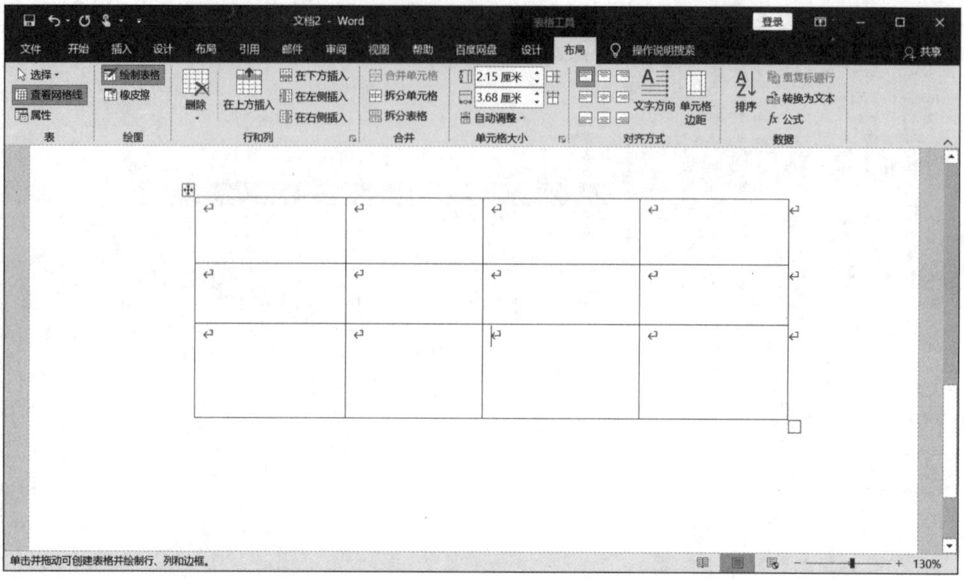

图 3-34 画出内侧线操作

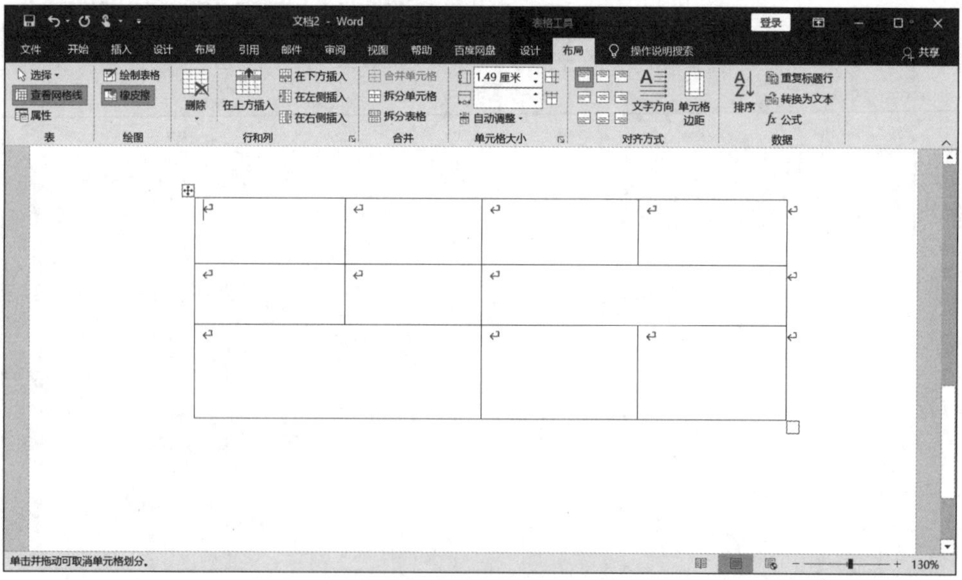

图 3-35 擦除的效果

3.5.2　编辑表格

创建好表格后，就可以对表格进行编辑。在表格中输入文本的方法和在文档中输入正文的方法一样，只要将光标定位在要输入文本的单元格中，然后输入文本即可。

1. 单元格、行及列的选择

就像文章是由文字组成的一样，表格也是由一个或多个单元格组成的。单元格就像文档中的文字，只有选择单元格后才能对其进行操作。

将光标定位到单元格内，选项卡栏中会出现“表格工具”的“布局”选项卡，选择“布局”选项卡，单击功能区“表”组的“选择”按钮，在弹出的菜单中可选择行、列、单元格或者表格。也可以直接用鼠标在表格的多个相连的单元格上进行拖曳，选中单元格。

用鼠标放在某行的左侧，单击即可选中某行。若单击并向下或向上拖曳可同时选中多行。将鼠标放在某列的上边，单击即可选中某列。若单击并向右或向左拖曳可同时选中多列。

2. 合并单元格

选中想要合并的连续的一行或几行，或一列或几列单元格，然后单击“表格工具”中的“布局”选项卡功能区“合并”组的“合并单元格”按钮 合并单元格，或右击选中的单元格，在弹出的菜单中选择“合并单元格”命令，选中的单元格即可合并成一个单元格，单元格合并前后的效果如图 3-36 所示。

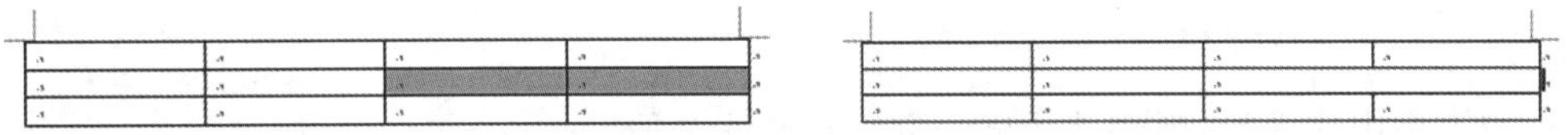

图 3-36　单元格合并前后的效果

3. 拆分单元格

选取需要拆分的单元格，如选择图 3-36 中表格的第三行第一列的单元格，单击“表格工具”中的“布局”选项卡功能区“合并”组的“拆分单元格”按钮 拆分单元格 或右击选中单元格，在弹出的菜单中选择“拆分单元格”命令，如图 3-37(a)所示。在打开“拆分单元格”对话框中设置好要将选中的单元格拆分成的列数和行数，单击“确定”按钮，效果图 3-37(b)所示。

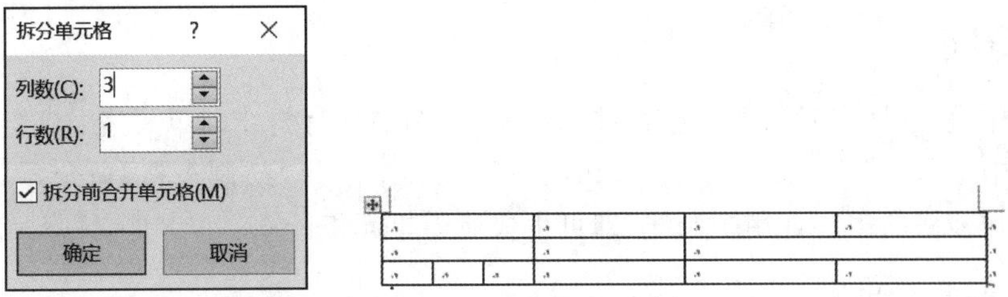

(a)“拆分单元格”对话框　　(b)“效果图

图 3-37　拆分单元格及其效果

4. 删除单元格

选定要删除的单元格,单击“表格工具”中的“布局”选项卡功能区“行和列”组的“删除”按钮,在弹出的菜单中选择“删除单元格”命令,或右击菜单“删除单元格”命令,将会弹出“删除单元格”对话框,如图 3-38 所示。从中选择需要的命令,再单击“确定”按钮。

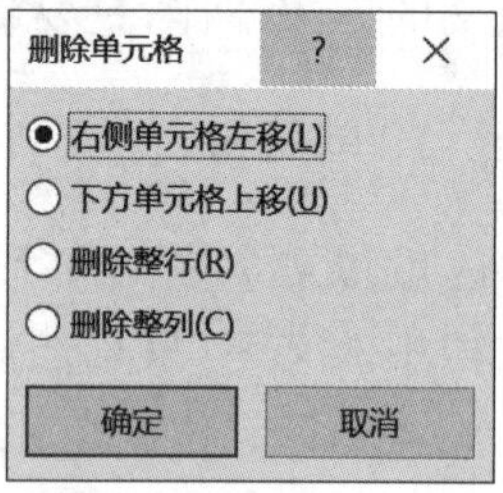

图 3-38 “删除单元格”对话框

5. 拆分表格

“拆分表格”和“拆分单元格”的操作基本相同。先将光标移动到要拆分的单元格中,然后单击“表格工具”中的“布局”选项卡功能区“合并”组的“拆分表格”按钮,表格就在光标的位置被上下拆分成为两个表格,拆分前后的效果如图 3-39 所示。

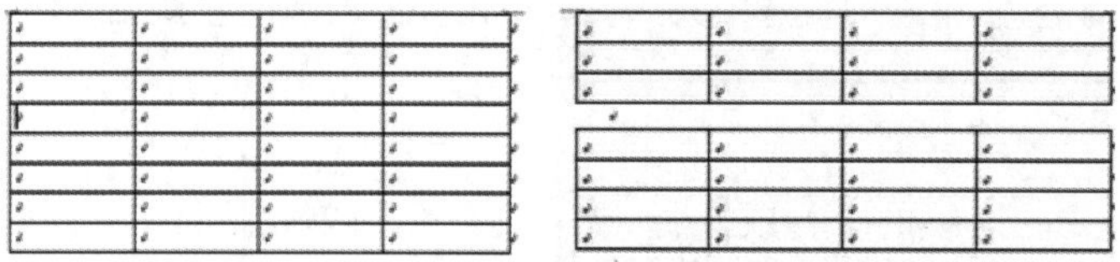

(a) 拆分前　　(b) 拆分后

图 3-39 拆分表格前后的效果

6. 插入行、列和单元格

在表格中插入行、列和单元格的方法有以下 3 种。

(1) 将光标定位在一个单元格内,分别单击“表格工具”中的“布局”选项卡功能区“行和列”组的、、、4 个按钮,即可分别实现在单元格所在位置的上方插入行、下方插入行、左侧插入列、右侧插入列。

(2) 将光标定位到表格最后一行的最右边表格外的回车符前,然后按 Enter 键,即可在所选行后面插入一行。

(3) 将光标定位在一个单元格内,右击,在弹出的菜单中选择“插入”命令,通过弹出的子菜单,可实现在单元格所在位置的上方插入行、下方插入行、左侧插入列、右侧插入列或插入单元格。

7. 绘制表格

在制作表格时,有时需要一些特殊的单元格,例如带有斜线的单元格。在“插入”选项卡功能组中单击 “表格”按钮,在弹出的下拉列表中选择“绘制表格”命令,可见光标变成笔状。在表格的需要处用笔画线,即可生成所需单元格。

8. 设置表格边框

选中需要设置边框的表格,或表格中的某些单元格,单击“表格工具”中的“布局”选项卡功能区“表”组的“属性”按钮属性，在弹出的“表格属性”对话框中单击“边框和底纹”按钮，弹出“边框和底纹”对话框，在其“边框”选项卡的“设置”“样式”“颜色”“宽度”四项中分别选定所需选项。在右侧的“应用于”一栏中选择应用范围是“单元格”或“表格”，然后在预览图框中，可观察到表格边框的变化。例如，选中表格的前四行、前两列，在“边框和底纹”对话框中选择“双线线型”，则设置表格边框前后对比如图 3-40 所示。

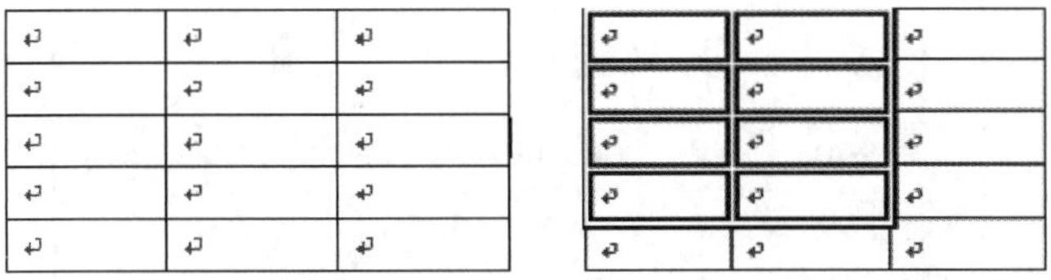

(a) 设置表格边框前　　(b) 设置表格边框后

图 3-40　设置表格边框前后对比

3.5.3　设置表格

本节将介绍如何设置表格属性。

1）使用“自动调整”命令设置表格

将鼠标指针置于表格中(或选定整个表格)，单击“表格工具”中的“布局”选项卡功能区“单元格大小”组的“自动调整”按钮，弹出子菜单，如图 3-41 所示。或右击表格，指向“自动调整命令”弹出子菜单。其中“根据内容自动调整表格”命令是将表格大小随输入内容大小而变化；“根据窗口自动调整表格”命令是将表格宽度大小调整为页面宽度大小。“固定列宽”命令是将表格大小固定为用户定义的大小，而不随内容或页面大小变化。

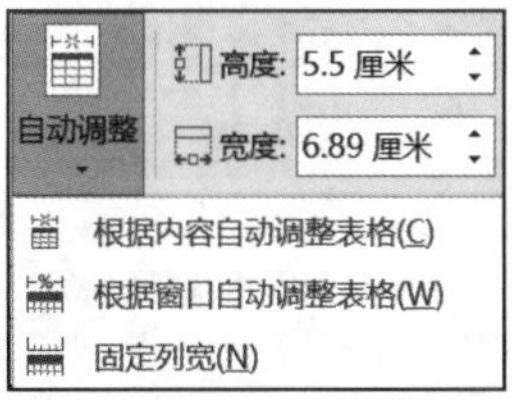

图 3-41　“自动调整”命令

2）使用“表格属性设置”功能

将鼠标指针置于表格中，然后单击“表格工具”中的“布局”选项卡功能区“表”组的“属性”按钮属性。或者单击表格左上角的标志，选中整个表格，然后右击表格，在弹出的菜单上选择“表格属性”命令，均可打开“表格属性”对话框，如图 3-42 所示。

在“表格”选项卡上可以设置表格的对齐方式，在“行”和“列”选项卡上分别可以设置行宽和列高，在“单元格”选项卡上可以设置文字在单元格的对齐方式等。设置完毕，单击“确定”按钮。

3.5.4　表格数据的计算

1. 表格的求和

把光标定位到需要求和的单元格中，单击“表格工具”中的“布局”选项卡功能区“数据”组的“公式”按钮 *fx*，弹出 “公式”子菜单，在“公式”下面的输入框中输入相应的求和公式，如 SUM(LEFT)是计算该单元格所在行左边数的和，SUM(ABOVE)是计算该单元格所在列上面单元格内数据总和。最后单击“确定”即可。如图 3-43 所示，是使用上述方法求“总工资”的效果。

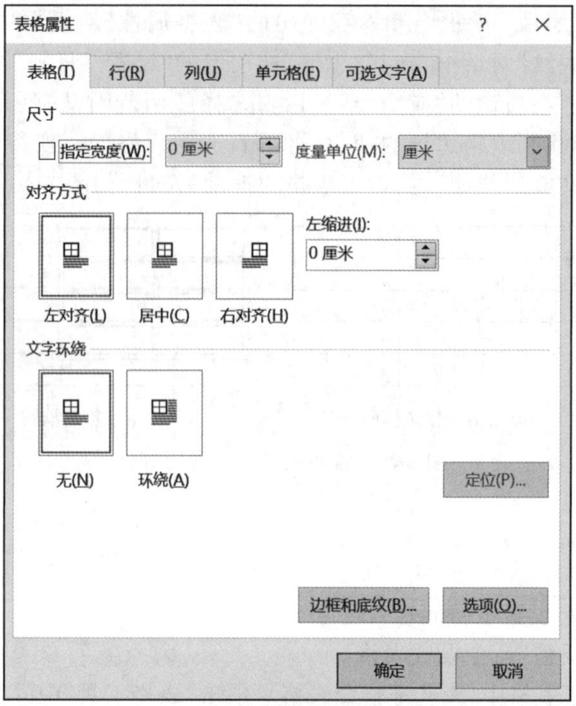

图 3-42 “表格属性”对话框

序号	姓名	工资	奖金	总和
1	张三	8000	300	8300
2	李四	10000	200	10200
3	王五	7000	700	7700

图 3-43 表格的求和效果

2. 表格的排序

选中需要排序的一列数据(不包括表头)，单击“数据”组的“排序”按钮，打开“排序”对话框，在其中设置需要排序的关键字、类型，并选择排序方式，即选择升序或降序排列，单击“确定”即可。例如，选中如图 3-43 所示表格中的“总和”一列中的数据，选择“表格”→“排序”命令，打开 “排序文字”对话框，其中“主要关键字”已自动设置为“列 5”，“类型”设置为“数字”，单击选择其后的“降序”单选框，排序效果如图 3-44 所示。

序号	姓名	工资	奖金	总和
2	李四	10000	200	10200
1	张三	8000	300	8300
3	王五	7000	700	7700

图 3-44 表格的排序效果

3.6　图文混排

3.6.1　插入和绘制图形

1. 插入图片

在制作 Word 文档时，有时需要插入各种各样的图片，增强文档的可视性和可读性。插入图片的具体操作如下。

(1) 单击需要插入图片的位置，选择“插入”选项卡，单击功能区“插图”组的“图片”按钮，在弹出的菜单中选择“图片”，即可打开“插入图片”对话框，如图 3-45 所示。

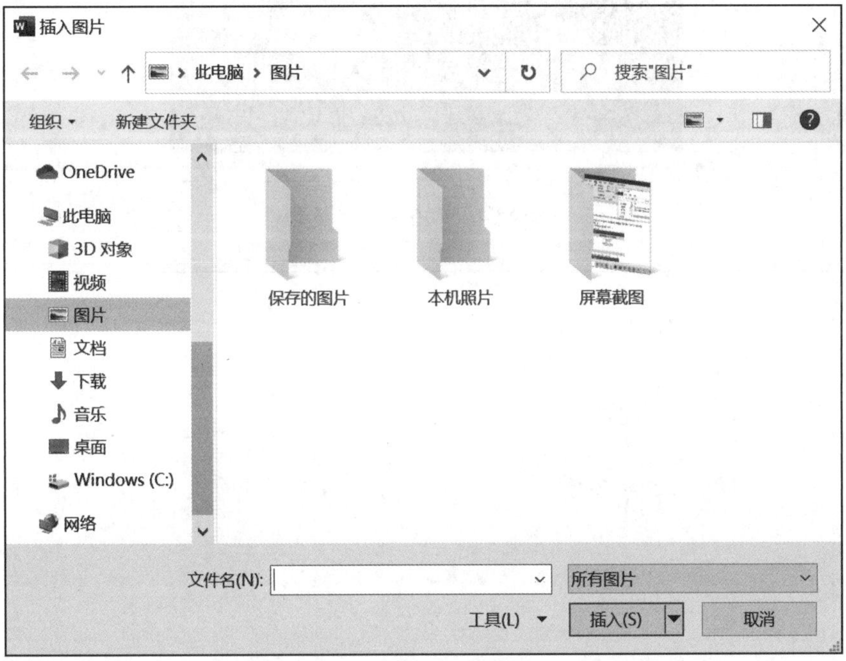

图 3-45　“插入图片”对话框

(2) 选择要插入的图片文件的路径，单击选定要插入的图片，单击“插入”按钮，图片即可插入文档中，效果如图 3-46 所示。

2. 插入联机图片

单击需要插入联机图片的位置，单击“插入”选项卡功能区“插图”组的“图片”按钮，在弹出的菜单中选择“联机图片”，即可打开联机图片的“插入图片”对话框，如图 3-47 所示。在“搜索必应”文本框中输入想要插入的联机图片的相关主题，按下 Enter 键，即可显示查找到的联机图片，选择想要插入的图片后单击“插入”按钮即可将其插入光标所在位置。

图 3-46　插入图片后效果

图 3-47　联机图片"插入图片"对话框

3. 绘制图形

(1) 绘制自选图形：单击"插入"选项卡功能区"插图"组的"绘图"工具栏上的"形状"按钮，弹出如图 3-48 所示的 "形状"下拉列表，在列表中单击要插入的形状，当鼠标指针变成十字状态时，在文档中按下鼠标左键可以确定图案开始的位置，拖曳鼠标至图案结束位置，松开鼠标，完成图案绘制。

绘制曲线时，在“形状”下拉列表的“线条”区选择“曲线”按钮，当鼠标指针变成十字状态时，在文档中单击可以确定曲线开始的位置，在预计曲线的第一个拐点处单击，到预计的第二个拐点处单击，依次单击曲线上的每个拐点，直到结束点处双击，这时曲线绘制完毕，效果如图 3-49 所示。

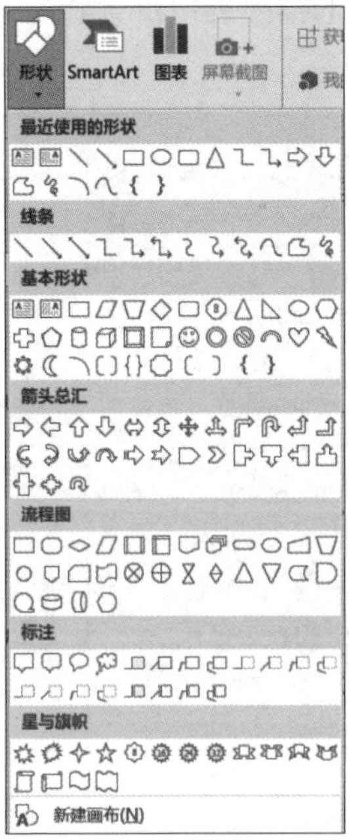

图 3-48 “形状”下拉列表

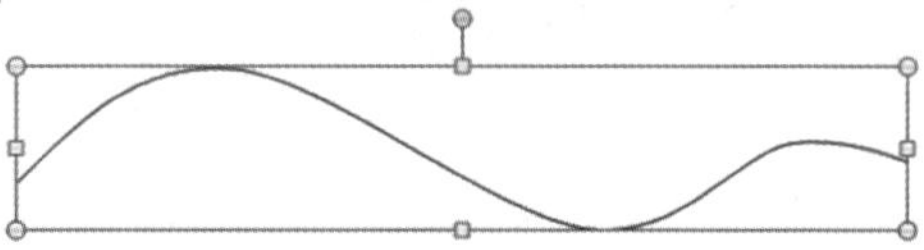

图 3-49 曲线绘制效果

(2) 双击绘制的曲线后，会自动激活“格式”选项卡，在功能区“形状样式”组单击“形状填充”、“形状轮廓”、“形状效果” 3 个按钮，在弹出的菜单中可分别设置曲线的颜色、线型、效果等属性。

4. 编辑图形

1）调整图片大小

单击选中图片后，其周围会出现如图 3-50 所示的控制点。把鼠标放到图片四周白色控制点上面，鼠标就变成了双箭头的形状。按住鼠标左键拖动，即可改变图片的大小。拖动图片 4 个角的圆形控制点，可以等比例缩放图片。缩放后的效果如图 3-51 所示。

图 3-50 选中图片

图 3-51 等比例缩放后的图片

2）设置自选图形和图片格式

双击选中图片后，会自动激活“格式”选项卡，在功能区“排列”组单击“位置”按钮，在弹出的下拉列表中可选择图片位置，包括“嵌入文本行中”方式和9种四周型文字环绕方式，如图3-52所示。

在功能区“排列”组单击“环绕文字”按钮，在弹出的下拉列表中可选择7种文字环绕方式，如图3-53所示。每种文字环绕方式的含义如下所述。

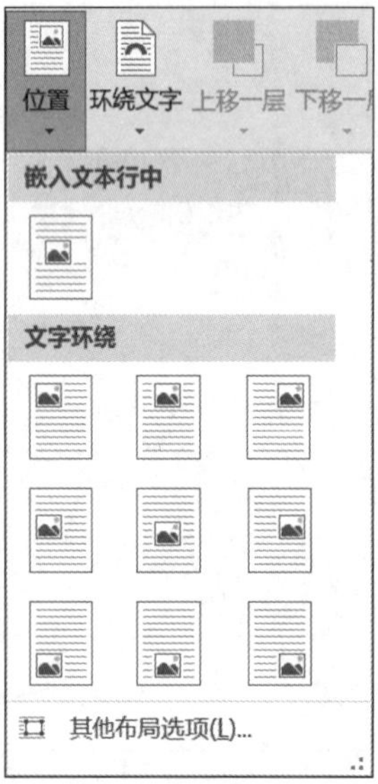

图3-52 “位置”下拉列表

图3-53 “环绕文字”下拉列表

嵌入型：图片嵌入到某行文字中，将嵌入的图片当作文本中的一个普通字符来对待。

四周型：不管图片是否为矩形图片，文字以矩形方式环绕在图片四周。

紧密型环绕：如果图片是矩形，则文字以矩形方式环绕在图片周围；如果图片是不规则图形，则文字将紧密环绕在图片四周。

穿越型环绕：文字可以穿越不规则图片的空白区域环绕图片。

上下型环绕：文字环绕在图片上方和下方。

衬于文字下方：图片在下、文字在上分为两层，文字将覆盖图片。

浮于文字上方：图片在上、文字在下分为两层，图片将覆盖文字。

3.6.2 插入和编辑艺术字

1. 插入艺术字

(1) 将光标定位在要插入艺术字的位置。

(2) 单击“插入”选项卡功能区“文本”组的“艺术字”按钮 艺术字，弹出如图3-54所示的艺术字样式列表，从中选择一种样式，弹出“编辑艺术字文字”对话框，在“文字”文本框内输入所需文字，并设置文本的字号和字体，如图3-55所示。

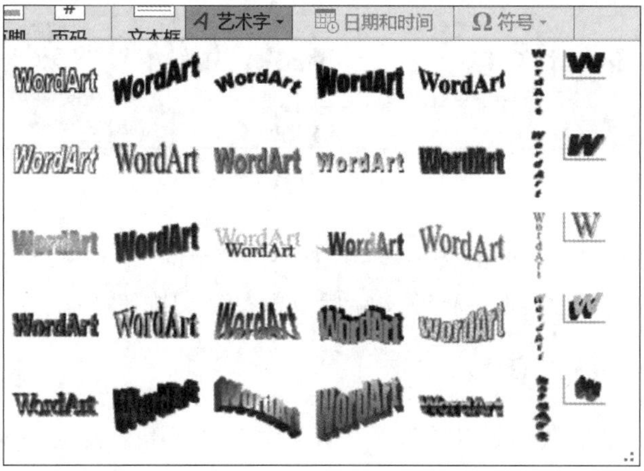

图 3-54　艺术字样式列表

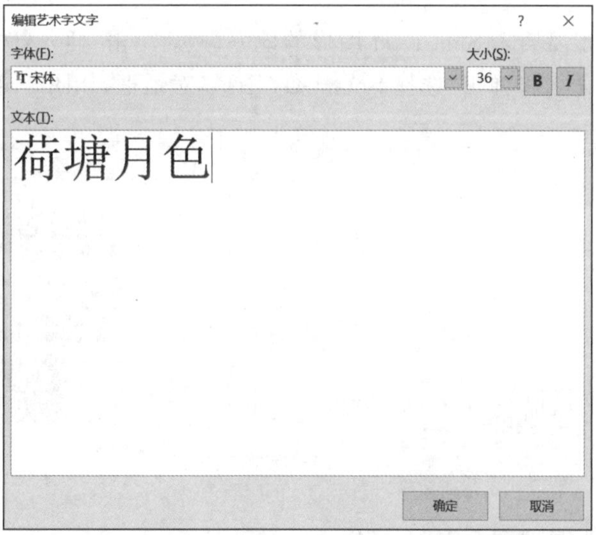

图 3-55　“编辑艺术字文字”对话框

(3) 单击“确定”按钮后，即可在文档中插入艺术字，如图 3-56 所示。

图 3-56　生成的艺术字

2. 编辑艺术字

如果对艺术字的样式不满意，可以对其修改，艺术字的编辑操作如下。

双击选中艺术字后，会自动激活“格式”选项卡，在如图 3-57 所示的功能区“艺术字样式”选项组可以重新设置艺术字的样式，并可以更改艺术字形状，也可以对艺术字的“形状填充”“形状轮廓”属性进行设置。

可以通过“格式”功能区“文字”组的“等高”按钮、“竖排文字”按钮、“对齐方式”按钮和“间距”按钮，设置艺术字的文字格式。

图 3-57 “艺术字样式”选项组

要更改已插入的艺术字中的文字，可单击“文字”组的“编辑文字”按钮。然后在出现的“编辑艺术字文字”对话框中更改文字后单击“确定”按钮即可。

3.6.3 插入 SmartArt 图形

SmartArt 图形是信息和观点的视觉表示形式，主要用于表达文本之间的逻辑关系，可以用在 Word、PowerPoint、Excel 中快速、轻松、有效地传达信息。

1. 插入 SmartArt 图形

(1) 将光标置于要插入 SmartArt 图形的地方，然后单击“插入”选项卡功能区“插图”组的“文本框”按钮，将弹出“选择 SmartArt 图形”对话框，如图 3-58 所示。

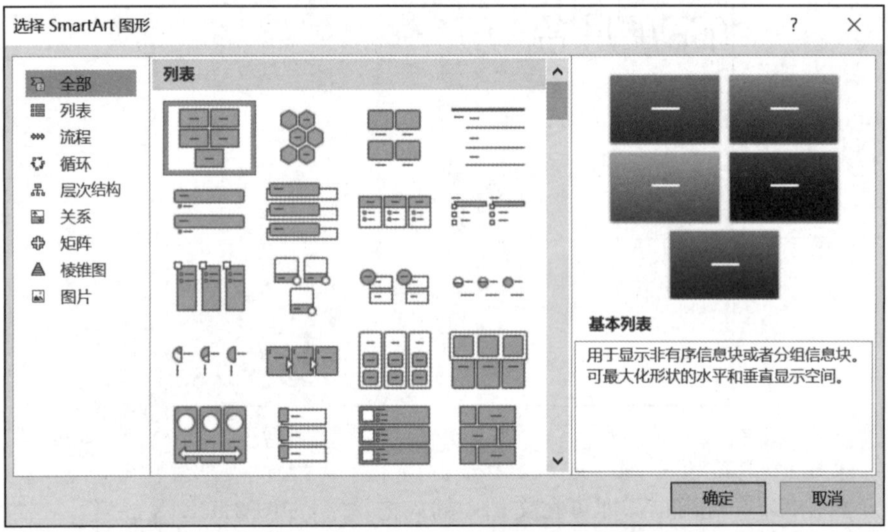

图 3-58 “选择 SmartArt 图形”对话框

(2) 在该对话框左侧选择 SmartArt 图形类型，在中间的“列表”中选择要插入的图形。

(3) 设置完成后，单击“确定”按钮，即可在文档中插入 SmartArt 图形。如果需要输入文字，在写有“文本”字样处单击即可输入文字，如图 3-59 所示。

2. 编辑 SmartArt 图形

选中 SmartArt 图形后，会激活“SmartArt 工具”的“设计”和“格式”选项卡，通过这两

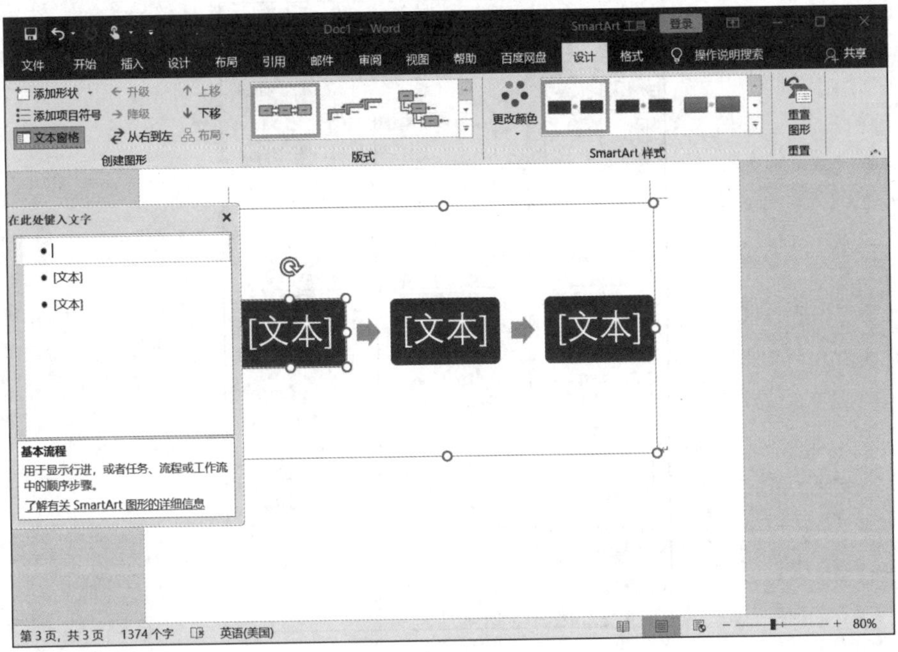

图 3-59 输入文字

个选项卡功能区可对 SmartArt 图形的颜色、样式等属性进行调整。

3.6.4 插入文本框

文本框是一种特殊的图形对象，它可以用于存放文本或图形，可以放置在文本中的任意位置，并可调整文本框的大小。

1. 插入文本框

将光标置于要插入文本框的地方，然后单击“插入”选项卡功能区“文本”组的“文本框”按钮，将弹出“文本框”下拉列表，如图 3-60 所示。

(1) 在“文本框”下拉列表中选择“绘制文本框”。在要插入文本框的位置上单击并拖动鼠标，可以生成一个文本框，如图 3-61 所示，在光标处可以输入文本。

(2) 在“文本框”下拉列表中选择“绘制竖排文本框”。可在文档中插入竖排文本框，并输入文字，效果如图 3-62 所示。

(3) Word 2016 提供了一些内置的文本框类型，可在“文本框”下拉列表中选择内置的文本框类型插入文档中，效果如图 3-63 所示。

2. 编辑文本框

将鼠标指针移到文本框的边缘，单击并拖动鼠标可以改变文本框的位置和调整文本框的大小。

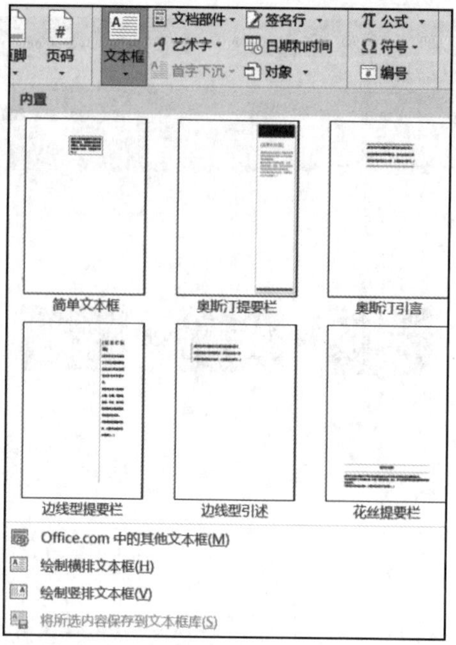

图 3-60 “文本框”下拉列表

荷塘月色

图 3-61 在文本框中输入文字

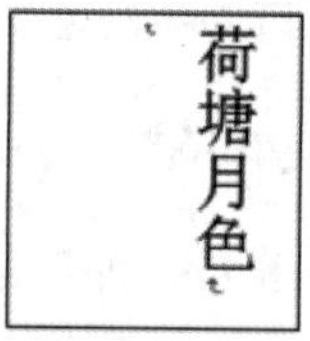
荷塘月色

图 3-62 插入竖排文本框

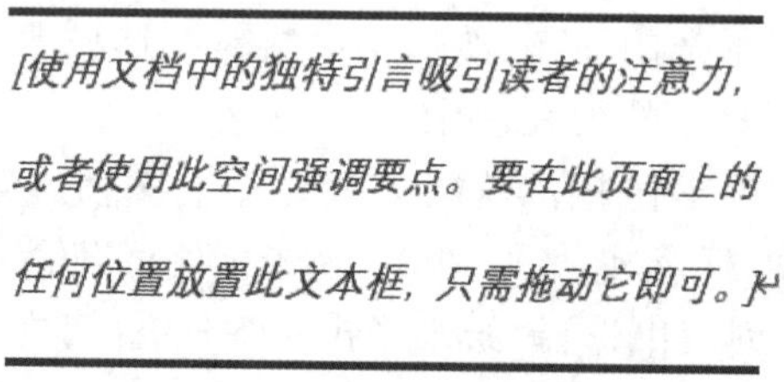
[使用文档中的独特引言吸引读者的注意力,
或者使用此空间强调要点。要在此页面上的
任何位置放置此文本框,只需拖动它即可。]

图 3-63 插入内置文本框

3.7 页面设置与打印

3.7.1 页面设置

在编辑文档时,直接用标尺就可以快速设置页边距、版面大小等。但是这种方法不够精确。如果需要制作一个版面要求较为严格的文档,可以使用“页面设置”对话框来精确设置版面、装订线位置、页眉、页脚等内容。

单击“布局”选项卡功能区“页面设置”组右下角的箭头，可打开如图 3-64 所示的“页面设置”对话框。

“页面设置”对话框中包含 4 个选项卡，分别是“页边距”“纸张”“版式”“文档网络”，可以满足不同用户的需求，通过使用“页面设置”对话框设置出各种大小不一的文档。

(1) “页边距”选项卡主要用来设置页面四周空白边距的宽度以及页眉、页脚的位置，如图 3-64 所示，在“上”“下”“左”“右”文本框中分别输入需要的数值，单击“确定”按钮，即可完成对页边距的调整。

(2) “纸张”选项卡主要用来设置页面纸张，在“页面设置”对话框中单击“纸张”标签打开“纸张”选项卡，用于设置纸张大小和纸张来源。例如，设置当前文档“纸张大小”为 A4，“纸张来源”为“默认纸盒”，设置方法如图 3-65 所示。

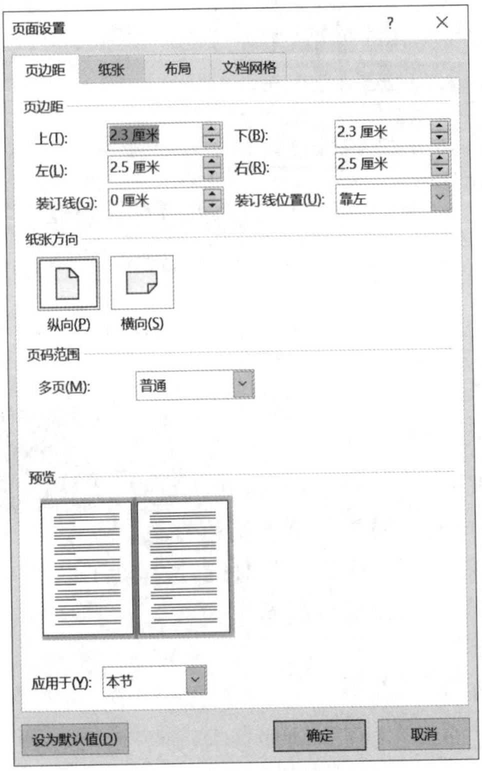

图 3-64　“页面设置”对话框

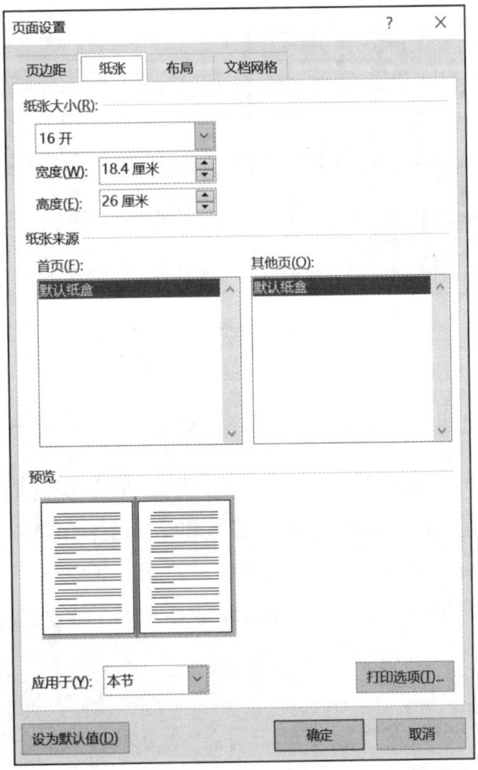

图 3-65　“纸张”选项卡

(3) “布局”选项卡主要用来设置页眉、页脚、分节符、垂直对齐和行号，如图 3-66 所示。

(4) “文档网格”选项卡，如图 3-67 所示，主要通过调整行数和字符数以及文字的排列情况来满足特殊需要，可以改变文字的排列方式，自由选择采用“水平”或“垂直”，以及增加或减少每行中的字符数。

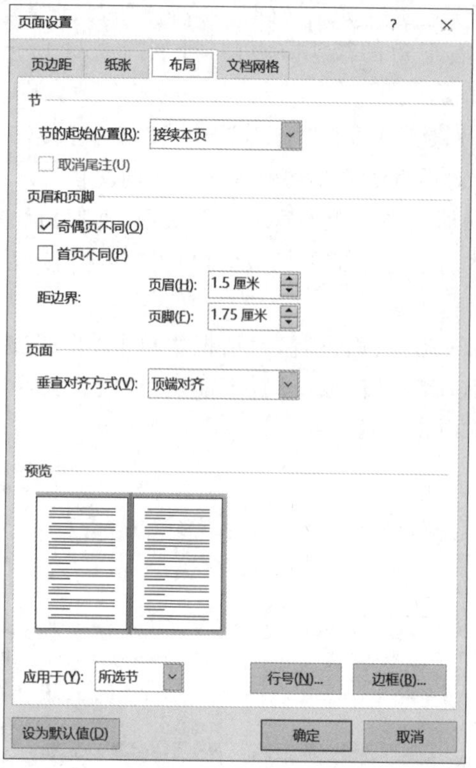

图 3-66 “布局”选项卡

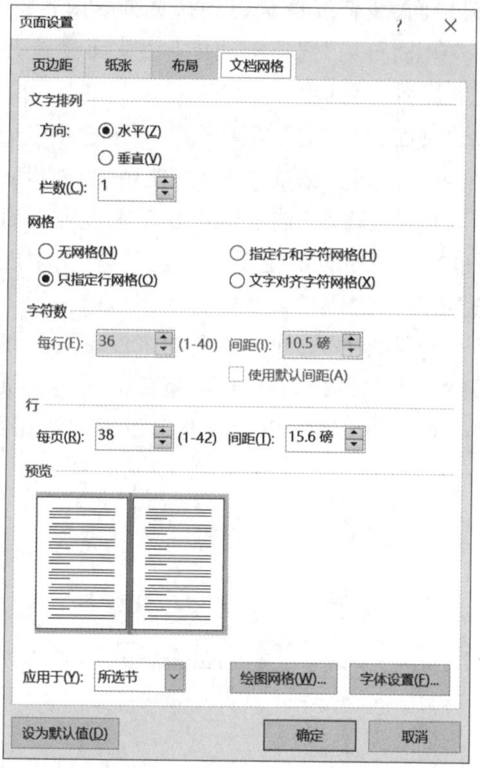

图 3-67 “文档网格”选项卡

3.7.2 设置分栏和分页

在阅读报纸杂志时,常常发现许多页面被分成多个栏目。这些栏目有的是等宽的,有的是不等宽的,从而使得整个页面布局显示更加错落有致,更易于阅读。Word 2016 具有分栏功能,可以把每栏都作为一节对待,这样就可以对每栏单独进行格式化和版面设计。分栏、分页也是一种常用的排版操作。

1. 分栏

(1) 先选定要进行分栏的文本,然后单击“布局”选项卡功能区“页面设置”组的“栏”按钮弹出分栏子菜单。

(2) 在子菜单中可以直接根据需要选择栏数。也可以选择“更多栏”命令,在弹出的“栏”对话框中选择栏数,如果要分的栏数超过三栏,可在“栏数”框内直接输入所需的栏数。例如,选中“两栏”。

(3) 选中“栏宽相等”复选框,可使每栏的宽度相同。

(4) 选中“分隔线”复选框,可使每栏之间用分隔线隔开。

“栏”对话框如图 3-68 所示,其设置效果如图 3-69 所示。

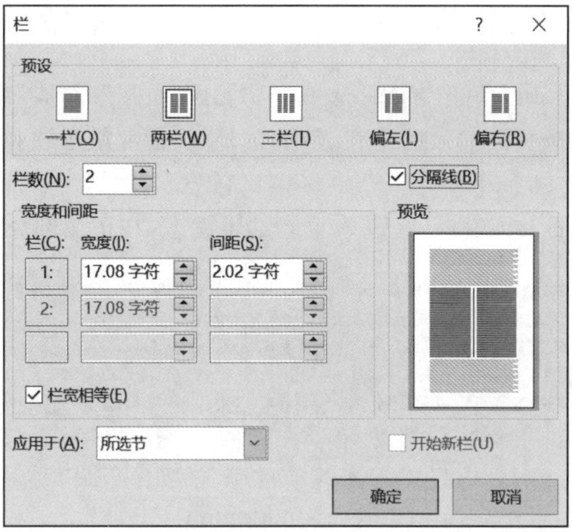

图 3-68 “栏”对话框

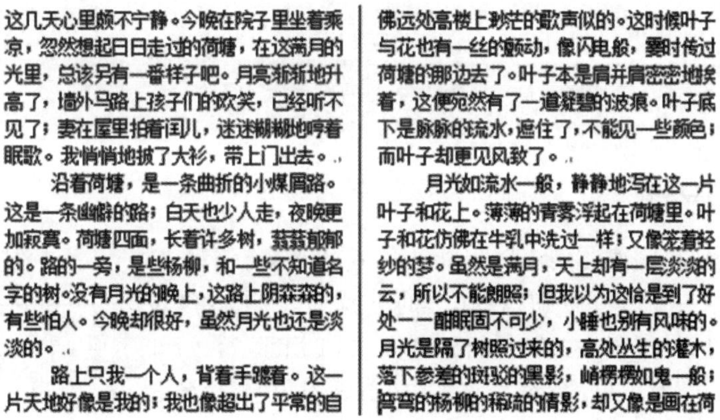
这几天心里颇不宁静。今晚在院子里坐着乘凉，忽然想起日日走过的荷塘，在这满月的光里，总该另有一番样子吧。月亮渐渐地升高了，墙外马路上孩子们的欢笑，已经听不见了；妻在屋里拍着闰儿，迷迷糊糊地哼着眠歌。我悄悄地披了大衫，带上门出去。

沿着荷塘，是一条曲折的小煤屑路。这是一条幽僻的路；白天也少人走，夜晚更加寂寞。荷塘四面，长着许多树，蓊蓊郁郁的。路的一旁，是些杨柳，和一些不知道名字的树。没有月光的晚上，这路上阴森森的，有些怕人。今晚却很好，虽然月光也还是淡淡的。

路上只我一个人，背着手踱着。这一片天地好像是我的；我也像超出了平常的自

佛远处高楼上渺茫的歌声似的。这时候叶子与花也有一丝的颤动，像闪电般，霎时传过荷塘的那边去了。叶子本是肩并肩密密地挨着，这便宛然有了一道凝碧的波痕。叶子底下是脉脉的流水，遮住了，不能见一些颜色；而叶子却更见风致了。

月光如流水一般，静静地泻在这一片叶子和花上。薄薄的青雾浮起在荷塘里。叶子和花仿佛在牛乳中洗过一样；又像笼着轻纱的梦。虽然是满月，天上却有一层淡淡的云，所以不能朗照；但我以为这恰是到了好处——酣眠固不可少，小睡也别有风味的。月光是隔了树照过来的，高处丛生的灌木，落下参差的斑驳的黑影，峭楞楞如鬼一般；弯弯的杨柳的稀疏的倩影，却又像是画在荷

图 3-69 分栏设置效果

2. 分页

分页符是用来标记一页终止并开始下一页的点。在 Word 2016 中，可以很方便地插入分页符。

手工强制分页只需将插入点移到要分页的位置，然后单击“插入”选项卡功能区“页面”组的“分页”按钮 分页，即可在当前插入点处强制分页，并将插入点移到新的一页上来。要删除分页符，也可在普通视图方式下选中要删除的分页符，按 Delete 键即可。

3.7.3 插入页码

页码就是给文档每页所编的号码，以便于读者阅读和查找。页码一般添加在页眉或页脚中，当然，也可以添加到其他地方。

1. 插入页码

要在文档中插入页码,单击“插入”选项卡功能区“页眉和页脚”组的“页码”按钮,在弹出的下拉列表中选择页码插入的位置,例如选择“页面底端”,在弹出的子列表中选择页码格式。

如图 3-70 所示,插入页码后,将进入页脚编辑状态,在正文部分双击即可返回。

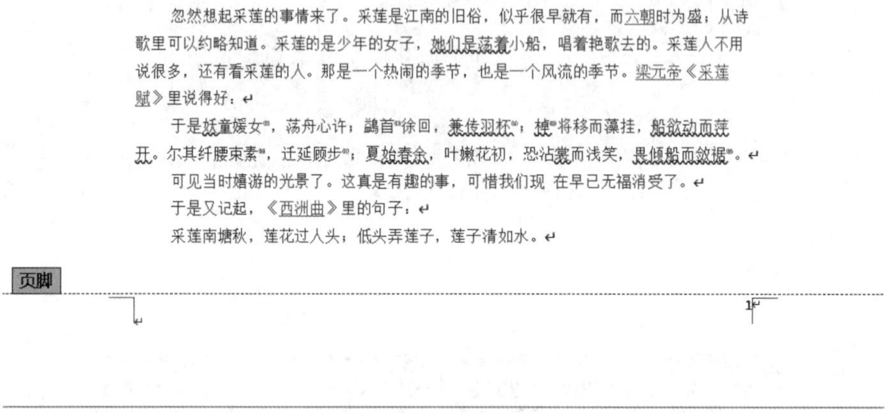
忽然想起采莲的事情来了。采莲是江南的旧俗，似乎很早就有，而六朝时为盛；从诗歌里可以约略知道。采莲的是少年的女子，她们是荡着小船，唱着艳歌去的。采莲人不用说很多，还有看采莲的人。那是一个热闹的季节，也是一个风流的季节。梁元帝《采莲赋》里说得好：
于是妖童媛女，荡舟心许；鹢首徐回，兼传羽杯；棹将移而藻挂，船欲动而萍开。尔其纤腰束素，迁延顾步；夏始春余，叶嫩花初，恐沾裳而浅笑，畏倾船而敛裾。
可见当时嬉游的光景了。这真是有趣的事，可惜我们现在早已无福消受了。
于是又记起，《西洲曲》里的句子：
采莲南塘秋，莲花过人头；低头弄莲子，莲子清如水。
页脚
1

图 3-70 插入页码

2. 设置页码格式

在文档中,如果需要使用不同于默认格式的页码,例如 i 或 a 等,就需要对页码的格式进行设置。单击“页码”按钮,在弹出的下拉列表中选择“设置页码格式”,打开“页码格式”对话框,如图 3-71 所示。

在“页码格式”对话框的“编号格式”下拉列表中选择满意的页码格式后,单击“确定”按钮即可。设置结果如图 3-72 所示。

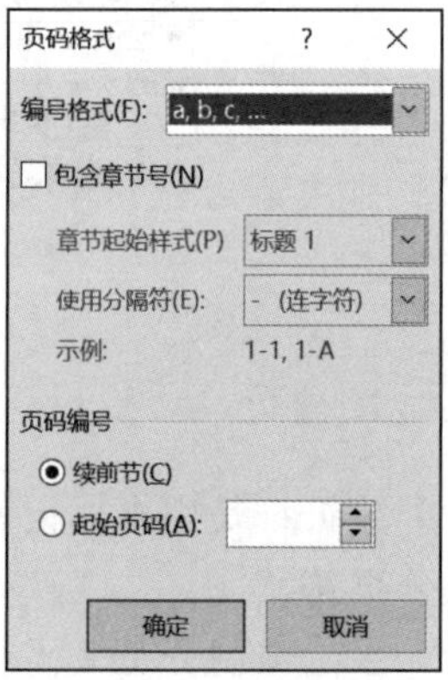

图 3-71 “页码格式”对话框

3.7.4 插入页眉和页脚

页眉和页脚通常用于显示文档的附加信息,例如页码、日期、作者名称、单位名称、徽标或章节名称等。其中,页眉位于页面顶部,而页脚位于页面底部。Word 可以给文档的每页建立相同的页眉和页脚,也可以交替更换页眉和页脚,即在奇数页和偶数页上建立不同的页眉和页脚。

1. 使用“页眉和页脚”工具栏

双击页眉和页脚,进入页眉、页脚编辑状态,此时如图 3-73 所示的“设计”选项卡被激活,可以通过该选项卡的功能区按钮对页眉和页脚的属性进行设置。

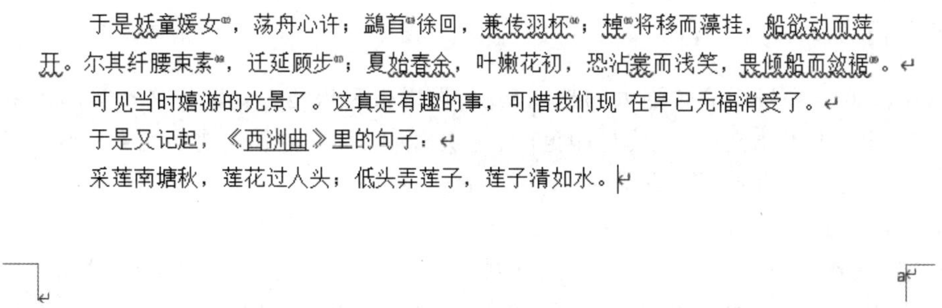
于是妖童媛女，荡舟心许；鹢首徐回，兼传羽杯；棹将移而藻挂，船欲动而萍开。尔其纤腰束素，迁延顾步；夏始春余，叶嫩花初，恐沾裳而浅笑，畏倾船而敛裾。
可见当时嬉游的光景了。这真是有趣的事，可惜我们现 在早已无福消受了。
于是又记起，《西洲曲》里的句子：
采莲南塘秋，莲花过人头；低头弄莲子，莲子清如水。

图 3-72　“页码格式”设置效果

图 3-73　“设计”选项卡

2. 插入并编辑页眉和页脚

可以在页眉和页脚中插入文本或图形，如页码、日期、公司徽标、文档标题、文件名或作者名等信息，这些信息通常打印在文档中每页的顶部或底部，如图 3-74 所示。

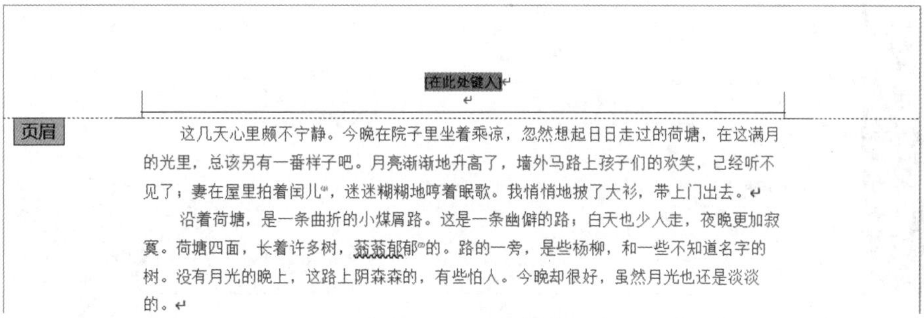

图 3-74　编辑页眉

打开“页眉和页脚”工具栏后，在页眉区会有一闪烁的光标，在此可以输入文本，然后单击功能区上的“关闭”按钮 ☒，完成后的结果如图 3-75 所示。

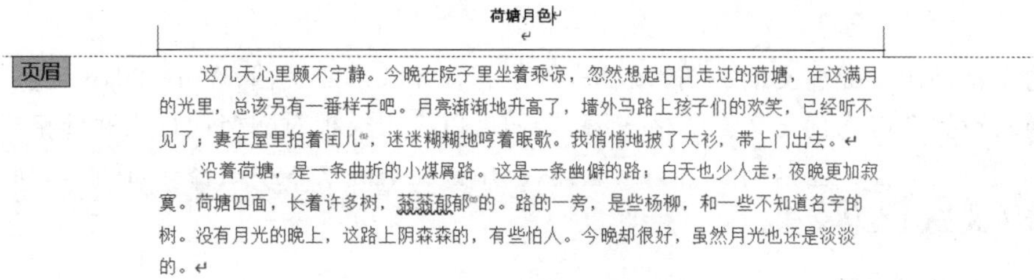

图 3-75　编辑后页眉

3.7.5 打印

Word 2016 提供了非常强大的打印功能,可以很轻松地按要求将文档打印出来,在打印文档前可以先预览文档、设置打印范围、一次打印多份、对版面进行缩放、逆序打印,也可以只打印文档的奇数页或偶数页,还可以后台打印以节省时间。

在文档中选择“文件”→“打印”命令,将打开“打印”面板,如图 3-76 所示。单击“打印机”下三角按钮,可选择本次打印要使用的打印机。还可以修改“份数”文本框的数值以确定打印多少份文档。在设置列表中可以根据需要选择以下几种打印范围:“打印所有页”选项,就是打印当前文档的全部页面;“打印当前页面”选项,就是打印光标所在的页面;“打印所选内容”选项,则只打印事先选中的一部分内容;“打印自定义范围”选项,则打印我们指定的页。

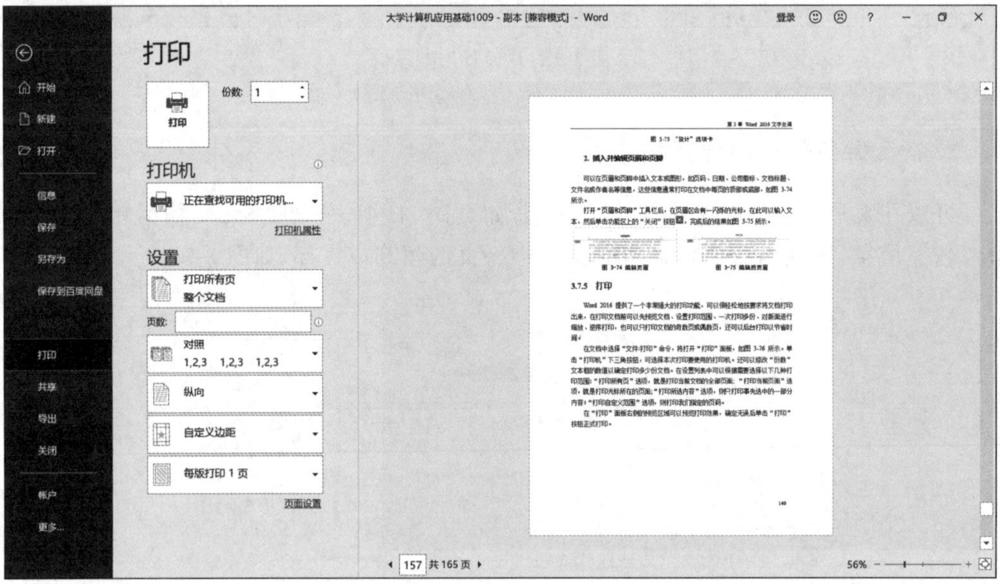

图 3-76 “打印”面板

在“打印”面板右侧的预览区域可以预览打印效果,确定无误后单击“打印”按钮正式打印。

3.8 高级排版操作

为了帮助用户提高文档的编辑效率,创建有特殊效果的文档,Word 2016 提供了一些高级格式设置功能来优化文档的格式编排,如可以应用模板对文档进行快速的格式应用,可以利用“样式”任务窗格创建、查看、选择、应用甚至清除文本中的格式,还可以利用特殊的排版方式设置文档效果。

3.8.1 使用模板

模板是一种带有特定格式的文档,它包括特定的字体格式、段落样式、页面设置、快捷键方案、宏等格式。在 Word 2016 中，任何文档都是以模板为基础的，模板决定了文档的基本结构和文档设置。当要编辑多篇格式相同的文档时，可以使用模板来统一文档的风格，还可以加快工作速度。

Word 2016 自带了一些常用的文档模板，如博客文章、简历等模板，使用这些模板可以帮助用户快速创建基于某种类型的文档。

1. 使用模板创建文档

要想通过模板创建文档，应选择“文件”→“新建”命令打开“新建”面板，如图 3-77 所示，在“可用模板”选项区域中选中某模板后，单击“创建”按钮，则新建文档以所选模板建立。用户还可以选择其他内置模板或联机模板，例如选择简历模板后会自动应用该模板创建新文档，效果如图 3-78 所示。

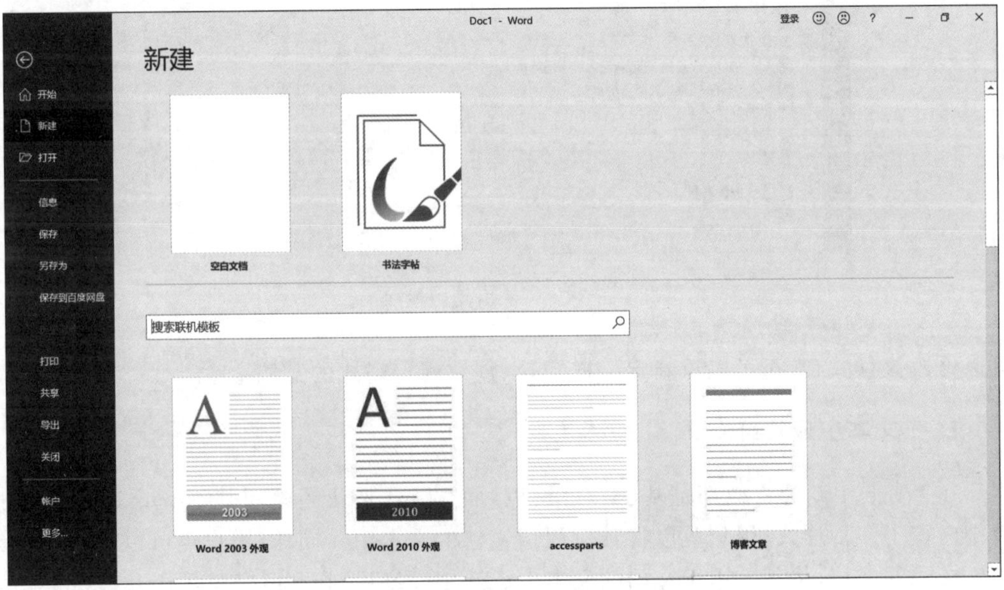

图 3-77　“新建”面板

2. 创建模板

在文档处理过程中，当需要经常用到同样的文档结构和文档设置时，就可以根据这些设置自定义并创建一个新的模板来进行应用。在创建新的模板时有根据现有文档创建和根据现有模板创建两种方法。无论采用哪种方法，在完成模板的设计后，选择“文件”→“另存为”命令打开“另存为”对话框，单击“保存类型”下拉三角按钮，并在下拉列表中选择“Word 模板”选项。在“文件名”编辑框中输入模板名称，单击“保存”按钮即可。

3.8.2　使用样式

所谓“样式”就是应用于文档中的文本、表格和列表的一套格式特征，它能迅速改变文档的外观。若 Word 提供的内置样式有部分格式定义和需要应用的格式组合不相符，还

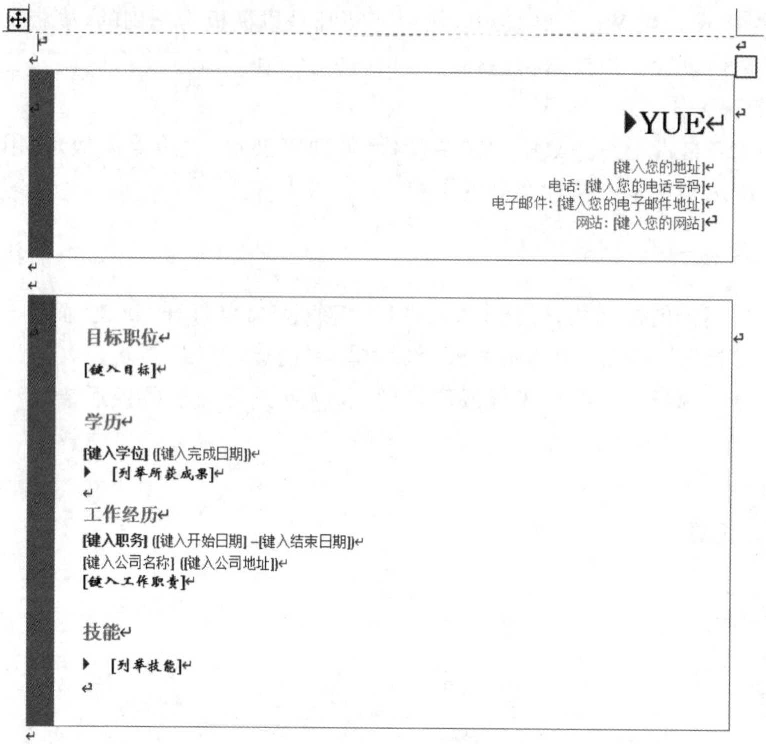

图 3-78 使用简历模板

可以修改该样式,甚至可以重新定义样式,以创建规定格式的文档。

1. 在文本中应用样式

在 Word 中新建文档都是基于一个模板,而 Word 默认的模板是 Normal 模板,该模板中内置了多种样式,用户可以将其应用于文档的文本中。同样,用户也可以打开已经设置好样式的文档,将其应用于文档的文本中。选中文字后,在“开始”选项卡功能区“样式”组中单击希望应用的样式,则所选文字更新为所选样式,效果如图 3-79 所示。

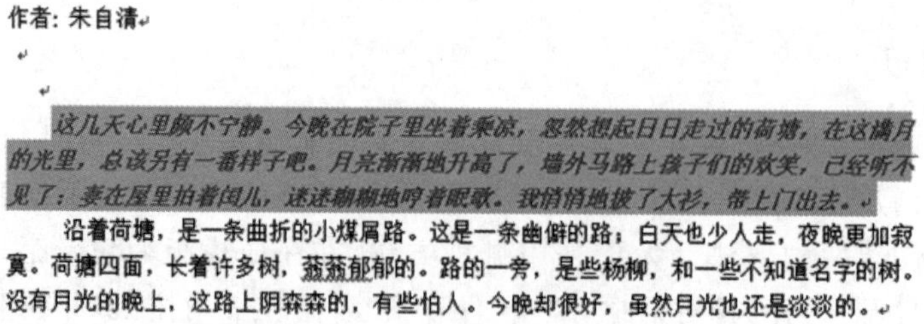
作者: 朱自清
这几天心里颇不宁静。今晚在院子里坐着乘凉,忽然想起日日走过的荷塘,在这满月的光里,总该另有一番样子吧。月亮渐渐地升高了,墙外马路上孩子们的欢笑,已经听不见了;妻在屋里拍着闰儿,迷迷糊糊地哼着眠歌。我悄悄地披了大衫,带上门出去。
沿着荷塘,是一条曲折的小煤屑路。这是一条幽僻的路;白天也少人走,夜晚更加寂寞。荷塘四面,长着许多树,蓊蓊郁郁的。路的一旁,是些杨柳,和一些不知道名字的树。没有月光的晚上,这路上阴森森的,有些怕人。今晚却很好,虽然月光也还是淡淡的。

图 3-79 在文本中的应用样式

2. 修改样式

如果某些内置样式无法完全满足某组格式设置的要求,则可以在内置样式的基础上进行修改。这时可在右击之前选择的样式，在弹出的菜单中选择“修改”命令，打开“修改样式”对话框，如图 3-80 所示。在其中更改相应的选项，可以重新设置所选样式的字体、字号、段前段后间距、行间距等，单击“确定”按钮返回。

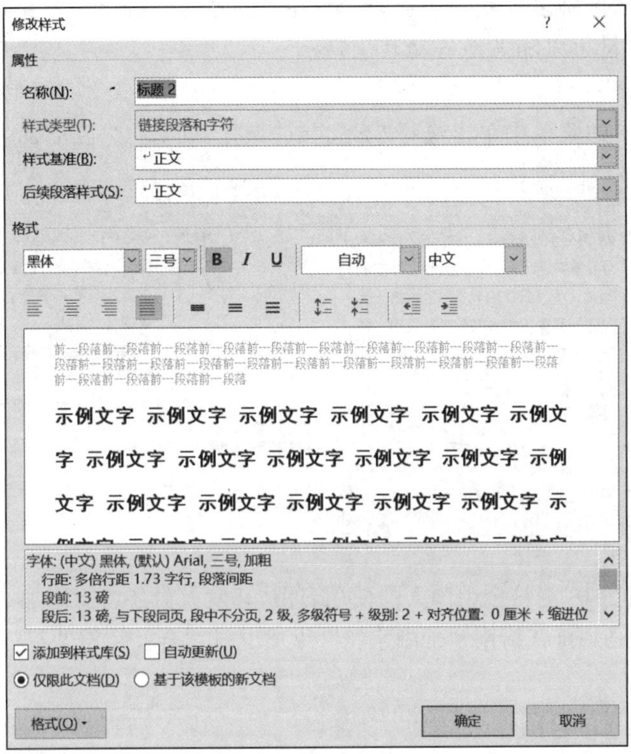

图 3-80　“修改样式”对话框

3. 创建样式

如果现有文档的内置样式与所需格式设置相去甚远时，可以创建一个新样式将会更有效率。单击“样式”组右下角的按钮，在打开的“样式”任务窗格中，单击“新建样式”按钮，打开“根据格式化创建新样式”对话框，用法与修改样式相同。

4. 删除样式

在 Word 2016 中，对于不需要使用的样式，可以将其删除。在“样式”任务窗格中右击选中某样式，在弹出的菜单中选中“从样式库中删除”命令，完成删除样式操作。

3.8.3　特殊排版方式

一般报纸杂志都需要创建带有特殊效果的文档，这就需要使用一些特殊的排版方式。Word 2016 提供了多种特殊的排版方式，例如，首字下沉、中文版式等。

1. 首字下沉

在 Word 2016 中，首字下沉有两种不同的方式：一种是普通的下沉，另外一种是悬挂下沉。两种方式的区别之处就在于："下沉"方式设置的下沉字符紧靠其他的文字，而"悬挂"方式设置的字符可以随意地移动其位置。

单击需要首字下沉的段，单击"插入"选项卡功能区"文本"组的"首字下沉"按钮 首字下沉，在弹出的菜单中单击选择"下沉"或"悬挂"即可。"下沉"或"悬挂"效果对比如图 3-81 所示。

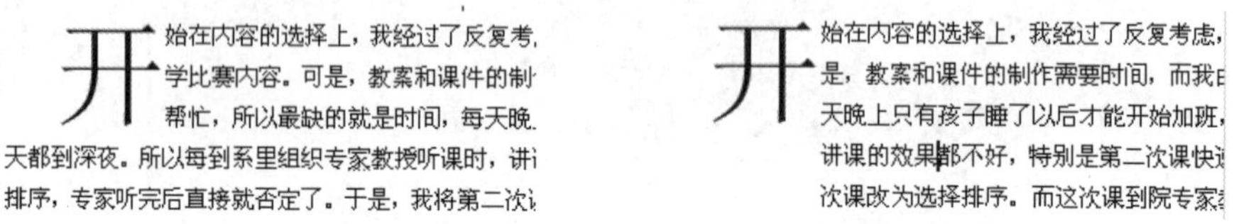

(a) 下沉效果 (b) 悬挂效果

图 3-81 下沉及悬挂效果对比

2. 中文版式

为了使 Word 2016 更符合中国人的使用习惯，开发人员还特意增加了中文版式的功能，用户可在文档内添加"拼音指南""带圈字符""纵横混排""合并字符""双行合一"等效果。

3.9 高级编辑功能

Word 2016 提供了高级编辑功能，熟练地使用这些功能可以提高编辑效率，编排出高质量的文档。例如，可以在文档中插入目录和索引，便于用户参考和阅读；还可以在需要的位置插入批注、表达、意见等。

3.9.1 使用书签

1. 添加书签

在文档的指定区域内插入若干书签标记，以方便用户查阅文档中的相关内容。单击需要插入书签处，在"插入"选项卡功能区"链接"组，单击"书签"按钮 书签 打开"书签"对话框，在"书签名"文本框内输入书签名称，例如，输入"第二章"，如图 3-82 所示，单击"添加"按钮，对话框自动关闭。

2. 定位书签

在定义了一个书签之后，可以使用两种方法来定位它。

(1) 利用"书签"对话框来定位书签：打开"书签"对话框，在中间的列表中单击要查找的书签名称，此时下面的"定位"按钮变为可用，单击"定位按钮"，光标会显示在定义当前

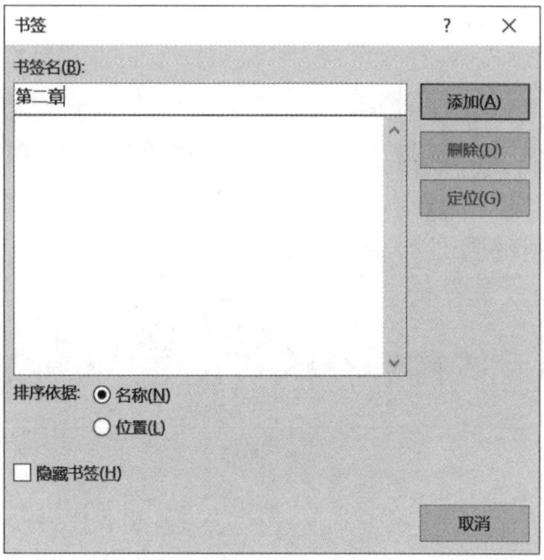

图 3-82　“书签”对话框

书签处。

(2) 使用“查找和替换”对话框来定位书签。单击“开始”选项卡功能区“编辑”组右侧的下拉按钮，在弹出的下拉列表中选择“高级查找”命令，打开“查找和替换”对话框，单击“定位”选项卡，如图 3-83 所示。在“定位目标”列表中选中“书签”，然后在“请输入书签名称”下拉列表中单击要查找的书签名称，单击“定位按钮”，光标会显示在定义当前书签处。

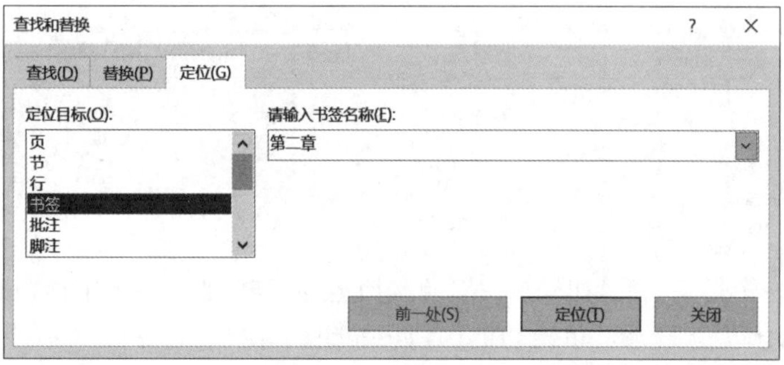

图 3-83　书签的定位

3. 删除书签

打开“书签”对话框，选择要删除的书签选项，然后单击“删除”按钮即可。

3.9.2　插入及更新目录

目录的作用就是要列出文档中各级标题及每个标题所在的页码，编制完目录后，只需要单击目录中某个页码，就可以跳转到该页码所对应的标题。因此，目录可以帮助用户迅速了解整个文档讨论的内容，并很快查找到自己感兴趣的信息。

1. 创建目录

为文档建立目录,可以提高文档的检索速度。单击需要生成目录的位置,选择“引用”选项卡,单击功能区“目录”组的“目录”按钮,在弹出的菜单中选择“自定义目录”命令,打开“目录”对话框,如图 3-84 所示。在“目录”选项卡的“显示级别”列表中,设置生成目录的级数,如 3 级,则文档的目录生成至三级标题。

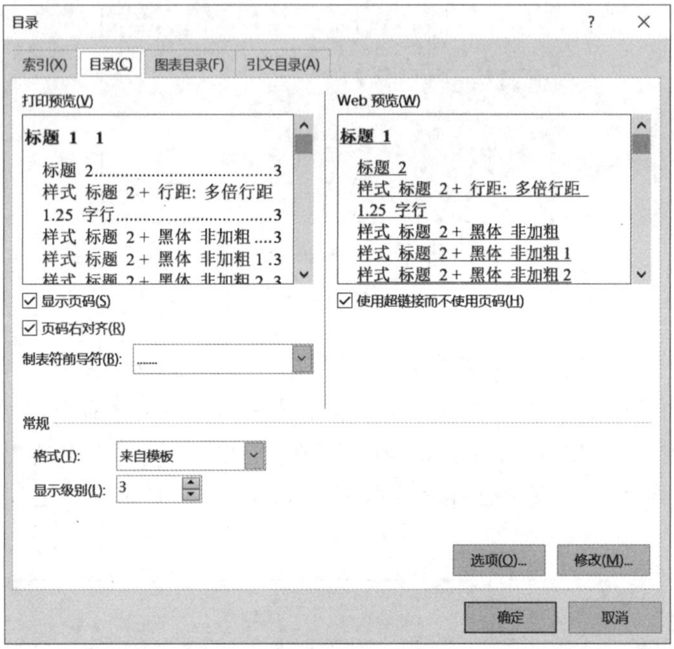

图 3-84 “目录”对话框

2. 更新目录

当创建了一个目录以后,如果再次对源文档进行编辑,那么目录中标题和页码都可能发生变化,因此必须更新目录。单击功能区“目录”组的“更新目录”按钮 **更新目录**,则打开“更新目录”对话框,如图 3-85 所示。选择“只更新页码”或“更新整个目录”后,单击“确定”按钮。

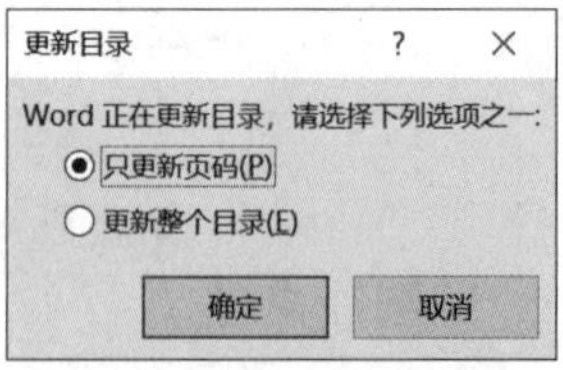

图 3-85 “更新目录”对话框

3.9.3 插入批注

批注是指审阅者给文档内容加上的注解或说明,或者是阐述批注者的观点。批注并不影响文档的格式化,也不会随着文档一同打印。

1. 添加批注

若要在文档中添加批注,单击要添加批注的位置或选中要添加批注的文本,选择“审阅”选项卡，单击功能区“批注”组的“新建批注”按钮，如图 3-86 所示，即可在出现的批注框中插入批注内容即可。

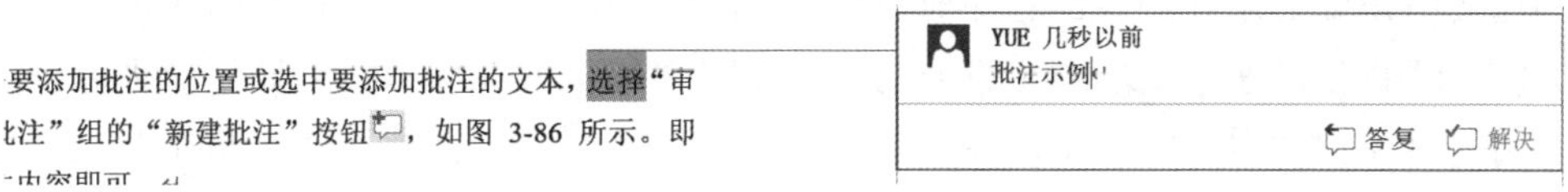

图 3-86　插入批注

2. 编辑批注

插入批注后，功能区“批注”组的其他按钮被激活，可以通过这些按钮对插入的批注进行编辑。

3.9.4　使用题注

在文档中插入图形、公式、表格时，需要对插入的项目进行顺序编号，Word 为用户提供了自动编号的标题题注。

1. 添加题注

首先单击需要插入题注的位置，选择“引用”选项卡，单击功能区“题注”组的“插入题注”按钮，打开“题注”对话框，如图 3-87(a)所示。单击“自动插入题注”按钮，打开“自动插入题注”对话框，在其中选择需要插入题注的项目。例如，选择“Microsoft Word 表格”，在“使用标签”下拉列表中，选择“表格”，在“位置”下拉列表中选择“项目下方”，如图 3-87(b)所示，单击“确定”按钮。完成设置后，每当在文档中添加 Microsoft Word 表格时，系统会自动为表格在其下方添加一个标签为“表格”的题注。

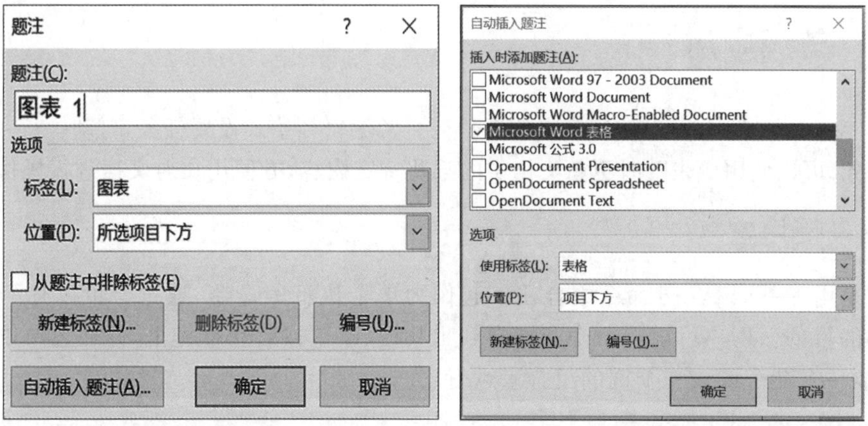

(a) “题注”对话框　　(b) “自动插入题注”对话框

图 3-87　“题注”对话框和“自动插入题注”对话框

2. 引用题注

在文中需要引用某对象的题注时,可以单击需要插入引用的位置,单击功能区“题注”组的“交叉引用”按钮交叉引用。打开“交叉引用”对话框。在“引用类型”下拉列表中选择要引用的对象,在“引用哪一个题注”列表中选择标签。例如,需要引用表格1时,在“引用类型”下拉列表中选择“表格”,在“引用哪一个题注”列表中选择“表格1 A班成绩表”标签,如图3-88所示。单击“确定”按钮。此时,系统会在当前位置自动添加“表格1 A班成绩表”字样。如果图的题注发生变化,则在交叉引用的位置处右击,选择“更新域”,引用即可自动更新。

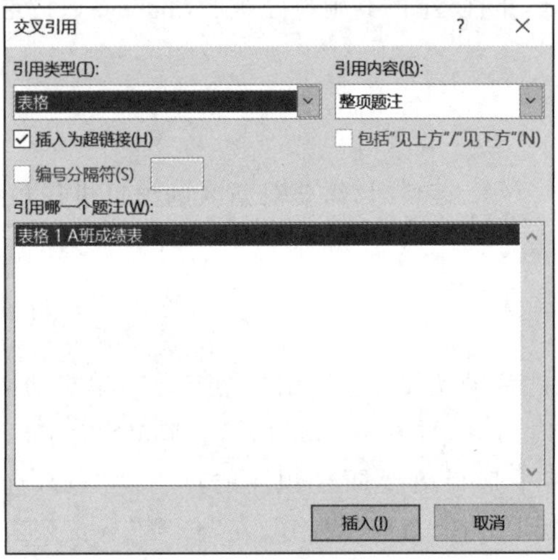

图3-88 “交叉引用”对话框

3.10 高级应用

在Word 2016中,可以使用宏来快速执行日常编辑和格式设置任务,自动执行一系列复杂的任务;可以使用域来随时更新文档中的某些特定内容,方便用户对文档进行操作。

3.10.1 使用宏

宏是由一系列Word命令组合在一起作为单个执行的命令,通过宏可以达到简化编辑操作的目的。用户可以将一个宏指定到工具栏、菜单或者快捷键上,并通过单击一个按钮、选取一个命令或按一个键的组合来运行宏。

1. 录制宏

宏可以保存在文档模板中或单个Word文档中。将宏存储到模板上有两种方式:一种是全面宏,存储在普通模板中,可以在任何文档中使用;另一种是模板宏,存储在一些特殊模板上。

若要在 Word 2016 中使用宏，首先需要启用宏。通过“文件”→“更多”→“选项”命令打开“Word 选项”对话框。如图 3-89 所示，在该对话框左边窗格中选择“信任中心”后，单击右下角的“信任中心设置”按钮，打开“信任中心”对话框。如图 3-90 所示，在该对话框左边窗格中单击“宏设置”后，选择“启用所有宏”。

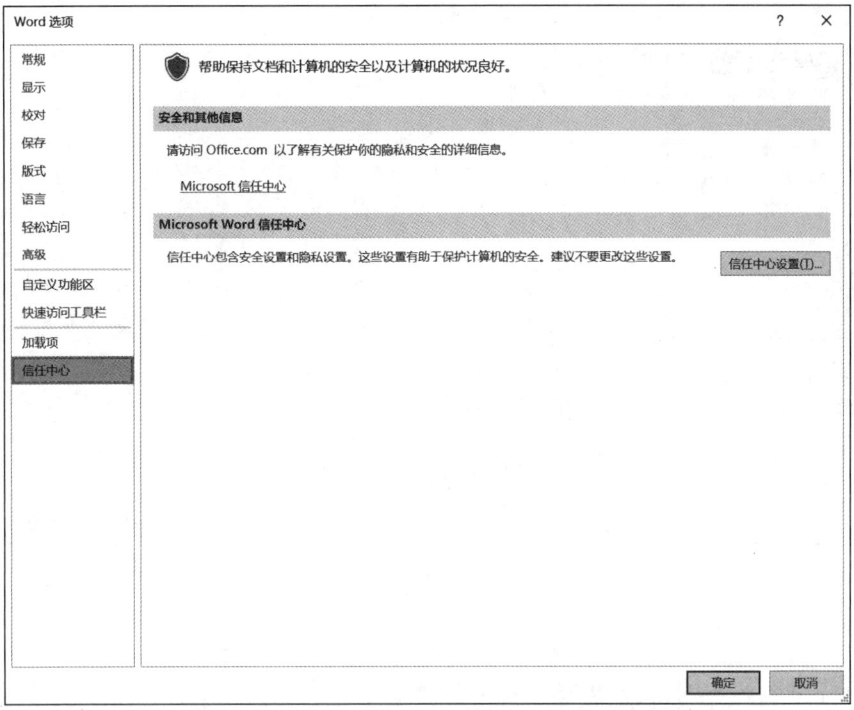

图 3-89　“Word 选项”对话框

启用宏后，可以录制宏。选择“视图”选项卡，在功能区“宏”组单击“宏”按钮下方的下拉菜单按钮，在弹出的菜单中选择“录制宏”命令，将打开如图 3-91 所示的“录制宏”对话框。可以将宏保存在模板或文档中，在默认情况下，Word 将宏保存在 Normal 模板中，这样所有 Word 文档都可使用宏。如果需在单独的文档中使用宏，可以将宏保存在该文档中。如果经常用这个宏，还可以在“将宏指定到”中选择“按钮”或“键盘”将其指定给按钮或快捷键，这样就可以直接运行该宏而不必打开“宏”对话框。

单击“确定”按钮后即开始录制宏，录制结束后单击“宏”按钮，在弹出的菜单中选择“录制宏”命令选择“停止录制”即可。

2. 运行宏

运行宏的方法取决于“将宏指定到”哪里：如果创建的宏被指定到按钮上，可通过单击该按钮来执行；如果创建的宏被指定到键盘，可通过相应的快捷键来执行。

无论宏被指定到哪里，都可以通过“宏”对话框来运行。实际上，Word 命令在本质上也是宏，用户可以单击“宏”组的 “宏”按钮，打开“宏”对话框。如图 3-92 所示，在“宏名”中选择要运行的宏命令，然后单击“运行”按钮即可运行。

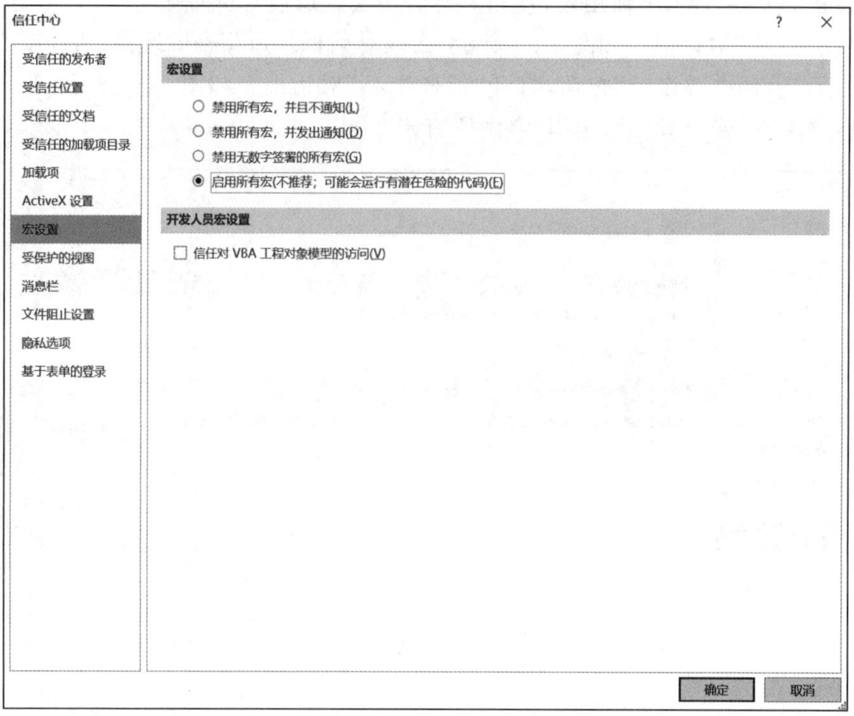

图 3-90 “信任中心”对话框

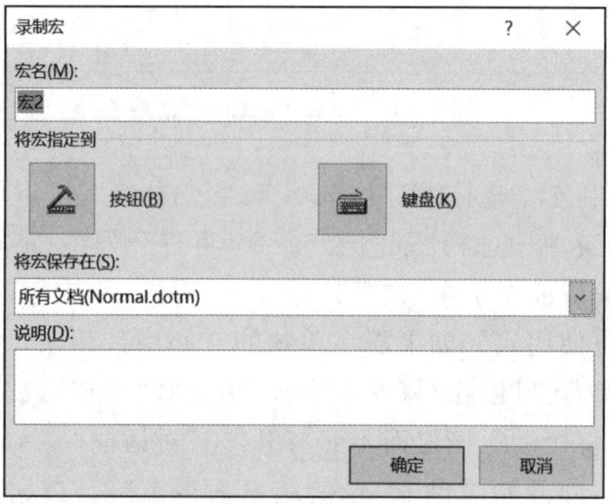

图 3-91 “录制宏”对话框

3.10.2 使用域

在一些文档中,某些文档内容可能需要随时更新,例如,在一些每日报道型的文档中,报道日期就需要每日更新。如果手工更新这些日期,不仅烦琐而且容易遗忘,此时可以通过在文档中插入“Data 域”这样一种代码来实现日期的自动更新。

所谓域,实际就相当于文档中可能发生变化的数据。可以看出,域的最大特点就是其

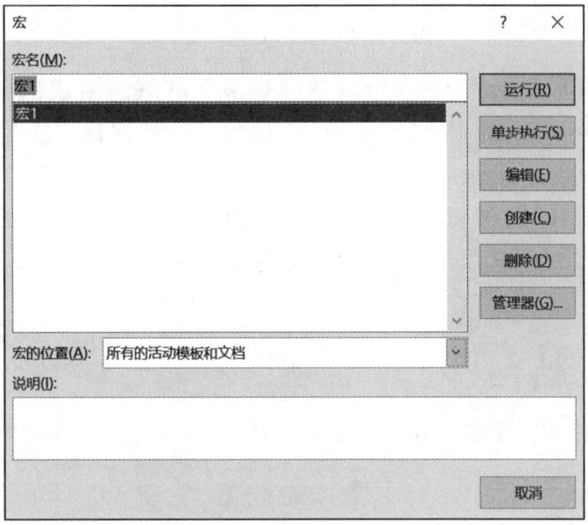

图 3-92　“宏”对话框

内容会随着引用内容的变化而变化，因此在文档中插入域，实际就是插入各种自动信息并使这些信息保持最新状态。

1. 插入域

在 Word 2016 中，可以选择“插入”选项卡，在功能区“文本”组单击“文档部件”按钮 文档部件，在弹出的菜单中选择“域”打开“域”对话框。在该对话框中可选择不同类别的域插入文档中，并可设置域的相关格式，如图 3-93 所示。

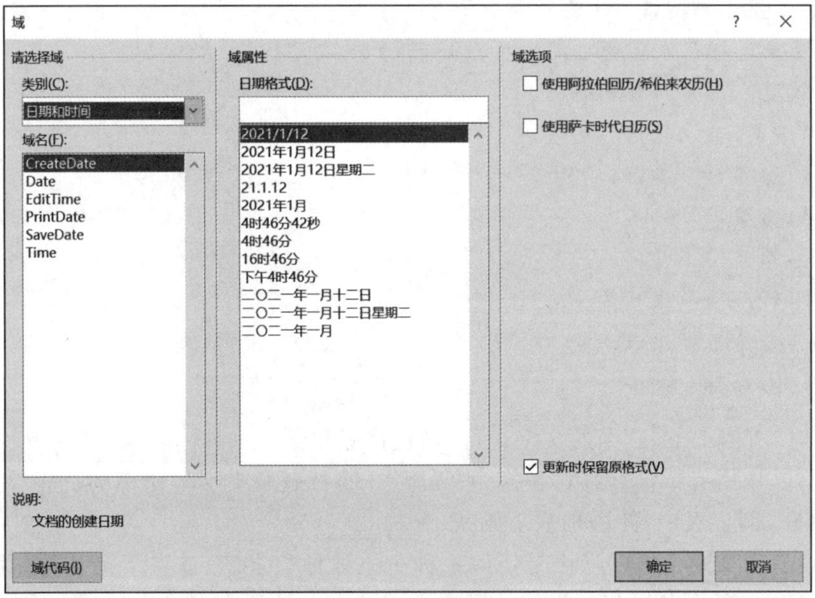

图 3-93　“域”对话框

2. 更新域

在对域有了一个直观的认识后,可以进一步来了解域的组成部分和操作原理。实际上,域类似于 Microsoft Excel 中的公式,其中有“域代码”这样一个“公式”,可以算出“域结果”并显示出来,所以才能保持信息的最新状态。

当用户想要更新域时,可以单击之前插入的域,然后按 F9 快捷键,即可完成更新。若需要更新文档中的所有域,则按 Ctrl+A 组合键选中全文,然后按 F9 快捷键即可。

习题

1. 录入以下文字,以“文档 1.docx”为文件名保存,要求 10 分钟内完成。

燥声的危害

燥声是任何一种人都不需要的声音,不论是音乐,还是机器发出来的声音,只要令人生厌,对人们形成干扰,它们就被称为燥声。一般将 60 分贝作为令人烦恼的音量界限,超过 60 分贝就会对人体产生种种危害。

强烈的燥声会引起听觉器官的损伤。当你刚从机器轰鸣的厂房出来时,可能会感到耳朵听不清声音了,必须过一会儿才能恢复正常,这便是燥声性耳聋。如果长期在这种环境下工作,会使听力显著下降。

燥声会严重干扰中枢神经正常功能,使人神经衰弱、消化不良,以至恶心、呕吐、头痛,它是现代文明病的一大根源。

燥声还会影响人们的正常工作和生活,使人不易入睡,容易惊醒,产生各种不愉快的感觉,对脑力劳动者和病人的影响就更大了。

声音的强度与人体感受之间的关系如下。

声音强度	人体感受
0～20 分贝	很静
21～40 分贝	安静
41～60 分贝	一般
61～80 分贝	吵闹
81～100 分贝	很吵闹
101～120 分贝	难以忍受
121～140 分贝	痛苦

2. 试对“文档 1.docx”中的文字进行编辑、排版和保存。具体要求如下。

(1) 将文中所有错词“燥声”替换为“噪声”。将标题段文字(“噪声的危害”)设置为红色二号黑体、加粗、居中,并添加双下画线(“________”)。

(2) 设置正文第一段(“噪声是任何一种……种种危害。”)首字下沉 2 行(距正文 0.2 厘米);设置正文其余各段落(“强烈的燥声会引起……就更大了。”)首行缩进 2 字符并添加编号“一、”“二、”“三、”。

(3) 设置上、下页边距各为 3 厘米。

(4) 将文中后 8 行文字转换成一个 8 行 2 列的表格。设置表格居中、表格列宽为 4.5 厘米、行高为 0.7 厘米，表格中所有文字中部居中。

(5) 设置表格外框线为 1.5 磅绿色单实线、内框线为 0.5 磅绿色单实线；按“人体感受”列降序排列表格内容(依据“拼音”类型)。

3. 试对“文档 2.docx”制作如图 3-94 所示的学生成绩表，具体要求如下：学生成绩表由课程名称、学生姓名和成绩组成，最后计算每个学生的总分，并按总分由高到低排序。

	语 文	数 学	英 语	计算机	总 分
郭文彬	71	88	96	91	346
张文华	85	84	77	95	341
于　健	79	82	90	86	337
刘建斌	80	78	81	92	331
陈　琳	70	85	82	85	322
贾建清	90	72	70	79	311
刘建国	60	68	80	81	289

图 3-94　学生成绩表

4. 试对“文档 3.docx”制作如图 3-95 所示的贺卡。

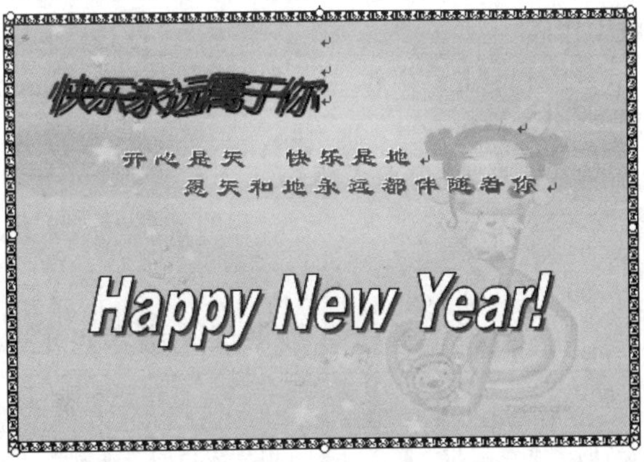

图 3-95　贺卡

第4章

Excel 2016 的功能与使用

Excel 是当今最流行的电子表格综合处理软件，具有强大的表格处理功能。用于对表格式的数据进行组织、计算、分析和统计，可以通过多种形式的图表来形象地表现数据，也可以对数据表进行诸如排序、筛选和分类汇总等数据库操作。本章将详细介绍 Excel 的基本操作和使用方法。通过本章学习，应掌握以下几点。

- Excel 的基本组成和基本功能。
- 工作簿的相关概念和基本操作，保护和隐藏工作簿。
- 工作表的相关概念和基本操作，工作表的格式设置及打印设置，保护和隐藏工作表。
- 单元格绝对地址和相对地址的概念，公式的输入和复制，常用函数的使用。
- 图表的创建、编辑、修改及修饰。
- 数据清单的概念，对数据清单内容的排序、筛选、分类汇总，数据透视表的建立。

全国计算机等级考试一级考点汇总

考　点	主要内容
Excel 电子表格的基本概念和组成	Excel 电子表格的基本概念，Excel 电子表格的组成
Excel 2016 的基本功能	Excel 2016 的基本功能
Excel 的启动和退出	Excel 的启动，Excel 的退出
电子表格的创建和保存	电子表格的创建和保存
工作表中数据的输入	文本型数据的输入，数值型数据的输入，特殊字符的输入，日期和时间型数据的输入，公式的输入，插入批注，插入图像，宏操作，数据自动输入
工作表内容的编辑	单元格的选取，单元格数据的复制、移动及粘贴，单元格区域填充，删除与清除，查找与替换，工作表的操作
单元格的引用	相对引用，绝对引用，混合引用
设置单元格的格式	数字属性设置，对齐属性设置，字体属性设置，边框属性设置，图案属性设置，保护属性设置

续表

考 点	主要内容
行高与列宽的设置	行高与列宽的设置
设置条件格式	设置条件格式
使用样式	什么是样式,使用样式
自动套用格式	自动套用格式
模板的使用	什么是模板,模板的使用
公式的编辑	公式运算符,公式的输入,公式的复制
常用函数的使用	常用函数的使用方法,数值型函数,文本型函数,逻辑条件函数
图表的创建、编辑和修改	图表的创建、编辑和修改
创建数据清单	什么是数据清单,创建数据清单
排序	数据排序方法
筛选数据	自动筛选,高级筛选
数据分类汇总	数据分类汇总方法
页面设置	页面设置
打印与打印预览	打印与打印预览
建立超链接	建立超链接
工作表与工作簿的保护	工作表与工作簿的保护
工作表与工作簿的隐藏	工作表与工作簿的隐藏

4.1 Excel 2016 应用基础

Excel 集表格计算、图表、图形和数据等处理功能于一体,是 Microsoft Office 办公自动化软件包中的重要成员之一。它即可以单独运行,也可以与 Microsoft Office 的其他组件或网络相互调用数据,进行数据交换。

4.1.1 Excel 2016 的基本概念及组成

1. 基本概念

Excel 用于创建和维护电子表格文档,可以输入、输出和显示数据,帮助用户制作各种复杂的电子表格文档,进行烦琐的数据计算,并能对数据进行各种复杂统计运算,同时它还能以形象的图表更为直观地显示数据。在使用 Excel 之前,必须弄清以下几个基本概念。

工作簿:指一个 Excel 文件,一个工作簿中可以有多个工作表。

工作表:指工作簿中的一张表格,一张工作表中含有多个单元格。

单元格：Excel 的基本操作单位，数据均保存在单元格内，每个单元格都有唯一的地址。地址格式为"表名！列号 行号"。

2. 基本组成

启动 Excel 2016 后，看到的界面如图 4-1 所示。

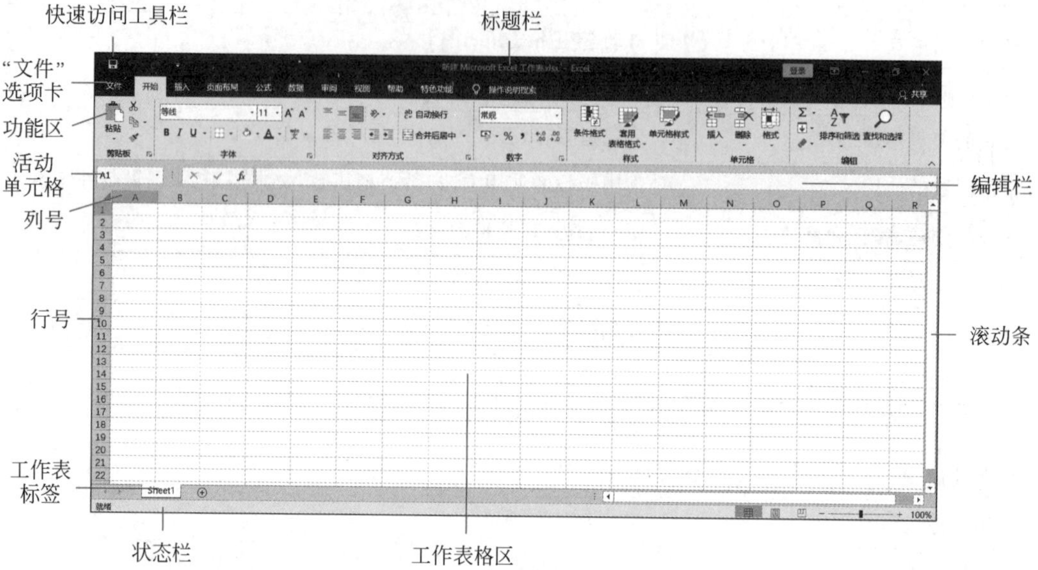

图 4-1 Excel 2016 的工作界面

部分介绍如下。

(1) 标题栏：位于应用程序窗口的最上面，用于显示当前正在运行的程序名及文件名等信息，单击标题栏右端的按钮，可以最小化、最大化或关闭程序窗口。

(2) "文件"选项卡：位于左上角，通过使用"文件"选项卡，可以打开或创建 Excel 文档，还包括"保存"和"另存为"命令。

(3) 功能区：位于上方，横跨 Excel 2016 的顶部。功能区有 3 个基本组件，即选项卡、组和命令，如图 4-2 所示。功能区将最常用的命令置于最前面，方便用户轻松完成常见任务，而不必在程序的各个部分寻找需要的命令。Excel 2016 窗口顶部有 7 个基本选项卡，即开始、插入、页面布局、公式、数据、审阅和视图。每个选项卡都包含若干"组"，这

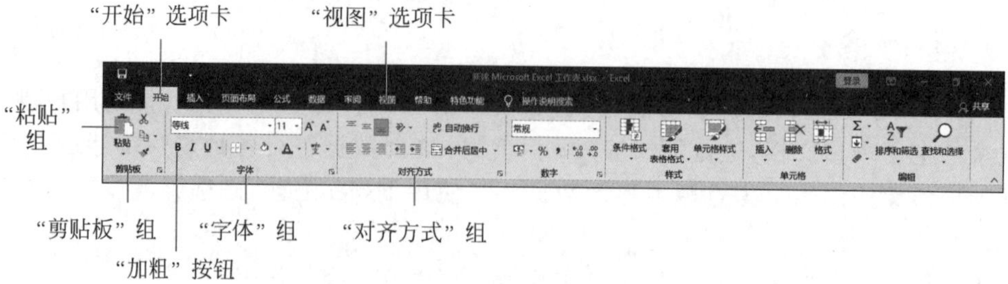

图 4-2 功能区界面

些“组”将相关项显示在一起，如“开始”选项卡包含“剪贴板”“字体”“对齐方式”“数字”“样式”“单元格”“编辑”7 个组。“组”使用户能够快速地访问常用命令和功能，“组”中的按钮最好通过鼠标来使用。每个组包含若干命令。命令就是按钮、用户输入信息的框、菜单。例如，“开始”选项卡包含最常用的所有项，如“字体”组中用于更改文字字体的命令“字体”“字号”“加粗”“倾斜”等。

(4) 快速访问工具栏：是功能区左上方的一个小区域，包含日常工作中频繁使用的 3 个命令“保存”“撤销”和“恢复”，用户也可以向其中添加常用的命令。

(5) 编辑栏：用来显示和编辑活动单元格中的数据或公式。

(6) 工作表格区：用以记录数据的区域，占据最大屏幕空间，所有与数据有关的信息都将存放在这个区域。

(7) 滚动条：水平滚动条和垂直滚动条分别用来在水平、垂直方向改变工作表的可见区域，单击滚动条两端的方向按钮，可以使工作表的显示区域按指定方向滚动一个单元格位置。

(8) 工作表标签：用于显示工作表的名称，单击工作表标签将激活相应工作表。

4.1.2 Excel 2016 的基本功能

Excel 2016 的制表功能是把用户所用到的数据输入 Excel 2016 中形成表格。要实现数据的输入，首先必须创建一个工作簿，然后在所创建工作簿的工作表中输入数据即可形成各种形式的表格文件。此外，为了使用的方便，Excel 2016 还提供了很多计算、统计、输出的强大功能，利用这些功能可以进一步对原始数据进行处理。

1. 数据计算功能

Excel 2016 中的数据计算功能一般都是通过公式和函数实现的，主要用于对用户输入的数据进行计算。例如，要计算某列数据的平均值，需使用 AVERAGE() 函数，在显示平均值的单元格中输入公式“=AVERAGE(F5：F15)”后按 Enter 键，即可计算出 F 列中 5～15 行 11 个数据的平均值。

2. 数据统计分析功能

当用户对数据进行计算后，也许还需要对数据进行统计分析。Excel 为用户提供了排序、筛选、数据透视表、单变量求解、模拟运算表和方案管理统计分析等功能。例如，在学生成绩表中利用排序功能将原始数据按成绩从大到小排序，利用筛选功能筛选出成绩大于 80 分的记录，用数据透视表按性别分析报考不同专业的学生籍贯分布情况。

3. 数据图表功能

在 Excel 2016 中，还可以通过图表把工作表中的数据更直观地表现出来。图表是在工作表中输入数据后，利用 Excel 2016 将各种数据图形化后建成的统计图表，它具有较好的视觉效果，可以查看数据的差异、图案和预测趋势。

4. 数据打印功能

当使用 Excel 电子表格处理完数据之后,为了能够让其他人看到结果或需要以纸质材料进行保存,通常都需要进行打印操作。进行打印操作前先要进行页面设置,然后进行打印预览,最后才进行打印。

4.1.3 Excel 2016 的启动和退出

在 Windows 操作系统中安装了 Excel 2016 后,安装程序将在桌面和"开始"菜单中自动创建相应的启动图标。与 Windows 中的其他应用程序一样,Excel 也可以使用不同的方法打开。通常,启动 Excel 2016 主要有以下 3 种方法。

(1) 在 Windows 7 任务栏上选择"开始"→"程序"→Microsoft Office→Microsoft Office Excel 2016 命令。

(2) 双击桌面上 Excel 2016 的快捷图标(已建立桌面快捷方式)。

(3) 在"资源管理器"窗口中,双击任何一个 Excel 文件,Excel 2016 和指定的文件就会同时打开。

在使用 Excel 2016 电子表格处理完数据后,需要退出 Excel 2016 时,要注意做好文件的保存工作。同其他 Microsoft Office 应用程序一样,退出 Excel 也有多种方法,常用的有以下 3 种。

(1) 单击 Excel 2016 右上角的关闭按钮×。

(2) 单击"文件"→"退出"命令。

(3) 快捷键方式:同时按下 Alt+F4 组合键。

如果 Excel 文件中的内容自上次存盘之后又进行了修改,则在退出 Excel 2016 之前将弹出"提示保存"对话框。单击"是"按钮将保存修改;单击"否"按钮将取消修改;单击"取消"按钮,则退出 Excel 2016 的操作被中止。

4.2 工作簿的基本操作

工作簿是利用 Excel 生成的表格文件,是 Excel 的基本文档,它以文件的形式存放在磁盘上,文件的扩展名为 xlsx,一个工作簿可以由多个工作表组成。用户可以通过对工作簿的管理操作来制作满足个人需要的工作簿。

对工作簿的操作主要包括:工作簿的创建和保存;打开和关闭;对工作表的插入、删除、选择、移动、复制、重命名、隐藏等操作;保护工作簿和工作表;以及对工作簿窗口的管理。

4.2.1 创建/保存工作簿

1. 创建工作簿

Excel 为人们提供了有两种创建工作簿的方式:一种是创建空工作簿,另一种是使用模板建立工作簿。当然，也可以建立自己的模板并存入模板库，为后续的使用提供方便。下面我们就这三方面进行详细说明。

1）创建空工作簿

创建空工作簿有以下两种方式。

(1) 单击“文件”→“新建”命令，单击“空白工作簿”进行创建。

(2) 使用组合键 Ctrl＋N。

2）用模板建立工作簿

模板是一种含有建议性内容和格式的样板工作簿。Excel 2016 已建立了众多类型的内置模板工作簿，用户可通过这些模板快速建立与之类似的工作簿。用模板建立工作簿的步骤如下：单击“文件”→“新建”命令，除“空白工作簿”之外，如图 4-3 所示，选择所需工作簿类型的模板，单击即完成了创建工作。

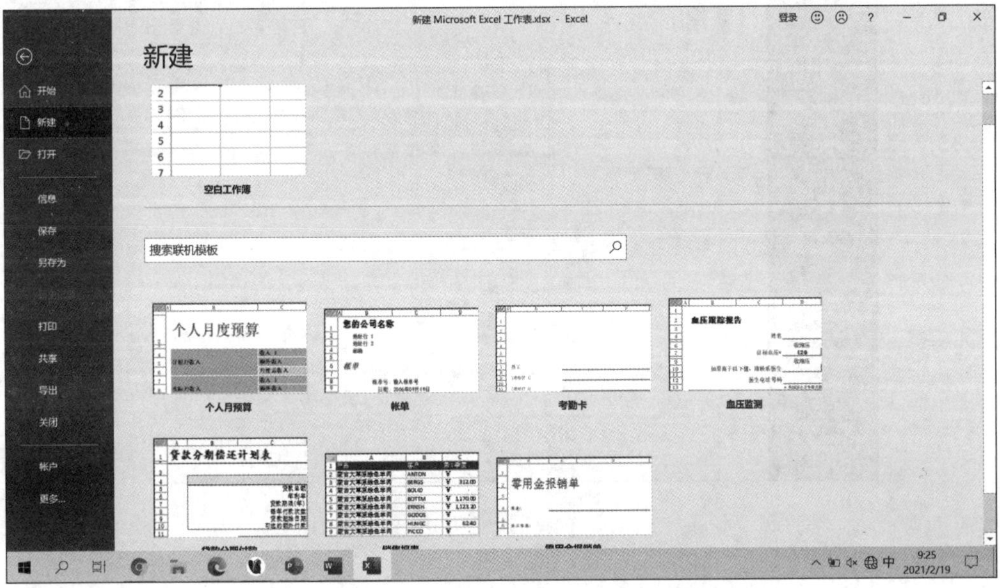

图 4-3　使用系统模板

3）建立自己的模板

对于自己经常使用的工作簿，可以将其做成模板，当以后要建立类似工作簿时，就可以用模板来建立，而不必每次都重复相同的工作。模板的建立方法和工作簿的建立方法相同，只是文件的保存方法不同。将一个工作簿保存为模板的方法如下。

选择“文件”→“另存为”命令，输入文件名，在“保存类型”列表框中选择“模板”，“保存位置”保持默认不变(默认为 Excel 安装路径的 Templates 文件夹下)，如图 4-4 所示。单击“保存”按钮，工作簿文件将以模板格式保存，扩展名为 xltx。模板创建完成后，系统将其自动添加到“个人”模板中。

2. 工作簿的保存

当创建了一个新的工作簿或对原有工作簿进行修改后，都需要将工作簿保存起来。

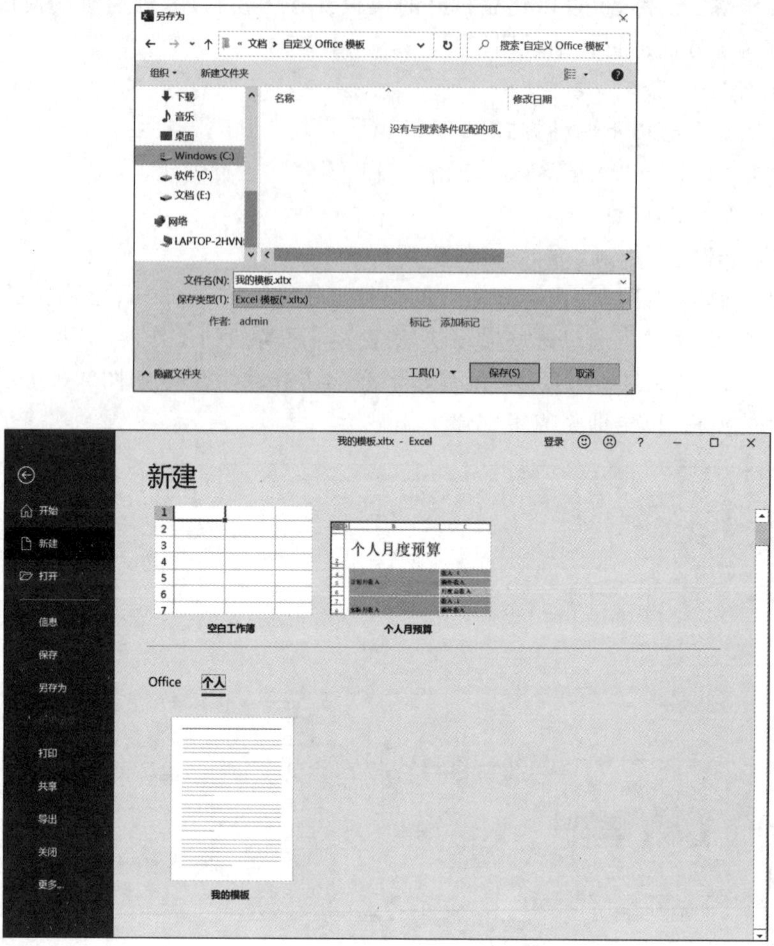

图 4-4 创建个人模板

Excel 2016 提供了保存工作簿的多种方式。

1)"保存"命令

保存刚编辑过的已命名的工作簿。选择"文件"→"保存"命令或单击标题栏左侧"快速访问"工具栏中的"保存"按钮,或使用组合键 Ctrl+S,系统将该工作簿文件保存在原有位置的原有文件名中,覆盖原有文件。

保存未命名的新工作簿。选择"文件"→"另存为"命令,并弹出"另存为"对话框,在对话框中输入文件的名字、保存类型及保存的位置等信息,然后单击"保存"按钮。

2)"另存为"命令

可以通过"另存为"命令将当前工作簿更换文件名保存,同时保存原文件和修改后的文件。操作步骤为:选择"文件"→"另存为"命令,在"另存为"对话框中输入文件的新名字、文件存放的路径等信息,单击"保存"按钮。

3)加密保存

对于重要的 Excel 文件,可进行加密设置,以防数据泄露和被篡改。

（1）保存文件时加密。

保存文件时给文件加上读写的权限，操作步骤：选择“文件”→“另存为”命令，在“另存为”对话框中，单击对话框左下侧的“工具”按钮，在下拉菜单中单击“常规选项”命令，弹出“常规选项”对话框，如图 4-5 所示。在“打开权限密码”文本框中输入打开文件的密码；单击“修改权限密码”文本框，输入修改文件的密码，单击“确定”按钮，然后按系统的要求重新输入一遍密码，以获得确认，再次单击“确定”按钮，单击“另存为”对话框中的“保存”按钮。

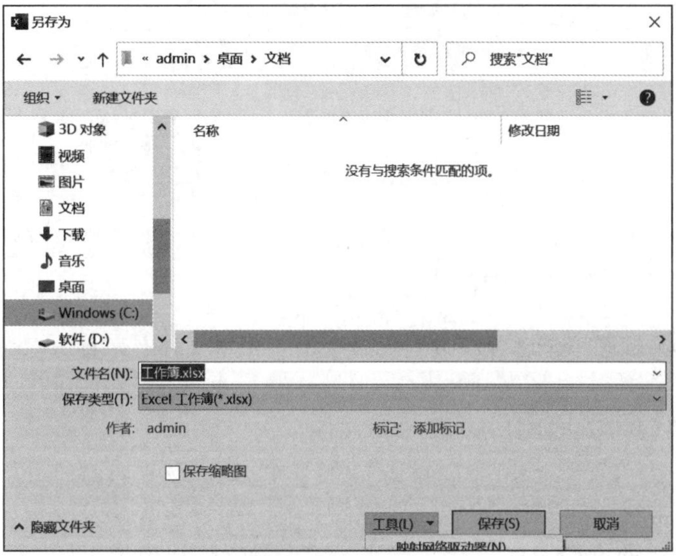

(a)“另存为”对话框

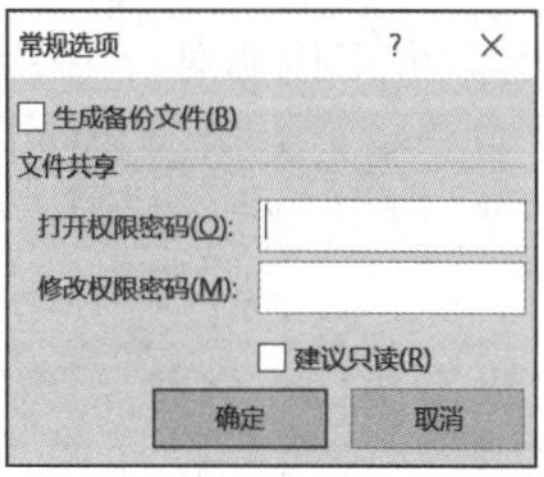

(b“常规选项”对话框

图 4-5　保存时加密

为工作簿设定了读写权限密码后，当再次打开该文件时 Excel 会要求输入密码，没有正确的密码，Excel 会拒绝执行打开文件或修改文件的操作。

如果要取消密码，只需用“另存为”命令再次打开“常规选项”对话框，在“打开权限密码”和“修改权限密码”文本框中删除输入的密码即可。

（2）通过文件信息加密。

通过文件信息也可以实现加密，操作步骤：选择“文件”→“信息”命令，选择“保护工作簿”下的“用密码进行加密”，弹出“加密文档”对话框，如图 4-6 所示。在文本框中输入文件的密码，单击“确定”按钮，然后按系统的要求重新输入一遍密码，弹出“确认密码”对话框以获得确认，再次输入密码后单击“确定”按钮。

4.2.2　打开/关闭工作簿

1. 打开工作簿

利用 Excel 软件编辑生成后的表格文件就是工作簿，工作簿以文件形式存放在磁盘

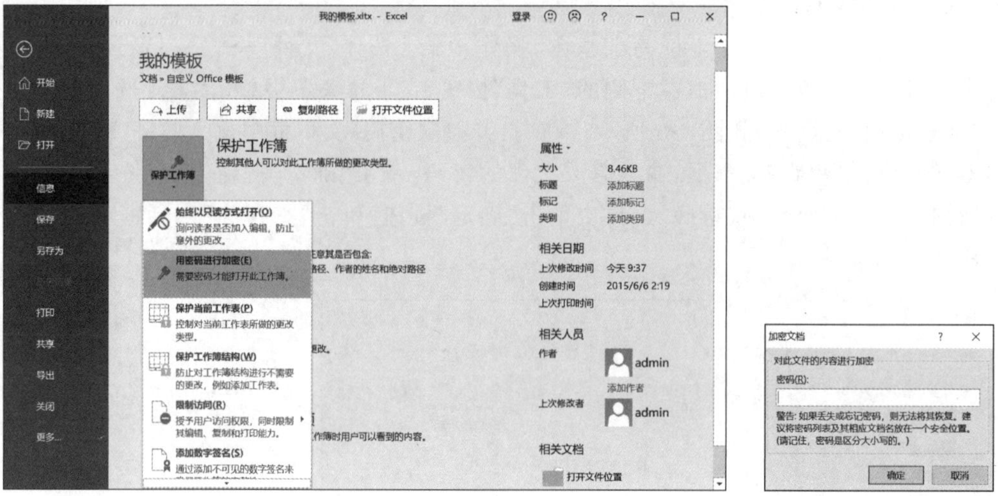

(a) 模板　　(b) “加密文档” 对话框

图 4-6　文件信息加密

上，一个工作簿对应一个文件。打开一个已经存放在磁盘上的工作簿文件有多种方法，这里只介绍最常用的 3 种方法。

(1) 直接在“资源管理器”窗口双击要打开的工作簿文件。

(2) 利用“打开”对话框。先启动 Excel 2016，单击“文件”→“打开”选项，在“打开”对话框中选择要打开的文件，单击“打开”按钮。

(3) 利用 Excel 最近使用过的文档清单打开工作簿。单击“文件”选项卡下的“最近所用文件”后，再在“最近使用的工作博”列表中选择最近使用过的工作簿。

2. 关闭工作簿

关闭工作簿并不是关闭 Excel 窗口，有以下 3 种方法。

(1) 单击工作簿右上角的“关闭”按钮。

(2) 单击“文件”→“关闭”命令。

(3) 使用组合键 Ctrl+F4 或 Ctrl+W。

如果要一次关闭所有打开的工作簿，可先按住 Shift 键，再选取“文件”菜单的“全部关闭”命令即可。

4.2.3 管理工作表

一个工作簿含有若干张工作表，可以对同一工作簿内或不同工作簿之间的工作表进行管理操作。

1. 选择工作表

1) 选定单个工作表

单击需要的工作表标签，该工作表就成为当前工作表。如果看不到所需标签，则先单击标签滚动按钮以显示所需标签，然后单击该标签。

2）选定多个连续工作表

单击第一张工作表标签后，按住 Shift 键，再单击所要选择的最后一张工作表标签，即可选定多个相邻工作表。

3）选定多个不连续工作表

单击第一张工作表标签后，按住 Ctrl 键，再分别单击其他工作表标签，即可选定多个不相邻工作表。

4）选定工作簿中的所有工作表

右击某一工作表的标签，然后选择快捷菜单上的“选定全部工作表”，即可选定工作簿中所有的工作表。

如果要取消工作簿中对多个工作表的选定，可单击工作簿中任意一个未选定的工作表标签，或右击某个选定的工作表标签，在弹出的快捷菜单中选择“取消组合工作表”命令。

2. 插入/删除工作表

1）插入工作表

要在某个工作表之前插入一张空白工作表，应先选中该工作表，然后单击“开始”，在“单元格”组中选择“插入”按钮上的下拉按钮，在下拉菜单中单击“插入工作表”。

或者右击当前工作表标签，弹出快捷菜单，在快捷菜单中选择“插入”命令，打开“插入”对话框，在该对话框中，选择“常用”选项列表中的“工作表”，单击“确定”按钮。

2）删除工作表

选定所要删除的工作表为当前工作表，然后单击“开始”，在“单元格”组中选择“删除”按钮的下拉按钮，在下拉菜单中单击“删除工作表”。

也可以右击当前工作表标签，弹出快捷菜单，在快捷菜单中选择“删除”命令，完成对工作表的删除操作。

3. 移动工作表

一个工作簿中的工作表是有前后次序的，可以通过移动工作表来改变它们的次序。

1）在工作簿内部移动

用户可以使用鼠标拖曳法和菜单法在工作簿内部移动。

(1) 鼠标拖曳法移动工作簿。方法为：将鼠标指针指向被移动的工作表标签，按下鼠标，此时鼠标指针变成带有一页卷角的表的图标，同时旁边的黑色倒三角形用来指示移动的位置。沿着标签区域拖动鼠标到需要的位置后，释放鼠标即可完成对工作表的移动。

如果一次需要移动多张工作表，先选定一张工作表后，按住 Ctrl 键，再选中其他工作表，按上面的方法进行拖动，即可完成对多张工作表的移动。

(2) 菜单法移动工作簿。方法为：右击当前工作表标签，弹出快捷菜单，在快捷菜单中选择“移动或复制”命令，弹出“移动或复制工作表”对话框。在对话框中的“下列选定工作表之前”列表框中，选择工作表移动到的新位置，然后单击“确定”按钮完成。

2) 在工作簿之间移动

假设有两个不同的工作簿,分别为 Sheet1 和 Sheet2,要将 Sheet1 中的工作表移动到 Sheet2 中,可采用如下方法。

(1) 鼠标拖曳法。

分别打开工作簿 Sheet1 和 Sheet2,单击“视图”,在“窗口”组中单击“全部重排”,弹出“重排窗口”对话框,在对话框中选择除“层叠”以外的一种排列方式,并单击“确定”按钮。将鼠标指针指向 Sheet1 中待移动的工作表标签,按下并拖动鼠标至 Sheet2 的标签区域,到达合适的位置后释放鼠标即可。

(2) 菜单法。

分别打开工作簿 Sheet1 和 Sheet2,在 Sheet1 中右击所要移动的工作表标签,弹出快捷菜单,在快捷菜单中选择“移动或复制”命令,弹出“移动或复制工作表”对话框。在对话框中,单击“工作簿”下拉列表按钮,从中选择已打开的目标工作簿,如 Sheet2;在“下列选定工作表之前”列表框中,选择工作表移动到的新位置,单击“确定”按钮完成。

如果在“移动或复制工作表”对话框的“工作簿”下拉列表中,选择“新工作簿”,则 Excel 自动新建一个工作簿,并将选定的工作表移到该工作簿中。

4. 复制工作表

1) 在工作簿内部复制

用户可以使用鼠标拖曳法和菜单法在工作簿内部复制。

(1) 鼠标拖曳法。与在工作簿内部移动工作表的方法类似,只是拖曳的同时需要按下 Ctrl 键,按下 Ctrl 键后,鼠标指针会变成内含“十”字形的表的图标,同时旁边的黑色倒三角用以指示工作表的复制位置。系统对复制得到的工作表提供的名字与原工作表同名,但在一对括号中用数字表示为工作表副本。

(2) 菜单法。选择所要复制的工作表,再执行“移动或复制”命令,打开“移动或复制工作表”对话框。在对话框中的“下列选定工作表之前”列表框中,选择工作表复制到的位置,勾选“建立副本”复选框,然后单击“确定”按钮完成。

2) 在工作簿之间复制

同样,在工作簿之间复制也有鼠标拖曳法和菜单法两种方法。

(1) 鼠标拖曳法。与在工作簿之间移动工作表的方法类似,不同的是拖动鼠标的同时需要按下 Ctrl 键。

(2) 菜单法。与在工作簿之间移动工作表的方法相同,但要确认“移动或复制工作表”对话框中的“建立副本”复选框必须选中。

5. 重命名工作表

重命名工作表的方法有以下 3 种。

(1) 双击要命名的工作表标签,工作表标签反白显示,输入新的工作表名称即可取代原有名称,或单击该标签出现插入光标,再对原有工作表名称进行修改。

(2) 选择要命名的工作表,单击“开始”,在“单元格”组中选择“格式”按钮的下拉按钮，在下拉菜单中单击“重命名工作表”命令，工作表标签反白显示，输入新的工作表名称。

(3) 右击要命名的工作表标签，弹出工作表快捷菜单，选取“重命名”命令，工作表标签反白显示，输入新的工作表名称。

6. 编辑同组工作表

当需要在多个工作表中的相同单元格内输入相同的数据或进行相同的编辑时，可以将这些工作表选定为工作组，之后在其中的一张工作表中进行输入或编辑操作后，输入的内容或所做的编辑操作就会反映到其他选定的工作表中。方法有如下两种。

(1) 选取要进行相同操作的若干张工作表，在标题栏中出现“[组]”字样。在任意一张选定的工作表中选择需要进行操作的单元格或单元格区域。在选定的单元格或单元格区域中输入或编辑数据。确认后即可同时在选定的多张工作表的相同位置的单元格中，出现相同的操作结果。

(2) 也可以用“新建窗口”命令，将工作组中的工作表同时打开，然后在工作组的各工作表中进行相同的操作。

例如，对工作簿 Sheet1，在其工作表 Sheetl、Sheet2、Sheet3 的 Al 单元格中输入相同的内容 Excel 2016，操作步骤如下。

单击工作表标签 Sheet1，按住 Shift 键，单击 Sheet3，建立由工作表 Sheet1、Sheet2、Sheet3 组成的工作组。选取“窗口”菜单的“新建窗口”命令，在新窗口中选取工作表 Sheet2，原窗口为 Sheet1:1，新窗口为 Sheet1:2。选取“窗口”菜单的“新建窗口”命令，得到新窗口 Sheet1:3，选取工作表 Sheet3。选取“窗口”菜单的“重排窗口”命令，将窗口平铺。单击“Sheet1:1[工作组]”窗口，在 Sheet1:1 窗口的单元格 A1 中输入 Excel 2016，确认后，在其他两个窗口的 A1 单元格中同样出现 Excel 2016，如图 4-7 所示。

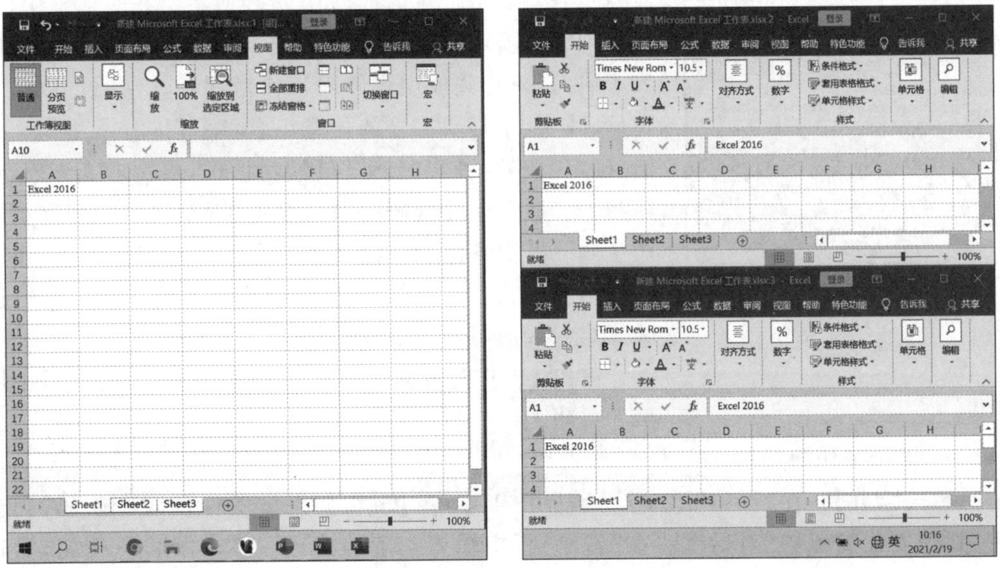

(a)　　(b)

图 4-7　编辑同组工作表

注意：操作一定要在带有“组”字样的窗口中进行。

7. 工作表的隐藏与取消隐藏

1）隐藏工作表

选定需要隐藏的工作表，单击“开始”，在“单元格”组中选择“格式”按钮的下拉按钮，在下拉菜单中单击“隐藏和取消隐藏”命令，然后单击“隐藏工作表”，所选定的工作表即被隐藏起来了。工作表被隐藏后不可见，但仍然处在打开状态，可以被其他工作表访问。

2）取消隐藏工作表

单击“开始”，在“单元格”组中选择“格式”按钮的下拉按钮，在下拉菜单中单击“隐藏和取消隐藏”命令，然后单击“取消隐藏工作表”，弹出“取消隐藏”对话框，选择要取消隐藏的工作表名称，单击“确定”按钮。

4.2.4 保护数据

Excel 提供了对工作簿、工作表和单元格的各种保护措施，防止表中的数据被泄露或被误改，以确保报表的安全。

1. 保护工作簿与撤销工作簿保护

保护工作簿是对工作簿的结构和窗口大小进行保护。如果一个工作簿被设置了“保护”，就不能对该工作簿内的工作表进行插入、删除、移动、隐藏、取消隐藏和重命名操作，也不能对窗口进行移动和调整大小的操作。

1）设置工作簿保护

打开欲施加保护的工作簿。单击“审阅”，在“保护”组中选择“保护工作簿”按钮，弹出“保护结构和窗口”对话框，如图 4-8 所示。在对话框中，对保护项“结构”和“窗口”进行选择。在“密码”输入框中输入密码，以防止其他用户删除工作簿保护。密码可以包含字母、数字、空格及符号的任意组合，字母区分大小写。单击“确定”按钮，弹出“确认密码”对话框，再次输入密码，必须与上一次输入的密码一致。单击“确定”按钮，使保护功能生效。其中各保护项含义如下。

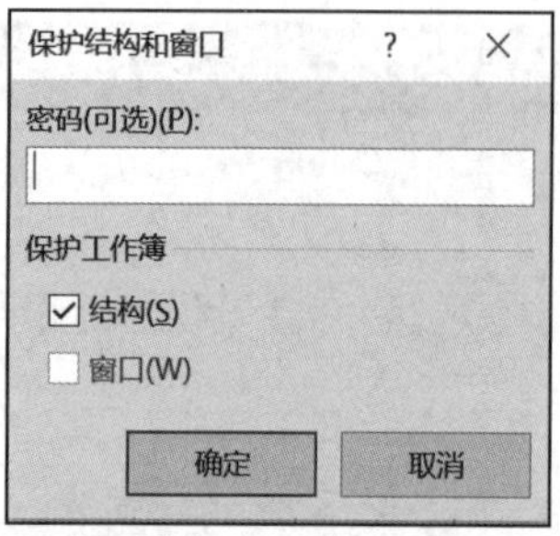

图 4-8 “保护结构和窗口”对话框

结构：工作簿中的工作表将不能进行移动、复制、删除、隐藏、取消隐藏或重新命名，也不能插入新的工作表。

窗口：工作簿的窗口不能被移动、缩放、隐藏、取消隐藏和关闭。

2）撤销工作簿保护

单击“审阅”，在“保护”组中选择“保护工作簿”按钮，如果设置保护时有密码，则出现“撤销工作簿保护”对话框。在“密码”框中输入正确的密码。单击“确定”按钮，撤销保护。

2. 保护工作表与撤销工作表保护

保护工作表可以限制对工作表的操作，以保护工作表的格式、内容和其中的对象。一旦工作表被保护，就不能再对该表内的单元格进行操作。

1）设置工作表保护

选择欲施加保护的工作表，单击“审阅”，在“保护”组中选择“保护工作表”按钮，弹出“保护工作表”对话框，如图 4-9 所示。在对话框中，选中“保护工作表及锁定的单元格内容”复选框。在“取消工作表保护时使用的密码”文本框中输入密码，在“允许此工作表的所有用户进行”列表框中，选择允许用户所用的选项。单击“确定”按钮，弹出“确认密码”对话框，再次输入密码，单击“确定”按钮，当前工作表便处于保护状态。

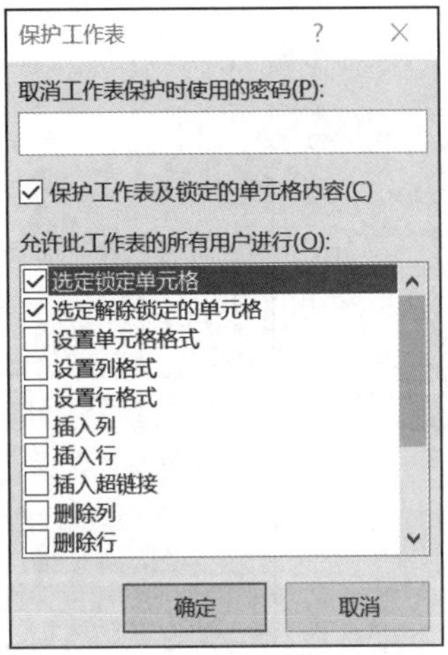

图 4-9　“保护工作表”对话框

2）撤销工作表保护

选择要撤销保护的工作表，单击“审阅”，在“保护”组中选择“撤销保护工作表”按钮，如果设置保护时有密码，出现“撤销工作表保护”对话框，在“密码”框中输入正确的密码，单击“确定”按钮。

3. 保护单元格与撤销单元格保护

保护单元格是对单元格的内容进行“锁定”和“隐藏”，可以保护全部或部分单元格的内容。单元格一旦被锁定，就不能进行删除、清除、移动、编辑和格式化等操作。隐藏是指隐藏单元格中的公式，使选中该单元格时在编辑栏中不显示公式。

单元格保护要生效，必须使工作表保护生效；而工作表一旦被保护，就不能进行单元格的保护操作。所以要使单元格保护生效，必须先进行单元格保护操作，然后再执行工作表保护操作。

1）设置单元格保护

首先需要撤销对全部单元格的保护，因为所有单元格是默认被保护的。选取要保护的单元格或单元格区域，单击“开始”，在“单元格”组中选择“格式”按钮的下拉按钮，单击“设置单元格格式”命令，弹出“设置单元格格式”对话框，在对话框中选取“保护”选项卡，如图 4-10 所示。对“锁定”和“隐藏”进行选择，单击“确定”按钮。

2）撤销单元格保护

先撤销工作表保护，之后选择要撤销保护的单元格或单元格区域，单击“开始”，在“单元格”组中选择“格式”按钮的下拉按钮，单击“设置单元格格式”命令，弹出“设置单元格格式”对话框，在对话框中取消“锁定”和“隐藏”，单击“确定”按钮。若只是撤销部分区域，接下来再设置工作表保护。

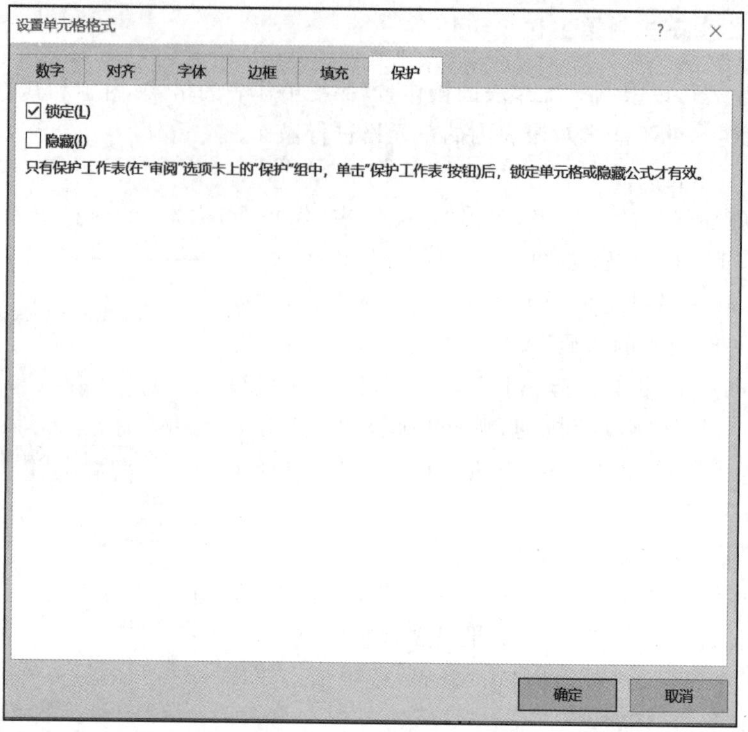

图 4-10 设置单元格保护

4.2.5 管理工作簿窗口

工作簿窗口的管理包括窗口的拆分与撤销、窗格的冻结与撤销以及新建工作簿窗口、重排窗口等。

1. 新建窗口

一般情况下，一个 Excel 工作簿对应一个窗口。Excel 允许为一个工作簿另开一个或多个窗口，这样就可以在屏幕上同时显示并编辑操作同一个工作簿的多个工作表，或者是同一个工作表的不同部分。还可以为多个工作簿打开多个窗口，以便在多个工作簿之间进行操作。使用“视图”里“窗口”组的各项命令，可以在各窗口间进行切换和操作。

选取“窗口”组中的“新建窗口”命令，就可以为当前活动的工作簿打开一个新的窗口。新窗口的内容与原工作簿窗口的内容完全一样，即新窗口是原窗口的一个副本。对文档所做的各种编辑在两个窗口中同时有效。使用原本、副本窗口可以同时观看工作表的不同部分。所不同的是，如果原工作簿窗口的名称为“学用 Excel”，则现在变为“学用 Excel:1”，而新窗口的名称为“学用 Excel:2”。

2. 重排窗口

选取“窗口”组中的“重排窗口”命令，可以将打开的各工作簿窗口按指定方式排列。

单击“窗口”→“重排”命令，出现“重排窗口”对话框，如图 4-11 所示。

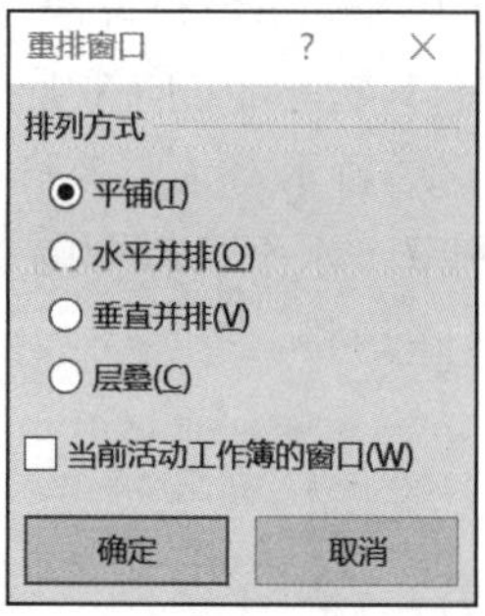

图 4-11　“重排窗口”对话框

在“排列方式”栏中，若选择“平铺”单选按钮，则各工作簿窗口均匀摆放在 Excel 主窗口内。若选择“水平并排”单选按钮，则各工作簿窗口上下并列地摆放在 Excel 主窗口内。若选择“垂直并排”单选按钮，则各工作簿窗口左右并列地摆放在 Excel 主窗口内。若选择“层叠”单选按钮，则各工作簿窗口一个压一个地排列，最前面的窗口完整显示，其余各窗口依次露出标题栏。

3. 窗口的拆分与撤销

利用窗口拆分的方法可以将当前工作表窗口拆分成窗格，在每个被拆分的窗格中都可以通过滚动条来显示工作表的不同部分。可以用以下两种方式对窗口进行拆分。

1）选择“窗口”组中的“拆分”命令

选择欲拆分窗口的工作表，选定要进行窗口拆分位置处的单元格，即分隔线右下方的第一个单元格，单击“窗口”组中的“拆分”命令，执行后即从选定的单元格处将窗口分成上、下、左、右 4 个窗格，并且各带有两个水平滚动条和两个垂直滚动条。用鼠标拖动水平分隔线或竖直分隔线，可以改变每个窗格的大小。

窗口分割之后，原来“拆分”按钮的背景颜色发生改变。如果要撤销对窗口的拆分，可再次单击“窗口”组中的“拆分”命令，如图 4-12 所示。

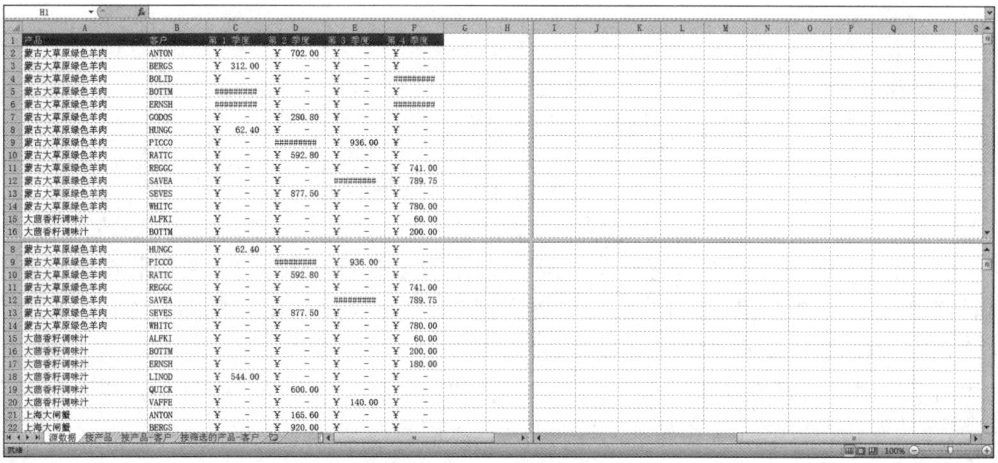

图 4-12　窗口拆分结果

2）用水平窗口分隔条和垂直窗口分隔条

垂直窗口分隔条位于垂直滚动条上▲按钮上方，用横线表示；水平窗口分隔条位于水平滚动条上▶按钮右侧，用竖线表示。用窗口中水平窗口分隔条和垂直窗口分隔条可以直接对窗口拆分。

(1) 双击窗口分隔条。选取当前工作表区域的左上角单元格,双击垂直窗口分隔条,将窗口按垂直方向平均分隔。双击水平窗口分隔条,将窗口按水平方向平均分隔,如图 4-13 所示。选定要进行窗口拆分位置处的单元格,即分隔线右下方的第一个单元格,分别双击水平窗口分隔条和垂直窗口分隔条,即从选定的单元格处将窗口分成上、下、左、右 4 个窗格。

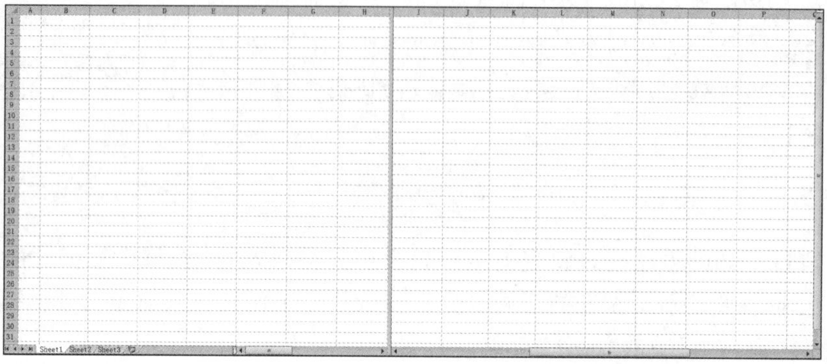

(a)

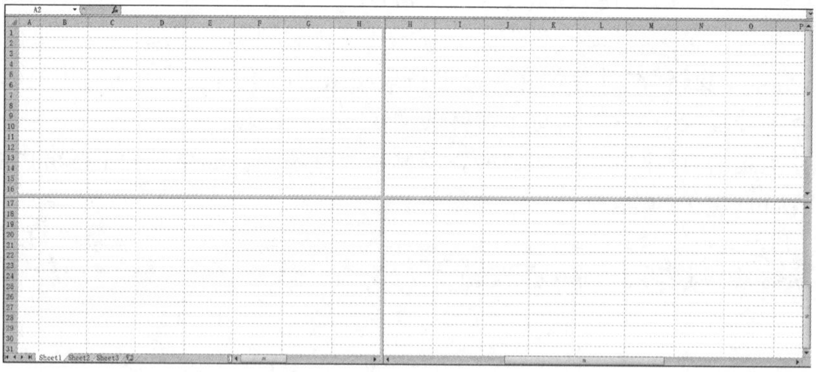

(b)

图 4-13 分隔条拆分窗口

(2) 用鼠标拖动窗口分隔条。用鼠标拖动垂直窗口分隔条,一条灰线将随鼠标指针同时移动,显示未来分隔线的位置,待位置合适后释放鼠标,将窗口按垂直方向分隔。同样的方法,用鼠标拖动水平窗口分隔条,将窗口按水平方向分隔。

如果是同时被垂直和水平分隔的窗口,将鼠标指针移至垂直分隔线和水平分隔线的交叉处时,鼠标指针变为十字箭头,拖动箭头可以同时改变 4 个窗格的大小。

双击窗口分隔线即可取消窗口拆分,双击垂直分隔线和水平分隔线的交叉处,可同时取消垂直和水平分隔。

4. 窗格的冻结与撤销

当查看一个大的工作表时,希望将工作表的表头即表的行列标题锁住,只滚动表中的数据,使数据与标题能够对应。选择“窗口”组中的“冻结窗格”命令,可以冻结左窗格和上窗格。

可以先进行窗口拆分，然后再冻结窗格；也可以直接冻结窗格。

(1) 按前述方式拆分窗口，拖动分隔线，调整其位置，使要冻结的内容包含在左边或上边的窗格中，选择"窗口"组中的"冻结窗格"，单击下拉按钮中"冻结拆分窗格"命令。冻结窗格之后，原来"冻结窗格"命令上已经换成了"取消冻结窗格"命令。如果要撤销窗口冻结，可选择"窗口"组中的"冻结窗格"，单击下拉按钮中"取消冻结窗格"命令，这时只取消窗格的冻结而不取消拆分。直接单击"窗口"组中的"拆分"命令，则冻结和拆分同时被取消。

(2) 选择欲冻结窗格的工作表，选定要进行窗格冻结位置处的单元格(与窗口拆分时单元格的选定方法相同)，选择"窗口"组中的"冻结窗格"，单击下拉按钮中"冻结拆分窗格"命令，执行后即从选定的单元格处将窗口进行分隔并同时将窗格冻结。此时如果单击"取消冻结窗格"命令，则冻结和拆分同时被取消；如果单击"拆分"命令，则只取消窗格的冻结而不取消拆分。

4.3　工作表的基本操作

在 Excel 2016 中，工作表与工作簿是两个完全不同的概念。工作表由若干单元格组成，单元格中存储着各种数据，工作表是组成工作簿的元素。工作簿是在 Excel 环境中用来存储并处理工作数据的文件，在一个工作簿中，可以拥有多张具有不同类型的工作表，一般对数据的操作是在工作表中进行的。

4.3.1　工作表中数据的输入

工作表数据的输入操作是 Excel 中最常用的操作之一。由于数据类型的多样化，与之相对应的输入方式也应多样化。下面具体分析一下各种类型数据的输入。

1. 文本型数据的输入

文本指的是汉字、英文字母等组合起来的字符串(包括字符串与数字的组合)。文本型数据会自动左对齐。如果要将数字当作文本输入，应在其前加上单撇号，例如：'123。

2. 数值型数据的输入

数值指的是由阿拉伯数字及小数点等符号组成的数据，数值型数据自动右对齐。当数值超过单元格宽度时，数值自动以科学记数法表示，如 1.34E+08 表示 134000000。

在 Excel 中，数值包括 0～9 组成的数字和特殊字符＋、－、(、)、,、/、$、￥、%、.、E、e 中的任意字符。

分数的分子与分母用符号"/"分隔，为避免将分数视作日期，应在分数前加"＝"，如输入"＝1/2"表示二分之一，而输入 1/2 系统将视作 1 月 2 日。也可以在分数前输入 0(零)，如输入 01/2，可以避免将输入的分数视作日期。

输入负数时要在负数前输入减号"－"，或将其置于括号"()"中。

如果单元格使用默认的"常规"数字格式，Excel 会将数字显示为整数(例如 123)、小数(例如 1.23),或者当数字长度超出单元格宽度时以科学记数法(例如 1.23E+13)表示。采用“常规”格式的数字长度为 11 位,其中包括小数点和类似 E 和“+”等字符。如果要输入并显示多于 11 位的数字,可以使用内置的科学记数格式(指数格式)或自定义的数字格式。

3. 特殊字符的输入

选择“开始”→“附件”→“系统工具”→“字符映射表”命令(如果该项不存在,需要安装相应的 Windows 组件)。在“字体”对话框中选定所需字符的字体,单击“选定”按钮,再单击“复制”按钮(也可以选定并复制多个字符)。切换到工作簿,选择将要粘贴字符的位置,进行粘贴。

4. 日期和时间型数据的输入

日期可以用汉字“年、月、日”分隔,也可以用符“-”来分隔,如 2007-3-31、2007 年 3 月 31 日表示同一个日期。时间用“:”来分隔时分秒,采用 12 小时制时上午后面加 AM、下午后面加 PM 以示区别,如 13:20:03 与 1:20:03PM 表示同一个时间。

5. 公式的输入

公式指的是由加(+)、减(-)、乘(*)、除(/)等运算符表示的式子,输入公式应以“=”号开始,系统将自动计算结果。公式中可以引用单元格的地址来计算。

6. 插入批注

单击“审阅”,选择“批注”组中的“新建批注”命令,输入批注的内容,会在单元格的右上角显示一个红色的三角形,鼠标经过时会有提示。如果要修改批注的内容可以选择“编辑批注”命令,对其进行修改。

7. 数据自动输入

(1) 自动填充。对于输入有规律的数据,可以使用 Excel 的数据自动输入功能,可以输入等差、等比及预定义的数据填充序列。

自动填充是根据初始值决定以后的填充项,单击初始值所在单元格的右下角,鼠标指针变为实心十字形,将其拖曳至填充的最后一个单元格,即可完成自动填充。填充可实现以下几种功能。

单元格内容为纯字符、纯数字或公式,则填充相当于数据复制。单元格内容为文字数字混合体,则填充时文字不变,最右边的数字递增。如初始值为 A1,填充为 A2,……单元格内容为 Excel 预设的自动填充序列中的一员,按预设序列填充。如初始值为一月,填充为二月、三月、……用户可以单击“文件”→“选项”命令,在对话框中选择“高级”选项,在右侧“常规”选项区域中单击“编辑自定义列表”,在“自定义序列”对话框中来添加新序列并存储起来供以后填充时使用。

如果有连续单元格存在等差关系,如 1,3,5,…或 A1,A3,A5,…则先选中该区域,再运用自动填充可自动输入其余的等差值,可以由上往下或由左往右拖动鼠标,也可以反方向进行。

如果只想进行数据的简单复制,可以按住 Ctrl 键,则不论事先选中的是单个单元格还是一个区域,也不论相邻单元格是否存在特殊关系,自动填充都将进行数据复制。

如果自动填充时还考虑是否带格式或区域中是等差序列还是等比序列,则自动填充时按住鼠标右键,拖曳到填充的最后一个单元格释放,将出现"自动填充选项"菜单。单击其中的"+"字符将出现一个快捷菜单,在这个快捷菜单中可以选择复制单元格、以序列方式填充、仅填充格式及不带格式填充等几种填充方式中的一种。复制单元格实施数据的复制,相当于按下 Ctrl 键。以序列方式填充相当于前面的自动填充。仅填充格式表示只填充格式,而不填充内容。不带格式填充则与仅带格式填充恰好相反,是一种只填充内容而忽略格式的填充。

(2) 产生一个序列的步骤。在单元格中输入初值并按 Enter 键。单击选中第一个单元格要填充的区域,单击"开始",选择"编辑"组中的"填充",单击下拉按钮中"系列"命令,出现如图 4-14 所示的"序列"对话框。"序列产生在"选项区指示按行或列方向填充。"类型"选项区用于设置序列类型,如果选择"日期"单选按钮,还需选择"日期单位"。"步长值"可输入等差、等比序列增减、相乘的数值,"终止值"可输入一个序列终止值不能超过的数值。如果在产生序列前没有选定序列产生的区域,则终止值必须输入。

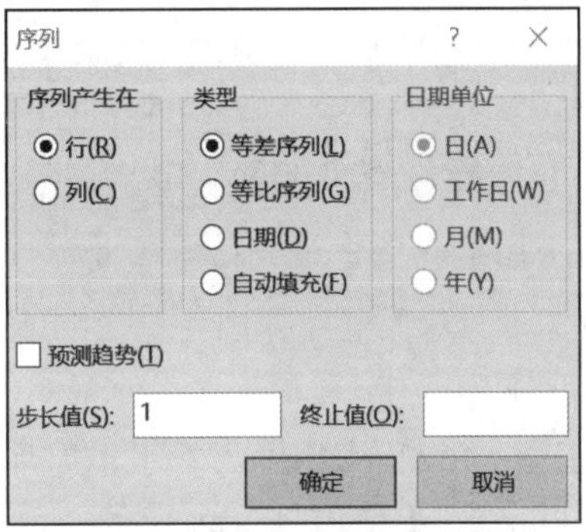

图 4-14　"序列"对话框

8. 设置数据验证

默认情况下,Excel 对单元格的输入是不加任何限制的,但为了保证输入数据的正确性,可以为单元格组或单元格区域指定输入数据的有效范围。例如,将数据限制为一个特定的类型,如整数、分数或文本,并且限制其取值范围。用"数据"→"有效性"命令,可以为单元格设定有效数据规则。

操作方法:选取需要进行数据有效性设置的单元格或单元格区域,单击"数据",选择"数据工具"组中的"数据验证",单击下拉按钮中"数据验证"命令打开"数据验证"对话框,如图 4-15 所示。在"设置"选项卡的"允许"下拉列表框中,选择在单元格中允许输入的内容类型,如整数、日期或文本等。在下面出现的条件选项框中,对输入的限制条件做进一步的详细说明。单击"确定"按钮,完成数据有效性的设置。

如果想在输入数据时从下拉列表中选值,如"学历"项只能填博士、硕士、本科、大专等值,则应在"允许"下拉列表框中选择"序列",在下面的取值框进行具体设置。

设置了数据的有效范围后,如果在单元格中输入了无效数据,Excel 会弹出一个"警告"对框,警告用户输入的数据是非法的。单击对话框中的"重试"按钮,可以重新输入有效的数据。

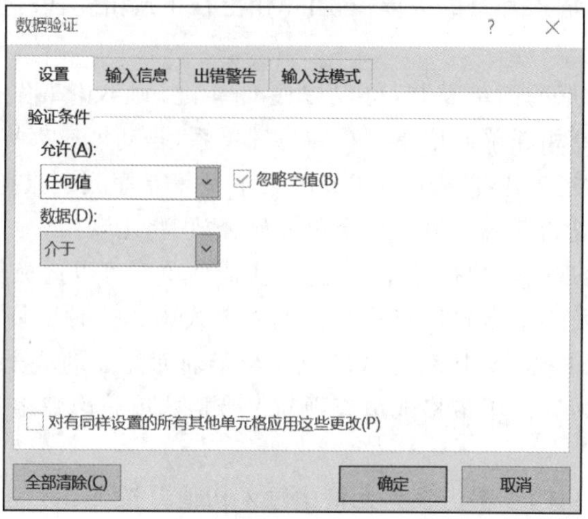

图 4-15 “数据验证”对话框

9. 设置提示信息

如果在选定单元格时需要显示与输入相关的提示信息,以减少输入错误,可以用以下方法进行设置:在如图 4-15 所示的“数据验证”对话框中单击“输入信息”选项卡。在该选项卡中选中“选定单元格时显示输入信息”复选框,并在“标题”框中输入要显示的标题,在“输入信息”框中输入要显示的提示信息,单击“确定”按钮,完成输入信息的设置。同样可以设置“出错信息”提示。

此外,在 Excel 中也可以插入图片、超链接或进行宏操作,其操作方法与前面 Word 中讲述的方法相同,这里不再赘述。

4.3.2 工作表内容的编辑

1. 单元格的选取

选取连续单元格主要有选取多个相邻单元格、选取整行(列)、选取多行(列)这 3 种,操作方法如下。

(1) 选取多个相邻单元格。单击后拖曳至最后一个单元格;或选择第一个单元格,再按住 Shift 键,再单击最后一个单元格。

(2) 选取整行(列)。按行(列)标号单击。

(3) 选取多行(列)。

① 选取连续的多行(列)。用鼠标按行(列)标号拖曳,先单击第一行(列),再按住 Shift 键,再单击最后一列。

② 选取不相邻的单元格区域:单击并拖动鼠标选取第一个单元格区域,按住 Ctrl 键,再选取另外的单元格区域。

③ 选取不相邻的整行整列区域:单击行(列)标号,按住 Ctrl 键,再选取另一个行

(列)标号。

2. 单元格数据的复制、移动及粘贴

复制单元格数据的操作：选定源单元格，单击“开始”，在“剪贴板”组中选择“复制”命令，选定目标单元格，再单击“粘贴”命令即可完成单元格数据的复制。

移动单元格数据的操作：选定源单元格，单击“剪切”命令，选定目标单元格，再单击“粘贴”命令即可完成单元格数据的移动。

选择性粘贴的操作：选定源单元格，单击“复制”命令，选定目标单元格，再单击“粘贴”的下拉按钮，选择“选择性粘贴”命令，弹出如图 4-16 所示的“选择性粘贴”对话框，在对话框中选择粘贴的方法，然后单击“确定”按钮即可完成选择性粘贴操作。

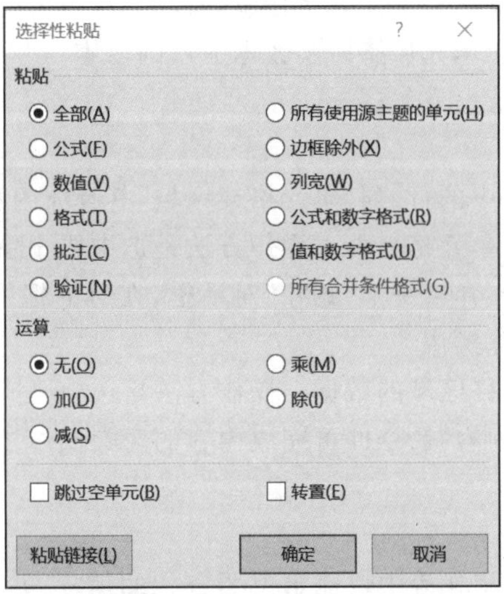

图 4-16　“选择性粘贴”对话框

3. 单元格区域填充

单元格的填充方法有多种，主要有周围数据填充、数据记忆填充、重复填充和快捷填充等。

(1) 周围数据填充。要填充的数据与周围单元格或区域中的数据相同，可采用周围数据填充法。操作方法：按 Ctrl＋D 组合键可将上方的数据填入当前单元格；按 Ctrl＋R 组合键可将左侧的数据填入当前单元格；另外，单击“开始”，选择“编辑”组中的“填充”，单击下拉按钮中的“向上”命令，即可将下方的数据填入当前元格；使用“编辑”组中的“填充”，单击下拉按钮中的“向左”命令，可将右侧的数据填入当前单元格。如果要填充的是一个区域，可先将含有数据的区域选中，再按上述方法操作即可。

(2) 数据记忆填充。一列的各单元格需要填充文本或文本与数字混合的数据，可采用“记忆式键入”的方法进行填充。在已填充单元格的下一单元格继续输入，只要输入的前几个字符(其中必须含有文本)与已输入的内容相同，Excel 2016 就会自动完成剩余的

部分,按 Enter 键表示接受;否则可继续输入其他内容,修改 Excel 2016 自动填充的部分内容。如果记忆式填充功能失效,只要将选项对话框“编辑”选项卡中的“记忆式键入”选项选中即可。

(3) 重复填充。要在多个单元格中使用同一公式或填充同一数据,可用重复填充的方法。操作过程为:选中需要使用公式或填充数据的所有单元格,如果某些单元格不相邻,可以按住 Ctrl 键逐个选中,然后单击 Excel 编辑栏,按常规方法在其中输入公式或数据,输入完成后按住 Ctrl 键再按 Enter 键,公式或数据会被填充到所有选中的单元格。

(4) 快捷填充。快捷填充可以将选中内容以多种方式填充到行或列。操作方法:在起始单元格中输入数据的初值,再在其下方或右侧的单元格中输入数据的其他值(这两个值保持一定的数据关系),然后将它们选中,将鼠标移至已选中区域右下角的填充柄,当光标变为小黑十字时,按下鼠标右键沿表格行或列拖动,选中需要填充的单元格区域后松开鼠标,在选中的单元格中会填充保持一定数据关系的内容。

4. 删除与清除

删除是指删除工作表中的行、列、单元格或区域,其具体的意义是指删除整行、删除整列、右侧单元格左移、下方单元格上移。操作方法是选中要删除的部分,右击,在弹出的快捷菜单中选择“删除”命令,弹出一个“删除”对话框,在对话框中选择一个选项,然后单击“确定”按钮,即可完成删除操作。

清除指清除选定单元格区域的数据。操作方法是选中要清除的单元格,右击,在弹出的快捷菜单中选择“清除内容”命令即可完成内容的清除操作。

5. 查找与替换

查找与替换指的是在工作表中快速定位要查找的信息,并用指定的内容来对其进行替换。操作方法:单击“编辑”→“查找”或“替换”命令,在打开的“查找和替换”对话框中进行相应的设置,单击“确定”按钮后即可完成查找与替换工作。

4.3.3 设置单元格的格式

单元格的格式主要包括数字格式、字体形式、字体大小、颜色、文字的对齐方式、单元格的边框、底纹图案及行高、列宽等。首先选定要格式化的单元格或单元格区域,然后再进行格式化操作。可以在输入前设定格式,也可以在完成输入后再来改变单元格中数据的格式,还可以在输入过程中选择特定的格式化输入方法,直接输入特定格式的数据。

Excel 提供了多种数字格式,单击“开始”,在“数字”组有会计数字格式、百分比样式、减少小数位数等,即可将数字格式化。单击“开始”,在“字体”组选择“字体”框、“字号”框、粗体、斜体、下画线等按钮即可对字符进行格式化。

1. 数值、百分比、分数格式

Excel 提供了多种数字格式,单击“开始”,在“数字”组有会计数字格式、百分比样式、减少小数位数等,即可将数字格式化。

例如选择“千位分隔样式”按钮，可以改变数值为千位格式；选择“增加小数位数”命令，可以增加小数位数；选择“减少小数位数”命令，可以减少小数位数。每单击一次，可以增加或减少一位小数，如果需要增加或减少若干位小数，可连续单击按钮。

如果需要以百分数形式显示单元格的值，则可以单击“开始”，在“数字”组中选择“百分比样式”按钮；或单击“开始”，在“数字”组的“数字格式”下拉列表中，选择“百分比”选项；或单击“数字”组右下角的按钮，打开“设置单元格格式”对话框，在“数字”选择卡的“分类”列表中选择百分比格式，都可以将数值设置为百分比格式。百分比格式将单元格值乘以 100 并添加百分号，还可以设置小数点位置。

如果需要将小数以分数格式显示，单击“开始”，在“数字”组的“数字格式”下拉列表中，选择“分数”选项，或在“设置单元格格式”对话框的“数字”选项卡中，选择“分类”选项中的“分数”格式。分数格式以分数显示数值中的小数，数值的整数部分和分数之间用一个空格间隔，还可以设置分母的位数和分母的值。

2. 文本格式

默认方式下，文本在单元格内靠左对齐，数值在单元格内靠右对齐。当输入文本数字时，应先输入单引号“’”，再输入数字。如果需要将单元格中已经存在的数值型数据设置为文本格式，可以采用以下方法。

选择需要设定数据格式的单元格或单元格区域，单击“开始”，在“数字”组的“数字格式”下拉列表中，选择“文本”选项；或单击“数字”组右下角的按钮，打开“设置单元格格式”对话框，在“数字”选择卡的“分类”列表中选择“文本”类型，都可以设置为文本格式。

如果要将数字当作文本输入，应先对单元格或单元格区域设定文本格式，或先输入单引号“’”，再输入数字。

3. 时间和日期格式

选择需要设定时间和日期格式的单元格或单元格区域，单击“开始”，在“数字”组的“数字格式”下拉列表中，选择“短日期”或“长日期”选项；或单击“数字”组右下角的按钮，打开“设置单元格格式”对话框，在“数字”选择卡的“分类”列表中选择“日期”类型，单击“确定”按钮完成设置。对时间的显示格式采用同样的设置方法。

4. 字体格式

选中需要设定字体格式的单元格或单元格区域后，可以单击“开始”，在“字体”组有对文字的字体、字形、字号、颜色以及特殊效果的设定。通过对字体格式的设定，可以使工作表的内容醒目、重点突出。

也可以通过单击“字体”组右下角的按钮，打开“设置单元格格式”对话框，在“字体”选择卡中进行设置。

5. 合并单元格

合并单元格是指将跨越几行或几列的多个单元格合并为一个单元格。Excel 只把选定区域左上角的数据放入合并后所得到的合并单元格中。要把区域中的所有数据都包括到合并后的单元格中,必须将它们复制到区域内的左上角单元格中。合并前左上角单元格的引用为合并后单元格的引用。

选定待合并区域后,单击“开始”,在“对齐方式”组的“合并后居中”下拉列表中,选择“合并单元格”命令;或单击“对齐方式”组右下角的按钮,打开“设置单元格格式”对话框,在“对齐”选项卡中,选中“文本控制”中的“合并单元格”复选框,单击“确定”按钮即可完成合并。若合并的区域中含有多个单元格数据,则给出“警告”对话框,单击“警告”对话框中的“确定”按钮则执行合并操作,单击“取消”按钮则取消合并操作。

注意:被合并的单元格只能是一行或一列或一个矩形区域中选定的相邻若干个单元格。

6. 对齐方式

对齐是指单元格内容相对于单元格边框线的显示位置。除了使用 Excel 默认的对齐方式以外,用户还可以自己设置数据的对齐方式,以使工作表美观、整齐。

单击“开始”,选择“对齐方式”组右下角的按钮,打开“设置单元格格式”对话框,选取“对齐”选择卡,如图 4-17 所示。

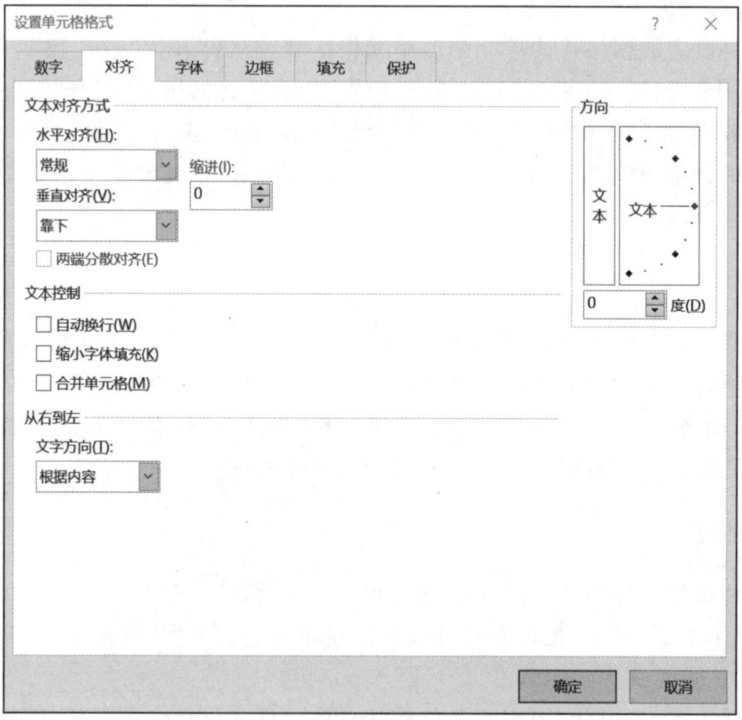

图 4-17 “设置单元格格式”对话框

1) 水平对齐

在“文本对齐方式”栏中,单击“水平对齐”下拉按钮,出现“水平对齐”下拉列表,其中选项及作用如下。

常规：Excel 的默认对齐方式。

靠左：单元格中的内容紧靠单元格的左端显示。

居中：单元格中的内容位于单元格的中央位置显示。

靠右：单元格中的内容紧靠单元格的右端显示。

填充：将单元格中现有内容进行重复，直至填满整个单元格。

注意：填充前后单元格中的实际内容并没有改变，即单元格中的实际值还是填充前的值。

两端对齐：可将单元格中的内容在单元格内变成多行并且自动调整字的间距，以使单元格中的所有行都与单元格等宽。

跨列居中：将选定区域中左上角单元格的内容放到选定区域的中间位置，其他单元格的内容必须为空。该命令通常用来对表格的标题进行设置。也可以在选中跨列的单元格区域后，单击“合并及居中”按钮，完成单元格数据的跨列居中。

分散对齐：单元格中的内容在单元格内均匀分配。

2）垂直对齐

在“设置单元格格式”对话框的“对齐”选项卡中，单击“垂直对齐”下拉按钮，出现“垂直对齐”下拉列表框，包含选项有靠上、居中、靠下、两端对齐和分散对齐。

如果在“垂直对齐”下拉列表中选择“居中”，同时在“文本控制”区中选中“合并单元格”复选框，可以使几列的多个单元格合并为一个单元格，并将该区域最上方单元格的内容放到选定区域的中间位置，即实现单元格数据的跨行居中。也可以在选中跨行的单元格区域后，单击“格式”工具栏中的“合并及居中”按钮，完成单元格数据的跨行居中。

7. 添加边框

屏幕上的网格线是为输入、编辑方便而预设置的，可以通过设置，不显示网格线。在打印或打印预览时，默认是不包含网格线的。局部表格线的设置只能通过“边框线”的设置进行。在表格中，恰当地使用一些边框、底纹和背景图案，可以使做出的表格更加美观，更具有吸引力。

1）取消网格线

单击“视图”，在“显示”组中单击“网格线”复选框，取消对该项的选择。

2）在“设置单元格格式”对话框中设置单元格边框

在“设置单元格格式”对话框中选取“边框”选项卡，在“预置”栏中单击“内部”图示按钮，可为所选单元格区域添加内部框线，单击“外边框”图示按钮，可为所选单元格区域添加外部框线，即表格四周的框线(此步也可以先不做)。可以设置边框线的颜色和样式。在“样式”栏中选择边框线的类型，在“颜色”下拉列表中选取边框线的颜色。在“边框”选项区中单击需要的边框图示按钮，也可单击“预置”栏中的“内部”图示按钮或“外边框”图示按钮，或单击预览区中预览草图上的相应框线的位置，边框添加的效果显示在预览区中。如果要删除某一边框，可再次单击该边框的图示按钮，使按钮弹起即可。

3) 使用“边框”按钮设置单元格边框

选定需要添加边框的单元格区域,然后单击“开始”,在“字体”组中选择“边框”按钮的下拉按钮,从弹出的下拉列表中选择所需要的边框样式即可。

4) 删除边框

选取需要删除边框线的单元格区域,打开“设置单元格格式”对话框,在“边框”选项卡的“预置”栏中,单击“无”图示按钮,然后单击“确定”按钮,即可清除选定区域中的边框线。或在“字体”组中的“边框”下拉列表中选择“无框线”按钮即可。

8. 添加底纹和图案

给表格添加适当的背景颜色和底纹,可以突出表格中的某些部分,使报表更清晰易懂。

1) 用按钮操作

选取需要添加背景颜色的单元格或单元格区域,单击“开始”,在“字体”组中选择“填充颜色”按钮的下拉按钮,出现颜色列表,在颜色列表中选取需要的背景颜色。

2) 用对话框操作

选取需要添加底纹和图案的单元格或单元格区域,打开“设置单元格格式”对话框,选取“填充”选项卡的“背景色”,单击需要的背景颜色;选择“填充”选项卡的“图案颜色”“图案样式”的下拉按钮,在列表中选取需要的图案和图案颜色,单击“确定”按钮完成设置。

9. 调整行高和列宽

Excel 提供默认的行高和列宽:如果输入的实际数据所占的高度和宽度超出预先规定的行高和列宽时,就需要调整行高和列宽,使数据得到正确显示。

1) 自动调整

将鼠标指针对准欲改变列宽(或行高)的列(或行)标记右(或下)边的分隔线,当光标变为调整宽度的左右(或上下)双向箭头时,快速双击该分隔线,就能把该列(或行)的列宽(或行高)自动调整到该列(或行)所有单元格中实际数据所占长度最大的那个单元格所应具有的宽(或高)度,即以最宽(或高)的单元格为标准,称为最适合的宽(或高)度。

2) 鼠标拖曳调整

将鼠标放到行(或列)的中间线处,当出现十字形的图标时,将鼠标上下或左右拖动,即可改变单元格的行高或列宽。

3) 利用菜单进行调整

选中整行(或整列)或将光标移动到要改变的行(或列)的单元格中,单击“开始”,在“单元格”组中选择“格式”按钮的下拉按钮,选中其中的行高或列宽命令,弹出行高或列宽对话框,在对话框中设置行高或列宽,然后单击“确定”按钮即可完成对行高或列宽的设置。

4) 调整多行或多列

如果要调整多行的行高(或多列的列宽),首先应选取所有需要改变行高的行(或所有需要改变列宽的列),然后调整其中一行的行高(或其中一列的列宽),则所选中的所有行

（或列）都被调整为与此行（或列）具有相同的行高（或列宽）。

10. 条件格式

所谓条件格式，是指当单元格中的数据满足指定条件时所设置的显示方式，一般包含单元格底纹或字体颜色等格式。如果需要突出显示公式的结果或其他要监视的单元格的值，可应用条件格式标记单元格。条件格式设置是一种非常有用的 Excel 技术，条件格式设置的操作步骤如下。

（1）选中要进行条件格式设置的单元格。

（2）单击"开始"，在"样式"组中单击"条件格式"按钮的下拉按钮，选择"突出显示单元格规则"命令。

（3）"突出显示单元格规则"级联菜单进行介于、未介于、等于、不等于、大于、小于、大于或等于及小于或等于等设定；或者选择"其他规则"，弹出"新建格式规则"对话框，如图 4-18 所示，在"编辑规则说明"中可以输入相应的数据对其进行条件判定，如没有设定格式，可以单击"格式"按钮对其进行格式设定。如果想删除条件格式，则选择"条件格式"菜单下"清除规则"级联菜单中的"清除所选单元格"选项或"清除整个工作表的规则"选项。

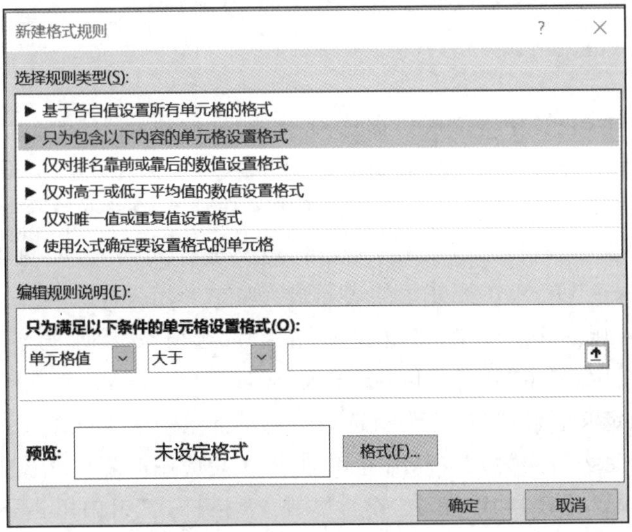

图 4-18　"新建格式规则"对话框

（4）在"新建格式规则"对话框中，在"选择规则类型"的列表框中选择"使用公式确定要设置格式的单元格"，在"编辑规则说明"中就可以输入想要的公式，输入公式后，如果没有设定格式，可单击"格式"按钮对其进行格式设定。

注意：输入公式时的单元格引用需要为相对引用，而非绝对引用。具体用法见 4.4 节。

11. 行/列的隐藏和取消

如果工作表的某些行或列不希望被别人看到，可以将它们隐藏起来，需要时再取消隐藏,显示出来。

1) 隐藏行/列

选取欲隐藏列(或行)或列(或行)中的任意一个单元格,单击“开始”,在“单元格”组中单击“格式”按钮的下拉按钮,选择“隐藏和取消隐藏”下拉菜单中的“隐藏列”(或“隐藏行”)命令。

2) 取消行/列的隐藏

选中隐藏列(或行)两边(或上下)的列(或行)或两边列(或上下行)中的单元格区域,单击“开始”,在“单元格”组中单击“格式”按钮的下拉按钮,选择“隐藏和取消隐藏”下拉菜单中的“取消隐藏列”(或“取消隐藏行”)命令。

12. 添加工作表背景

Excel 允许用图片文件作为工作表的背景,使做出的报表更具有个性化。操作步骤如下：单击“页面布局”,在“页面设置”组中选择“背景”命令,弹出“工作表背景”对话框,选取要作为背景图案的图形文件,单击对话框中的“打开”按钮,完成背景的设置。

4.3.4 在工作表中应用格式

1. 应用预定义表样式

Excel 提供了“浅色”“中等深浅”“深色”3 类共 60 种预定义表样式,通过应用它们,可以快速设置工作表的样式。操作步骤如下。

在工作表中,选择要通过应用预定义表样式设置样式的单元格区域,单击“开始”,在“样式”组中单击“套用表格样式”按钮,显示预定义表样式列表,如图 4-19 所示。在“浅色”“中等深浅”“深色”下,单击要使用的表样式,弹出“套用表样式”对话框,单击“确定”按钮。单击单元格区域的任意位置,将显示“表格工具”选项卡“设计”子选项卡,在“设计”子选项卡的“工具”组中,单击“转换为区域”按钮。

但是,应用预定义表样式时,将为所选数据自动插入一个 Excel 表。如果不想在表中使用数据,则可以将表转换为正常范围,同时保留用户应用的表样式设置。

如果要清除预定义表样式,单击“设计”,在“表格样式”组中单击下拉按钮,选择“清除”命令,即可清除该区域的预定义表样式。

2. 应用“格式刷”

使用“格式刷”按钮,可以将一个单元格或单元格区域中的格式信息快速复制到其他单元格或单元格区域中,使它们具有相同的格式,而不必一一重复设置。

首先选定含有要复制格式的单元格或单元格区域,然后单击“开始”,在“剪贴板”组中选择“格式刷”按钮,这时鼠标指针变为带有刷子的空“十”字形。要将格式复制到某个单元格只需要单击该单元格即可;要复制到某一个单元格区域只需要按住鼠标左键,将鼠标指针拖过该单元格区域即可。

要将选定单元格或单元格区域中的格式复制到多个位置,可双击“格式刷”按钮,使其保持持续使用状态。当完成格式复制时,可再次单击“格式刷”按钮或按 Esc 键,使鼠标指针恢复到正常状态。

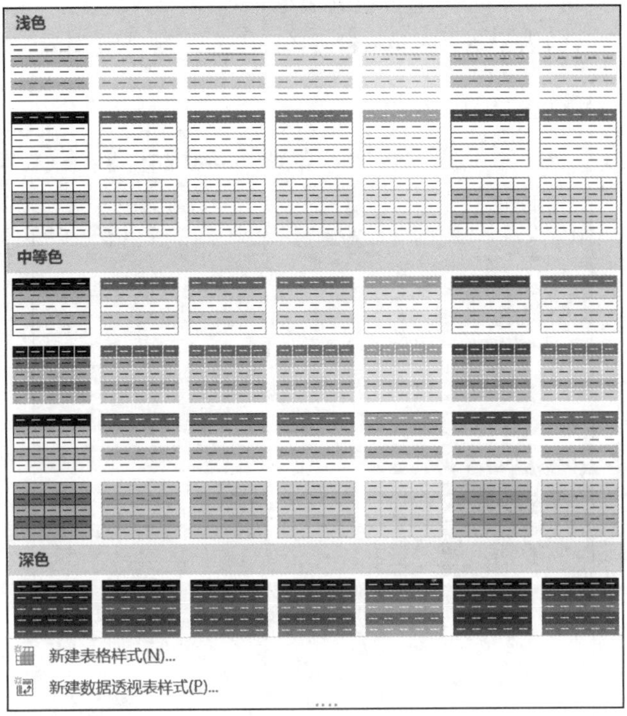

图 4-19　套用表格样式

4.3.5　工作表的打印

1. 页面设置

打印文件之前要对文件进行页面设置,包括打印方向、纸张大小、页边距设置、页眉/页脚设置等,以满足特定的需要。Excel 中的页面设置大致与 Word 保持一致,这里主要介绍不同的地方。

单击“页面布局”,在“页面设置”组中选择右下角的按钮,打开“页面设置”对话框,如图 4-20 所示。该对话框包含“页面”“页边距”“页眉/页脚”“工作表”4 个选项卡。

“页面”选项卡主要对页面方向、纸张大小、起始页码及缩放比例进行设置。其中,前 3 项与 Word 中类似,这里不再赘述。缩放比例项可自行设定,也可让 Excel 根据页数设置来自动调整缩放比例,选择“调整为”单选按钮,在右边的输入框中选择页宽、页高。例如调整为 3 页宽、2 页高,表示水平方向截为 3 部分,垂直方向截为 2 部分,共分 6 页打印。

在“页边距”选项卡中上、下、左、右 4 个输入框中,直接输入页边距值,或单击输入框右端的按钮至合适的值即可完成设置。

Excel 允许用户为每张工作表设置一种页眉/页脚。如果要给某一张工作表设置页眉/页脚,需要先选定该工作表再设置;如果要给若干张工作表设置页眉/页脚,需要同时选定这些工作表再设置。设置方法与 Word 类似,这里不再详述。如果要删除已设置的页眉或页脚,可在“页眉”或“页脚”的下拉列表框中选择“无”,也可以在“页眉”或“页脚”的对话框中,选中要删除的内容,按 Delete 键或 Backspace 键即可删除。

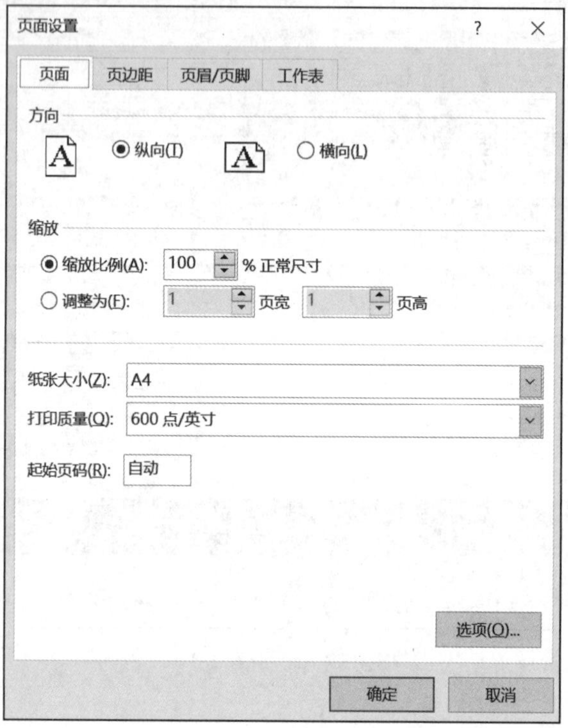

图 4-20 “页面设置”对话框

在“工作表”选项卡中可以对工作表页面进行设置。包括设置打印区域、设置打印标题、设置打印效果和设置打印顺序 4 项,下面分别进行介绍。

(1) 设置打印区域。在选项卡的“打印区域”文本框中输入要打印区域的引用,或用鼠标选定要打印的单元格区域。可以同时设置多个打印区域,只要在“打印区域”文本框中输入多个打印区域的引用,各区域引用之间用逗号隔开即可。如果使用鼠标选定要打印的单元格区域,则在选定了第一个区域后,按住 Ctrl 键,再依次选取其他区域即可。

(2) 设置打印标题。如果一张工作表需要打印在若干页上,而又希望在每页上都有相同的行或列标题以使工作表的内容清楚易读,则需要在打印标题选项区中进行设置。

顶端标题行:设置某行区域作为每页水平方向的标题。

左端标题列:设置某列区域作为每页垂直方向的标题。

(3) 设置打印效果。可设置项包括网格线、单色打印、按草稿方式、行号列标、批注。

(4) 设置打印顺序。当一张工作表需要打印在若干页上时,可以在“打印顺序”选项区中进行设置,以控制页码的编排和打印的顺序。

先列后行:从第一页向下进行页码编排和打印,然后依次右移进行编排和打印。

先行后列：从第一页向右进行页码编排和打印，然后依次下移进行编排和打印。

2. 打印设置

1）打印设置（含打印范围、打印内容、打印份数）

单击“文件”，再单击“打印”，在显示的窗口中可以进行必要设置。如打印份数、打印机、页面范围、单面打印/双面打印、纵向、横向、页面大小及页边距等，非常直观。其中选项及含义分别如下。

份数：在“份数”选项区中，指定打印的份数。

打印机：在“打印机”选项区中，可以选择打印机的类型。

设置：在“设置”下拉菜单中，若选择“选定区域”单选按钮，则打印当前工作表中所选定区域；若选择“选定工作表”单选按钮，则打印一组选定的工作表，每张工作表都另起一张新页开始打印；若选择“整个工作簿”单选按钮，则打印当前工作簿中包含数据的所有工作表。

页数：在页码输入框中输入工作表中要打印区域的起始页码和终止页码，否则表示打印选定工作表中的全部内容。

在 Excel 中，可以使用“页面布局视图”功能，在查看工作表打印效果的同时对其进行编辑。操作方法很简单，单击“视图”，在“工作簿视图”组中选择“页面布局”即可。

2）分页预览

单击“视图”，在“工作簿视图”组中选择“分页预览”按钮，可以将工作表从普通视图方式切换到分页预览视图方式。

在分页预览视图中，可以插入、调整当前工作表的分页符，还可以改变打印区域的大小，并编辑工作表。如图 4-21 所示为“分页预览”视图。图中白色区域是打印区域，灰色区域是非打印区域。如果要改变打印区域，只要用鼠标指向打印区域的边框或右下角，待鼠标指针变为双向箭头时，向里或向外拖动鼠标即可。此外，也可以先选定要设为打印区域的单元格区域，然后右击选择“设置打印区域”命令，所选区域将变为新的打印区域。

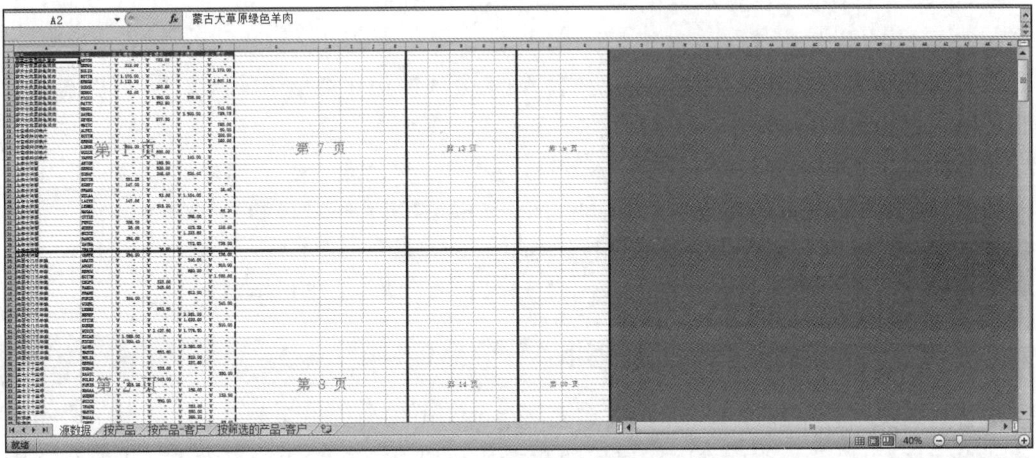

图 4-21　“分页预览”视图

在“分页预览”视图中,实线为人工分页符,虚线为自动分页符。在分页预览中,用鼠标拖动分页符可以改变分页符的位置,将鼠标指针移到分页符上,按住鼠标拖动分页符至新位置即可。如果将分页符拖出打印区域,可删除该分页符。页面中以灰色水印标出打印区域所在的打印页号。与在常规视图中一样,在分页预览视图中也可以对单元格进行编辑操作。

单击“视图”,在“工作簿视图”组中选择“普通”按钮即可返回常规视图方式。

4.4 公式与函数的应用

Excel 除了能进行一般的表格处理以外,还具有强大的计算功能。在工作表中使用公式和函数,能对数据进行复杂的运算和处理。公式与函数是 Excel 的精华之一,本节介绍公式的创建以及一些常用函数的使用方法。

4.4.1 创建公式

Excel 的公式由数字、运算符、单元格引用及函数组成。Excel 不仅提供了多种运算符,更重要的是提供了丰富的函数,可以构造出各种复杂的数学、统计、财务和工程运算公式,而且当公式中引用的单元格的数值发生改变时,公式的计算结果也将自动更新,这是手工计算无法企及的。

1. 输入公式和四则运算

1) 公式中的运算符

公式中的运算符包括算术运算符、比较运算符和字符运算符。算术运算符可以完成基本的数学运算,有＋(加)、－(减)、*(乘)、/(除)、^(乘方)等,运算的结果为数值。比较运算符可以比较两个同类型的数据(都是数值或都是字符或都是日期),有:＝(等于)、＞(大于)、＜(小于)、＞＝(大于或等于)、＜＝(小于或等于)、＜＞(不等于),运算的结果为逻辑值 TRUE 或 FALSE。文本运算符 &(连接运算符),用于把前后两个字符串连接在一起,生成一个字符串。算术运算和字符运算优先于比较运算。

2) 公式的输入

公式必须由“＝”开头,后面接表达式。输入公式的操作类似于输入文字,可以在单元格中输入,也可以在编辑栏中输入。

首先选中要输入公式的单元格,然后输入“＝”号和公式内容。如果要在编辑栏中输入公式,则选中要输入公式的单元格后单击编辑栏,再输入“＝”号和公式内容。输入完成后按 Enter 键或单击编辑栏中的输入按钮确认。

选中含有公式的单元格时,单元格中只显示计算结果,编辑栏中显示公式。

2. 相对引用、绝对引用和混合引用

公式的灵活性是通过单元格的引用来实现的。引用的作用在于标志工作表上的单元格或单元格区域,并指明公式中所使用的数据的位置。这种方式使得在 Excel 的公式中不仅可以使用常数、运算符,还可以使用其他单元格或区域中的数据。并且当引用的源单

元格中的数据发生变化时，公式中的引用数据也随之变化。被引用单元格中的数据中不能含有＄、￥或“，”。

可以引用同一工作表中的其他单元格或区域，还可以引用其他工作表甚至其他工作簿的工作表中的单元格或区域。根据单元格引用被复制到其他单元格时是否会发生改变，单元格的引用分为相对引用、绝对引用和混合引用。

1）相对引用

相对引用是指当把一个含有单元格引用的公式复制或填充到一个新的位置时，公式中的单元格引用会随着目标单元格位置的改变而相对改变。Excel 中默认的单元格引用为相对引用。

单元格相对引用：由单元格的列标行号表示。例如，A1 是指引用了第 A 列与第一行交叉处的单元格。

单元格区域相对引用：由单元格区域的左上角单元格相对引用和右下角单元格相对引用组成，中间用冒号分隔。例如，A1:D5 是指引用了以单元格 A1 为左上角、以单元格 D5 为右下角的单元格区域。

2）绝对引用

绝对引用是指当把一个含有单元格引用的公式复制或填充到一个新的位置时，公式中的单元格引用不会改变，无论将公式复制到哪里都将引用同一个单元格。

单元格绝对引用的方法是在列标和行号前分别加上＄符号。如＄A＄1，表示单元格 A1 的绝对引用；＄A＄1：＄D＄5，表示单元格区域 A1：D5 的绝对引用。

3）混合引用

混合引用是指在一个单元格地址中既有绝对地址引用又有相对地址引用。例如，单元格地址＄A1 表明保持列不发生变化，而行随着新的复制位置发生变化。单元格地址 A＄1 表明保持行不发生变化，而列随着新的复制位置发生变化。

3. 引用其他工作表数据

1）引用同一工作簿的其他工作表中的单元格

如果用在公式中输入引用地址的方法，对同一工作簿中其他工作表的单元格或单元格区域进行引用，引用格式为：

工作表名！单元格（或区域）的引用地址

必须用感叹号“！”将工作表名称和单元格引用分开。例如，要引用工作表 Sheet2 的 B3 单元格，应输入公式“＝Sheet2！B3”。如果引用的工作表名称中含有空格，必须用单引号将工作表名称括住，例如“＝'My Sheet'！B3”。

如果用鼠标引用工作簿中其他工作表的单元格或单元格区域，可在公式中要输入引用地址的地方，单击需要引用的单元格所在的工作表标签，选中需要引用的单元格或单元格区域，则该引用将显示在公式中。

2）引用其他工作簿中的单元格

在要引用的工作簿已经打开的情况下，如果用在公式中输入引用地址的方法对其单元格进行引用，引用格式为：

[工作簿名称]工作表名!单元格(或区域)的引用地址

如果用鼠标引用其他工作簿中的单元格或单元格区域,可在公式中要输入引用地址的地方,首先选择需要引用的工作簿为当前工作簿,然后单击需要引用的单元格所在的工作表标签,再选中需要引用的单元格或单元格区域,则该引用将显示在公式中。

如果公式中需要引用的工作簿事先没有打开,则必须在公式中的工作簿名称前加入该工作簿的路径,并在路径前和工作表名后加上单引号,即路径、文件名和工作表名要用单引号括起来,例如“= 'D:\[MyExcel]Sheet2'!B3”。

4. 日期和时间的运算

在很多情况下会遇到日期和时间的运算,Excel 提供了有关日期和时间运算的若干函数。此处只讨论用算术运算求两个日期或时间之间差值的方法。下面以例解的形式说明如何进行日期和时间的运算。

1) 日期运算

在当前单元格 A1 中利用四则运算求出 2020 年 1 月 1 日到 2021 年 1 月 1 日期间的天数。

操作步骤:单击单元格 A1,在单元格 A1 中输入=“2021-1-1”-“2020-1-1”,日期字符串必须用双引号括起来。按 Enter 键或单击编辑栏中的输入按钮确认。

2) 时间运算

在当前单元格 A1 中求同一天上午 5:09:00 到 11:09:00 期间的时间差。

操作步骤:单击单元格 A1,在单元格 A1 中输入=“11:09:00”-“5:09:00”,时间字符串必须用双引号括起来。按 Enter 键或单击编辑栏中的输入按钮确认。

4.4.2 使用函数

函数是 Excel 定义好的具有特定功能的内置公式。Excel 中提供了大量的可用于不同场合的各类函数,分为财务、日期与时间、数学与三角函数、统计、查找与引用、数据库、文本、逻辑和信息 9 大类。

函数一般是在公式中调用的。函数以函数名开始,后面紧跟着圆括号,圆括号中是以逗号隔开的参数。函数的参数可以是数值、文本、单元格或单元格区域的引用地址、名称、标志和函数。有的函数不需要参数,有的则需要输入多个参数,其中有些参数是可选的。用户必须按照正确的次序和格式输入函数参数,参数无大小写之分。函数执行之后给出一个结果,这个结果称为函数的返回值。

1. 自动求和

在工作表中经常会遇到对数据进行求和的问题,为此 Excel 在“公式”选项卡下的“函数库”组中提供了“自动求和”按钮,利用该按钮可以快捷地调用求和函数。

2. 自动计算

单击“自动求和”后侧的向下箭头弹出下拉菜单,显示 5 种最常用的函数,例如求平均值、最大值、最小值等函数，以及最下方的其他函数，如图 4-22 所示。此种方法扩展了函数功能，使数据的计算、处理更为方便，不易出错。

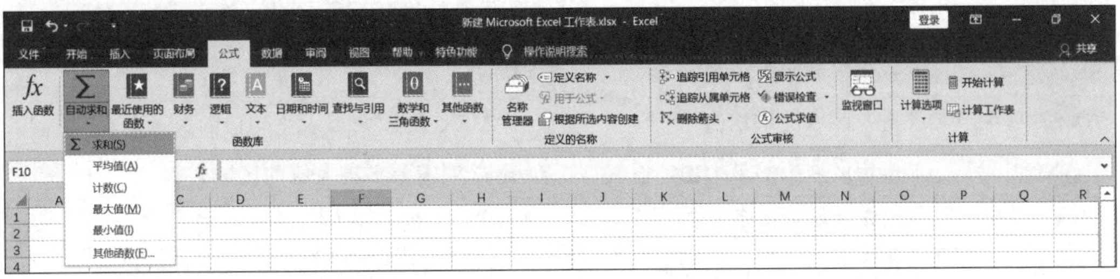

图 4-22　自动求和菜单

3. 函数的输入和在公式中套用函数

在公式中输入函数有两种方法：一种是直接输入法，另一种是使用“插入函数”对话框。

1）直接输入法

如果用户对函数名称和参数意义都非常清楚，可以直接在单元格或编辑栏中将函数及其参数输入公式中。

2）通过“插入函数”对话框

由于 Excel 有 200 多个函数，记住所有函数及其参数是非常困难的。因此，创建含有函数的公式时，使用“插入函数”对话框将有助于函数的输入。

操作步骤：选取要输入函数的单元格，选择“函数库”组中的“插入函数”按钮，打开“插入函数”对话框。在对话框的“选择类别”下拉列表中选择一种函数类别，在“选择函数”列表框中选择所需要的函数名，单击“确定”按钮，出现“函数参数”对话框。在参数框中可以输入常量、单元格引用或区域。对单元格引用或区域无把握时，可单击参数框右端的“折叠对话框”按钮，以便暂时折叠起对话框，显露出工作表。此时，可用鼠标选取单元格区域。然后单击折叠后的参数输入框右端的按钮，回到“函数参数”对话框。完成函数所需要的所有参数输入后，单击“确定”按钮。

插入函数还可以使用“公式选项板”，当在单元格或“编辑”栏中输入“＝”后，位于“编辑”栏左侧的单元格名称框变为公式选项板。单击其右侧的下拉按钮打开“函数”列表。单击其中的所需函数，出现“函数参数”对话框，以后的操作与前述方法相同。如果所需函数没有出现在列表中，可选择“其他函数”。

4. 函数的嵌套

当以函数作为参数时，称为函数的嵌套。在公式中最多可以包含七级嵌套函数。

例如，若在单元格中输入公式“＝IF(AVERAGE(B2:D2)60，SUM(B2:D2)，"不通过")”，公式中使用了嵌套的 AVERAGE 函数和 SUM 函数。该公式的含义是：用 AVERAGE 函数求出 B2:D2 单元格区域数据的平均值，并将它与数 60 比较，比较后返回值为 TRUE 或 FALSE。当返回值为 TRUE 时，求解 IF 函数的第二个参数，即用 SUM 函数求该区域数据的和并作为 IF 函数的结果显示在当前单元格，否则在当前单元格显示“不通过”。表 4-1 和表 4-2 分别为常用数值型函数及常用文本型函数。

表 4-1 常用数值型函数

函数名	函数功能	使用格式
SUM()	求指定区域中数值的和	=SUM(需要进行求和的区域名)
AVERAGE()	求指定区域的平均值	=AVERAGE(需要求平均值的区域名)
MAX()	求指定区域中的最大值	=MAX(需要求最大值的区域名)
MIN()	求指定区域中的最小值	=MIN(需要求最小值的区域名)
COUNT()	求指定区域中数值型数据的个数	=COUNT(需要求数值个数的区域名)
RANK()	求某个数值在指定区域中的名次	=RANK(某个单元格,参加排名的区域[,升序/降序])
SUMIF()	根据指定条件对若干单元格求和	=SUMIF(用于条件判断的单元格区域,被相加求和的条件[,求和的实际单元格])
COUNTIF()	计算区域中满足给定条件的单元格的个数	=COUNTIF(需要计算的单元格区域,被计算在内的条件)

表 4-2 常用文本型函数

函数名	函数功能	使用格式
LEFT()	从字符串的左侧提取指定个数的字符串	=LEFT(字符串,要取出的个数)
RIGHT()	从字符串的右侧提取指定个数的字符串	=RIGHT(字符串,要取出的个数)
MID()	从字符串的中间某个位置开始提取指定个数的字符串	=MID(字符串,开始位置,要取出的个数)

5. 逻辑条件函数 IF

功能:IF 函数具有判断的能力,通过对作为第一参数的条件进行判断,根据判断结果执行不同的计算,并返回不同的结果。IF 函数属于逻辑函数。

格式:IF(logical_test, value_if_true, value_if_false)

参数:3 个参数,参数 1 是判断的条件;若条件成立,返回参数 2;若条件不成立,返回参数 3。

参数 1 是数值或表达式,计算结果为逻辑值。参数 2、3 可以是公式或函数,也可以是带西文双引号的文本,还可以省略。如果省略参数 2,则应该返回参数 2 时,则返回 0。当参数 3 前面的逗号一起省略时,应该返回参数 3 时则返回 TRUE;当参数 3 前面的逗号没有省略时,则返回 0。

4.5 图表的操作

对于大量的数据,往往用图形更能表示出数据之间的相互关系,增强数据的可读性和直观性。Excel 提供了强大的图表生成功能,可以方便地将工作表中的数据以不同形式的图表方式展示出来。当工作表中的数据源发生变化时，图表中相应的部分会自动更新。

4.5.1　图表的创建

Excel 中的图表有两种类型：一种是嵌入式的图表，它和创建图表的数据源放置在同一张工作表中，随工作表同时存储、输出，在工作表中可以移动，可以改变大小和高宽比例；另一种是图表工作表，它是一张独立的图表，有自己的工作表标签。嵌入式图表和图表工作表都与工作表数据源相链接，并随工作表数据的更改而更新。

在建立图表之前，首先介绍有关图表的元素和术语。

1. 图表的元素和术语介绍

图表数据系列：图表的数据起源于工作表的行或列，它们被按行或按列分组而构成各个数据系列。各数据列的颜色各不相同，图案也各不相同。如果按行/列定义数据系列，则每行/列上的数据就构成一个数据系列，用同一种颜色表示。

图例：说明各数据系列的颜色和图案的示例就是图例。

数据标记：用来表示数据大小的图形。

分类轴：X 轴代表水平方向，常用来表示时间或种类，所以称为分类轴。

数值轴：Y 轴代表垂直方向，表示数值的大小，所以称为数值轴。

分类轴标志：图表的分类轴标志是 X 轴(水平方向)上的刻度名称，也叫坐标刻度名。如果按行定义数据系列，则列方向的标题名作为分类轴标志；按列定义数据系列时，行方向的标题名作为分类轴标志。分类轴标志是选择了数据系列按行或按列产生的方式以后，生成图表时自动加上的。

标题：一般情况下每个图表都有 3 个标题，用来标明或分类图表的内容。

轴标题：指的是在图表中使用坐标轴来描述数据内容时的标题。使用轴标题可以使读者更加清楚地了解某轴的含义。

坐标刻度：指等分 Y 轴的短线，水平网格线是坐标轴刻度的延长线。

2. 建立嵌入式图表

选定生成图表的数据区域。创建图表以前一般要先选定用于作图的数据区域，包括行、列标题，这样图中才能显示它们。选定的数据区域可以连续，也可以不连续，但是这些不相邻的区域所在行或列必须相同，能形成一个矩形。如果选定的区域有文字，即行、列标题，则文字应在区域的最左列或最上行。

选择图表的类型。单击“设计”，在“类型”组中选择“更改图表类型”按钮，显示“更改图表类型”对话框，如图 4-23 所示。可以在该对话框中选择图的类型，确定以何种形式表示图表数据。

指定图表的数据区域。在“数据”组中单击“选择数据”按钮，打开“选择数据源”对话框，如图 4-24 所示。该对话框有“图表数据区域”“图例项(系列)”两个选项卡和“水平(分类)轴标签”。“图表数据区域”框中输入要建立图表的数据源区域，在此可以直接输入或

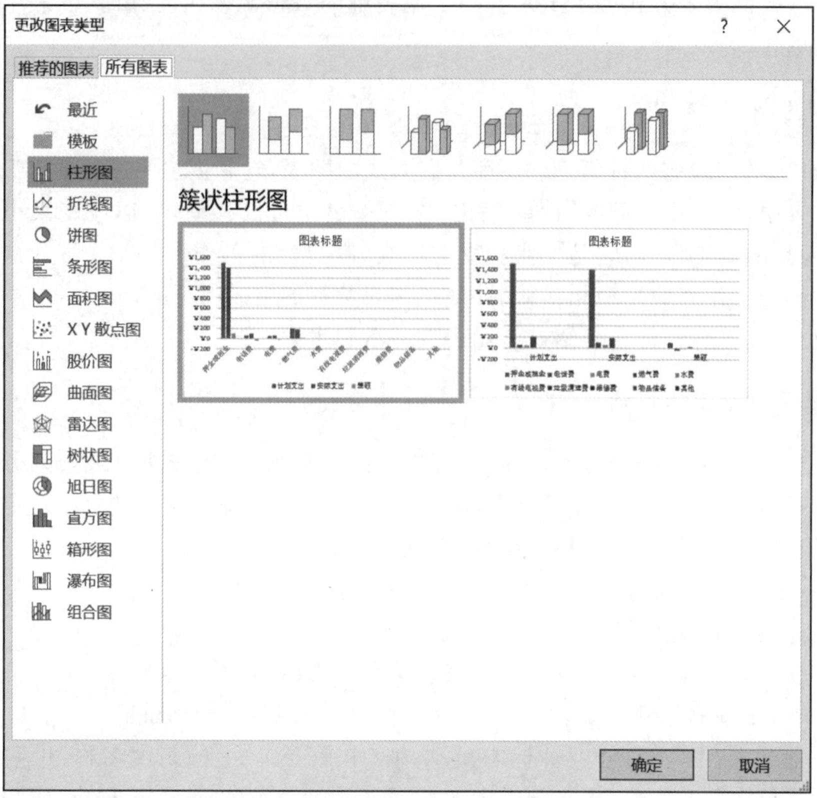

图 4-23 “更改图表类型”对话框

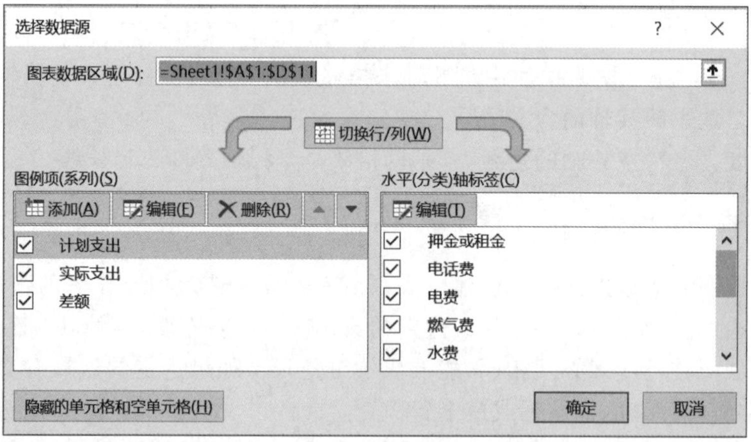

图 4-24 “选择数据源”对话框

用鼠标选定所需的区域。Excel 自动将数据源区域中的列标签添加到“图例项(系列)”框中,可以单击“添加”“编辑”“删除”按钮,对列标签进行添加、编辑或删除。将行标签添加到“水平(分类)轴标签”框中,可以单击“编辑”按钮,对行标签进行编辑。

设置图例和数据标签。单击“设计”，在“图表布局”组中选择“添加图表元素”命令，可以设置图表标题、坐标轴标题、坐标轴、图例位置等，如图 4-25 所示。

（1）“图表标题”，用于输入图表标题。

（2）“坐标轴标题”，用于输入坐标轴标题，以及指定图表的横坐标、纵坐标是否显示及其显示的方式。

（3）“图例”，用于指定图例是否显示及其显示的位置。

（4）“数据标签”，用于指定是否显示图表数据值及其显示位置。

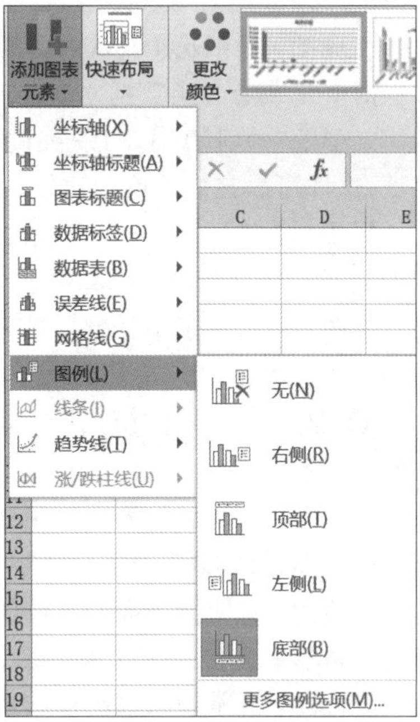

图 4-25　设置图表元素

确定图表位置。图表默认与工作表在同一工作表中，如需将图表作为单独工作表显示，则可以更改图表位置，单击“设计”选项卡“位置”组中的“移动图表”按钮，弹出“移动图表”对话框，如图 4-26 所示。选择“新工作表”单选按钮后，即可以为新工作表命名，工作表名默认为 Chart1，单击“确定”按钮完成。

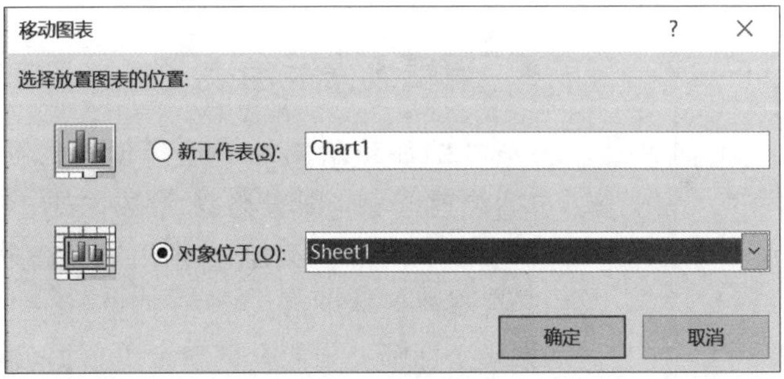

图 4-26　“移动图表”对话框

3. 建立图表工作表

通过更改图表位置可以实现建立图表工作表，此外，还可以将鼠标指针放在数据区域的任一空单元格上，按 F11 键，Excel 会自动新建一个图表工作表，在工作簿中自动创建默认图表类型为“柱形图”的图表工作表。图表工作表的默认名称为 Chart1、Chart2 等，可以在工作表名输入框中，输入图表工作表的名称。并在其中产生一个默认的空图表，在 Excel 空图表中添加图表时，默认为柱状图。

4. 常用图表类型

Excel 提供了 14 种标准类型的图表以及组合图类型的图表。每种类型各有特色，下面简单介绍常用的图表类型。

柱形图：是 Excel 默认的图表类型,用长条显示数据点的值。用来显示一段时间内数据的变化或者各组数据之间的比较关系。通常横轴为分类项,纵轴为数值项。

条形图：类似于柱形图,强调各个数据项之间的差别情况。纵轴为分类项,横轴为数值项,这样可以突出数值的比较。

折线图：将同一系列的数据在图中表示成点并用直线连接起来,适用于显示某段时间内数据的变化及其变化趋势。

饼图：只适用于单个数据系列间各数据的比较,显示数据系列中每项占该系列数值总和的比例关系。

XY 散点图：用于比较几个数据系列中的数值,也可以将两组数值显示为 XY 坐标系中的一个系列。它可按不等间距显示出数据,有时也称为簇。多用于科学数据分析。

面积图：将每个系列数据用直线段连接起来,并将每条线以下的区域用不同颜色填充。面积图强调幅度随时间的变化,通过显示所绘数据的总和,说明部分和整体的关系。

雷达图：每个分类拥有自己的数值坐标轴,这些坐标轴由中点向四周辐射,并用折线将同一系列中的值连接起来。

股价图：通常用来描绘股票价格走势。计算成交量的股价图有两个数值坐标轴：一个代表成交量,另一个代表股票价格。股价图也可以用于处理其他数据。

圆柱图、圆锥图和棱锥图：是柱形图和条形图的变化形式,可以使柱形图和条形图产生很好的三维效果。

4.5.2 编辑或修改图表

Excel 2016 允许对一个已经创建的图表进行编辑或修改,包括位置、大小、图表类型、源数据、图表选项等内容。

如果图表的位置不合适,则用鼠标选中图表后拖放到合适位置再释放鼠标即可。

如果坐标轴上未能全部显示出数据,或图形比例不合适等,可以调整图表的大小。单击要调整的图表,将鼠标指针移到选定图表的 4 个角中的任何一个控制柄上,当鼠标指针变为双向箭头时,按下鼠标左键,拖动图表到任何一个新的位置,然后释放鼠标左键,即可调整图表的大小。

如果柱形图不能满足工作要求,可利用图表工具栏对图表进行修改及重新设置。单击要操作的图表,然后右击,弹出如图 4-27 所示的快捷菜单,在快捷菜单中可以选择不同的命令来完成对图表的不同编辑。通过“设置图表区域格式”命令可以设置图案的边框和背景颜色;通过“更改图表类型”命令可以改变当前图表的类型;通过“选择数据”命令可以重新设置图表的显示数据;通过“移动图表”命令可以改变图表的位置。

图 4-27　图表编辑快捷菜单

4.5.3　修饰图表

图表的大小、位置，均可以通过相应的调整进行修饰。想修饰哪个区域，最快捷的方法就是双击该区域。

图表区的修饰：双击图表区空白处，弹出“设置图表区格式”对话框，通过“填充”“边框颜色”等选项卡设置图表区域边框的样式、颜色和粗细，还可以设置图表区域的颜色和填充效果，设置图表区域的字体、字形、字号和颜色等。

图例的修饰：选中图例，右击，弹出快捷菜单，选择“设置图例格式”选项，弹出“设置图例格式”对话框，可以设置数据图例边框的样式、颜色、粗细和图例区域的填充色，还可以设置图例的字体、字号、字形和颜色，设置图例的位置等。设置方法与图表区格式的设置类似。

坐标轴格式的修饰：若要修改图表坐标轴的格式，直接双击要设置的 X 坐标轴或 Y 坐标轴，则弹出“设置坐标轴格式”对话框，可以设置坐标轴的样式、颜色、粗细和显示方式及刻度线的类型和标志，还可以设置刻度的最大、最小值以及刻度单位，设置坐标轴的字体、字形、字号和颜色，设置坐标轴数字的格式，设置坐标轴数字的对齐方向等。

图表的上述格式设置均可以通过快捷菜单和“图表工具”中的“格式”选项卡中的“设置所选内容格式”按钮设置。

4.6　数据管理及统计分析

利用 Excel 可以有效地组织和管理数据，并对数据进行有效地处理和分析。本节主要介绍对数据进行查询、排序、筛选、分类汇总、数据透视表等常用统计分析工具的操作和应用。

4.6.1　数据清单的使用

数据清单是指工作表中一个连续存放了数据的单元格区域。可把一个二维表格看成一个数据清单。数据清单作为一种特殊的二维表格，其特点如下。

(1) 清单中的每列称为一个字段，用来存放相同类型的数据。每列的第一行为列标题，即字段名，如学号、姓名、总成绩、平均成绩等。

(2) 每行称为一个记录，即由各个字段值组合而成的具有一定关系的一组数据。

(3) 一个数据清单区域内，某个记录的某个字段值可以为空，但是不能出现空列或空行。

(4) 一张工作表内最好只建立一个数据清单。如果要在一个工作表中存放多个数据清单，则各个数据清单之间要用空白行或空白列分隔。

数据清单的建立和编辑同一般工作表的建立和编辑方法一样。为了方便地编辑数据清单中的数据，Excel 还提供了“数据记录单”功能。利用数据记录单可以在数据清单中一次输入或显示一个完整的信息行，即一条记录的内容。还可以方便地查找、添加、修改及删除数据清单中的记录。

Excel 2016 的记录单,并未显示在可见功能区内。若要显示,可以单击“文件”选项卡下的“选项”命令,弹出“Excel 选项”对话框。单击左侧的“快速访问工具栏”,在右侧的“从下列位置选择命令”下面的下拉式列表中选择“不在功能区中的命令”,在下面的列表中找到“记录单”功能,单击“添加”按钮,将记录单功能添加到右侧的快速访问工具栏中,则在 Excel 标题栏左侧的快速访问工具栏中出现“记录单”按钮。

1. 查找记录

使用记录单查找数据清单中的信息,操作步骤如下。

(1) 选择数据清单内的任意一个单元格。

(2) 选取“快速访问工具栏”中“记录单”命令,弹出“记录单”对话框,如图 4-28 所示。“记录单”对话框中显示了当前单元格所在的数据清单的记录内容。对话框左侧显示各字段名称,其后显示当前记录的各字段内容。内容为公式的字段显示公式计算的结果。右上角显示的分母为总记录数,分子表示当前是第几条记录。

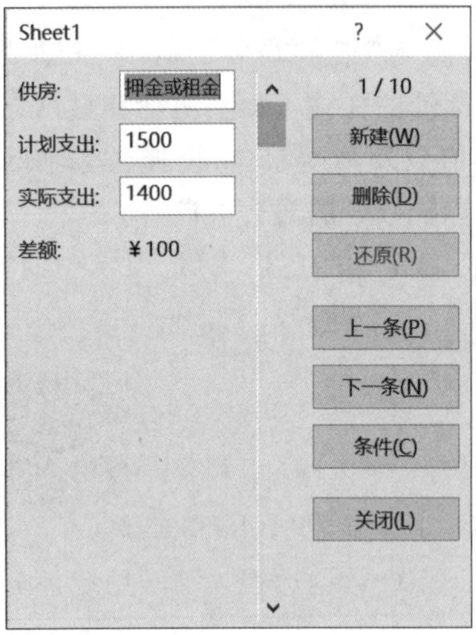

图 4-28 “记录单”对话框

(3) 单击“上一条”“下一条”按钮可查看各记录内容,利用中间的滚动条也可以快速浏览记录。

(4) 如果要查找符合一定条件的记录,则单击“条件”按钮,此时每个字段值的文本框中均为空,且“条件”按钮变为“表单”按钮。

(5) 在相应的文本框中输入查找条件。查找条件可以是数值、字符,也可以是表达式。在表达式中可以使用的比较运算符有 6 种:＝(等于)、＞(大于)、＜(小于)、＞＝(大于或等于)、＜＝(小于或等于)及＜＞(不等于)。如果在“＝”后面不跟任何字符,可以查找空白字段;在“＜＞”后面不跟任何字符,可以查找非空白字段。要查找某些字符相同但其他字符不一定相同的文本值,可以使用通配符“?”或 * 。“?”代表所在位置处的一个任意字符,* 代表所在位置及以后的任意多个字符。

(6) 单击“表单”按钮结束条件设置。

(7) 单击“上一条”或“下一条”按钮,从当前记录开始向上或向下查看符合条件的记录。

如果要取消所设置的条件,需要再次单击“条件”按钮,然后单击对话框中新出现的“清除”按钮,即可删除条件。

2. 编辑记录

利用记录单能够编辑任意指定的记录,修改记录中的某些内容,还可以增加或删除记录。

1) 增加记录

如果要在数据列表中增加一条记录,可单击“记录单”对话框中的“新建”按钮,对话框中出现一个空的记录单，在各字段的文本框中输入数据。在输入过程中，按 Tab 键，可将光标插入点移到下一字段；按 Shift+Tab 组合键，可将光标插入点移到上一字段。输入完后按 Enter 键或再次单击“新建”按钮，继续增加新记录。也可以单击“关闭”按钮返回到工作表中。新记录位于列表的最后。如果添加含有公式的记录，直到按下 Enter 键或单击“关闭”或“新建”按钮之后，公式结果才被计算。

2）修改记录

如果要在记录单中修改记录，可先找到该记录，然后直接在文本框中修改，当字段内容为公式时不可修改和输入。

3）删除记录

当要删除某条记录时，可先找到该记录，然后单击“删除”按钮。由于记录删除后不可恢复，因此，Excel 会显示一个“警告”对话框，让用户进一步确认操作。

如果要取消对记录单中当前记录所做的任何修改，只要单击“还原”按钮，即可还原为原来的数值。

4.6.2 排序

实际使用中，为了方便查询数据，往往需要对数据清单进行排序。使用排序命令，可以根据数据清单中的数值对数据清单的行列数据进行排序。

1. 简单排序

通常情况下，Excel 是按列进行排序的，即根据一列或几列中的数据值对数据清单进行排序。排序时，Excel 根据指定字段的值按照“升序”或“降序”重新排列各行。

如果只需要根据一列中的数据值对数据清单进行排序，则只要选中该列中的任意一个单元格，然后单击“数据”，在“排序和筛选”组中选择升序按钮 A↓Z 或降序按钮 Z↓A 即可完成排序。

2. 多重排序

如果需要根据多列中的数据值对数据清单进行排序，可以通过“数据”选项卡下的“排序”命令实现。操作步骤如下。

(1) 选定要排序的数据区域。如果对整个数据清单排序，可以单击数据区域内的任何一个单元格。

(2) 单击“数据”，在“排序和筛选”组中选择“排序”命令，出现“排序”对话框，如图 4-29 所示。

(3) 在该对话框中，单击“主要关键字”右边的“下拉列表”按钮，在“字段”下拉列表中选取主关键字段，并指定升序还是降序。

(4) 依次选择次要关键字和第三关键字，指定升序还是降序。如果只需要使用一个或两个排序关键字，则其他关键字可不选，但主要关键字必须设置。

(5) 为避免字段名也成为排序对象，应选中“数据包含标题”复选框。

此时，整个数据清单或所选定的数据区域将按主要关键字值的大小进行排序，主要关

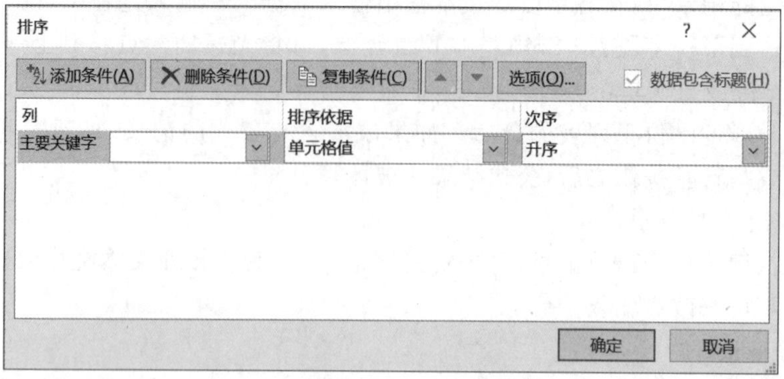

图 4-29 “排序”对话框

键字值相同的行按原顺序相邻排列。如果指定了次要关键字,则主要关键字值相同的行再按次要关键字值的大小进行排序。次要关键字值也相同的行再按第三关键字值的大小进行排序。

如果在排序时需要设置排序的方向、方法、是否区分大小写及选择自定义排序次序,可单击“排序”对话框中的“选项”按钮,出现如图 4-30 所示的“排序选项”对话框,在其中进行设置。

通过“排序”对话框,最多可以使用 3 个字段排序。如果要对更多的字段排序,可以先选择不重要的字段排序,再选择重要的字段进行排序。如果希望经过多次排序后仍能恢复原来的数据清单,可以在数据清单内临时插入一列,并在该列中输入一个数字序列,一起参加排序。完成排序操作后,再对此列进行排序即可恢复原状。

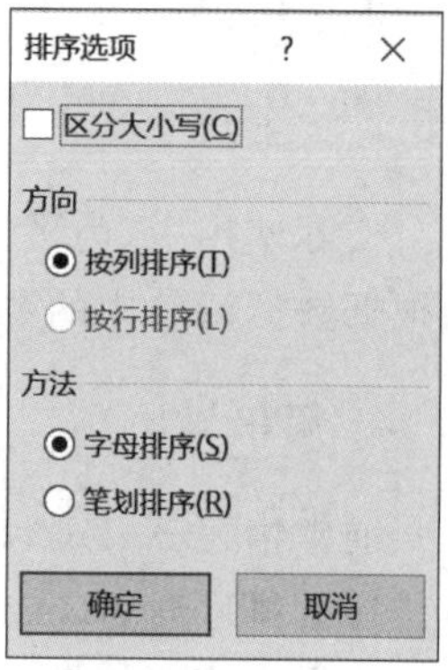

图 4-30 “排序选项”对话框

3. 按行排序

所谓按行排序就是根据一行或几行中的数据值对数据清单进行排序。排序时,Excel 将按指定行的值和指定的“升序”或“降序”次序重新设定列。操作步骤为:选定要排序的数据区域;选取“数据”→“排序”命令,出现如图 4-29 所示的“排序”对话框;单击对话框中的“选项”按钮,出现“排序选项”对话框,如图 4-30 所示;在“排序选项”对话框中的“方向”框中,选取“按行排序”单选按钮;单击“确定”按钮,回到“排序”对话框;剩余步骤和按列排序的步骤相同。

4.6.3 筛选

通过筛选数据清单,可以只显示满足指定条件的数据行,而隐藏其他行,这就是数据筛选。Excel 提供自动筛选和高级筛选两种筛选方法。

1. 自动筛选

自动筛选是针对简单条件进行的筛选。操作步骤如下。

(1) 单击数据清单内的任何一个单元格。

(2) 单击“数据”,在“排序和筛选”组中选择“筛选”命令,在各个字段名右下角出现一个自动筛选箭头。

(3) 单击要筛选字段名右下角的自动筛选箭头,出现包含这一列中所有不同值的下拉列表(如果有相同的值就只显示一个)。

列表中各项的含义如下。

单击列表中某一数据,筛选出与被单击数据相同的记录。

单击“升序排列”或“降序排列”,则整个数据清单按该列排序。

单击“全部”,可显示所有行,实际上是取消对该列的筛选。

单击“数字筛选”(如果字段值是文本,则为“文本筛选”),显示子菜单实现条件筛选。

单击“数字筛选”或“文本筛选”子菜单底部的“自定义筛选”,可自己定义筛选条件。可以是简单条件,也可以是组合条件。

(4) 单击“自定义筛选”,显示“自定义自动筛选方式”对话框,如图 4-31 所示。

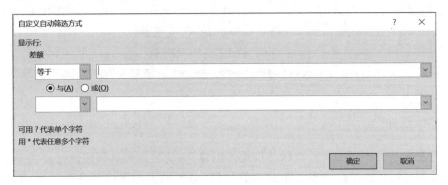

图 4-31　“自定义自动筛选方式”对话框

(5) 在对话框中定义筛选条件。在“显示行”上面的两个框中选择运算符和输入数值。如果还有条件,则在“显示行”下面的两个框中选择运算符和输入数值,并确定两个条件之间的逻辑关系是“与”还是“或”。

(6) 单击“确定”按钮完成筛选。

执行了筛选操作以后,不符合筛选条件的记录都被隐藏,要恢复显示所有的记录,可用以下几种方法。

在筛选字段的下拉列表中选择“全选”,取消字段的筛选,但仍处于筛选状态。可反复使用这种方法,取消多个字段的筛选。

单击“数据”选项卡“排序和筛选”组中的“筛选”按钮,各字段的筛选箭头消失,恢复筛选以前的状态。

2. 高级筛选

高级筛选是针对复杂条件的筛选。操作步骤如下。

(1) 在数据清单以外的区域输入筛选条件。该条件区域至少为两行,第一行为设置筛选条件的字段名,该字段名必须与数据清单中的字段名完全匹配。以下各行为相应条件值。

注意：数据清单与条件区域之间至少要空出一行或一列。几个条件在同一行上是“与”的关系；在不同行上是“或”的关系。

(2) 单击数据清单内的任何一个单元格。

(3) 单击“数据”，在“排序和筛选”组中选择“高级”命令，出现“高级筛选”对话框，如图 4-32 所示。

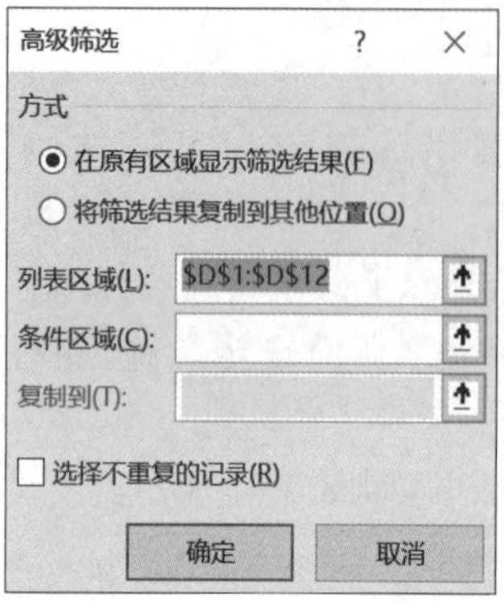

图 4-32 “高级筛选”对话框

(4) 在“方式”框中选择结果的输出位置。

(5) 确定筛选的列表区域。因为在步骤(2)中已经将整个数据清单作为筛选区，因此在“列表区域”输入框中已经显示了列表区域。可以重新输入或用鼠标选定要筛选的单元格区域。

(6) 在“条件区域”输入框中输入筛选条件所在的单元格区域。

(7) 如果要筛选掉重复的记录，可选中对话框中的“选择不重复的记录”复选框。

(8) 单击“确定”按钮。

如果要取消高级筛选，可选取“数据”→“筛选”→“全部显示”命令，即可恢复筛选前的状态。

4.6.4 分类汇总

分类汇总是对相同类别的数据进行统计汇总，也就是将同类别的数据放在一起，然后再进行求和、计数、求平均之类的汇总运算，以便对数据进行管理和分析。利用 Excel 提供的汇总函数可以方便地实现这一功能，并且针对同一个分类字段，可进行多种汇总。

1. 分类汇总表的建立和删除

1) 分类汇总

利用 Excel 可以按数据清单中某个字段的值进行分类，并且按这些不同的类进行汇总。分类汇总前必须先对数据按要分类的字段进行排序。如图 4-33 所示是一个年终课时费发放表。先对该表按“部门”分类，再对“课时费”汇总，即可统计出各部门的课时费总和。

操作步骤如下。

(1) 首先进行分类，将同部门的人员记录放在一起，通过对数据清单按要分类的字段进行排序来实现，本例中以“部门”为关键字排序。

(2) 在要分类汇总的数据清单区域中任意选取一个单元格。

(3) 单击“数据”，在“分级显示”组中选择“分类汇总”命令，出现“分类汇总”对话框，如图 4-34 所示。

(4) 单击“分类字段”列表框的下拉按钮，在下拉列表框中选择作为分类汇总依据的字段。本例中选“部门”。

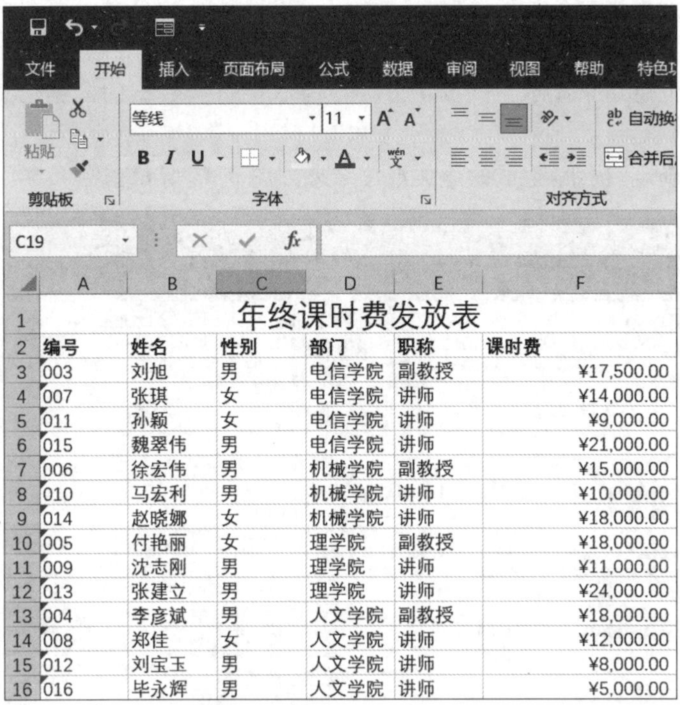

图 4-33　年终课时费发放表

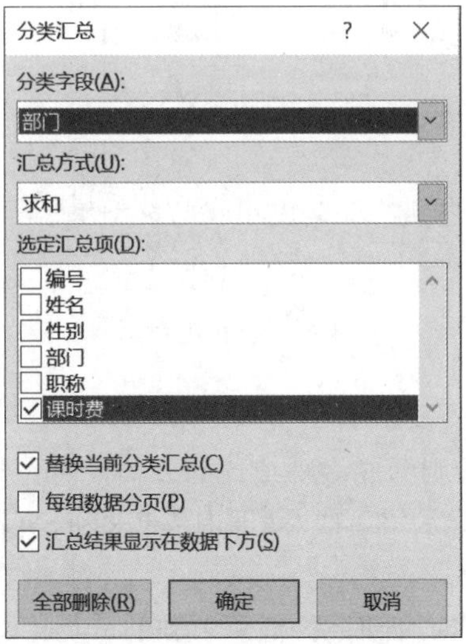

图 4-34　“分类汇总”对话框

(5) 单击“汇总方式”列表框的下拉按钮，在下拉列表框中选所需的统计函数，如求和、平均值、最大值、计数等；本例中选“求和”。

(6) 在“选定汇总项”列表框中选择汇总的对象，本例中选“课时费”。可以对多项指标进行汇总，即可同时选择多项。

(7) 选取“替换当前分类汇总”复选框,表示以新计算的分类汇总数据替换原有的分类汇总数据。

(8) 选取“汇总结果显示在数据下方”复选框,使每类数据的分类汇总结果插在每类数据组的下一行。

(9) 单击“确定”按钮,生成的分类汇总结果如图 4-35 所示。

	A	B	C	D	E	F
1	年终课时费发放表					
2	编号	姓名	性别	部门	职称	课时费
3	003	刘旭	男	电信学院	副教授	¥17,500.00
4	007	张琪	女	电信学院	讲师	¥14,000.00
5	011	孙颖	女	电信学院	讲师	¥9,000.00
6	015	魏翠伟	男	电信学院	讲师	¥21,000.00
7				电信学院 汇总		¥61,500.00
8	006	徐宏伟	男	机械学院	副教授	¥15,000.00
9	010	马宏利	男	机械学院	讲师	¥10,000.00
10	014	赵晓娜	女	机械学院	讲师	¥18,000.00
11				机械学院 汇总		¥43,000.00
12	005	付艳丽	女	理学院	副教授	¥18,000.00
13	009	沈志刚	男	理学院	讲师	¥11,000.00
14	013	张建立	男	理学院	讲师	¥24,000.00
15				理学院 汇总		¥53,000.00
16	004	李彦斌	男	人文学院	副教授	¥18,000.00
17	008	郑佳	女	人文学院	讲师	¥12,000.00
18	012	刘宝玉	男	人文学院	讲师	¥8,000.00
19	016	毕永辉	男	人文学院	讲师	¥5,000.00
20				人文学院 汇总		¥43,000.00
21				总计		¥200,500.00

图 4-35 分类汇总结果

2) 多种统计的分类汇总

同时选择几种汇总方式,则形成多种统计的分类汇总。

例如,对上面的例子要求按“部门”对“课时费”求和,再按“部门”对“课时费”求平均值。操作步骤如下。

(1) 建立按“部门”分类、对“课时费”汇总求和的分类汇总表,如图 4-35 所示。

(2) 再次单击“数据”,在“分级显示”组中选择“分类汇总”命令。

(3) 在“分类字段”列表框中选择“部门”。

(4) 在“汇总方式”列表框中选择“平均值”。

(5) 在“选定汇总项”列表框中选择“课时费”。

(6) 清除“替换当前分类汇总”复选框,以保留上次分类汇总的结果。

(7) 单击“确定”按钮。

3）多级分类汇总

多级分类汇总是指对数据进行多级分类，并求出每级的分类汇总，即先对某项指标进行分类，然后再对分类汇总后的数据做进一步的细化。

例如，对上面的例子要求按“部门”对“课时费”求和，再按“职称”对“课时费”求和。操作步骤如下。

（1）将数据清单按要分类的字段进行排序，本例中以“部门”为主关键字、以“职称”为次要关键字排序。

（2）建立按“部门”分类、对“课时费”汇总求和的分类汇总表。

（3）再次单击“数据”，在“分级显示”组中选择“分类汇总”命令。

（4）在“分类字段”列表框中选择“职称”。

（5）在“汇总方式”列表框中选择“求和”。

（6）在“选定汇总项”列表框中选择“课时费”。

（7）清除“替换当前分类汇总”复选框，以保留上次分类汇总的结果。

（8）单击“确定”按钮。

4）撤销分类汇总

如果要撤销分类汇总的结果，单击数据清单中的任意一个单元格，然后单击“数据”，在“分级显示”组中选择“分类汇总”命令，在“分类汇总”对话框中单击“全部删除”按钮，分类汇总的结果即被删除。

2. 分类汇总表的显示

对数据清单使用分类汇总功能后，在工作表窗口的左边会出现分级显示区，其中列出了一些分级显示按钮，利用这些按钮可以对数据的显示进行控制。

通常情况下，数据分三级显示。在分级显示区的上方用“数字”按钮进行控制。数字越小，代表的层级越高。如果要显示或隐藏某汇总行所对应的分类组中的明细数据，用显示区中的“＋”“－”按钮。各按钮的功能如下。

1：代表总计。单击 1 按钮时，只显示列表中列标题和总计结果。

2：代表分类汇总结果。单击 2 按钮时，显示列表中列标题、各个分类汇总结果和总计结果。

3：代表明细数据。单击 3 按钮时，显示列表中所有的详细数据。

＋：单击“＋”按钮时，显示该按钮所对应的分类组中的明细数据。

－：单击“－”按钮时，隐藏该按钮所对应的分类组中的明细数据。

|：级别条。指示属于某一级别的明细数据行或列的范围。单击级别条可隐藏所对应的明细数据。

4.6.5　数据透视表

数据透视表是一种交互式报表，主要用于快速汇总大量数据。可以通过对行或列的不同组合来查看对源数据的汇总，也可以通过显示不同的页来筛选数据，还可以根据需要显示区域中的明细数据。

1. 创建数据透视表

利用Excel提供的数据透视表向导,可以很方便地建立数据透视表。以图4-35所示的年终课时费发放表为例,要求统计各部门的课时费总和及各部门男女教师各自的课时费总和。操作步骤如下。

(1) 单击数据清单中的任一单元格。

(2) 单击“插入”选项卡“表格”组中的“数据透视表”,然后单击“数据透视表”,打开“数据透视表字段”对话框,如图4-36所示。

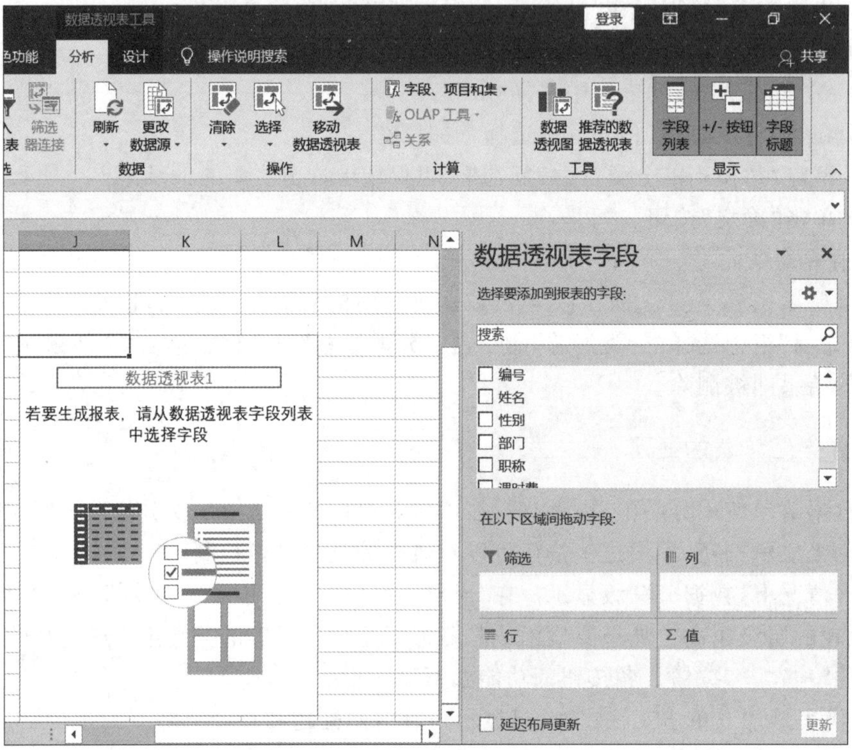

图4-36 “数据透视表字段”对话框

(3) 在该对话框中选定数据源区域,默认情况下会选定整个数据清单,可以在“选定区域”文本框中重新输入或用鼠标选取要选定的区域。

(4) 在该对话框中指定数据透视表的显示位置。若选中“新建工作表”单选按钮,则在工作簿中为数据透视表创建一张新工作表;若选中“现有工作表”单选按钮,则在下面的文本框中输入数据透视表放置区域的左上角的单元格地址。本例中选“新建工作表”。

(5) 数据透视表添加到指定位置并显示“数据透视表字段列表”任务窗格,在此可以添加字段、创建布局及自定义数据透视表。在“选择要添加到报表的字段”列表中,用鼠标将“性别”拖到“行标签”区域中,将“部分”拖到“列标签”区域中,将“课时费”拖到“数值”区域中,Excel自动生成数据透视表,如图4-37所示。

(6) 单击数据透视表,系统显示“数据透视图工具”选项卡,该选项卡中有“设计”“分

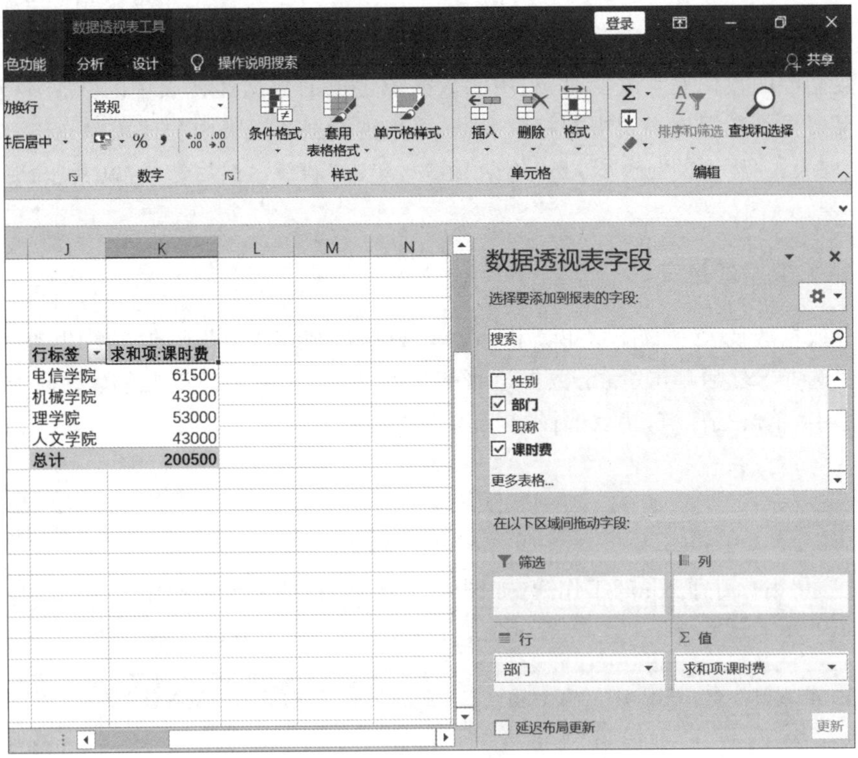

图 4-37　创建数据透视表

析”2 个子选项卡。通过它们可以格式化数据透视表和进行数据分析，如果创建的是数据透视图，如图 4-38 所示，“数据透视图工具”选项卡有“分析”“设计”“格式”3 个选项卡。通过它们可以格式化数据透视图和进行数据分析。

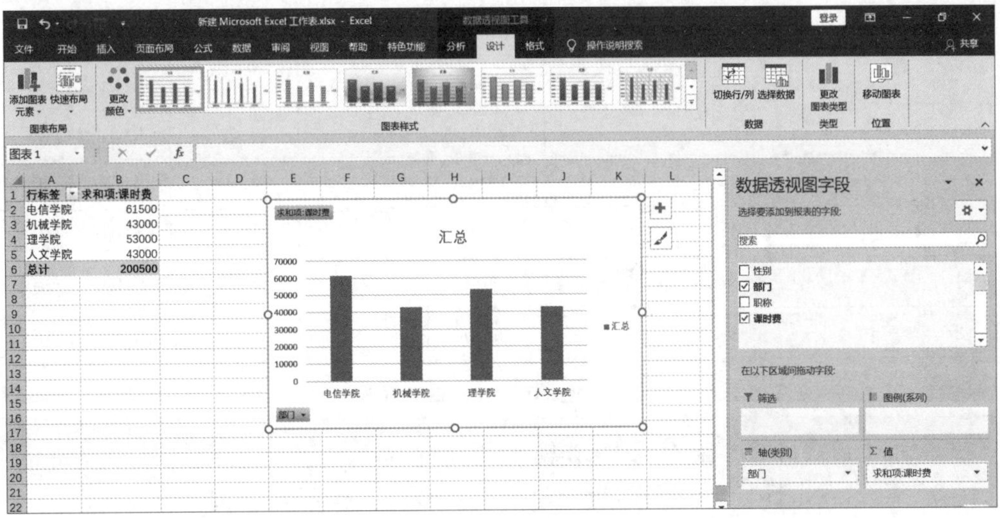

图 4-38　创建数据透视图

2. 更新数据透视表

当数据源的数据发生改变时,利用此数据源生成的数据透视表中的数据不会自动更新。如果要更新数据透视表中的相应数据,可单击数据透视表中的任意单元格,然后选择“数据透视表工具”下的“选项”,在“数据”组中,单击“刷新”,然后选择“刷新”命令或“全部刷新”命令。

3. 删除数据透视表

单击数据透视表中的任意单元格,选择“数据透视表工具”下的“选项”,在“操作”组中,单击“选择”,然后单击“整个数据透视表”,按 Delete 键。如果是清除数据透视表,在“操作”组中,单击“清除”,然后选择“全部清除”命令。

习题

1. 建立“银行存款.xlsx”工作簿,如图 4-39 所示,按如下要求操作。

银行存款

序号	存入日	期限	年利率	金额	到期日	本息	银行
1	2013-1-1	5		1000			中国工商银行
2	2013-2-1	3		2500			中国银行
3		5		3000			中国建设银行
4		1		2200			中国农业银行
5		3		1600			中国农业银行
6		5		4200			中国农业银行
7		3		3600			中国银行
8		3		2800			中国银行
9		1		1800			中国建设银行
10		1		5000			中国工商银行
11		5		2400			中国工商银行
12		3		3800			中国建设银行

图 4-39　银行存款

(1) 把上面表格的内容输入到工作簿 Sheet1 中。

(2) 填充“存入日”,按月填充,步长为 1,终止值为 13-12-1。

(3) 填充“到期日”。

(4) 用公式计算“年利率”(年利率=期限×0.85)和“本息”(本息=金额×(1+期限×年

利率/100)),进行填充。

(5) 在 I1 和 J1 单元格内分别输入“季度总额”和“季度总额百分比”。

(6) 分别计算出各季度存款总额和各季度存款总额占总存款的百分比。

(7) 设置格式如下。

① 在顶端插入标题行,输入文本“2013 年各银行存款记录”,字体设为“华文行楷”、字号设为 26,加宝石蓝色底纹。将 A1～J1 单元格合并并居中,垂直居中对齐。

② 各字段名格式:宋体、字号 12、加粗、水平、垂直居中对齐。

③ 数据(记录)格式:宋体、字号 12、水平、垂直居中对齐。第 J 列数据按百分比样式保留 2 位小数。

④ 各列最合适的列宽。

(8) 将修改后的文件命名为“你的名字加上字符 A”并保存。

2. 建立图表,并按下列要求操作。

学生成绩

班级	学　号	姓名	性别	数学成绩	英语成绩	总成绩	平均成绩
201301	2013000011	张　郝	男	60	62		
201302	2013000046	叶志远	男	70	75		
201301	2013000024	刘欣欣	男	85	90		
201302	2013000058	成　坚	男	89	94		
201303	2013000090	许坚强	男	90	95		
201302	2013000056	李　刚	男	86	65		
201301	2013000001	许文强	男	79	84		
201303	2013000087	王梦璐	女	65	70		
201302	2013000050	钱丹丹	女	73	80		
201302	2013000063	刘　灵	女	79	81		
201301	2013000013	康菲尔	女	86	82		
201301	2013000008	康明敏	女	92	96		
201301	2013000010	刘晓丽	女	99	93		

图 4-40　学生成绩

(1) 建立工作簿“学生成绩.xlsx”,在 Sheet1 中输入内容,如图 4-40 所示。

(2) “总成绩”和“平均成绩”用公式计算获得。

(3) 在第 3 行和第 4 行之间增加一条记录,其中姓名为读者自己的名字,其他任意。

(4) 将 Sheet1 中的内容分别复制到 Sheet2、Sheet3 和 Sheet4 中。

(5) 用 Sheet1 工作表中“平均成绩”80 分以上(包括 80 分)的记录建立图表。

① 分类轴为“姓名”,数据系列为“数学成绩”和“英语成绩”。

② 采用折线图的第 4 种。

③ 图例位于右上角,名称为“数学成绩”和“英语成绩”,字体设为“宋体”、字号设为“16”。

④ 图表标题为“学生成绩”,字体设为“宋体”、字号设为 20,加粗。

⑤ 数值轴刻度：最小值设为 60、主刻度设为 10、最大值设为 100。

⑥ 分类轴和数值轴格式：字体设为“宋体”、字号设为 12、颜色设为“红色”。

第5章 PowerPoint 2016的使用

PowerPoint 2016 是 Microsoft 公司推出的 Office 系列产品之一，是 Microsoft Office 2016 套装办公软件中的一员。它能帮助用户图文并茂地向公众表达自己的观点、传递信息、进行学术交流和展示新产品等。本章主要介绍 PowerPoint 2016 的使用。通过本章学习，应该掌握以下几点。

- 中文 PowerPoint 2016 的功能、运行环境、启动和退出。
- 演示文稿的创建、打开和保存。
- 演示文稿视图的使用，幻灯片的制作、文字编排、图片和图表插入及模板的选用。
- 幻灯片的插入和删除，演示顺序的改变，幻灯片格式的设置，幻灯片放映效果的设置，多媒体对象的插入，演示文稿的打包及打印。

全国计算机等级考试一级考点汇总

考　　点	主要内容
PowerPoint 2016 的基本概念和功能	PowerPoint 2016 的基本概念和功能
PowerPoint 2016 的主要特点	PowerPoint 2016 的主要特点
PowerPoint 2016 的启动与退出	PowerPoint 2016 的启动与退出
创建演示文稿	利用向导创建演示文稿，利用设计模板创建演示文稿，创建空演示文稿，通过导入大纲创建演示文稿
打开演示文稿	打开演示文稿
保存演示文稿	保存演示文稿
插入、移动及删除幻灯片	插入幻灯片，移动幻灯片，复制幻灯片，删除幻灯片
幻灯片的视图	普通视图，幻灯片浏览视图，幻灯片放映视图，备注页视图
幻灯片中元素的输入	文本的输入，表格的输入，文件图片的输入，图表的输入，艺术字的输入，公式的输入，插入音频，插入CD音乐，插入MP3音乐，录制旁白，插入视频文件
格式化文本	字体、字形、字号的设置，设置行距，设置对齐方式，设置项目符号与编号
加入批注和备注	加入批注和备注

续表

考　点	主要内容
创建超链接	使用和创建超链接
演示文稿的输出	将演示文稿存为 Web 页,打包演示文稿,连接投影仪,演示文稿打印
母版及其使用	幻灯片母版,讲义母版,备注母版
应用设计模板	应用设计模板
幻灯片色彩和背景的调整	色彩调整,背景调整
幻灯片的动画效果	幻灯片内动画的设置,幻灯片间动画的设置
设置幻灯片的切换方式	设置幻灯片的切换方式
演示文稿的浏览	演示文稿的浏览
演示文稿的放映	设置放映方式,自定义放映,排练计时,暂停幻灯片放映

5.1 PowerPoint 2016 的概述与基础操作

本节主要介绍 PowerPoint 2016 的用途、基本功能、新特性、主窗口的组成与功能及 PowerPoint 2016 软件的打开与退出的方法。

5.1.1 PowerPoint 2016 的功能

PowerPoint 2016 是一款用于幻灯片制作与播放的软件,它是一个功能强大的演示文稿制作软件,能够制作出集文字、图形、图像、声音、音乐、动画和影视文件等多媒体元素于一体的演示文稿,并且放映时以幻灯片的形式演示。主要用于设计制作专家报告、教师授课、产品演示、广告宣传等,制作的演示文稿可以通过计算机屏幕或投影机播放,也可以将演示文稿打印出来,制作成胶片,以便应用到更广泛的领域中。例如,在互联网上召开面对面会议、远程会议或在网上给观众展示演示文稿。

PowerPoint 2016 的基本功能包括自动处理功能、图文编辑功能、插入对象、动画演播、网络功能和帮助功能等。

5.1.2 PowerPoint 2016 的新特性

PowerPoint 2016 包括以下新特性。

(1) 新增 6 个图表类型。可视化对于有效的数据分析以及具有吸引力的故事分享至关重要。在 PowerPoint 2016 中,添加了 6 种新图表,以帮助用户创建财务或分层信息的一些最常用的数据可视化,以及显示用户数据中的统计属性。

(2) 屏幕录制。特别适合演示,用户只需设置想要在屏幕上录制的任何内容,然后转到“插入”→“屏幕录制”,选择要录制的屏幕部分、捕获所需内容,并将其直接插入演示文稿中。

(3) 彩色、深灰色和白色 Office 主题。有 4 个可应用于 PowerPoint 2016 的 Office 主题：彩色、深灰色、黑色和白色。

5.1.3 PowerPoint 2016 的主窗口

进入 PowerPoint 2016 后，会出现如图 5-1 所示的界面。此时的工作状态是普通视图方式。普通视图方式是主要的编辑视图，可用于制作演示文稿。

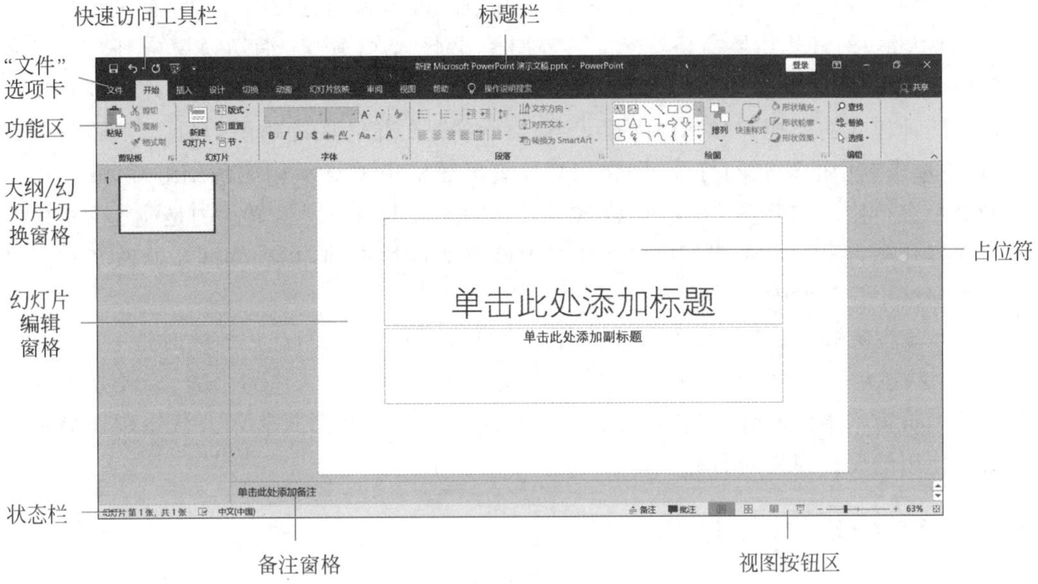

图 5-1 PowerPoint 2016 演示文稿窗口

PowerPoint 2016 演示文稿窗口组成及功能如下。

(1) 标题栏：用来显示 PowerPoint 2016 的名称和正在编辑的演示文稿的名称。

(2) 快速访问工具栏：位于 PowerPoint 2016 工作界面的左上角，由最常用的工具按钮组成，例如"保存"按钮、"撤销"按钮和"恢复"按钮等。

(3) 功能区：位于快速访问工具栏的下方，功能区有 3 个基本组件，即选项卡、组和命令，如图 5-2 所示。功能区所包含的选项卡主要有"开始""插入""设计""切换""动画""幻灯片放映""审阅""视图""开发工具"9 个选项卡，通过这些选项卡可以进行幻灯片的设置。每个选项卡都包含若干"组"，这些"组"将相关项显示在一起，如"开始"选项卡包含

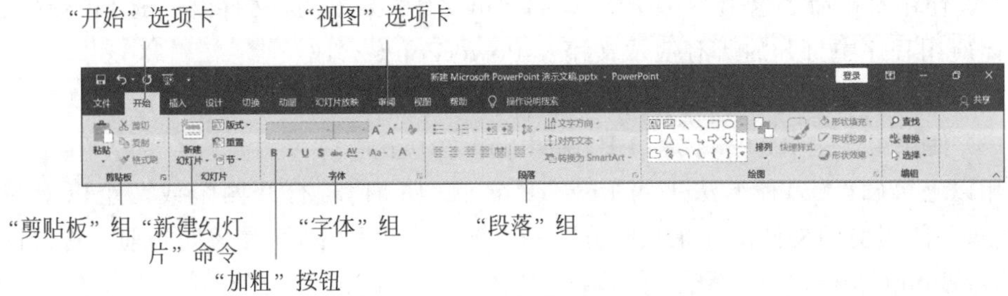

图 5-2 功能区界面

“剪贴板”“幻灯片”“字体”“段落”“绘画”“编辑”6 个组。每个组包含若干命令。命令就是按钮、用户输入信息的框、菜单。例如,“开始”选项卡下“字体”组中用于更改文字字体的命令“字体”“字号”等。

(4) 幻灯片编辑窗格:用于查看每张幻灯片的整体效果,可以进行输入编辑文本、插入各种媒体和编辑各种效果,幻灯片编辑窗格是进行幻灯片制作的主要环境。

(5) 视图按钮区:通过单击此栏中的相关按钮,可以将 PowerPoint 2016 的视图模式分别切换到普通视图、幻灯片浏览视图、幻灯片放映视图和浏览视图 3 种不同的模式。

(6) 大纲/幻灯片切换窗格:在普通视图模式下,幻灯片、大纲切换窗格有“大纲”和“幻灯片”两种模式,通过单击幻灯片、大纲切换窗格上方的“大纲”和“幻灯片”选项卡,可以进行两种模式的切换。“幻灯片”模式下,显示的是幻灯片的缩略图,并且对其进行了编号,用户单击其中的某张幻灯片,则在幻灯片编辑窗格中就显示相应的幻灯片,便于用户对幻灯片进行修饰和调整。“大纲”模式下,幻灯片、大纲切换窗格显示的是演示文稿中的文字内容和项目符号点或幻灯片。在此栏中修改幻灯片中的内容,则同步修改了在幻灯片编辑窗格中显示的幻灯片内容。

(7) 备注窗格:用于保存幻灯片的备注信息,这些信息在幻灯片放映时是不可见的。

(8) 状态栏:用于提供正在编辑的演示文稿所包含的幻灯片的张数,以及当前处于幻灯片编辑窗格中的幻灯片是其中的第几张,此数字以分数形式表示。状态栏还显示该幻灯片使用的设计模板的名称。

5.1.4 PowerPoint 2016 的启动

启动 PowerPoint 2016 应用程序的方法有以下 3 种。

(1) 从“开始”菜单启动。顺序单击“开始”→“程序”→Microsoft Office→Microsoft Office PowerPoint 2016 命令,打开 PowerPoint 2016。

(2) 利用快捷方式启动。若桌面上有 PowerPoint 2016 应用程序的快捷方式,即可在桌面上双击快捷方式图标启动 PowerPoint 2016。

(3) 利用现有的 PPT 文件启动。在“资源管理器”或“我的电脑”窗口中找到并双击 PowerPoint 2016 文件以激活应用程序。

5.1.5 PowerPoint 2016 的退出

常用的退出 PowerPoint 2016 应用程序的方法有以下 3 种。

(1) 使用菜单命令退出。单击 PowerPoint 2016 菜单的“文件”→“退出”命令,将同时关闭应用程序中打开的所有演示文稿及 PowerPoint 2016。

(2) 单击窗口右上角的“关闭”按钮☒退出应用程序。

(3) 使用组合键 Alt+F4 退出 PowerPoint 2016。

用以上第(2)、(3)种方法关闭 PowerPoint 2016 时,若打开两个或两个以上演示文稿,则只关闭当前的文件。如果只打开了一个演示文稿程序,则在关闭当前文件的同时退出 PowerPoint 2016。

在关闭文件时,如果文件是新建文件,或者曾经保存过,但在此次打开操作期间进行了修改而未保存，则系统会弹出一个 Microsoft PowerPoint 对话框，用于提示用户是否保存当前修改的内容，如图 5-3 所示。用户可单击“保存”按钮，系统会打开“另存为”对话框（保存文件的方法可参看第 3 章中关于 Word 文档的保存办法），在保存当前文件后才能退出 PowerPoint 2016；若用户单击“不保存”按钮，则表示用户不需要保存当前文件，此时将会直接退出 PowerPoint 2016；若单击“取消”按钮，则返回当前窗口，不退出 PowerPoint 2016。

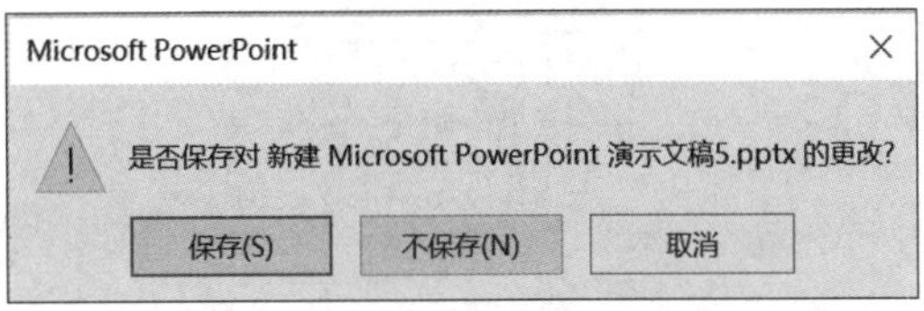

图 5-3　Microsoft PowerPoint 对话框

5.1.6　PowerPoint 2016 工作环境的设置

用户可以根据自己的需要对 PowerPoint 2016 进行设置，以方便工作。

(1) 单击“文件”→“开始”命令后，如图 5-4 所示，可以快速列举最近访问的演示文稿。或者单击“文件”→“打开”→“最近”命令，打开如图 5-5 所示的窗口，也可以快速访问最近使用的演示文稿和文件夹。

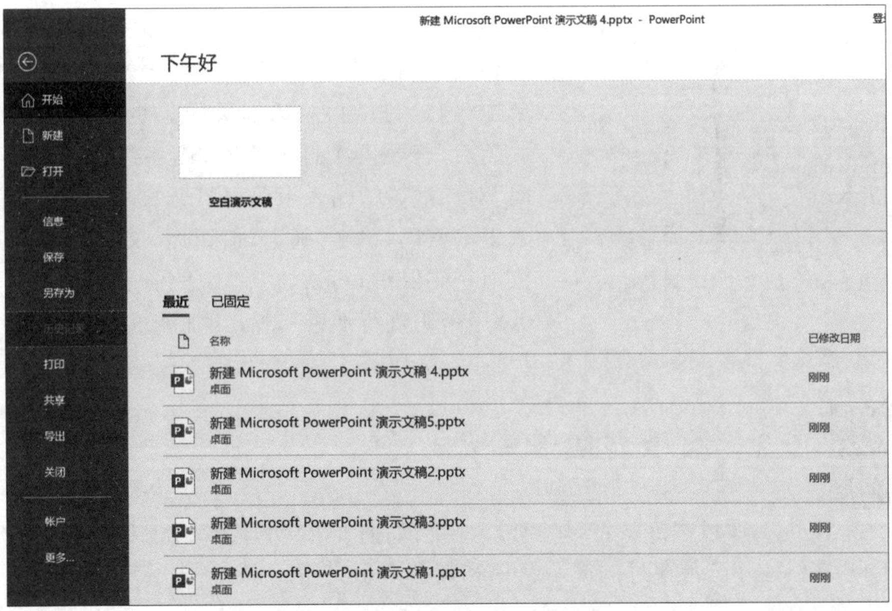

图 5-4　快速列举最近访问的演示文稿

(2) 单击“文件”→“更多”→“选项”命令，打开 PowerPoint 2016 选项对话框，在“保存”选项卡中，选中“保存自动恢复信息”，在“每隔”后的列表中原本输入的时间为“10 分钟”，用户可以输入新的时间，则系统会自动按照输入的时间间隔对文件进行保存。在“默

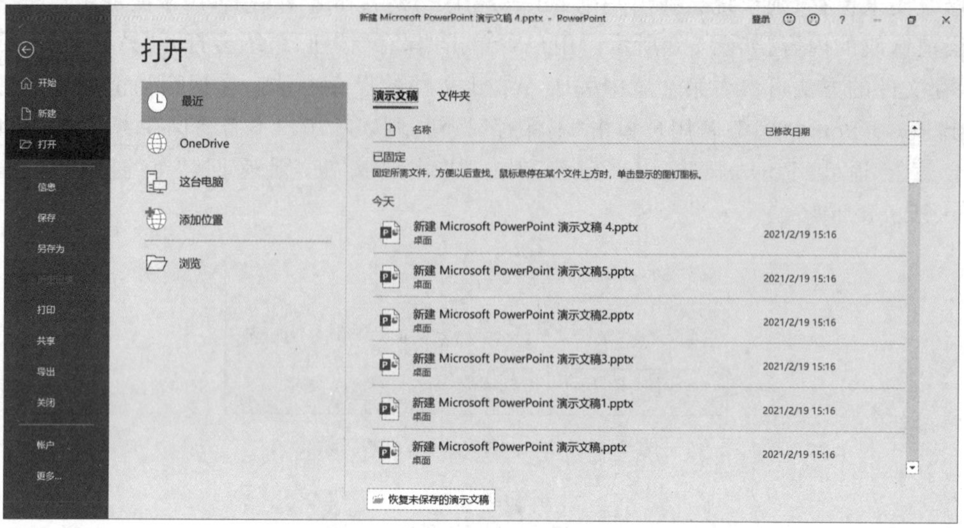

图 5-5　最近使用文件窗口

认文件位置”文本框中，可以设定一个工作目录，以后在保存文件时，如果用户没有另行设置保存路径，则系统自动将文件保存在该路径下。

(3) 单击“文件”→“信息”命令，打开有关演示文稿信息的窗口，选择“保护演示文稿”的子选项卡“用密码进行加密”，弹出“加密文档”对话框，如图 5-6 所示，输入密码，单击“确定”按钮，将会弹出“确认密码”对话框。再次输入同样密码后，单击“确定”按钮，对话框关闭。将当前文档保存并关闭后，若要再次打开文档，则系统会自动打开“密码”对话框，在“输入密码以打开文件…”文本框内输入正确密码，单击“确定”按钮后，文件才能打开。若取消密码保护，再次选择“保护演示文稿”的子选项卡“用密码进行加密”，弹出“加密文档”对话框，删除密码即可。

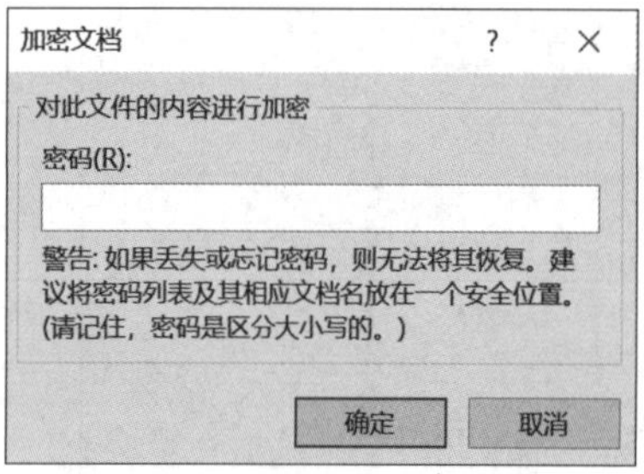

图 5-6　“加密文档”对话框

5.2　演示文稿的制作

通过本节学习，用户可以学会如何在 PowerPoint 2016 环境下创建一个新的演示文稿、打开已保存过的演示文稿和保存演示文稿。

5.2.1　创建演示文稿

创建演示文稿是在 PowerPoint 2016 中新建一个演示文稿的过程，其方法有多种，这里介绍以下两种创建演示文稿的方法。

1. 创建空演示文稿

单击“文件”→“新建”命令，在可用的模板和主题窗口中选择“空白演示文稿”，如图 5-7 所示，单击“创建”按钮，系统就创建了一个新的空白演示文稿。

图 5-7　新建空白演示文稿

2. 根据主题创建演示文稿

使用主题可以简化专业设计师水准的演示文稿的创建过程。在 PowerPoint 中使用主题颜色、字体和效果，可以使演示文稿具有统一风格。

单击“文件”→“新建”命令，如图 5-8 所示，显示了本机上已安装的主题缩略图，根据需要，选择一个主题，然后单击，系统就会创建一个基于该主题的演示文稿。

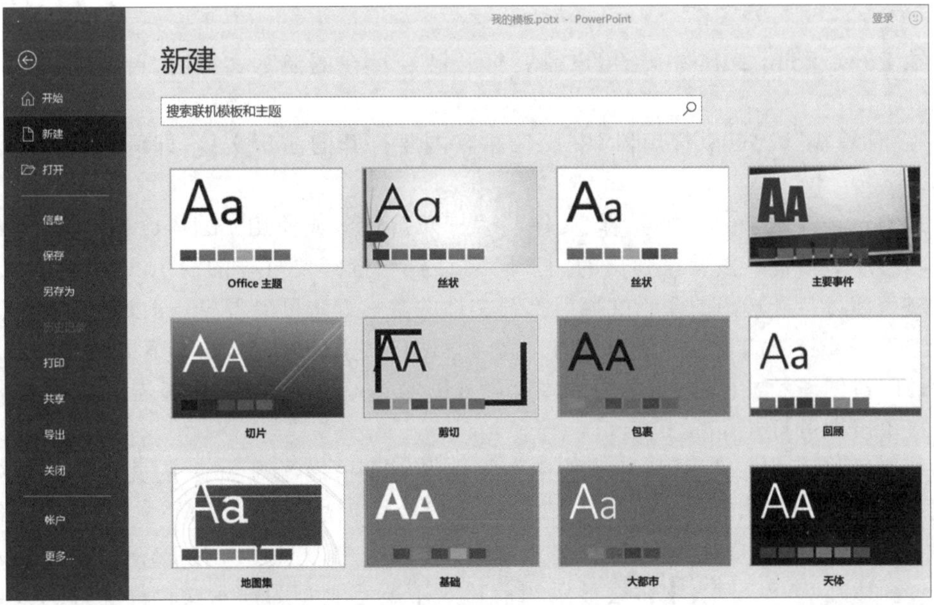

图 5-8　主题窗口

如果用户自定义了模板，并且保存了模板文档(.potx)，单击“我的模板”，在“个人模板”列表中选择一个模板，单击“新建”完成，如图 5-9 所示。

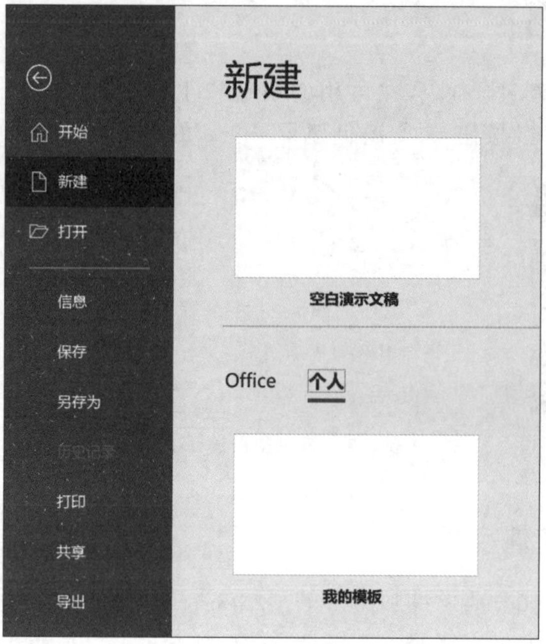

图 5-9 创建个人模板

5.2.2 打开演示文稿

在 PowerPoint 2016 中,当用户需要打开已经存在的演示文稿时,可使用以下 3 种方法。

在"计算机"或"资源管理器"中找到并双击要打开的演示文稿,即可打开这个演示文稿。

在 PowerPoint 2016 中,选择"文件"→"打开"命令,或使用 Ctrl+O 组合键,系统会弹出"打开"对话框。然后在弹出的"打开"对话框中选择要打开的演示文稿,并单击"确定"按钮,即可打开选择的演示文稿。打开文件的基本方法可参看 Word 文档的打开。

如果需要打开的是近期使用过的文稿,则可单击"文件"菜单,在本菜单的下方会出现最近访问过的演示文稿的名称,通常此处会出现 4 个文件名。若其中有需访问的文件,只要直接单击即可打开。

在选择打开文件时,要注意所选中的文件必须是扩展名为 pptx 的文件。pptx 是演示文稿文件的扩展名,若非此类文件,在 PowerPoint 中无法打开。选择"文件"→"打开"→"浏览"命令,在"打开"对话框的"文件类型"下拉列表中,选择"所有 PowerPoint 演示文稿"。此时,在"名称"列表中将会显示当前目录下所有类型为演示文稿的文件名及文件夹,如图 5-10 所示。单击选中某演示文稿文件后,右侧会显示该文件的首页预览,单击"打开"按钮,可以在 PowerPoint 2016 下打开该文件。

5.2.3 保存演示文稿

在 PowerPoint 2016 中保存文件的常用方法有如下两种。

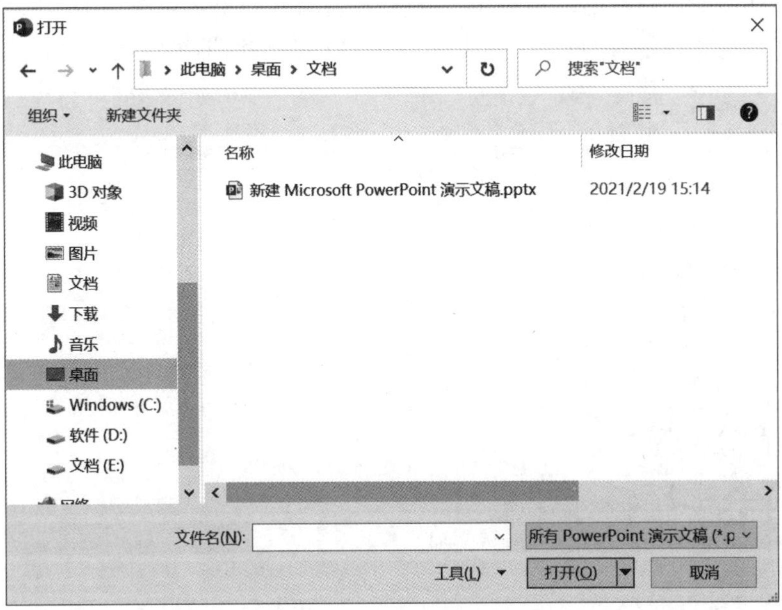

图 5-10　“打开”对话框

(1) 在 PowerPoint 2016 中，选择“文件”→“保存”命令，或使用 Ctrl+S 组合键，也可通过单击快速工具栏上的“保存”按钮，若此时当前演示文稿还未保存，则在接下来弹出的“另存为”对话框中选择保存的目录和名称，单击“确定”按钮进行保存；若当前演示文稿之前已保存过，此时则将直接以同名文件再次保存。

(2) 选择“文件”→“另存为”命令，在弹出的“另存为”对话框中选择保存的目录和名称，单击“确定”按钮后完成对当前演示文稿的保存。保存文件的基本方法可参看 Word 文档的保存。

在保存新建文件和将当前演示文稿另存为其他文件名和路径时，要确保保存文件的类型必须是扩展名为 pptx 的文件。在“另存为”对话框的“保存类型”下拉列表中，选择“演示文稿”。此时，在“文件名”列表中输入文件名，如图 5-11 所示。单击“保存”按钮，将文件以刚刚输入的文件名存在当前目录下。

5.2.4　在演示文稿中插入幻灯片

通常情况下，一个演示文稿是由许多幻灯片组成的，在制作演示文稿的过程中，用户可以根据需要在适当位置插入幻灯片。方法有以下 3 种。

1. 在“普通视图”模式中插入幻灯片

在“普通视图”模式中打开演示文稿的情况下(即 PowerPoint 2016 主界面的左下角的 图标处于激活状态)，如果需要在某张幻灯片之后插入新的幻灯片，则通过在工作区中拖曳滑动条将此幻灯片置于工作区中，然后单击“开始”，在“幻灯片”组中单击“新建幻灯片”按钮，即可插入一张新的幻灯片；或使用快捷菜单新建幻灯片，在“幻灯片”→“大纲”窗格中,选中幻灯片的缩略图或在空白位置右击,在弹出的快捷菜单中选择“新建幻灯片”选项,即创建了一张新的幻灯片;或按 Ctrl+M 组合键,即可完成插入。

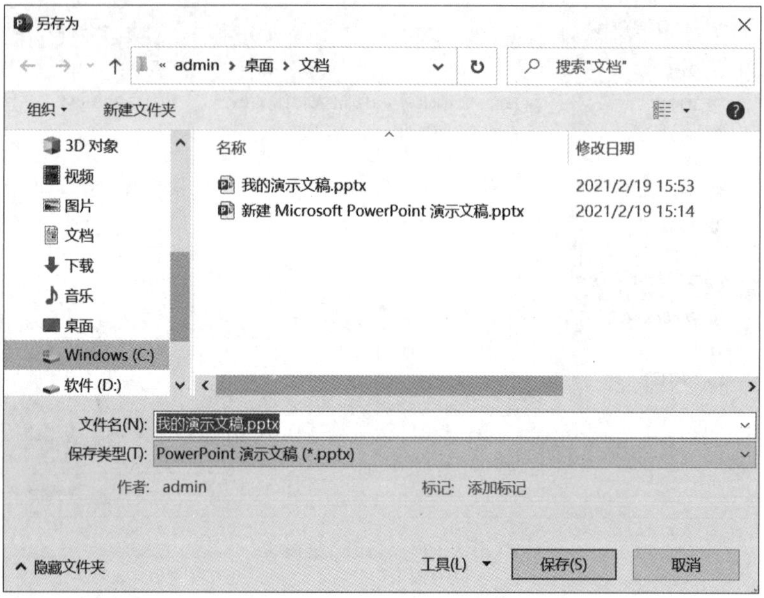

图 5-11 “另存为”对话框

2. 在“幻灯片浏览视图”模式中插入幻灯片

在“幻灯片浏览视图”模式中打开演示文稿的情况下(即 PowerPoint 2016 主界面的左下角的 图标处于激活状态),如果需要在某张幻灯片之后插入新的幻灯片,则通过在工作区中单击需要插入幻灯片的位置。例如,需要在第 2、3 张幻灯片之间插入新幻灯片,则单击第 2、3 张幻灯片之间的位置,可见有垂直竖线在闪动。然后单击“开始”,在“幻灯片”组中单击“新建幻灯片”按钮,即可插入一张新的幻灯片;或使用快捷菜单新建幻灯片,右击,在弹出的快捷菜单中选择“新建幻灯片”命令,即创建了一张新的幻灯片;或按 Ctrl+M 组合键,即可完成插入。

3. 从其他演示文稿文件中选择幻灯片插入

以上两种模式中,在选定插入位置后,均可使用“新建幻灯片”命令,再选择“重用幻灯片”选项,进入“重用幻灯片”窗口,在“从以下源插入幻灯片:”后的文本框中输入其他演示文稿的路径及名称,或通过单击“浏览”按钮,在搜寻到其他演示文稿名称后,单击“打开”按钮,选定的演示文稿将显示出来。可先单击需要插入的幻灯片,再单击“插入幻灯片”按钮,将指定的幻灯片插入当前演示文稿的指定位置;或者单击“插入所有幻灯片”按钮,将全部幻灯片插入当前演示文稿的指定位置。

5.2.5 在演示文稿中删除幻灯片

在 PowerPoint 2016 中删除幻灯片的常用方法有如下两种。

(1) 在“普通视图”模式中删除幻灯片。在窗口左侧的“大纲”区中单击选中要删除的幻灯片，然后在缩略图上右击，在弹出的快捷菜单中选择“删除幻灯片”或在“开始”界面中，在“剪切板”组中单击按钮，完成删除。

(2) 在“幻灯片浏览视图”模式中删除幻灯片。在工作区中单击选中要删除的幻灯片，然后在缩略图上右击，在弹出的快捷菜单中选择“删除幻灯片”或按 Delete 键，或在“开始”界面中，在“剪切板”组中单击按钮，完成删除。

如果要删除两张以上的幻灯片，则可选择多张幻灯片后再按 Delete 键。

5.2.6 在演示文稿中移动幻灯片

通过移动幻灯片可以实现在演示文稿中调整幻灯片次序的功能。幻灯片移动可以分别在“普通视图”模式和“幻灯片浏览视图”模式下进行。

1. 在“普通视图”模式中移动幻灯片

用户通常是在“普通视图”模式下制作演示文稿，根据需要调整幻灯片的次序是常用的功能，方法有 3 种。

(1) 在窗口左侧的“大纲”区中单击选中要移动的幻灯片，然后可用鼠标将被选中的幻灯片拖曳到指定位置。

(2) 单击选中要移动的幻灯片后，或在“开始”界面中，在“剪切板”组中选择“剪切”按钮，将待移动的幻灯片进行剪切，单击需要移动到的目标位置，出现闪烁的横线，再单击“粘贴”按钮，完成幻灯片的移动。

(3) 右击待移动的幻灯片，在弹出的快捷菜单中选择“剪切”命令，再右击要移动的目标位置，在弹出的菜单中选择“粘贴”命令完成移动。

2. 在“幻灯片浏览视图”模式中移动幻灯片

“幻灯片浏览视图”模式有利于用户从全程角度同时观看多张幻灯片。在此模式下，移动幻灯片的方法有 3 种。

(1) 在工作区中单击选中要移动的幻灯片，将被选中的幻灯片拖曳到指定位置。

(2) 单击选中要移动的幻灯片，先单击“开始”，在“剪切板”组中单击“剪切”按钮，将待移动的幻灯片进行剪切，单击需要移动到的目标位置，出现闪烁的竖线，再单击“粘贴”按钮，完成幻灯片的移动。

(3) 右击待移动的幻灯片，在弹出的菜单中选择“剪切”命令，右击目标位置，在弹出的菜单中选择“粘贴”命令完成移动。

5.2.7 在演示文稿中复制幻灯片

在 PowerPoint 2016 的“普通视图”模式和“幻灯片浏览视图”模式中，复制幻灯片的方法也有所不同。

1. 在“普通视图”模式中复制幻灯片

“普通视图”模式是制作演示文稿的常用模式,在此模式下复制幻灯片的方法有以下3种。

(1) 在窗口左侧的“大纲”区中,单击选中要复制的幻灯片,按下 Ctrl+C 键,之后单击待移动到的目标位置,出现闪烁的横线后,再按下 Ctrl+V 组合键,完成幻灯片复制。

(2) 单击选中要复制的幻灯片后,先单击“开始”,在“剪切板”组中单击“复制”按钮,将待复制的幻灯片进行复制,单击需要复制到的目标位置,出现闪烁的横线,再单击“粘贴”按钮,完成幻灯片的复制。

(3) 右击待复制的幻灯片,在弹出的菜单中选择“复制”命令,再右击要复制到的目标位置,在弹出的菜单中选择“粘贴”命令完成复制。

2. 在“幻灯片浏览视图”模式中复制幻灯片

用户可在“幻灯片浏览视图”模式下同时观看多张幻灯片。在此模式下,复制幻灯片的方法有3种。

(1) 在工作区中单击选中要复制的幻灯片,按下 Ctrl+C 键,单击待复制到的目标位置,出现闪烁的竖线后,再按下 Ctrl+V 组合键,完成幻灯片复制。

(2) 单击选中要复制的幻灯片后,先在“剪切板”组中单击“复制”按钮,将待复制的幻灯片进行复制,单击需要复制到的目标位置,可见其出现闪烁的横线,再单击“粘贴”按钮,完成幻灯片的复制。

(3) 右击待复制的幻灯片,在弹出的快捷菜单中选择“复制”命令,右击要复制到的目标位置,在弹出的快捷菜单中选择“粘贴”命令完成复制。

5.3 演示文稿的编辑

演示文稿的编辑是指用户可以根据演示的需要,在幻灯片中插入文字、图片、图像、图表和声音等对象。为加强演示效果,可以对幻灯片进行美化,设置文字颜色、字号、字形、图片的版式等。

5.3.1 幻灯片的视图

PowerPoint 2016 为了使演示文稿易于浏览、便于编辑,为用户提供了4种不同的视图方式,分别是普通视图、幻灯片浏览视图、幻灯片放映视图、浏览视图。可以单击位于演示文稿窗口底部的视图按钮,在这些视图间切换;也可以在“视图”选项卡“演示文稿视图”组中选择“普通视图”“阅读视图”“浏览视图”“幻灯片放映视图”命令。

1. 普通视图

普通视图是当前演示文稿页的编辑状态,是系统默认的视图模式,既可以输入、编辑和排版文本,也可以输入备注信息。

普通视图包含 3 个窗格：幻灯片/大纲窗格、幻灯片窗格和备注窗格。使用幻灯片/大纲窗格，可以显示编辑演示文稿的文本大纲，其中列出了演示文稿中每张幻灯片的页码、主题，以及相应的要点，可以重新排列项目符号、段落和幻灯片。使用幻灯片窗格，可以查看每张幻灯片中的文本外观，并且对其进行编辑。使用备注窗格，可以添加备注信息，对使用者起备忘、提示作用，但在实际播放时观众是无法看到备注栏中的信息的。拖动窗格的分隔条可以调整各个窗格的大小。

在普通视图下又分为大纲视图和幻灯片视图两种。

1）大纲视图

利用大纲视图，可以看到整个演示文稿中各张幻灯片的主要内容。大纲视图与普通视图比较类似，只是大纲窗格变得比较大，而幻灯片窗格缩小显示在窗口的右上方。因此，用户就不会过分注意幻灯片的外观，而是集中精力来编写演示文稿的大纲结构。

在大纲视图中，可以改变标题和文本的级别、改变标题的顺序等。

2）幻灯片视图

在幻灯片视图中，整个窗口的主体被幻灯片的编辑窗格所占据，仅在左边按顺序排列各张幻灯片的按钮。

幻灯片视图适合对具体某张幻灯片的内容进行编排，如设置文本的格式、设置幻灯片背景颜色，插入各种图片、图表和表格等。

2. 幻灯片浏览视图

在幻灯片浏览视图中，可以看到整个演示文稿的外观。另外，还可以使用添加、移动或删除幻灯片等功能方便地对幻灯片进行次序调整及其他编辑工作。

在幻灯片浏览视图中，可以使用“幻灯片浏览”工具栏中的按钮来设置幻灯片的放映时间、选择幻灯片的动画切换方式等。

3. 阅读视图

阅读视图是以在窗口形式查看幻灯片制作完成后放映的效果。如果希望在一个设有简单控件以方便审阅的窗口中查看演示文稿，而不想使用全屏的幻灯片放映视图，可以在自己的计算机上使用阅读视图。如果要更改演示文稿，则可随时从阅读视图切换至某个其他视图。

4. 幻灯片放映视图

在幻灯片放映视图中，屏幕上的 PowerPoint 标题栏、快速工具栏、功能区和状态栏均隐藏起来，只剩下整张幻灯片的内容占满屏幕，这其实就是在计算机屏幕上放映幻灯片时的效果。

在放映幻灯片时，每单击一次，即可更换显示下一张幻灯片。当所有的幻灯片放映结束时，再次单击，即可返回到普通的编辑窗口中。另外，用户还可以给幻灯片中的对象设置动画效果或者插入声音和视频等多媒体对象，使得演示过程更加生动，能够激起观众的兴趣。

5. 备注页视图

在备注页视图中,可以输入演讲者的备注。其中,幻灯片缩略图的下方带有备注页方框,可以通过单击该方框来输入备注文字。当然,用户也可以在普通视图中输入备注文字。

6. 母版视图

母版视图包括幻灯片母版、讲义母版和备注母版。它们是存储有关演示文稿信息的主要幻灯片,其中包括背景、颜色、字体、效果、占位符大小和位置。使用母版视图的一个主要优点在于,在幻灯片母版、备注母版或讲义母版上,可以对与演示文稿关联的每张幻灯片、备注页或讲义的样式进行全局更改。

5.3.2 幻灯片中插入及编辑对象

一个演示文稿在制作过程中,用户为说明制作意图,可能需要在幻灯片中添加各种对象,包括文字、表格、剪贴画、图片、艺术字、音频和视频等,并对其进行编辑。这些对对象的插入及编辑过程需要在普通视图模式下进行。

1. 插入及编辑文本

1) 插入文本

用户可以通过插入文本在幻灯片中输入文字。在幻灯片中输入文本有两种途径:在文本占位符中输入文本和在文本框中输入文本。这两种方式分别可以利用现有的版式和文本框进行文字输入。

(1) 在文本占位符中输入文本。

PowerPoint 为用户提供了多种幻灯片的版式,其中绝大部分版式中都有可以输入文本的“文本占位符”。右击幻灯片,在弹出的快捷菜单中选择“版式”命令,在窗口右侧出现“Office 主题”任务窗格。在其中单击有文字点位符的版式。例如,单击“两栏内容”版式幻灯片,其版式出现在当前幻灯片中,如图 5-12 所示。

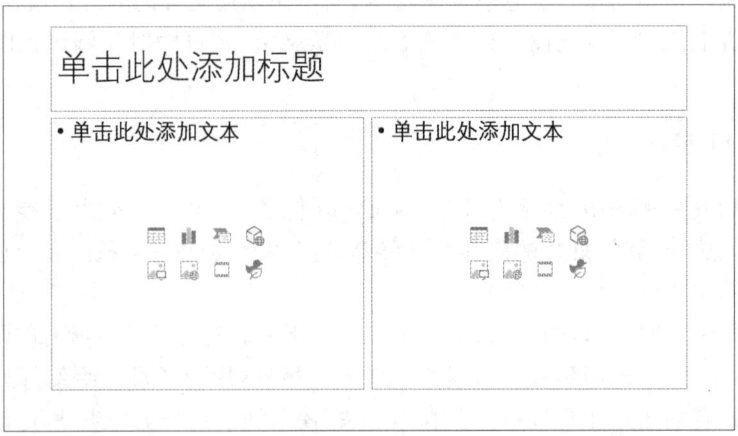

图 5-12 两栏内容版式

图中虚线框内就是占位符，在有“单击此处添加标题”和“单击此处添加文本”提示文字的地方即是文字占位符，在这些框内可以放置标题或正文。操作方法如下。

单击“单击此处添加标题”和“单击此处添加文本”框内的提示文字，文字消失并出现闪烁光标，占位符的虚线边框变为斜线边框。在闪烁的光标处输入或粘贴文本，如图 5-13 所示。

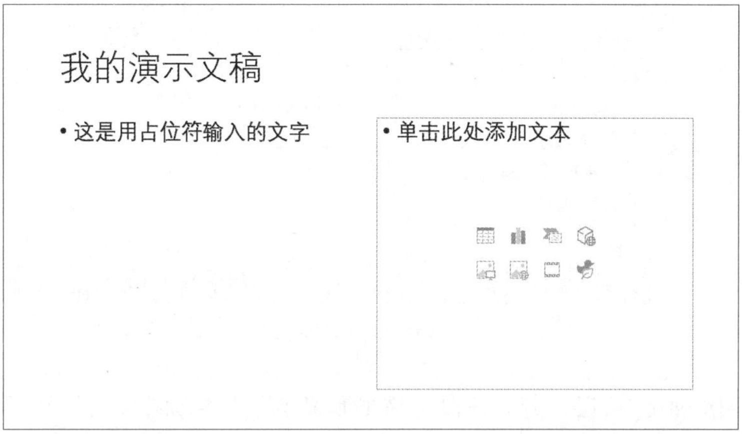

图 5-13　在占位符位置输入文字

(2) 在文本框中输入文本。

如果用户需要在没有占位符的地方输入文本，可使用文本框进行输入。操作步骤如下。

单击“插入”选项卡下“文本”组中的“文本框”按钮，或单击“文本框”按钮下的下拉按钮，从中选择要插入的文本框为横排文本框或垂直文本框，然后在幻灯片的编辑区中按下鼠标左键并拖曳后，在出现的文本框中即可输入文字。

也可单击“开始”选项卡，在“绘图”组中的工具栏中选择“横排文本框”按钮，或“垂直文本框”按钮，再在幻灯片的编辑区中按下鼠标左键并拖曳后，在出现的文本框中即可输入文字。

2) 编辑文本

用户对已输入的文字需要进行设置，例如，当改变字体、字号和对齐方式等时，可对现有的文字进行编辑。

(1) 设置文本字体、字形、字号、颜色及效果。

单击需要设置的文本所在的文本框，或选中整个需要设置的文本，单击“开始”，再单击“字体”组右下角的按钮，打开“字体”对话框，如图 5-14 所示。在该对话框中可以通过在“中文字体”“西文字体”“字体颜色”下拉列表中选中中文字体、西文字体及颜色分别设置文本中中文和西文的字体及颜色。在“字体样式”“大小”列表中选择需要的字形及字号，设置文本的字体样式和大小。

若需要对文本进行进一步美化，可在“效果”栏中通过单击选中复选框，为文本设置“下画线”“阴影”“阳文”，若选择“上标”或“下标”，则同时在“偏移”列表中设置偏移量。设

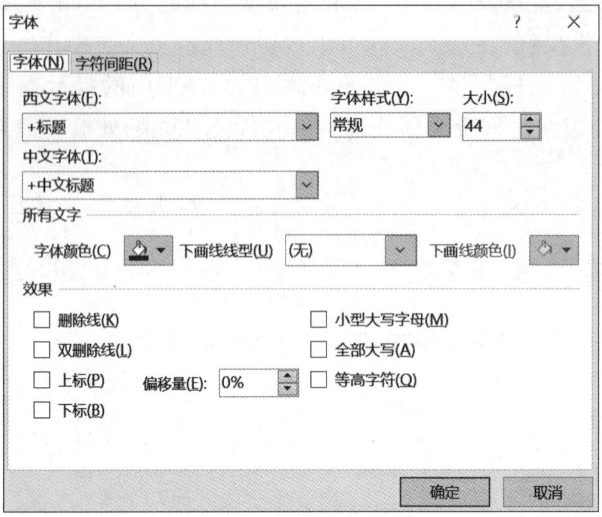

图 5-14 “字体”对话框

置完毕后，单击“确定”按钮。若有一段中文的设置为“楷体、加粗倾斜、20、下画线”，其效果如图 5-15 所示。

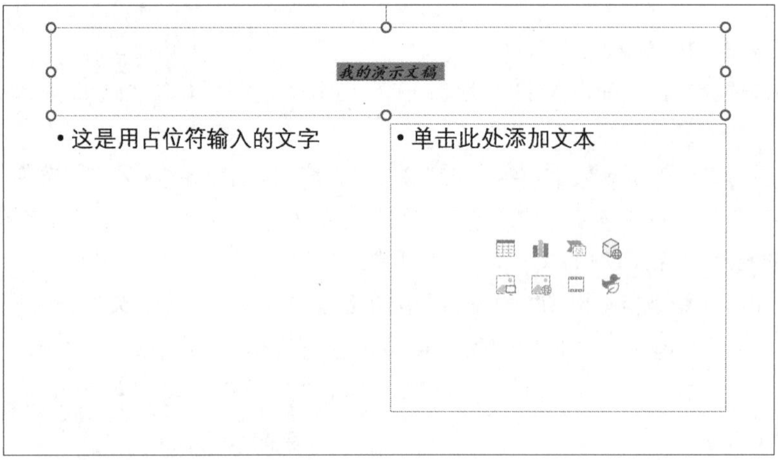

图 5-15 字体设置效果

文本的字体、字形及字号设置也可在选中所要设置的文字之后，通过在“字体”组中选择“字体”栏设置字体，如图 5-16 所示。使用“字号”栏设置字号，如图 5-17 所示，通过单击字形按钮 B I U S 上的不同按钮分别为文字设置加粗、倾斜、下画线、阴影 4 种效果。通过单击“字体颜色”按钮打开字体颜色设置对话框，单击其中的某个颜色为选中的文本设置颜色。

(2) 设置对齐方式。

选择需要设置的文本后，直接使用对齐按钮。通过单击其中的按钮，可分别将文本设置为“左对齐”“居中”“右对齐”“两端对齐”“分散对齐”。根据选项，文本将出现

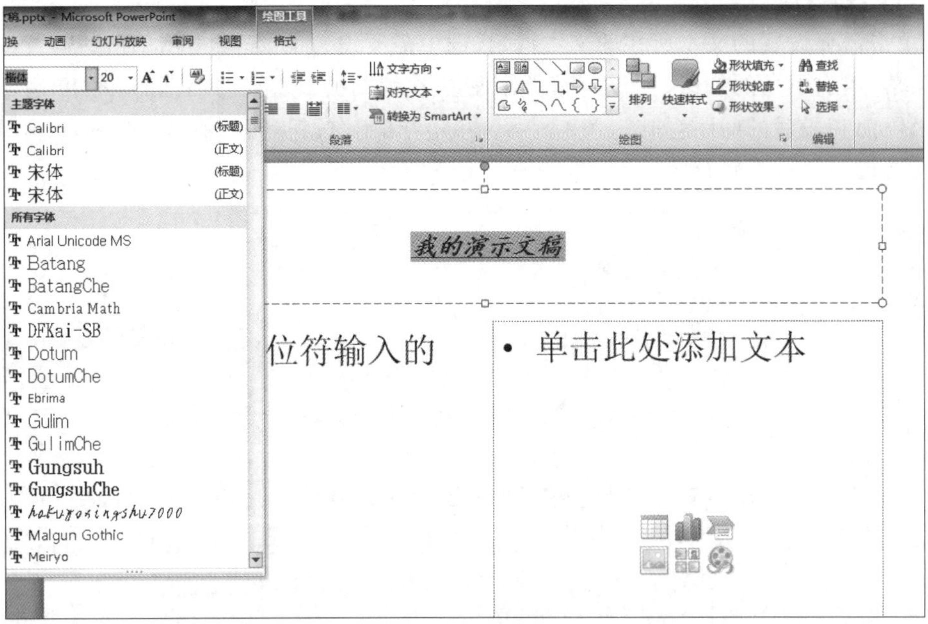

图 5-16 设置字体

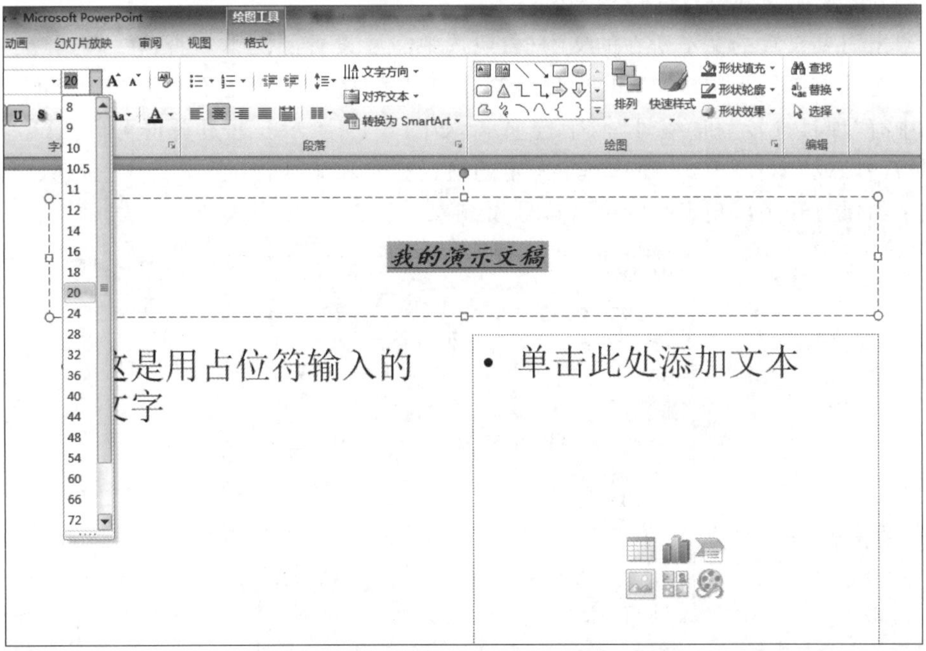

图 5-17 设置字号

不同的对齐方式。

也可以选中需要设置的文本本身，单击“开始”选项卡的“段落”组右下角的按钮，打开“段落”对话框，在“常规”区域选择相应的对齐方式，如顶端对齐、居中、两端对齐、分散对齐。

(3) 设置行距。

单击需要设置的文本所在的文本框,或选中需要设置的文本本身,单击“开始”选项卡下“段落”组右下角的按钮,打开“段落”对话框,在弹出的“段落”对话框的“间距”区域选择行距、段前和段后的间距,如图 5-18 所示。单击“确定”按钮,完成设置。或直接使用行距按钮,通过单击可设置行距。

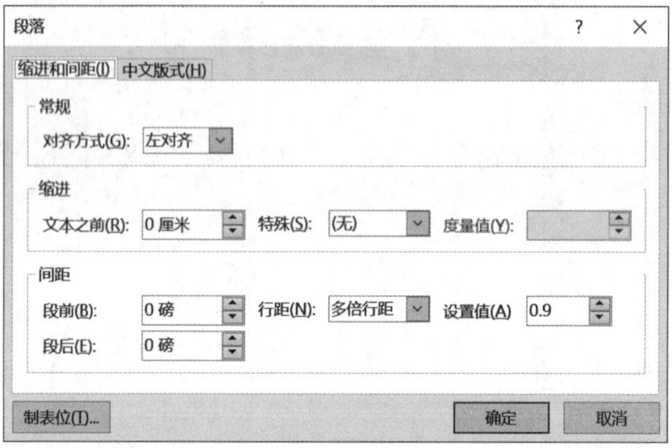

图 5-18 “段落”对话框

(4) 设置项目符号与编号。

单击需要设置的文本所在的文本框,或选中需要设置的文本本身,在“段落”组中,选择项目符号按钮的下拉按钮,单击“项目符合和编号”命令,在弹出的“项目符号和编号”对话框中有“项目符号”和“编号”两个选项卡,如图 5-19 所示。通过单击可以激活相应的“项目符号”或“编号”模式,在选择了一定的项目符号和编号后,单击“确定”按钮。可见所选文字的每行开头出现定义的项目符号和编号。

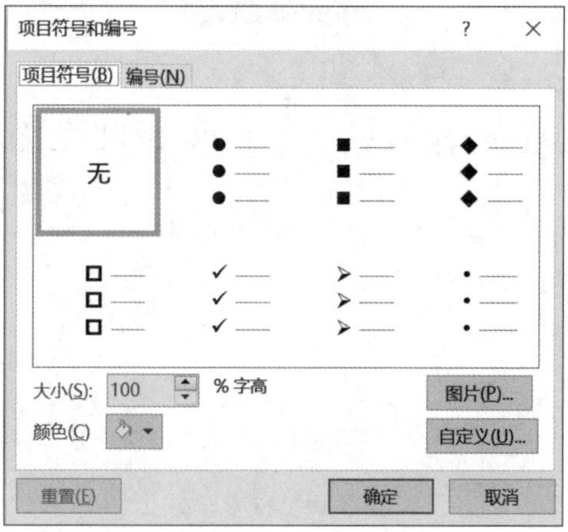

图 5-19 “项目符号和编号”对话框

用户可以进一步对项目符号与编号进行设置。在“项目符号和编号”对话框中选中某“项目符号”或“编号”后,可以在“大小”一栏设置添加对象的高度,在“颜色”下拉列表中可以选择某颜色作为添加对象的颜色。

(5) 设置文本框。

通过双击文本框,或右击文本框,在弹出的快捷菜单中选择“设置形状格式”命令,可以设置文本框格式。

单击“填充与线条”按钮,如图 5-20 所示。在“填充”一栏的下拉列表中有“无填充”“纯色填充”“渐变填充”“图片或纹理填充”“图案填充”“幻灯电背景填充”等,若单击“无填充”单选按钮,则清除文本框的填充颜色。若单击“纯色填充”单选按钮,显示“颜色”菜单,在其中选择标准色或自定义颜色,还可以设置填充色的透明度。若单击“渐变填充”单选按钮,可设置精美的渐变效果。若单击“图片或纹理填充”单选按钮,或插入来自文件的图片、本机的剪贴画或粘贴板上的图片,并在“纹理”菜单中,可选择一种纹理效果。若单击“幻灯片背景填充”单选按钮,可将当前幻灯片背景填充到形状中。

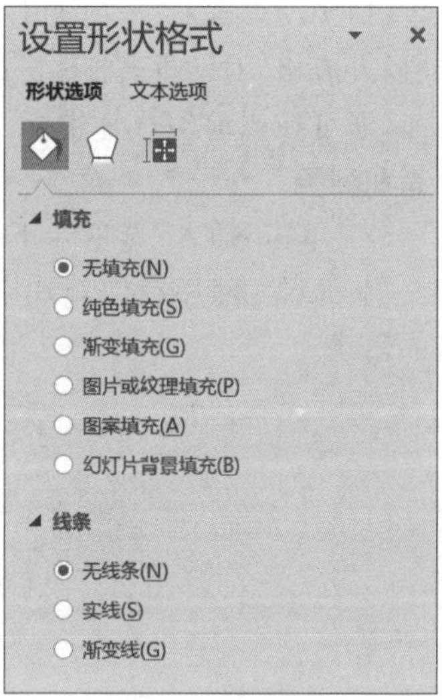

图 5-20　填充设置

单击“效果”按钮,如图 5-21 所示,通过“阴影”可以设置文字的效果。

单击“大小与属性”按钮,如图 5-22 所示,可以设置大小和位置,在“文本框”一栏中,还可以设置“上”“下”“左”和“右”边距。选中“形状中的文字自动换行”前的复选框,可以使得文字的输入在碰到文本框的边界时自动换行。选中“根据文字调整形状大小”前的单选按钮,可以在文字输入超过文本框边界时,自动调整文本框边界以适应文字。

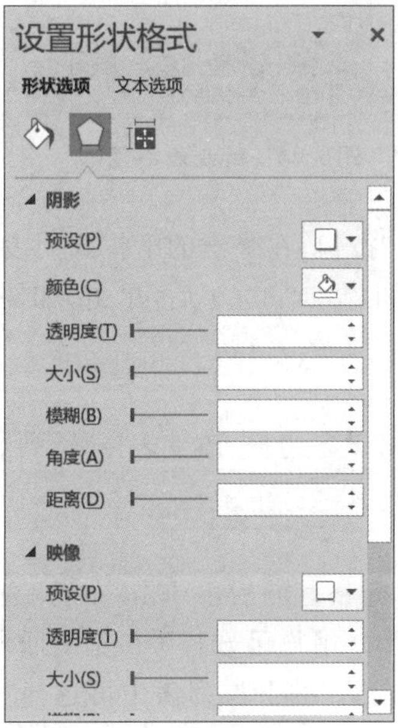

图 5-21　效果设置

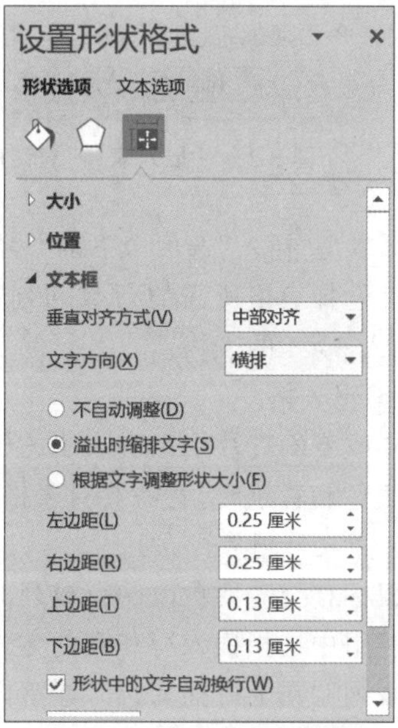

图 5-22　大小与属性设置

2. 插入及编辑表格

1) 插入表格

在制作幻灯片过程中常常需要用表格来表示数据,用户可以通过 3 种不同的方式插入表格。

(1) 单击“插入”选项卡下的“表格”组中的“表格”下拉按钮,选择“插入表格”命令,弹出“插入表格”对话框,如图 5-23 所示,在其中输入要插入表格的行数与列数,单击“确定”按钮,即可在当前幻灯片中插入对应的表格。在表格插入后,可单击或拖曳鼠标调整表格行高和列宽。

(2) 单击“插入”选项卡下的“表格”组中的“表格”下拉按钮,选择“绘制表格”命令,如图 5-24 所示。然后在幻灯片空白位置处单击,拖动画笔,然后到合适位置释放,即完成表格的创建。

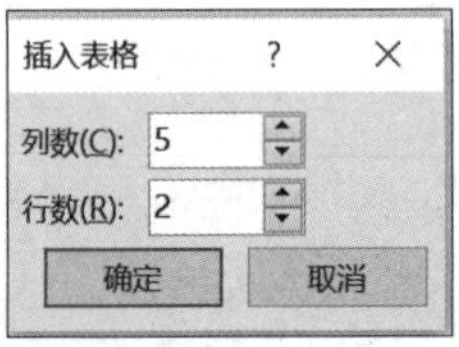

图 5-23 “插入表格”对话框

图 5-24 绘制表格菜单

(3) 单击“插入”选项卡下的“表格”组中的“表格”按钮,在弹出的下拉式列表中,用鼠标指向并选择表格所需的行数和列数,再单击。例如,指向 3×4 后,单击,如图 5-25 所示,则插入 3×4 的表格。

2) 编辑表格

需要改变幻灯片中已有表格的样式,例如,为表格设置边框、改变表格行、列数或为表格添加底色和背景时,就需要对表格进行编辑。

(1) 插入与删除行、列。

将鼠标移至需要更改的行或列的位置,单击该单元格。然后再单击“布局”选项卡,在“行和列”组中选择插入行和列的方式,如图 5-26 所示。用户可选择“在左侧插入列”“在右侧插入列”“在上方插入行”“在下方插入行”。在“删除”的下拉列表中可选择“删除列”“删除行”“删除表格”等命令。

也可用鼠标选中某行或某列,然后右击,如图 5-27 所示。从弹出的快捷菜单中选择

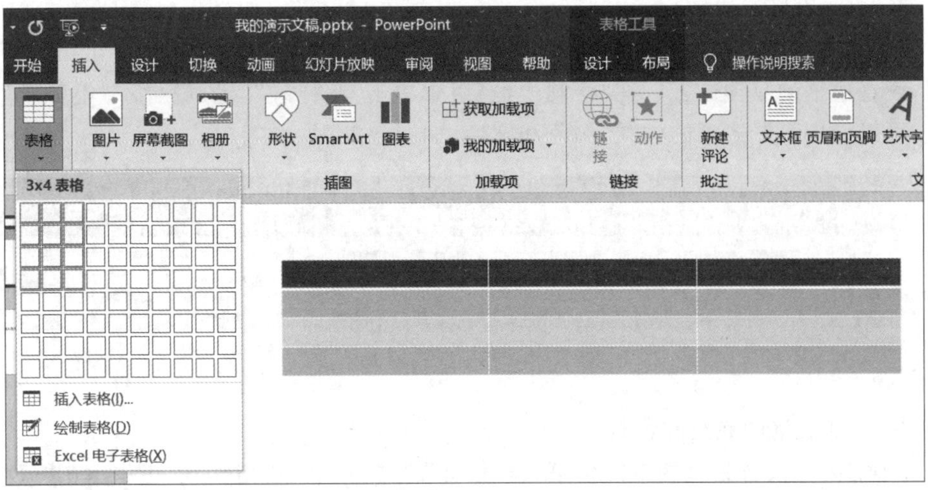

图 5-25 建立 3×4 的表格

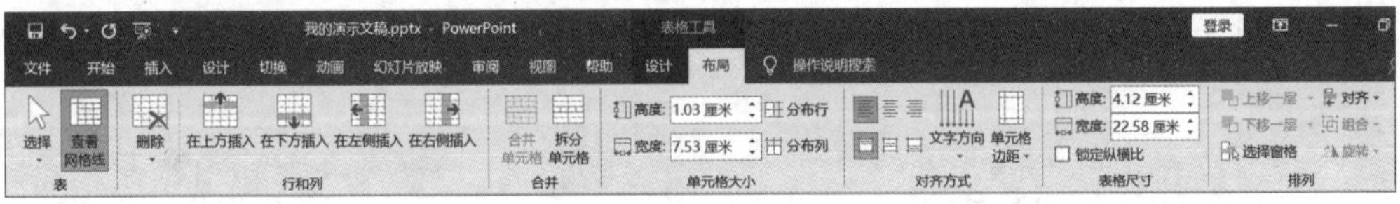

图 5-26 插入行和列选项

“插入行”“删除行”“插入列”“删除列”等命令。

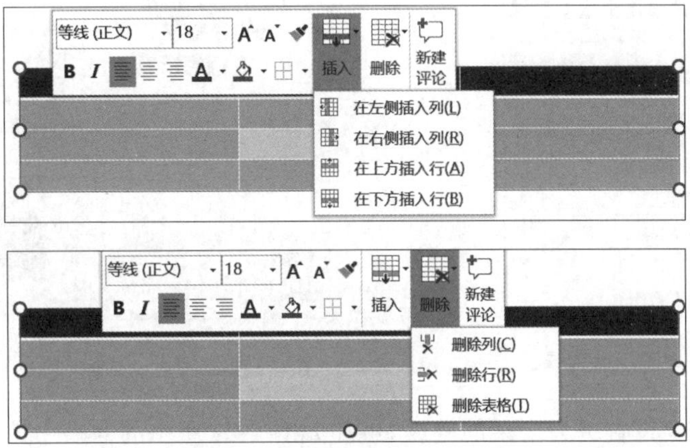

图 5-27 插入、删除行或列菜单

(2) 更改行宽和列高。

将鼠标在表格的横线或纵线上移动，当鼠标变为↔或↕时，按下鼠标左键手动调整表格的横线或纵线到适当的位置松开左键，即可更改行高或列宽。

若要平均分布行高或列宽，可以单击表格的任意一处，然后单击“布局”选项卡，在“单元格”组中选择平均分布行高按钮或平均分布列宽按钮，即可均匀分布行高或列宽。

(3) 编辑表格的边框。

选中需要更改边框的单元格,单击“设计”选项卡,在“表格样式”组中单击“边框”下拉按钮,设置边框的具体位置。在“绘制边框”组中单击“笔样式”“笔画粗细”“笔颜色”下拉按钮,可以分别设置边框的样式、颜色和宽度,如图 5-28 所示。

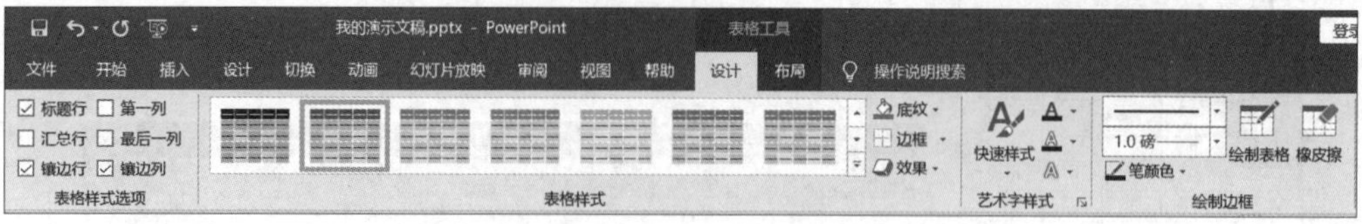

图 5-28　绘制边框

(4) 添加表格的底纹和背景。

选中需要更改背景色的单元格,单击“设计”选项卡,在“表格样式”组中单击“底纹”下拉按钮,设置背景色,如图 5-29 所示。在“主题颜色”中选择所需颜色。或者单击“其他填充颜色”命令,打开“颜色”对话框,如图 5-30 所示,单击选中所需颜色后,再单击“确定”按钮,为表格填充背景色。

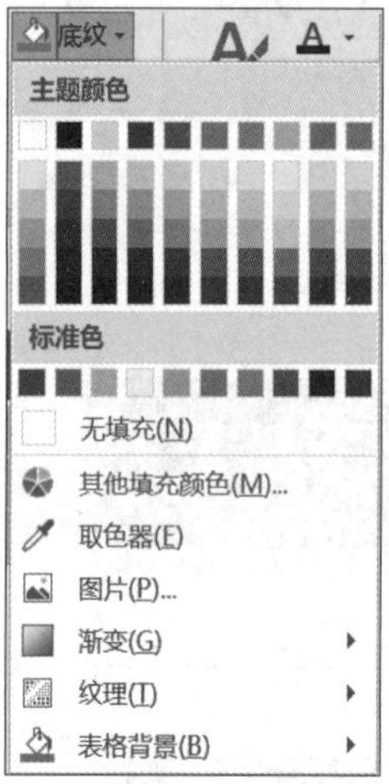

图 5-29　设置底纹

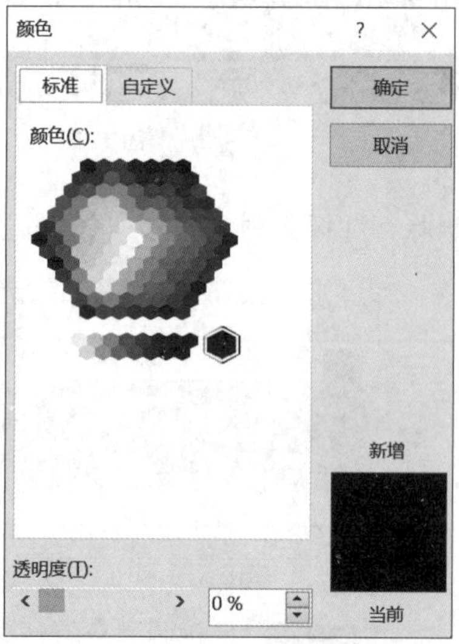

图 5-30　“颜色”对话框

如果用户需要设置更为复杂的底纹,可在如图 5-29 所示的列表中选择“图片”“渐变”“纹理”“表格背景”4 个选项卡来进行各种设置,组合成不同的底纹效果。

3. 插入图片

当需要在幻灯片中添加图片时,可单击“插入”,在“图像”组中选择“图片”命令,此时会弹出“插入图片”对话框,在其中选择或查找到要插入的图片后,单击“确定”按钮,即可将选中的图片插入幻灯片中。

也可以为幻灯片选择一个带有图片的版式。在版式中单击图片占位符,即可打开一个“插入图片”对话框，如图 5-31 所示。在其中选择需要插入的图片，单击“确定”按钮，可将选择的图片插入幻灯片中图片占位符的位置。

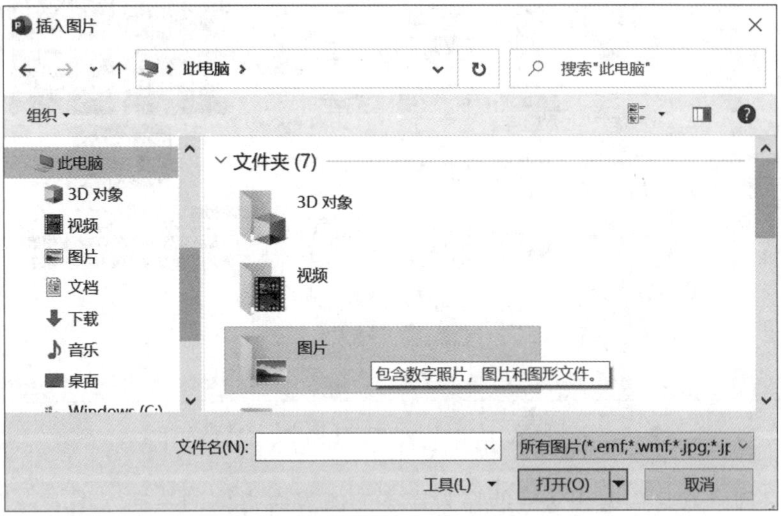

图 5-31 “插入图片”对话框

4. 插入图形

1) 插入自选图形

PowerPoint 2016 提供了丰富的自选图形，包括线条、连接线、基本形状、箭头总汇、流程图、星与旗帜和标注七大类符号，用户可以使用自选图形轻松地画出各种图形。

单击“插入”，在“插图”组中选择“形状”命令，在其子菜单中单击选择需要的图形符号。鼠标变为“＋”形，然后在需要画图的起始位置按下鼠标左键，拖曳到预期结束图形的位置，松开左键，完成插入。

常用自选图形，如直线、箭头、矩形和椭圆等的插入也可以通过单击“新建绘图画布”按钮后，再进行绘制。

2) 插入 SmartArt 图形

PowerPoint 2016 增加了一个 SmartArt 图形工具。SmartArt 图形主要用于演示流程、层次结构、循环或关系。

单击“插入”，在“插图”组中单击 SmartArt 按钮，弹出“选择 SmartArt 图形”对话框，如图 5-32 所示，可看到内置的 SmartArt 图形库，其中提供了不同类型模板，有列表、流程、循环、层次结构、关系、矩阵、棱锥图和图片八大类。

5. 添加图表

与文字和数据相比，图表较为直观且更容易让人理解，在幻灯片中插入图表可以取代用数据和文字的对比说明，显示效果更加清晰。

1) 插入图表

在幻灯片中插入所需的图表，通常是通过在系统提供的样本数据表中输入自己的数

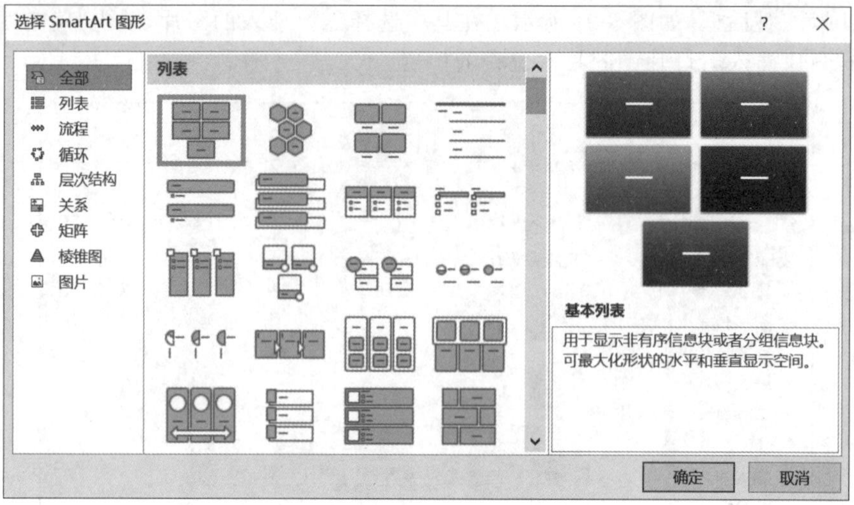

图 5-32 “选择 SmartArt 图形”对话框

据,由系统自动修改与数据相对应的作为样本的图表而得到的。插入图表一般有两种情况:一种是为有图表占位符的幻灯片添加图表,另一种是为无图表占位符的幻灯片添加图表。

(1) 为有图表占位符的幻灯片添加图表。为新建的幻灯片选择一种含有图表占位符的自动版式,然后按照提示,单击图表占位符。在弹出的“插入图表”对话框中,选择“柱形图”区域的“簇状柱形图”,然后单击“确定”按钮。系统自动弹出 Excel 界面,在单元格中输入相关数据,如图 5-33 所示。输入完毕后,关闭 Excel 表格,即可在幻灯片中插入一个柱形图。

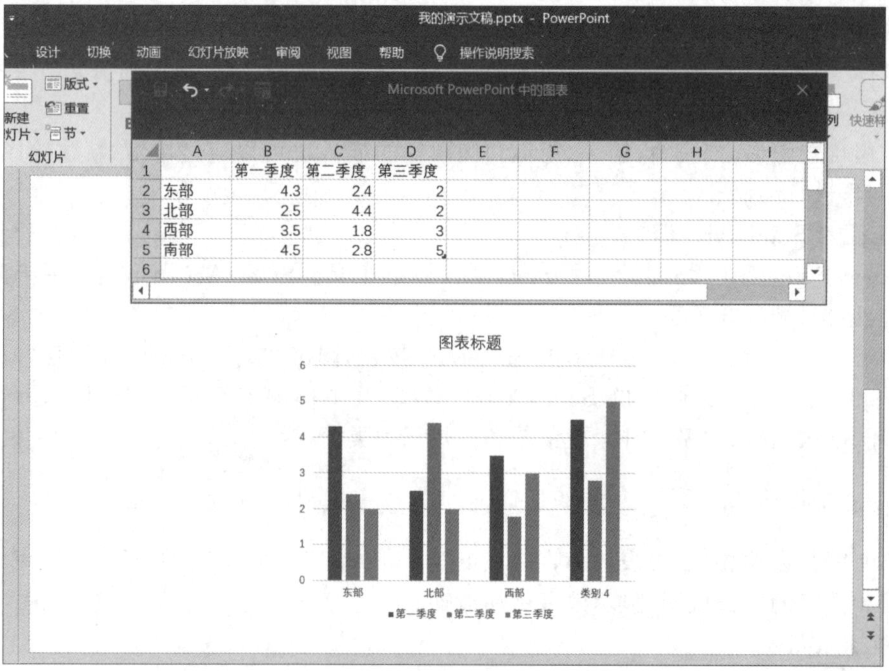

图 5-33 添加图表

(2) 为没有图表占位符的幻灯片添加图表。在幻灯片视图下，可单击“插入”，在“插图”组中单击“图表”按钮，在弹出的“插入图表”对话框中，选择“柱形图”区域的“簇状柱形图”，然后单击“确定”按钮。系统自动弹出 Excel 界面，在单元格中输入相关数据，输入完毕后，关闭 Excel 表格，即可在幻灯片中插入一个柱形图，如图 5-33 所示。

不论采用上述哪种方法，都可启动 Microsoft Graph，并在当前幻灯片中显示一个与上面一样的样本图表和数据。

2) 修改图表

对图表的修改是通过对图 5-33 所示的图中的数据表输入数据、更改项目名称和数据名来完成的。

单击数据表的某个单元格，使其中的标签被黑框包围，表示该单元格被选中。在单元格中输入要替换的内容，单击该单元格以外的地方，图表的显示即可修改。例如，将图表第一列的字段名改为“2017 年”“2018 年”“2019 年”“2020 年”，第一行的字段名改为“生活支出”“旅行支出”“娱乐支出”，如图 5-34 所示。

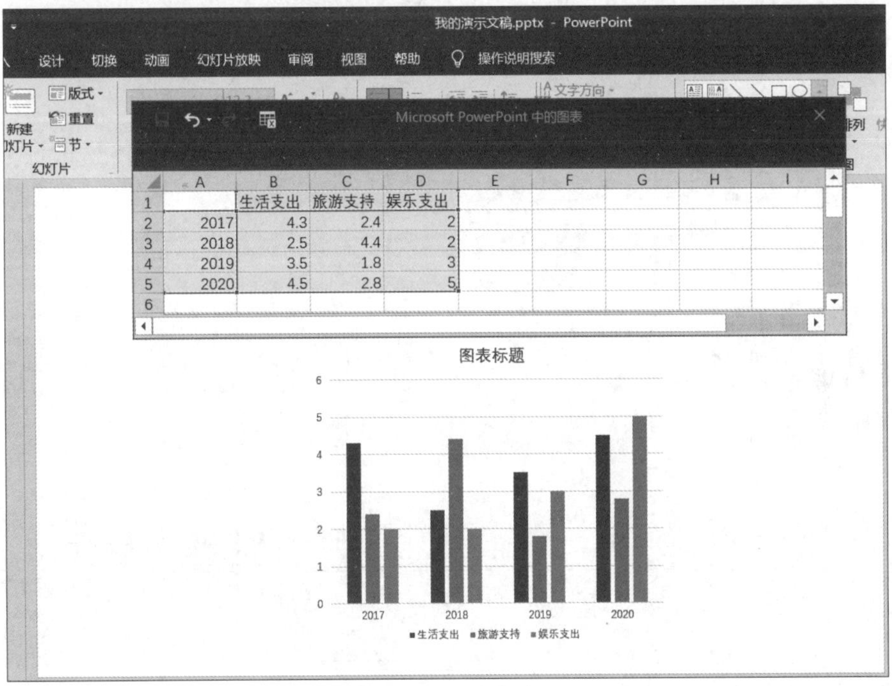

图 5-34 修改图表

单击数据表右上角的“关闭”按钮，则图表数据修改为新数据。如需再次修改图表数据，则右击图表，在弹出的快捷菜单中选择“编辑数据”，即可打开其数据表，进行重新输入。

用户可根据需要为幻灯片插入不同类型的图表，如柱形图、饼图等。要改变图表类型，则右击图表，在弹出的快捷菜单中选择“更改图表类型”，如图 5-35 所示。打开“更改图表类型”对话框重新选择图表的样式。例如，选择“饼图”，如图 5-36 所示。单击“确定”按钮后，幻灯片中的图表将以饼图形式显示，如图 5-37 所示。

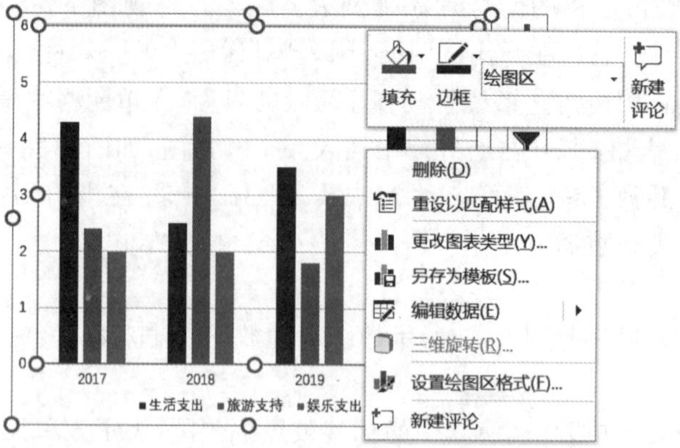

图 5-35 设置图表类型菜单

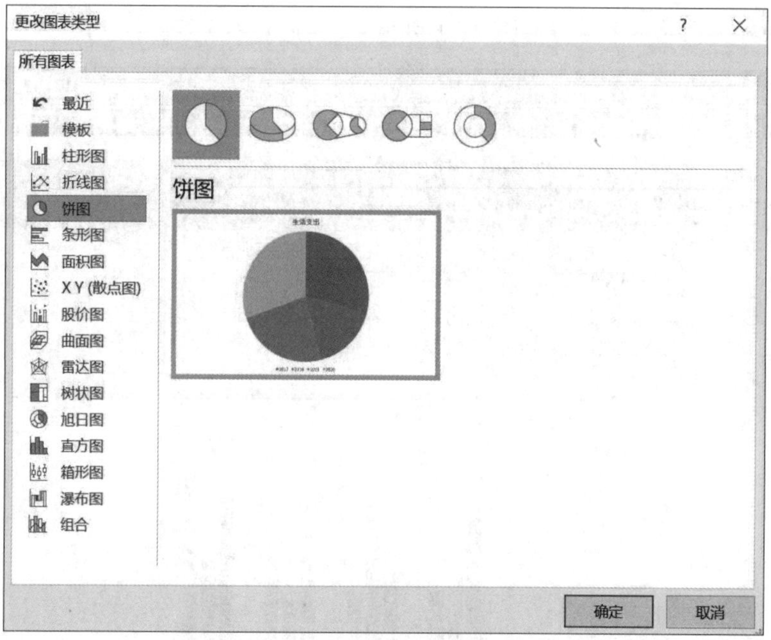

图 5-36 “更改图表类型”对话框

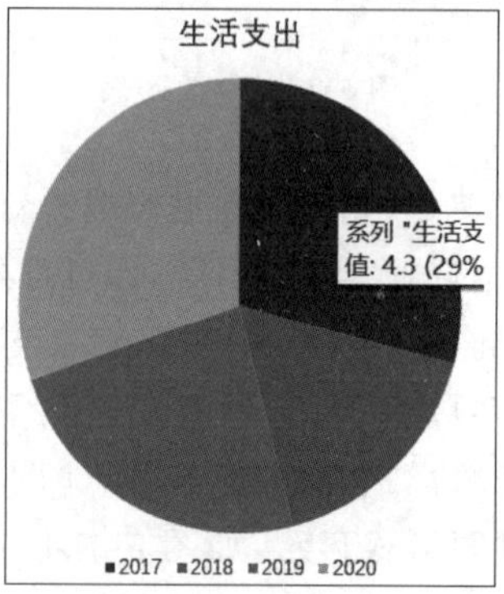

图 5-37 饼图图表

6. 插入和编辑艺术字

用户可以在幻灯片中对某些特定的文字使用艺术字体，对艺术字体设置样式、大小和格式等，制作出样式丰富、漂亮的标题。

1）插入艺术字

单击“插入”，在“文本”组中单击“艺术字”按钮，在下拉列表中选择某种艺术字字体，如图 5-38 所示。

单击选择其中的某种艺术字字体后，接下来弹出一栏“请在此放置您的文字”，如图 5-39 所示。可删除原有“请在此放置您自己的文字”，并输入新的文字，此时在工作区的幻灯片上会出现刚输入的艺术字。

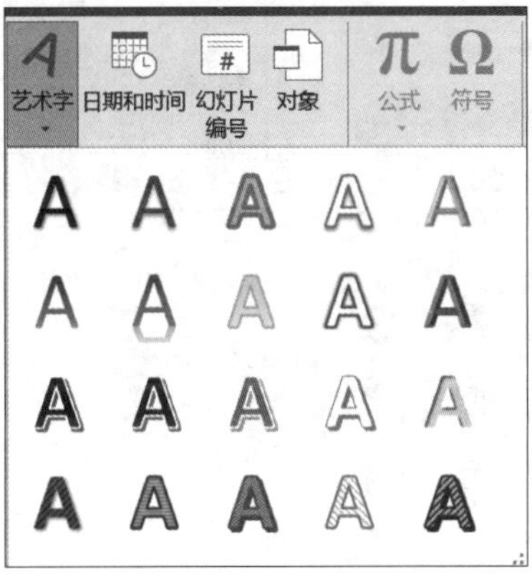

图 5-38　艺术字库

图 5-39　编辑艺术字

2）编辑艺术字

用户可以对幻灯片中已插入的艺术字进行修改，包括文字的内容、样式、格式、字形等。

（1）更改文字。

选中要修改的艺术字，单击“开始”，使用“字体”组中的各个选项进行字体、字号设置。

（2）更改艺术字的样式。

选中要修改的艺术字，单击“格式”，使用“艺术字样式”组中的“其他”按钮，在弹出的下拉菜单中可以对艺术字样式进行重新设置。

单击“艺术字样式”组中的“文本填充”按钮右侧的下拉按钮，弹出相应的下拉菜单，可以用来设置填充文本的颜色、图案等，如图 5-40 所示。

单击“艺术字样式”组中的“文本轮廓”按钮右侧的下拉按钮，弹出相应的下拉菜单，可以用来设置文本轮廓的颜色、粗细、线型等，如图 5-41 所示。

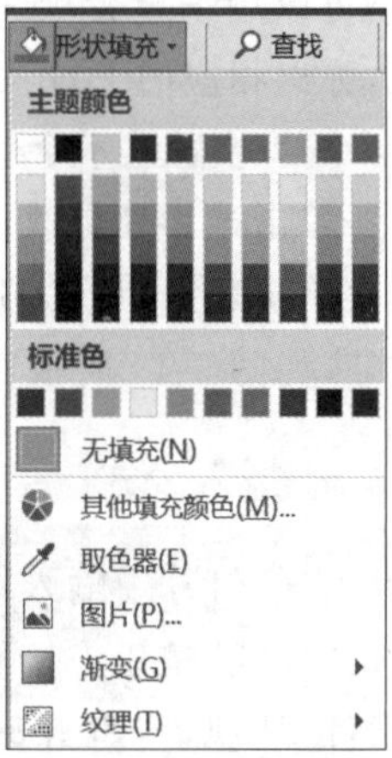

图 5-40　设置文本填充

单击“艺术字样式”组中的“文本效果”按钮右侧的下拉按钮，弹出相应的下拉菜单，用户可在其中选择艺术字各种效果，如图 5-42 所示，用来设置阴影、映射、发光、三维效果等。

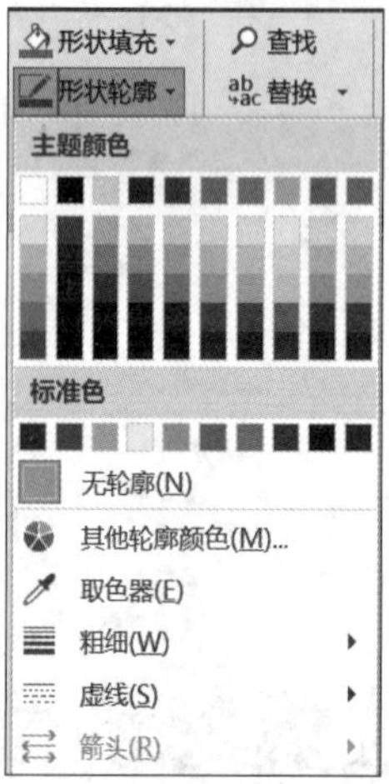

图 5-41 设置文本轮廓

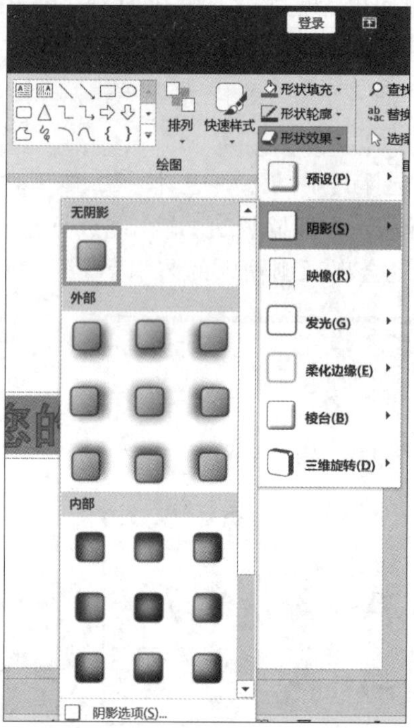

图 5-42 设置文本效果

(3) 更改艺术字形状。

单击选中要更改的艺术字，单击“格式”，使用“形状样式”组中的“其他”按钮，在弹出的下拉菜单中对整个形状进行重新设置；使用“形状样式”组中的“形状填充”按钮，弹出相应的下拉菜单，可以用来设置填充的颜色、图案等；使用“形状样式”组中的“形状轮廓”按钮，可以用来设置填充轮廓的颜色、粗细、线型等；使用“形状样式”组中的“形状效果”按钮，弹出相应的下拉菜单，用户可在其中选择整个形状的各种效果。

(4) 设置艺术字的对齐方式。

单击选中要更改的艺术字，单击“格式”，使用“排列”组中的“对齐”按钮，在弹出的下拉菜单中选择对齐方式。也可以右击“设置形状格式”，单击“文本选项”下的“文本框”按钮，如图 5-43 所示，可以设置文字对齐方式，还可以设置文字方向、间距、分栏等。

7. 插入公式

在幻灯片中输入格式较为复杂的公式时，需要编写公式，单击“插入”，单击“符号”组中的“公式”按钮。接下来弹出一栏“在此处键入公式。”文字，功能区出现“公式工具”的“设计”选项卡，如图 5-44 所示。然后在“设计”选项卡下的“结构”组中，单击所需的结构类型，如分式或根式。如果结构中包含占位符，则在占位符内单击，然后输入所需的数字

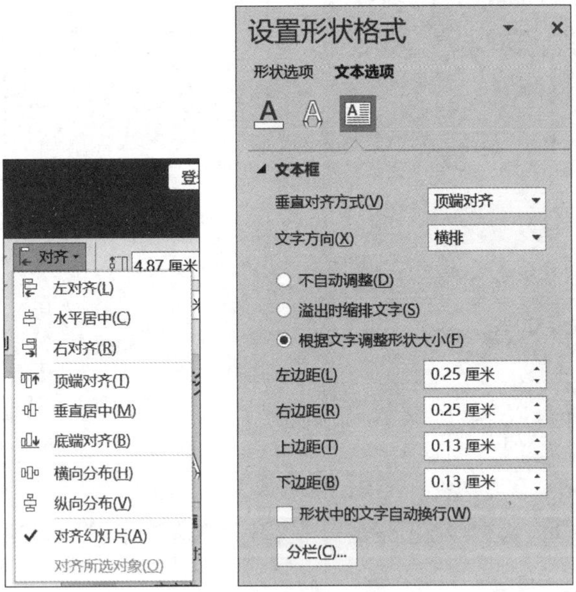

图 5-43　设置对齐方式

或符号。公式内的占位符是公式中的小虚框。

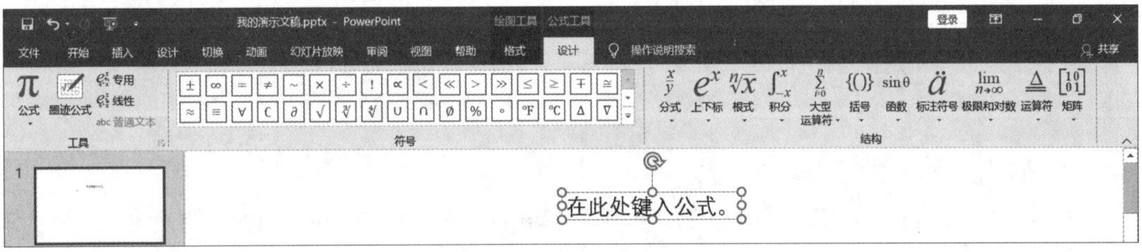

图 5-44　编辑公式

PowerPoint 2016 中内置了“二次公式”“二项式定理”“傅里叶级数”“泰勒展开式”等 9 种常用的或预先设好格式的公式。要插入常用公式，单击“插入”选项卡下“符号”组中“公式”按钮，从弹出的快捷菜单中选择相应的公式，如图 5-45 所示。

8. 插入声音

在幻灯片制作过程中，可根据需要插入各种声音，包括音频、录制的声音等。

1) 插入录制音频

有时在制作演示文稿时需要为其录制旁白，在“麦克风”已接入计算机的前提下，可以使用此功能。单击“插入”，选择“媒体”组中的“音频”，单击下拉按钮，单击“录制音频”，弹出“录制声音”对话框，如图 5-46 所示。在“名称”栏中输入录音的名称，单击右边的录音按钮●，即可开始录音；单击中间的停止按钮■，即可停止录音。此时，单击播放按钮▶，可以听录音效果。录音完毕，单击“确定”按钮，即将录制的声音插入幻灯片中。

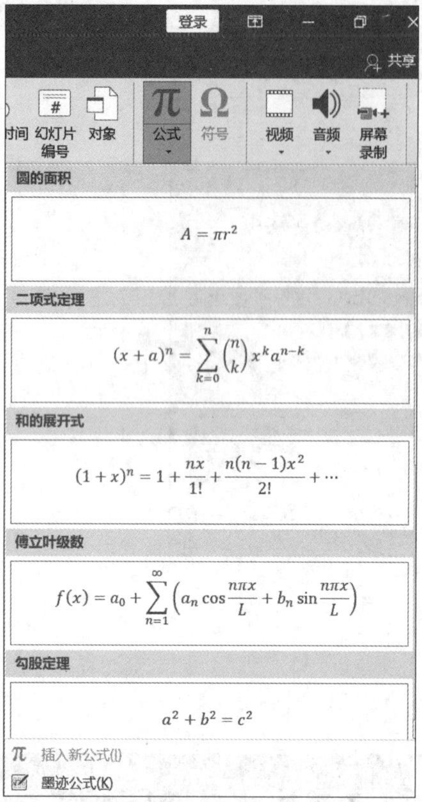

图 5-45　内置公式图

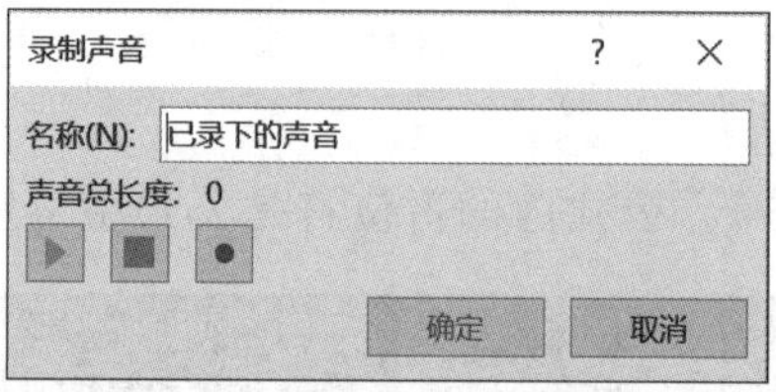

图 5-46　“录制声音”对话框

2）插入文件中的音频

单击“插入”，选择“媒体”组中的“音频”，单击下拉按钮，单击“文件中的音频”，将会弹出“插入声音”对话框，找到并选择相应的音频文件，之后单击“插入”，用户可在幻灯片中看见一个小喇叭图标，表示插入音频成功。

单击“播放”，如图 5-47 所示，在“音频选项”组中单击“开始”区域的下拉按钮，可以设置音频的启动方式，例如“自动”“单击时”“跨幻灯片播放”。选中“放映时隐藏”复选框，可在放映时隐藏声音图片。选中“循环播放，直到停止”复选框，可在放映时重复播放音频，直到放映结束。选中“播完完毕返回开头”，则在幻灯片放映完后回到音频开头。

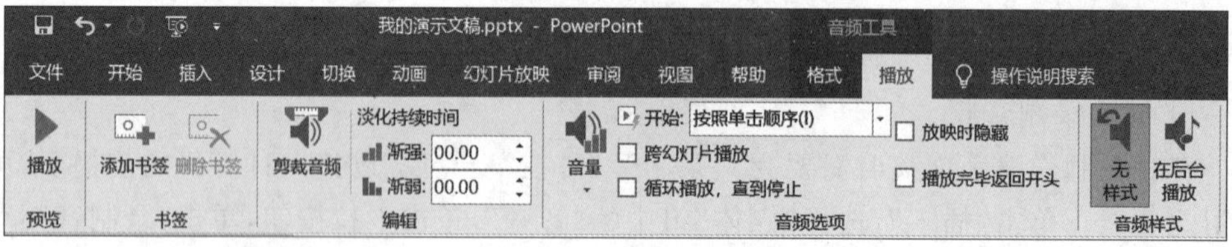

图 5-47　音频播放设置

在“播放”选项卡的“编辑”组中，选中“剪辑音频”按钮，可以修剪音频的开头和结尾部分。单击“淡化持续时间”来添加开头和结尾的淡化效果。

在“播放”选项卡的“书签”组中，选中“添加书签”按钮，可以为此时间添加书签，用来触发动画或跳转至音频或视频的特定位置。演示时，书签非常有用，用它来快速查找音频或视频中的特定点。

9. 插入视频文件

在幻灯片制作过程中，可根据需要插入各种视频文件，包括剪辑管理器中的文件及各种视频文件。

1）插入文件中的视频

单击“插入”，选择“媒体”组中的“视频”，单击下拉按钮，单击“文件中的视频”，将会弹出“插入视频文件”对话框，找到并选择相应的视频文件，之后单击“插入”按钮。

2）插入录制视频

单击“插入”按钮，选择“屏幕录制”，选择要录制的屏幕部分、捕获所需内容。录制好的视频就会直接自动插入 PPT 中。

插入成功后，功能区多了“格式”和“播放”选项卡，可以对视频文件进行设置，设置方法与音频相似。在编辑过程中或播放前，插入视频的位置可能会显示为黑色矩形。单击“播放”按钮，如图 5-48 所示，在“视频选项”组中，选中“未播放时隐藏”复选框，则在放映过程中就不会出现黑色矩形。不过，这时应该创建自动或触发的动画来启动播放，否则在幻灯片放映过程中将永远看不到该视频。

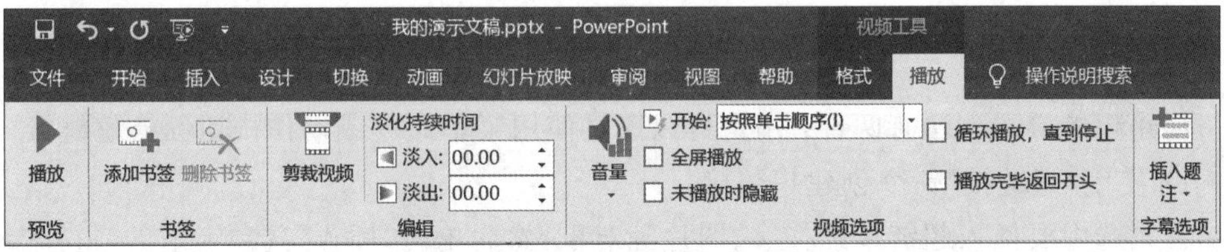

图 5-48　视频播放设置

音频、视频插入幻灯片后，不必担心文件会丢失。当复制或移动幻灯片时，也不必同时复制或移动音频和视频文件。

5.3.3　加入批注与备注

1. 插入与隐藏批注

单击“审阅”，选择“批注”组中的“新建评论”，会在幻灯片右侧出现批注，自动显示用户名称和时间，用户可以在此直接输入批注的文本内容，如图 5-49 所示。

当不需要显示批注时，可以单击“显示批注”，选择下拉菜单中的“显示标记”命令，将幻灯片中的批注隐藏起来。若再次执行“显示标记”命令，则批注会重新显示出来。

2. 加入备注

备注主要用于对幻灯片进行注释说明某些信息。用户可在 PowerPoint 2016 的备注

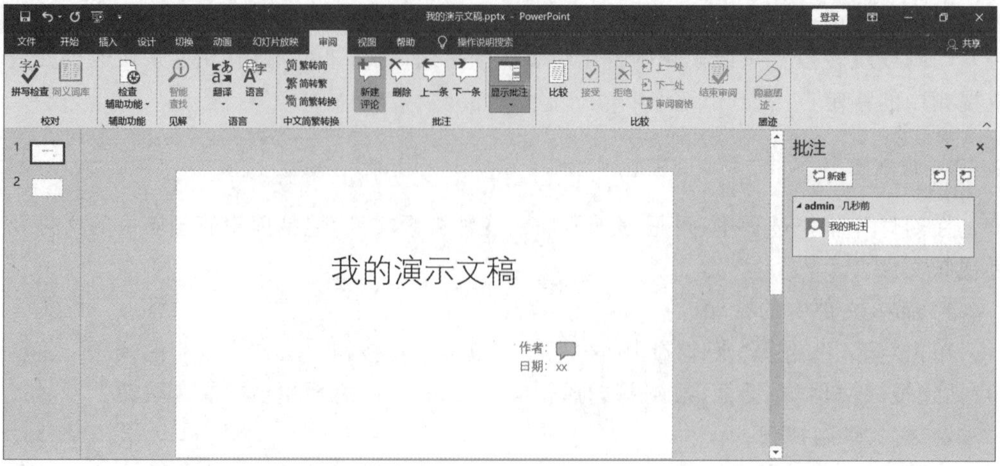

图 5-49 插入批注

框中直接输入备注内容。

5.3.4 使用与编辑超链接

超链接是指从一张幻灯片到另一张幻灯片、自定义放映、网页或文件的链接。用户可以在幻灯片中添加超链接,利用它跳转到不同的位置进行演示。

1. 创建超链接

创建超链接的方法有两种:用户可以通过使用菜单命令或动作按钮创建超链接。

1)使用"超链接"命令创建超链接

首先选中要插入超链接的文字、图片等对象,然后单击"插入"选项卡下的"链接"组中的"超链接"按钮,或使用组合键 Ctrl+K,弹出"插入超链接"对话框,如图 5-50 所示。

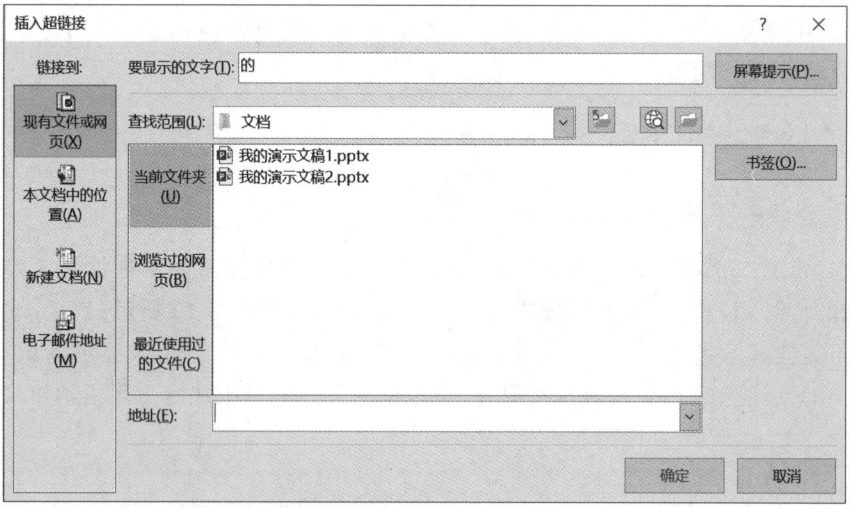

图 5-50 "插入超链接"对话框

用户需要设置超链接跳转到已有文档、应用程序或 Internet 地址时，单击“链接到”对话框中的“现有文件或网页”按钮。若需要链接已有文档或应用程序，则在右侧“查找范围”一栏中，输入要链接的对象所在路径，并在其下的“当前文件夹”的文件列表中找到并单击需要链接的文件名称，再单击“确定”按钮。

如果需要链接到 Internet 地址等，则单击“浏览过的网页”按钮，在其右侧的下拉列表中选择 Internet 地址，也可直接在“地址”栏中输入 Internet 地址，再单击“确定”按钮。

用户若需跳转到本文档的某张幻灯片，则单击插入超链接对话框的“链接到”一栏的“本文档中的位置”按钮，如图 5-51 所示，在“请选择文档中的位置”下的列表中选择要链接的幻灯片，单击“确定”按钮。

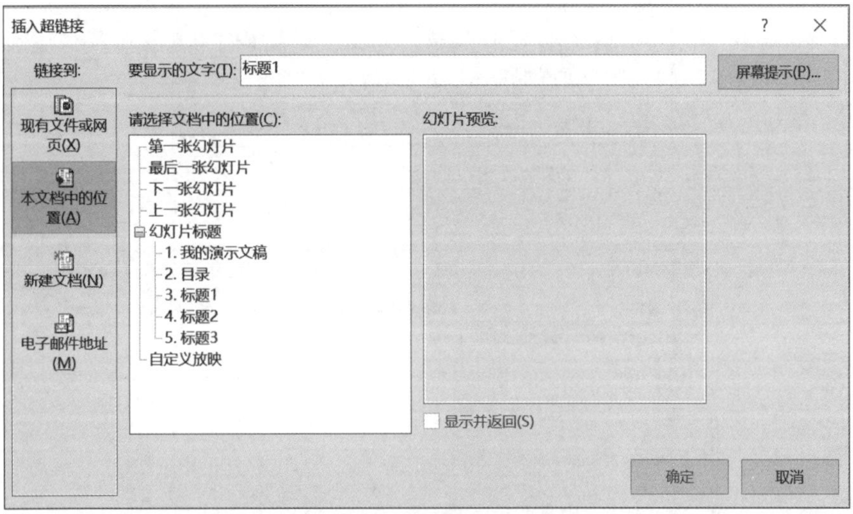

图 5-51 插入超链接到的位置

2）使用按钮创建超链接

单击“插入”选项卡下的“插图”组中的“形状”按钮，在弹出的下拉式列表中选择“动作按钮”区域的“动作按钮：后退或前一项”。然后选中“动作按钮”，右击，选择“编辑超链接”，系统自动弹出“动作设置”对话框，如图 5-52 所示。

选择“单击鼠标”选项卡的“超链接到”选项，并在其下拉列表中列出可以链接的对象，包括“下一张幻灯片”“上一张幻灯片”“第一张幻灯片”“最后一张幻灯片”“最近观看的幻灯片”“结束放映”“自定义放映”“幻灯片…”等选项。若选择“幻灯片…”选项，将弹出“超链接到幻灯片”对话框，在“幻灯片标题”列表中选择所需链接的幻灯片，如图 5-53 所示。单击“确定”按钮，返回“动作设置”对话框。当选定所要链接的对象后，可见“超链接到”下拉列表中已出现选定对象。单击“确定”按钮，关闭“动作设置”对话框。

也可以单击“动作设置”对话框的“运行程序”单选框，并用“浏览”按钮打开“选择一个要运行的程序”对话框，选择要链接的程序，单击“确定”按钮，返回“动作设置”对话框，再单击“确定”按钮。

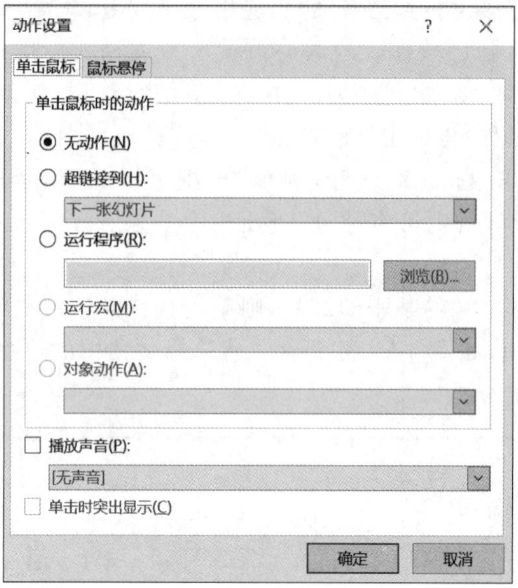

图 5-52 “动作设置”对话框

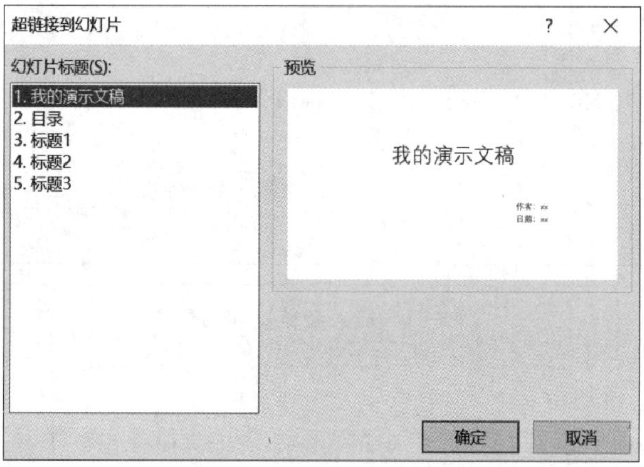

图 5-53 “超链接到幻灯片”对话框

2. 编辑超链接

右击需要编辑超链接的对象,在弹出的快捷菜单中选择“编辑超链接”命令,再按上述插入超链接的方法来重新编辑超链接。

3. 取消超链接

右击需要取消超链接的对象,在弹出的快捷菜单中选择“删除链接”命令,即可取消已经插入的超链接。

5.3.5 演示文稿的输出

演示文稿的输出主要有以下几种方式。

1. 打包演示文稿

如果要将幻灯片在另外一台计算机上放映，可以使用打包向导。该打包向导可以将演示文稿所需的文件和字体打包到一起。操作步骤如下。

打开要打包的演示文稿，单击"文件"→"导出"命令，在展开的子菜单中选择"将演示文稿打包成 CD"命令，在右侧区域中单击"打包成 CD"，则弹出"打包成 CD"对话框，如图 5-54 所示。

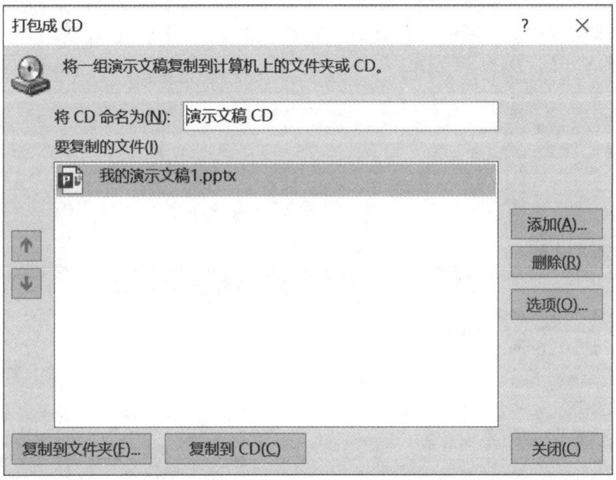

图 5-54 "打包成 CD"对话框

在"打包成 CD"对话框中，选择"要复制的文件"列表框中的选项，单击"添加"按钮。在弹出的"添加文件"对话框中选择要添加的文件，单击"添加"按钮，返回到"打包成 CD"对话框。单击"选项"按钮，弹出"选项"对话框，如图 5-55 所示。在这个对话框中确定打包文件是否包含链接的文件及嵌入 TrueType 字体，还可为打包文件设置密码，在设定这

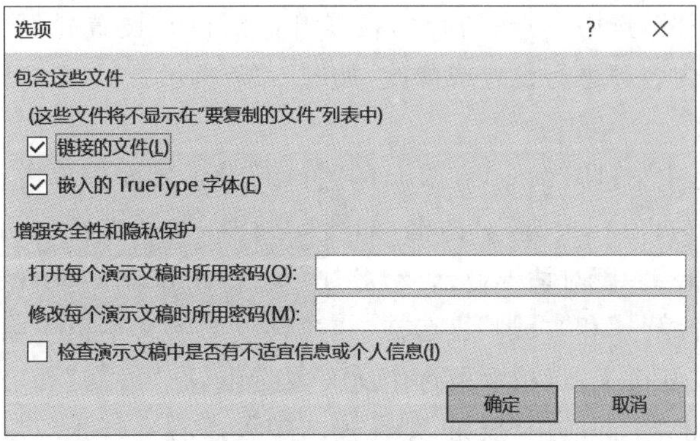

图 5-55 "选项"对话框

些内容后,单击“确定”按钮,回到“打包成 CD”对话框,单击“复制到文件夹”或“复制到 CD”按钮完成打包。

2. 将演示文稿保存为 Web 页

演示文稿也可以直接保存到 Web 页中,操作步骤如下:单击“文件”选项卡,选择“另存为”,在展开的子菜单中选择“浏览”命令,弹出“另存为”对话框,保存类型选择“PowerPoint XML 演示文稿(*.xml)”,如图 5-56 所示。

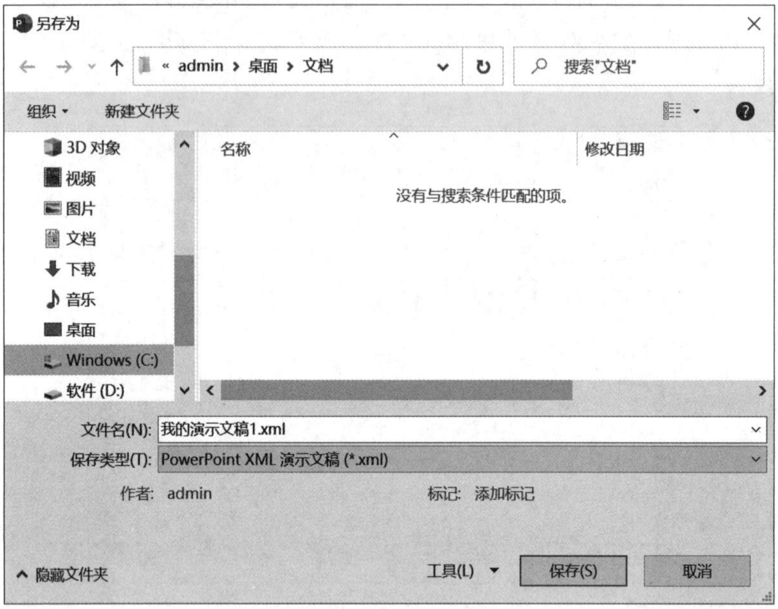

图 5-56 保存为 Web 页

3. 演示文稿的打印

1) 打印设置

PowerPoint 2016 具有默认打印设置,因此可直接打印演示文稿。如用户需要进行其他设置,单击“文件”,选中“打印”命令,在展开的“打印”设置界面可对打印机、打印范围、打印份数、打印内容等进行设置或修改,如图 5-57 所示。

2) 页眉和页脚

单击“文件”,选中“打印”命令,在展开的“打印”设置界面中单击右下角的“编辑页眉和页脚”命令,弹出“页眉和页脚”对话框,如图 5-58 所示,可在该对话框中设置幻灯片页眉、页脚和幻灯片编号。该对话框包括“幻灯片”及“备注和讲义”两个选项,在“幻灯片”选项卡下选中“幻灯片编号”和“页脚”复选框,并在其下面的文本框中输入需要在“页脚”显示的内容。在“备注和讲义”选项卡下选中所有复选框,在“页眉”和“页脚”文本框中输入要显示的内容。单击“全部应用”按钮,则在视图中可以看到每张幻灯片的页脚处都有刚设置的文字和幻灯片编号。

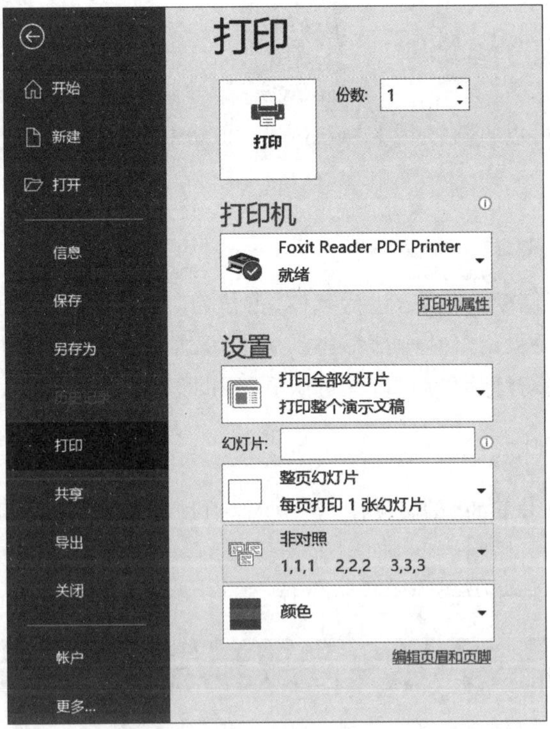

图 5-57 打印设置

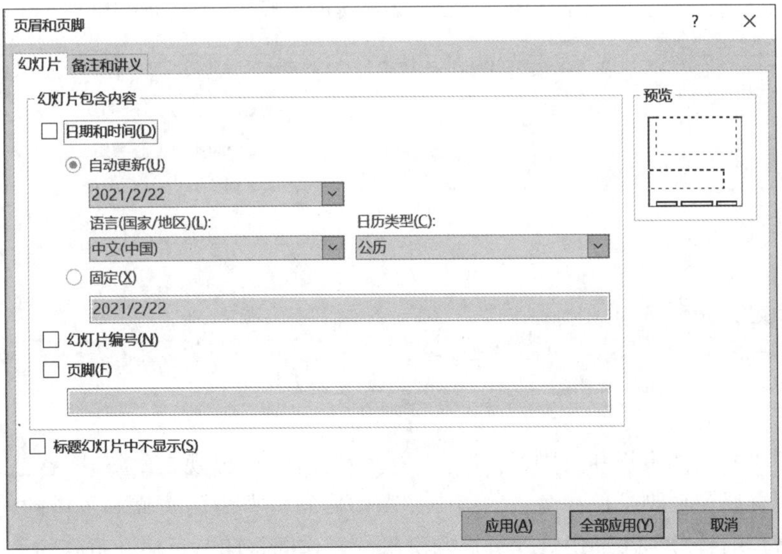

图 5-58 “页眉和页脚”对话框

3）打印

设置好打印配置，选中“打印”命令完成打印。

5.4 演示文稿的修饰

制作演示文稿,可以直接使用 PowerPoint 2016 提供的母版、设计模板、配色方案等,使幻灯片更为美观。

5.4.1 使用母版

幻灯片的母版存储模板信息,包括字体、占位符、背景设计及配色方案。对母版进行一次设置后,以后的每页幻灯片全部都与母版的版式一样,这使整个演示文稿看起统一、美观。本节主要介绍幻灯片母版、讲义母版和备注母版的使用方法。

1. 使用幻灯片母版

单击“视图”选项卡下的“母版视图”组中的“幻灯片母版”按钮,即出现当前演示文稿所使用的幻灯片母版。如图 5-59 所示,在虚线框内单击,即根据需要单击要编辑的对象,如文字、占位符等,再对选中的文字进行字体、字号、颜色的设置。

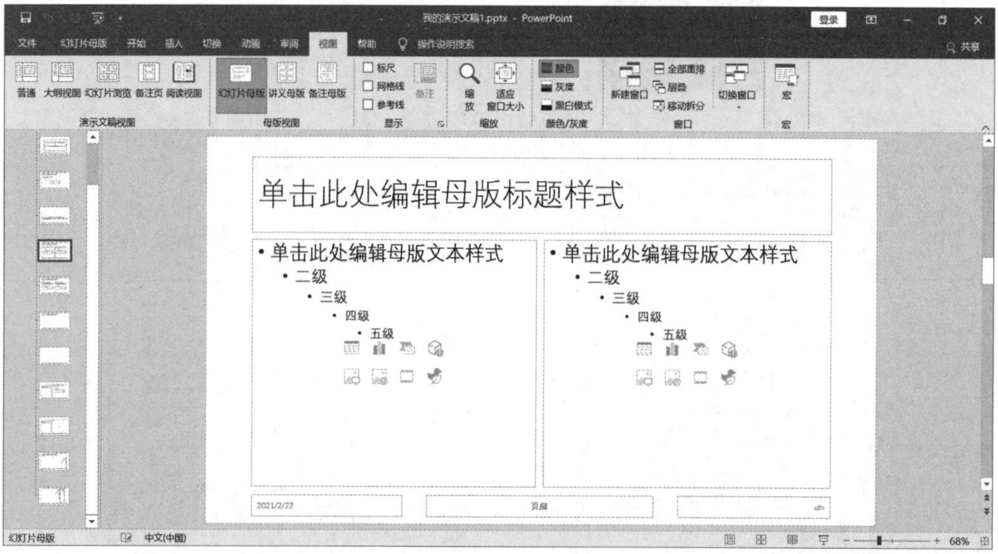

图 5-59 幻灯片母版

在母版中看到的页眉和页脚、幻灯片页码及日期,它们出现在幻灯片、备注或讲义的顶端或底端。页眉和页脚是加在演示文稿中注释的内容。典型的页眉和页脚的内容是日期、时间和幻灯片的编号。添加幻灯片页眉和页脚的操作同打印时页眉和页脚的设置一致。

2. 讲义母版

用户如果需要把演示文稿以讲义的形式用缩略图显示出来,并打印输出,则可使用“讲义母版”。

单击“视图”选项卡下的“母版视图”组中的“讲义母版”按钮，出现“讲义母版”选项卡，如图 5-60 所示。单击“讲义母版”选项卡下的按钮，可设置显示幻灯片的张数及位置等。单击“关闭母版视图”后，讲义母版关闭，回到幻灯片编辑界面。

图 5-60　“讲义母版”选项卡

3. 备注母版

单击“视图”选项卡下的“母版视图”组中的“备注母版”按钮，即出现“备注母版”选项卡，如图 5-61 所示。备注母版的操作用法与其他母版类似。

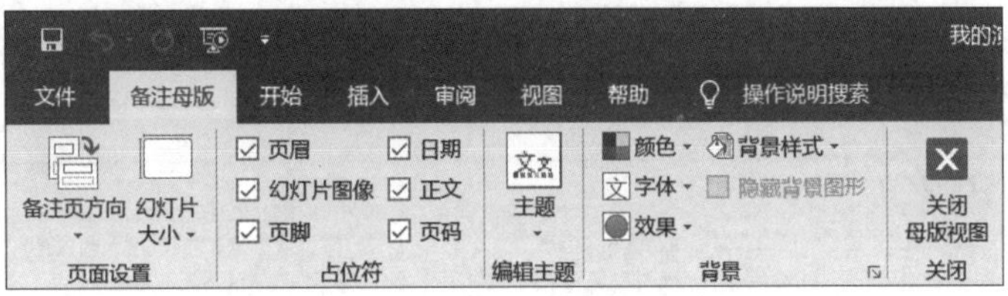

图 5-61　“备注母版”选项卡

5.4.2　应用模板和主题

用户在制作演示文稿时，可以使用 PowerPoint 2016 预设的模板和主题作为背景。PowerPoint 2016 为用户提供的主题都是由专业美术家设计的，他们将幻灯片的背景、文本及其他对象的颜色进行合理、美观的搭配，并且使主题的样式非常丰富多彩。

单击“文件”，选中“新建”命令，下方显示可用的主题，用户可选择需要创建的主题。

如果希望改变现有演示文稿的主题，则在“设计”选项卡“主题”组中选择一种主题，或先单击“主题”组中的“其他”按钮，再在列表中选择，如图 5-62 所示。

为了将现有演示文稿的主题风格应用于以后的演示文稿中，用户还可以创建自己的主题。这些主题将保存用户对当前演示文稿的设计风格所做的修改。这样，在以后应用这些自定义主题时，用户的演示文稿将具有与当前演示文稿一样的配色方案、背景和文字格式。操作方法是：单击“设计”，选中“保存当前主题”命令，弹出“保存当前主题”对话框，如图 5-63 所示。

5.4.3　调整幻灯片的色彩和背景

尽管 PowerPoint 2016 为用户提供了样式丰富的模板，但有时用户仍然需要自己设置幻灯片的背景和颜色。PowerPoint 2016 在幻灯片版式设置上的功能强大，用于修饰、

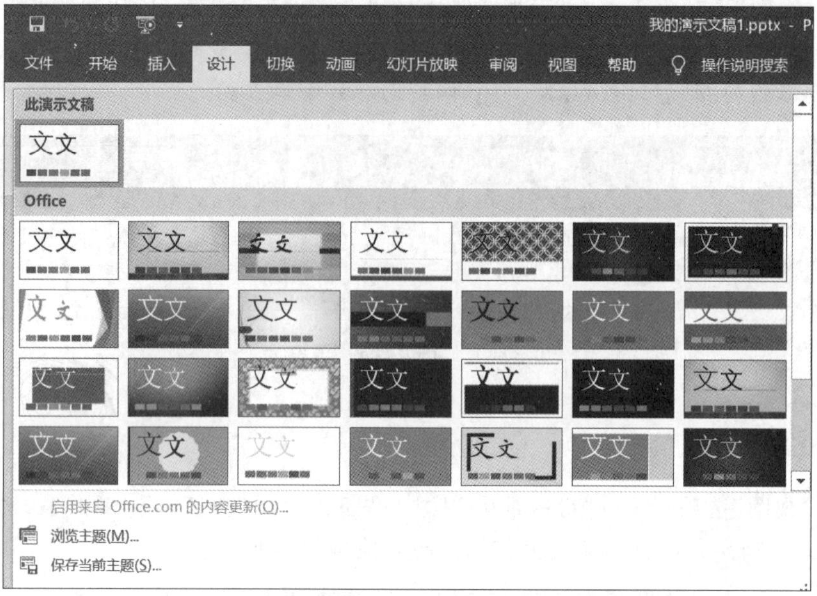

图 5-62 可用主题菜单

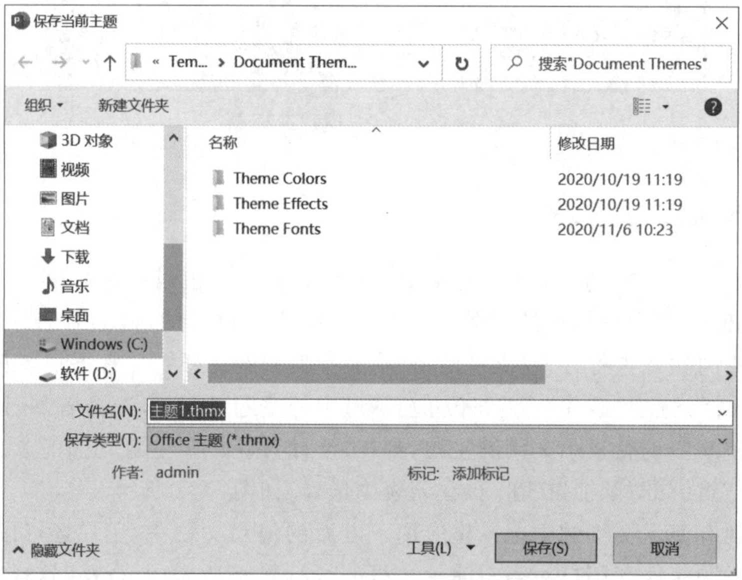

图 5-63 “保存当前主题”对话框

美化演示文稿,使演示文稿更加漂亮。它还为用户提供了幻灯片的背景、文本、图形及其他对象的颜色,对文稿进行合理、美观的搭配。

1. 调整背景

在 PowerPoint 2016 中,幻灯片背景除了可以设置、填充颜色以外,还可以添加底纹、图案、纹理或图片。

打开演示文稿，右击幻灯片，在弹出的快捷菜单中选择“设置背景格式”命令，或选中幻灯片，单击“设计”，在“自定义”组中选择“设置背景格式”命令，之后右侧显示“设置背景格式”对话框，如图 5-64 所示。

在“填充”区域中，可以设置“纯色填充”“渐变填充”“图片或纹理填充”“图案填充”“隐藏背景图形”的填充效果。如果只更改当前幻灯片的背景颜色，单击“应用”按钮。如果要将更改的背景用于当前演示文稿的所有幻灯片，单击“应用到全部”按钮。

2. 调整主题颜色

在 PowerPoint 2016 中，所有演示文稿都必须包含一个主题，包括颜色、字体、效果、背景和幻灯片版式。应用演示文稿主题，可以快速而轻松地设置整个文档的格式，赋予它专业和时尚的外观。在某些情况下，系统提供的主题往往不能满足用户的演示文稿的需要，此时用户可以单击“设计”，在“变体”组中单击下拉按钮，对已使用的颜色、字体、效果和背景样式进行修改，如图 5-65 所示。

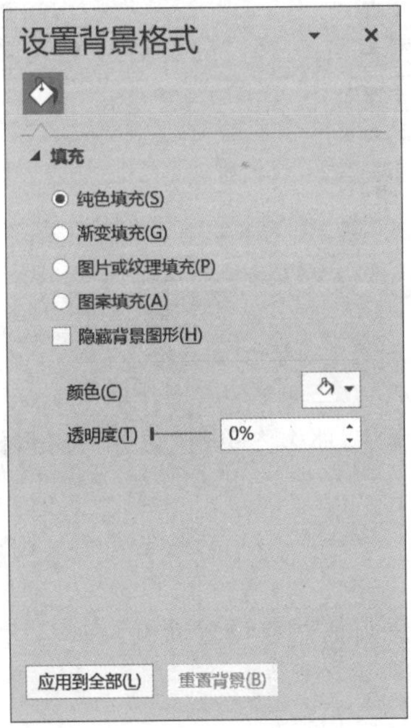

图 5-64 “设置背景格式”对话框

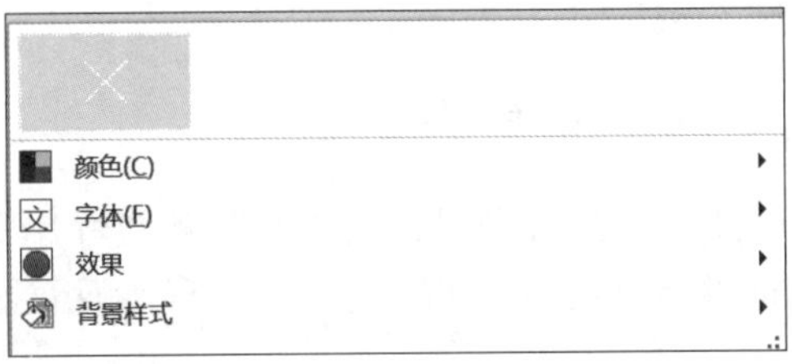

图 5-65 “变体”组下拉菜单选项

1）使用内置主题颜色

主题颜色包含 4 种文本和背景颜色、6 种强调文字颜色和 2 种超链接颜色。单击“设计”，单击“变体”组中的下拉按钮，选择“颜色”命令，阴影部分代表当前文本和背景颜色，如图 5-66 所示，用户可以在列表中选择合适的主题颜色，则演示文稿的主题颜色会发生改变。

2) 使用自定义主题颜色

如果内置的主题颜色不能满足需要,可以单击“自定义颜色”命令,弹出如图 5-67 所示的“新建主题颜色”对话框,在“主题颜色”下,选择需要使用的颜色。在“示例”框中,用户可以看到所做更改的效果。在“名称”文本框中,为新的主题颜色输入一个适当名称,最后单击“保存”按钮。

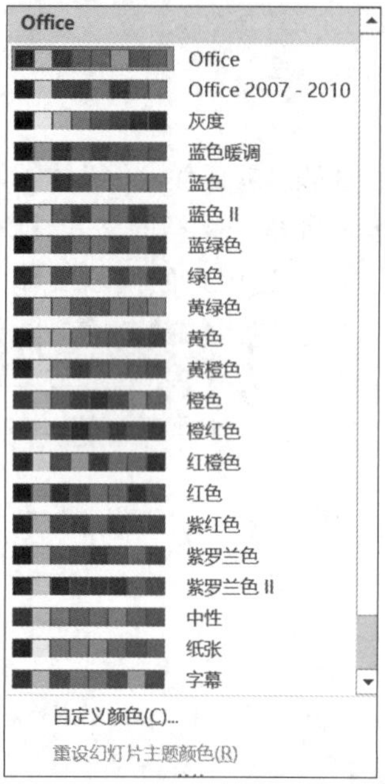

图 5-66 主体颜色菜单

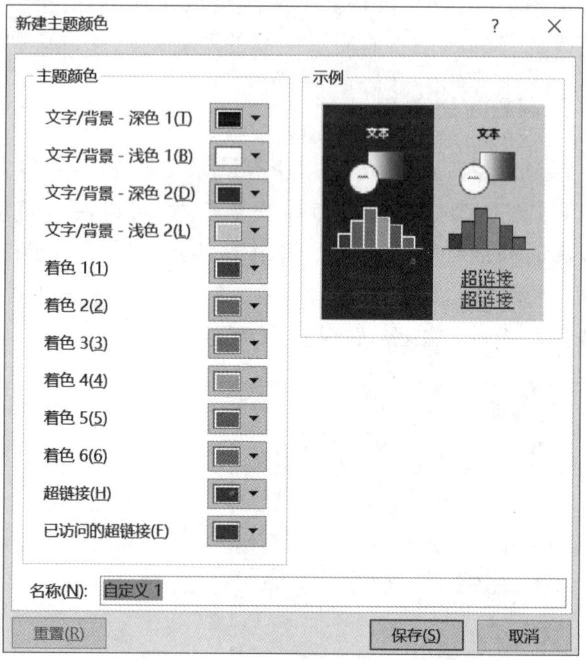

图 5-67 “新建主题颜色”对话框

如果要将所有主题颜色元素还原为其原来的主体颜色,那么先单击“重置”按钮,再单击“保存”按钮。

5.4.4 动画效果的编辑

用户可以为幻灯片之间的切换和幻灯片中的文本及其他对象设置动画,在幻灯片放映时产生动态的视觉和声音,达到更好的播放效果。

1. 设置动画

幻灯片的动画效果可分为幻灯片间动画和幻灯片内动画两种。

1) 幻灯片间动画的设置

幻灯片之间的切换方式可以由用户进行动画设置。幻灯片间的切换效果是指移走屏幕上已有的幻灯片,并显示新幻灯片之间的变换效果,例如百叶窗、溶解、盒状展开、随机等。幻灯片切换效果设置一般在“幻灯片浏览视图”中进行,也可以在“普通视图”中进行。

设置幻灯片切换效果的操作步骤如下:单击窗口左下方的视图切换按钮中的田按钮进入“幻灯片浏览视图”,单击选定需要设置的幻灯片。若选择多张幻灯片,则按住 Ctrl

键或 Shift 键再选定所需幻灯片。单击“切换”，在“切换到此幻灯片”组显示的切换方案中选择一种，如图 5-68 所示。通过单击“切换效果”按钮，在下拉列表中可以选择一种切换效果。在“切换”选项卡“计时”组可以设置声音、持续时间、换片方式。

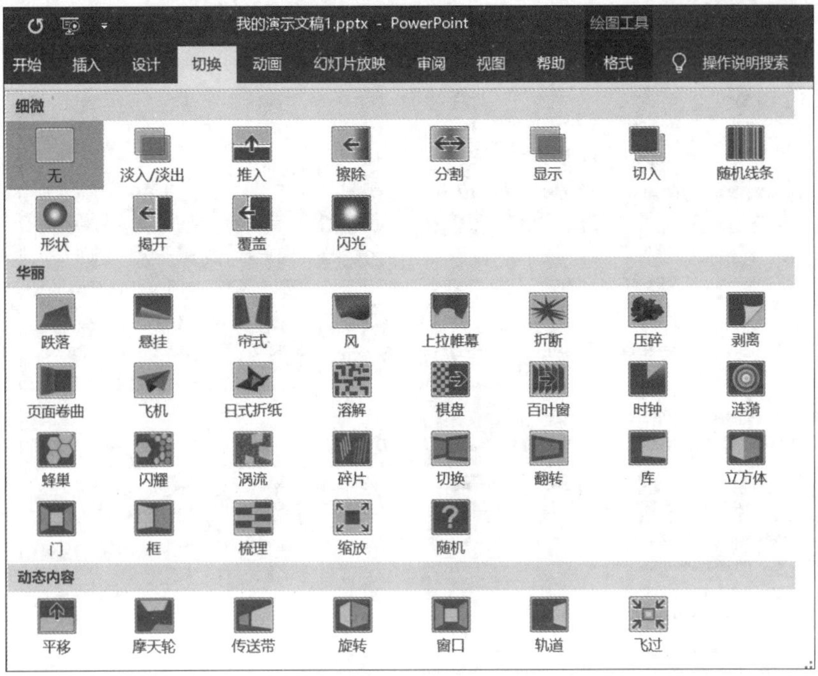

图 5-68　切换菜单

2）幻灯片内动画的设置

用户可以为幻灯片内的某些对象设置动画，使播放效果更佳。幻灯片内动画设计是指在演示一张幻灯片时，随着演示的进展逐步显示片内不同层次、对象的内容。如首先显示第一层次的内容标题，然后一条一条地显示正文，这时可以用不同的切换方法，如飞入法、打字机法、空投法等来显示下一层内容。

设置动画，先选定需要设置动画的文本或对象，然后单击“动画”，在“动画”组中选中对应按钮进行动画设置。PowerPoint 2016 有 4 种不同类型的动画效果：“进入”效果、“退出”效果、“强调”效果、“动作路径”效果，如图 5-69 所示。

“进入”效果可以使对象逐渐淡入、从边缘飞入或者弹跳等方式从视图中出现。“退出”效果可以使对象旋转、飞出等方式从视图中消失。“强调”效果可以使对象放大或缩小、更改颜色或向中心旋转等。“动作路径”效果可以使对象上下移动、左右移动或者沿着星形或圆形图案移动。

(1) “进入”动画的创建。

选中要添加动画的文本或图片，单击“动画”，选择“动画”组中的“其他”按钮，在弹出的下拉式列表中单击“进入”区域的某个选项，进行“进入”动画效果的设置。添加动画效果后，文字或图片对象前面会显示一个动画编号标记。

图 5-69 添加动画菜单

也可以选中要添加动画的文本或图片,单击"动画",选择"高级动画"组中的"添加动画",在弹出的下拉式列表中单击"更多进入效果",弹出"更改进入效果"对话框,如图 5-70 所示。单击选择所需要的动画效果后,单击"确定"按钮。

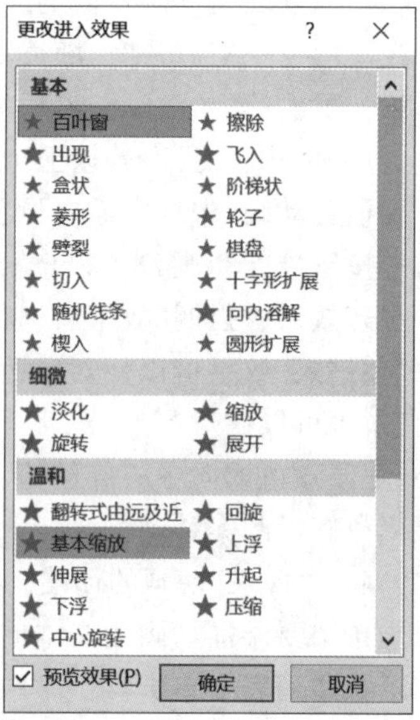

图 5-70 "更改进入效果"对话框

(2)"退出"动画的创建。

选中要添加动画的文本或图片,单击"动画",选择"动画"组中的"其他"按钮,在弹出的下拉式列表中单击"退出"区域的某个选项,进行"退出"动画效果的设置。

也可以选中要添加动画的文本或图片,单击"动画",选择"高级动画"组中的"添加动画",在弹出的下拉式列表中单击"更多退出效果",弹出"更改退出效果"对话框,如图 5-71 所示。单击选择所需要的动画效果后,单击"确定"按钮。

(3)"强调"动画的创建。

选中要添加动画的文本或图片,单击"动画",选择"动画"组中的"其他"按钮,在弹出的下拉式列表中单击

“强调”区域的某个选项，进行“强调”动画效果的设置。

也可以选中要添加动画的文本或图片，单击“动画”，选择“高级动画”组中的“添加动画”，在弹出的下拉式列表中单击“更多强调效果”，弹出“更改强调效果”对话框，如图 5-72 所示。单击选择所需要的动画效果后，单击“确定”按钮。

图 5-71　“更改退出效果”对话框

图 5-72　“更改强调效果”对话框

（4）“动作路径”动画的创建。

选中要添加动画的文本或图片，单击“动画”，选择“动画”组中的“其他”按钮，在弹出的下拉式列表中单击“动作路径”区域的某个选项，进行“动作路径”动画效果的设置。

也可以选中要添加动画的文本或图片，单击“动画”，选择“高级动画”组中的“添加动画”，在弹出的下拉式列表中单击“其他动作路径”，弹出“更改动作路径”对话框，如图 5-73 所示。单击选择所需要的动画效果后，单击“确定”按钮。

2. 修改幻灯片内动画

当需要对已经设置好的动画效果进行修改时，选中要修改的对象，单击“动画”，单击“动画”组中的“其他”按钮，在弹出的下拉式列表中单击最终要更改为的动画效果。

也可以单击“动画”，单击“高级动画”组中的“动画窗格”按钮，弹出“动画窗格”对话框，如图 5-74 所示。在该对话框中选中要修改的动画，然后再单击“动画”组中“其他”按钮，在弹出的下拉式列表中单击要更改为的动画效果。

3. 删除幻灯片内动画

单击“动画”，单击“高级动画”组中的“动画窗格”按钮，弹出“动画窗格”对话框，在该对话框中选中要删除的动画，然后单击该动画右侧的下拉箭头，再在下拉菜单中选择“删除”命令。或选中要删除的动画，按 Delete 键删除。

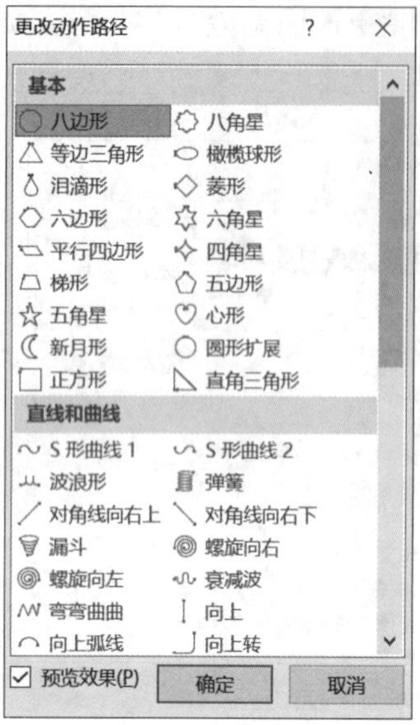

图 5-73 “更改动作路径”对话框

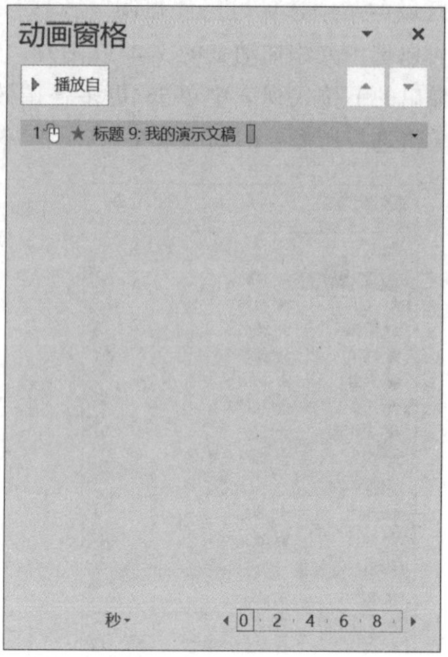

图 5-74 “动画窗格”对话框

4. 调整动画次序

在普通视图中，单击“动画”，单击“高级动画”组中“动画窗格”按钮，弹出“动画窗口”对话框，在该窗口中选中需要调整顺序的动画，然后单击“动画窗格”对话框下方“重新排序”命令左侧或右侧的向上按钮或向下按钮进行调整。或用鼠标进行上下拖曳，直至指定位置。

5. 设置相邻动画间的播放次序

对相邻动画间的播放，系统默认是以单击为触发条件的。但有时动画间的播放并不需要每次都单击，以减少播放过程中单击的次数。

单击“动画”，单击“计时”组中“开始”菜单右侧的下三角按钮，从弹出的下拉式列表中选择所需的计时。在下拉列表中包括“单击时”“上一动画之后”“上一动画同时”。

选择“单击时”，表明本次动画效果的播放是在上项动画效果播放之后单击一次触发的；选择“从上一动画同时”，表明本次动画效果的播放是和上项动画效果同时播放的；选择“从上一动画之后”，表明本次动画效果的播放是在上项动画效果播放完毕后自动播放的。

6. 设置动画效果选项

通过设置动画效果选项，可以在动画播放时加入音效等效果。选中要设置的文字、图片、音频或视频，单击“动画”，单击“动画”组中“动画效果”按钮，在下拉菜单中选择动画效果，如图 5-75 所示。如果是文本，通过在“序列”区域选择播放的单位，例如作为一个对象，或整批发送，或按段落。

5.4.5　设置对象的阴影样式和三维效果样式

为美化幻灯片制作的效果，常常需要为演示文稿的对象设置阴影样式和三维效果样式，以突出某个对象。

1. 设置阴影样式

选择需要设置阴影样式的对象，例如文本框、图片或图形等，出现“格式”选项卡。单击“格式”，选择“形状样式”组中的“形状效果”按钮，弹出相应的下拉菜单，选择“阴影”，打开如图 5-76 所示的界面。在其中单击某种阴影效果，然后可见选中对象出现该效果阴影。

图 5-75　“效果选项”菜单

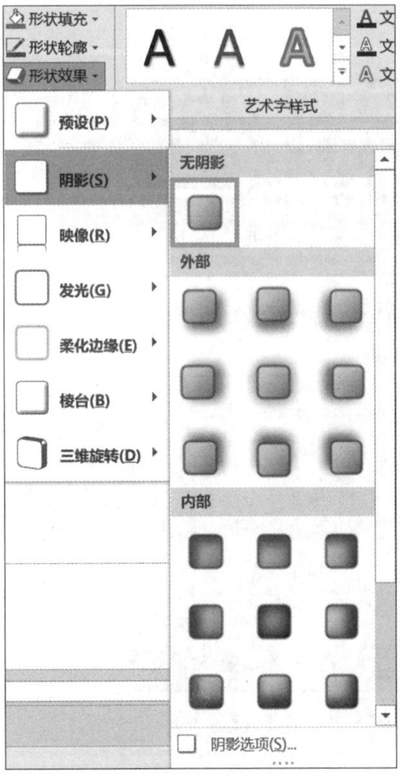

图 5-76　“阴影”选项菜单

例如，选中一个文本框，为其设置阴影效果为“透视”区域的最后一个选项，设置前后阴影效果对比如图 5-77 所示。

图 5-77　文本框设置阴影效果对比

用户可以在对对象设置阴影样式后，对其显示出来的效果进行进一步设置。单击“格式”，单击“形状样式”组中的“形状效果”按钮，弹出相应的下拉菜单，选择“阴影选项”，或右击选择“设置形状格式”，弹出“设置形状格式”对话框，单击“形状选项”下的“效果”按钮，单击“阴影”，在显示的菜单中可以对颜色、透明度、角度等进行设置，如图 5-78 所示。

2. 设置三维效果样式

选择需要设置三维效果样式的对象，例如文本框、图片或图形等，出现“格式”选项卡。单击“格式”，单击“形状样式”组中的“形状效果”按钮，弹出相应的下拉菜单，选择“棱台”，打开如图 5-79 所示的界面。选择其中的某种三维效果，即可见选中对象出现该三维效果。

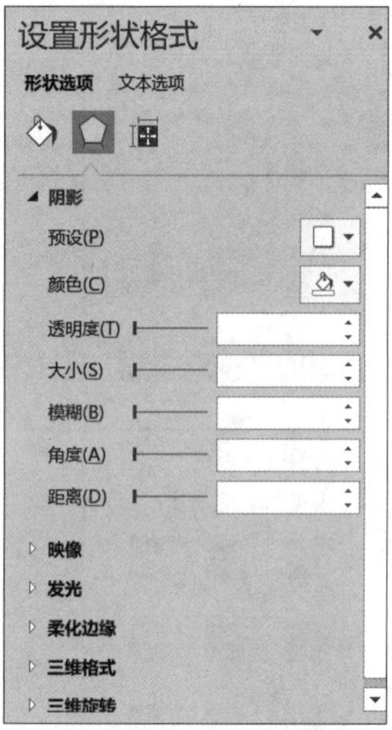

图 5-78　阴影设置

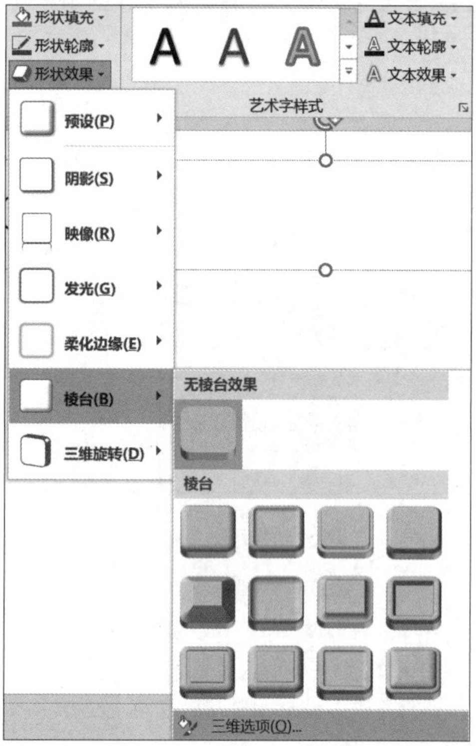

图 5-79　三维效果设置

例如，选中一个文本框，为其设置三维效果为“角度”棱台选项，设置前后三维效果对比如图 5-80 所示。

图 5-80　文本框设置三维效果前后对比

用户可以在对对象设置棱台样式后，对其显示出来的效果进行进一步设置。单击“格式”，单击“形状样式”组中的“形状效果”按钮，弹出相应的下拉菜单，选择“三维选项”，或右击选择“设置形状格式”，弹出“设置形状格式”对话框，如图 5-81 所示。选择“形状选项”下的“效果”按钮，单击“三维格式”，可以对颜色、深度、宽度等进行设置。

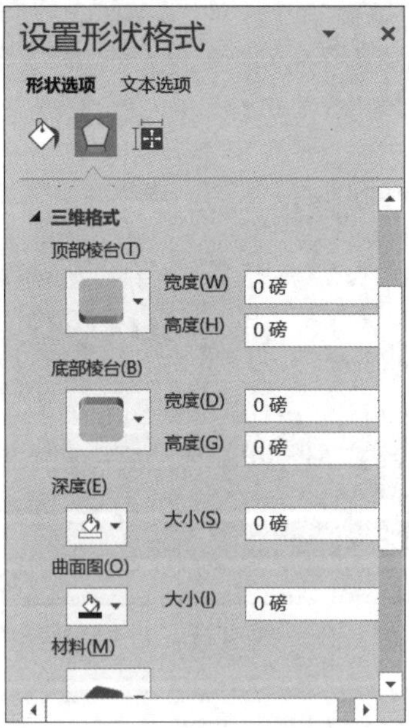

图 5-81　设置三维格式

5.5　演示文稿的放映

当演示文稿制作完成后，用户可以通过放映幻灯片将演示文稿的内容按照自己的设置方法展示出来。

5.5.1　放映演示文稿

用户如果需要从演示文稿的第一张幻灯片开始放映，可以在打开演示文稿后，按 F5 键，或者单击“幻灯片放映”，选中“开始放映幻灯片”组中的“从头开始”按钮。或者单击“视图”，选中“演示文稿视图”组中的“阅读视图”按钮，则演示文稿自动从第一张幻灯片开始播放。用户若需从演示文稿的其他幻灯片开始播放，则在显示当前幻灯片时单击 PowerPoint 2016 窗口左下方的按钮，进入播放。或者单击“幻灯片放映”，单击“开始放映幻灯片”组中的“当前幻灯片开始”按钮。

5.5.2　设置放映方式

打开已编辑好的幻灯片，单击“幻灯片放映”，单击“设置”组中“设置幻灯片放映”按钮，弹出“设置放映方式”对话框，如图 5-82 所示。

用户可以根据需要选择幻灯片的放映类型、放映选项、绘图笔颜色、激光笔颜色、幻灯片的放映范围、推进幻灯片方式和多监视器放映等功能。各选项含义如下。

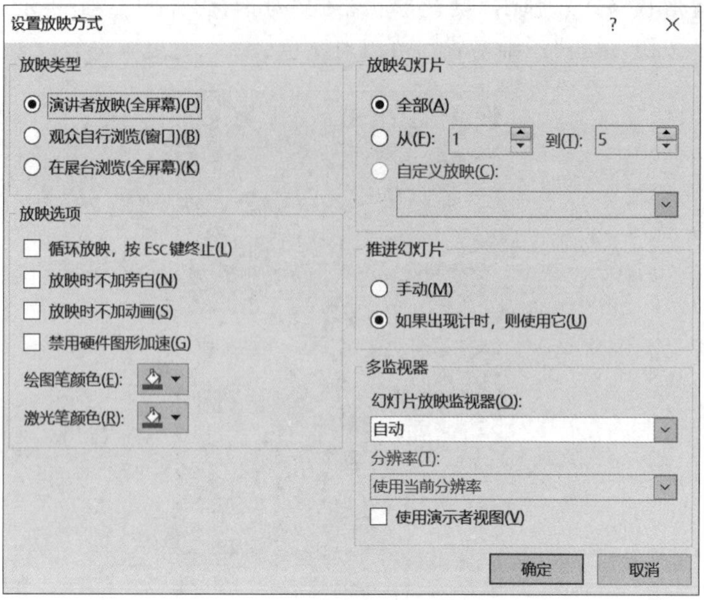

图 5-82 “设置放映方式”对话框

1）放映类型

演讲者放映(全屏幕)：幻灯片放映的全过程由演讲者来控制，演讲者根据情况决定放映速度、切换幻灯片的时间和选择放映的路径等。如果选择此放映方式，则在“推进幻灯片”中通常选择“手动”单选按钮。

观众自行浏览(窗口)：观众通过菜单命令可以自己对幻灯片进行移动、编辑、复制和打印工作，以观众自行浏览方式播放幻灯片，播放时，放映屏幕上方和下方有操作的菜单。

在展台浏览(全屏幕)：在这种方式下，演示文稿按照事先的设置自动运行，不需要有专人操作，一般适用于展台循环浏览。选择此方式放映幻灯片，除超链接和动作按钮外，其他控制变为不可用。

2）放映选项

循环放映，按 Esc 键终止：在播放至演示文稿的最后一张幻灯片后，自动回到第一张幻灯片继续放映，直至按 Esc 键才终止幻灯片放映。

放映时不加旁白：如果在制作演示文稿时录制了旁白，则在选择此选项后，放映幻灯片时关闭旁白。

放映时不加动画：如果在制作演示文稿时录制了动画，则在选择此选项后，放映幻灯片时关闭动画。

禁用硬件图形加速：硬件图形加速是为了加快视频显示的速度，提升显示效果。用户可以根据需要启用或禁用硬件图形加速功能。

3）放映幻灯片

如果用户需要从头开始播放演示文稿，则选择“放映幻灯片”下的“全部”单选按钮，如果只需要播放部分幻灯片，就选择“从……到……”单选按钮，并在其中设置开始放映的幻灯片编号和结束放映的幻灯片编号。

4）推进幻灯片

若要使用计时排练，则选择“推进幻灯片”中的“如果出现计时，则使用它”，此时可选择“手动”选项。

5.5.3 设置自定义放映

通过设置自定义放映，用户可以为演示文稿设置多个独立的放映演示分支，使同一个演示文稿适用于多种不同的放映环境和观众。同时，讲演者在现场演示时根据需要可以方便地选择放映内容。用户可以使用超链接分别指向演示文稿中的每个自定义放映，也可以在整个放映过程中只放映某个自定义放映。

1. 设置自定义放映的方法

单击“幻灯片放映”，单击“开始放映幻灯片”组中的“自定义幻灯片放映”按钮，在弹出的下拉菜单中选择“自定义放映”命令，弹出“自定义放映”对话框，如图 5-83 所示。单击“新建”按钮，打开“定义自定义放映”对话框，如图 5-84 所示。在“幻灯片放映名称”文本框中输入自定义放映的名称。系统默认名称是“自定义放映 1”，如有多个自定义放映，则系统默认名称依次为“自定义放映 2”“自定义放映 3”。

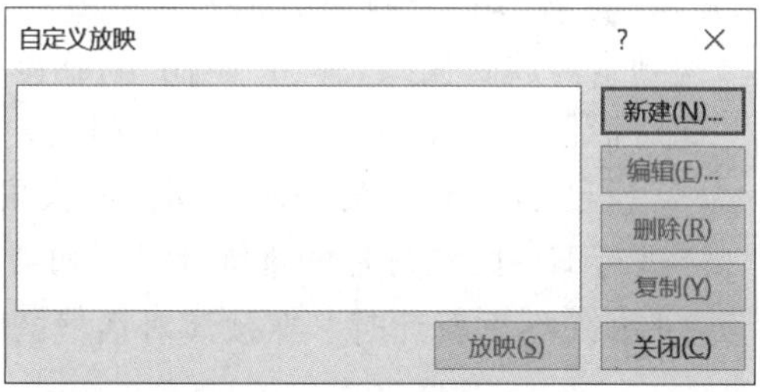

图 5-83 “自定义放映”对话框

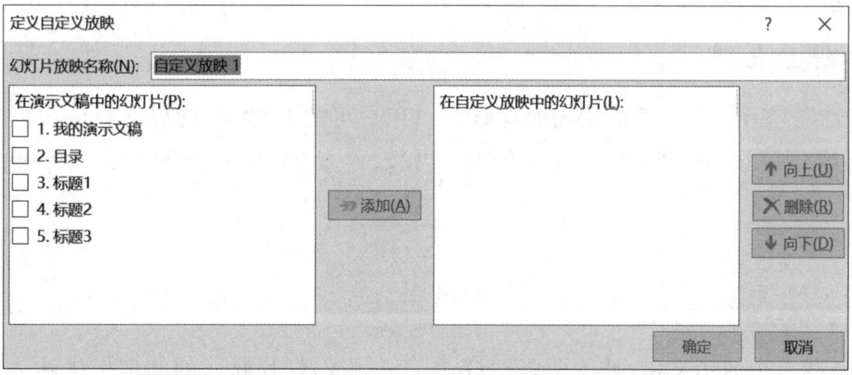

图 5-84 “定义自定义放映”对话框

“在演示文稿中的幻灯片”列表中单击选中需要添加到自定义放映中的幻灯片后单击

“添加”按钮,用户可依次添加多个幻灯片。完成添加后单击“确定”按钮。回到“自定义放映”对话框,用户新建的幻灯片放映名称出现在自定义放映的列表中。

此时,重复上述步骤可以建立多个自定义放映。如果用户需要对已建立的幻灯片放映进行编辑、删除和复制的话,可以在左侧单击自定义放映的名称后,单击右侧的“编辑”“删除”“复制”按钮。完成以上操作后,单击“放映”按钮,将开始播放用户选定的自定义放映。单击“关闭”按钮,则退出自定义放映设置。

2. 播放自定义放映

在放映演示文稿的过程中,如果需要播放已有的自定义放映,可以单击“幻灯片放映”,单击“开始放映幻灯片”组中的“自定义幻灯片放映”按钮,在弹出的下拉菜单中选择要播放的自定义放映的名称,如图 5-85 所示。

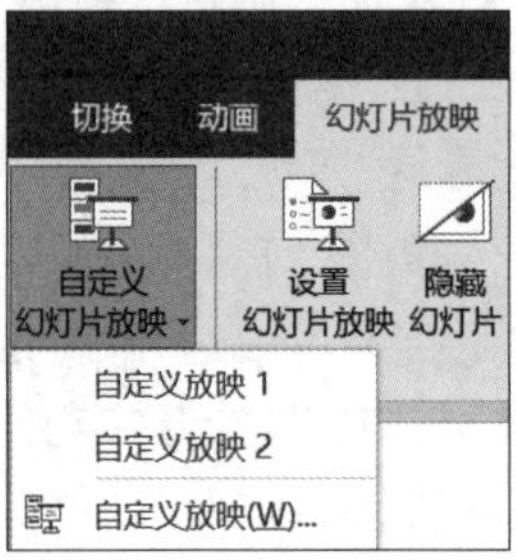

图 5-85 放映自定义放映

5.5.4 排练计时

使用“排练计时功能”可以在讲演者模拟讲演过程中记录每张幻灯片及幻灯片中每个对象在放映时的停留时间,并在正式播放时,使用已经设定好的幻灯片播放时间来放映幻灯片。

单击“幻灯片放映”,单击“设置”组中“排练计时”按钮,切换到全屏放映模式,弹出“录制”对话框,如图 5-86 所示。通过此对话框可以控制幻灯片的播放时间。

图 5-86 “录制”对话框

若当前幻灯片的播放时间已经设置好,单击“下一项”按钮➔进行下一张幻灯片的排练计时。如需对当前幻灯片的排练时间重新设置,则可单击“重复”按钮↶重新计时。在预演对话框的右侧可见整个演示文稿的放映时间。

放映结束后,将弹出“是否保留新的幻灯片排练时间”窗口,单击“是”按钮,即可保存排练计时。

5.5.5 停止放映

在放映过程中,有时可能需要暂停播放。用户可按 B 键,实现黑屏暂停,再按 B 键或 Enter 键继续。按 W 键,实现白屏暂停,再按 W 键或 Enter 键继续。结束放映,按 Esc 键。

习题

1. 新建一个演示文稿,插入两张幻灯片,第一张幻灯片默认的文本框中输入标题“我的校园”。在第二张幻灯片中插入一段关于本校的约 20 个字的描述文本,并在其下插入一张图片。将本演示文稿保存在“我的文档”中,名为 kaoshi1.pptx。

按照下列要求完成对此文稿的修饰。

(1) 第一张幻灯片版式为“仅标题”,文字设置为“黑体”“加粗”、54 磅字,红色(RGB 模式:红色 255,绿色 0,蓝色 0)。

(2) 第二张幻灯片背景预设颜色为“雨后初晴”,类型为“射线”。字体设置为“楷体”、33 磅字。图片动画设置为“进入”“飞入”,效果选项为“自右侧”。

(3) 第二张幻灯片前插入一版式为“空白”的新幻灯片,并在位置(水平:5.3 厘米,自:左上角,垂直:8.2 厘米,自:左上角)插入样式为“填充-蓝色,强调文字颜色 2,暖色粗糙棱台”的艺术字“校园风光”,且文字均居中对齐。艺术字文字效果为“转换-跟随路径-上弯弧”,艺术字宽度 18 厘米。

(4) 全部幻灯片切换方案设置为“时钟”,效果选项为“逆时针”。

(5) 放映方式为“观众自行浏览”。

2. 利用 PowerPoint 2016 制作演示文稿,介绍 Office 2016 的主要组成及功能,每项组成最少用一张幻灯片介绍。

要求如下。

(1) 有必要的文字说明。

(2) 幻灯片上配置相应的图片。

(3) 幻灯片上的对象有动画效果。

(4) 幻灯片有切换效果。

(5) 幻灯片有超链接。

(6) 能自动播放。

第6章

计算机网络基础与 Internet

在未来信息化的社会里，人们必须学会在网络环境下使用计算机，通过网络进行交流、获取信息。本章主要介绍计算机网络的基础知识和基本应用常识。通过本章学习，应该掌握以下几点。

- 计算机网络的基本概念。
- 因特网基础：TCP/IP、域名系统、因特网应用服务模式、IP 地址和接入方式。
- 使用简单的因特网应用：浏览器（如 IE）的使用，信息的搜索、浏览与保存，电子邮件的收发等的使用。

全国计算机等级考试一级考点汇总

考　　点	主要内容
计算机网络概述	计算机网络的概念、计算机网络的产生与发展
数据通信	信道、数字信号与模拟信号、数据的调制与解调、带宽
计算机网络的组成	资源子网、通信子网、网络硬件、网络软件
计算机网络分类	按覆盖范围分类（局域网、广域网、城域网）、按通信介质分类、按网络控制方式分类
网络的拓扑结构	星状拓扑、总线拓扑、环形拓扑、树状结构、网状拓扑
网络硬件	传输介质、常用网络设备
网络软件	网络系统软件、网络应用软件
无线局域网	无线局域网的基本概念
因特网概述	因特网的概念
TCP/IP	网络协议定义、ISO/OSI 开放系统互连参考模型、TCP 的含义、IP 的含义、TCP/IP 的工作原理
Internet 应用服务工作模式	C（客户机）/S（服务器）模式、B（浏览器）/S（服务器）模式
因特网 IP 地址	IP 地址组成，A、B、C、D、E 五类地址
域名与 DNS 的工作原理	域名、DNS 的工作原理

续表

考　　点	主 要 内 容
接入因特网	拨号方式入网、DDN(Digital Data Network,数字数据网)专线入网、ADSL(Asymmetrical Digital Subscriber Line,非对称数字用户环路)方式入网、LAN 方式入网、Cable-Modem 方式入网、无线接入技术、HFC(Hybrid Fiber Cabel,混合光纤同轴电缆)方式入网
浏览器的使用	相关概念(万维网、超文本和超链接、统一资源定位器)、浏览器的启动与关闭、浏览器窗口
网上漫游	浏览器的使用
信息搜索	浏览器自带的搜索功能、其他搜索引擎的使用
电子邮件	使用 Outlook 收发电子邮件
流媒体	流媒体的概念

6.1　计算机网络基础知识

计算机网络技术是计算机技术和通信技术两大技术相结合的产物,是随着社会对信息共享和信息传递日益增强的需求而发展起来的,它涉及通信与计算机两个领域。一方面,通信网络为计算机之间的数据传送和交换提供了必要的手段;另一方面,计算机技术的发展渗透到通信技术中,又提高了通信网络的各种性能。它代表着当前计算机系统结构发展的一个重要方向,它的出现引起了人们的高度重视和极大兴趣。可以预言,未来的计算机就是网络化的计算机。

6.1.1　计算机网络的概念

计算机网络就是通过线路互连起来的、自治的计算机集合,确切地讲,就是将分布在不同地理位置上的具有独立工作能力的计算机、终端及其附属设备用通信设备和通信线路连接起来,并配置网络软件,以实现计算机资源共享的系统。

概括起来说,一个计算机网络必须具备以下 3 个基本要素。

(1) 至少有两个具有独立操作系统的计算机,且它们之间有相互共享某种资源的需求。

(2) 两个独立的计算机之间必须有某种通信手段将其连接。

(3) 网络中的各个独立的计算机之间要能相互通信,必须制定相互可确认的规范标准或协议。

以上 3 条是组成一个网络的必要条件,三者缺一不可。

6.1.2　计算机网络的产生与发展

计算机网络是半导体技术、计算机技术、数据通信技术和网络技术相互渗透、相互促进的产物。数据通信的任务是利用通信介质传输信息。通信网为计算机网络提供了便利而广泛的信息传输通道,而计算机和计算机网络技术的发展也促进了通信技术的发展。

随着计算机技术和通信技术的不断发展,计算机网络也经历了从简单到复杂、从单机到多机的发展过程,其发展过程大致可分为以下 4 个阶段。

1. 面向终端的计算机网络

第一个阶段是 20 世纪五六十年代,又称面向终端的具有通信功能的单机系统,是早期计算机网络的主要形式。它是将一台计算机经通信线路与若干地理位置分散的终端直接相连,主机系统具有数据通信和处理的功能。这一阶段的标志是:计算机技术与通信技术结合起来,完成了数据通信技术和计算机通信网络的研究。

2. 以共享资源为主要目的的计算机网络阶段

第二个阶段是 20 世纪 60 年代中期发展起来的,由多个终端联机系统的互连形成了多主机为中心的网络,网络结构从“主机—终端”转变为“主机—主机”,即它是由若干台计算机相互连接起来的系统,即利用通信线路将多台计算机连接起来,实现了计算机—计算机之间的通信,如图 6-1 所示。

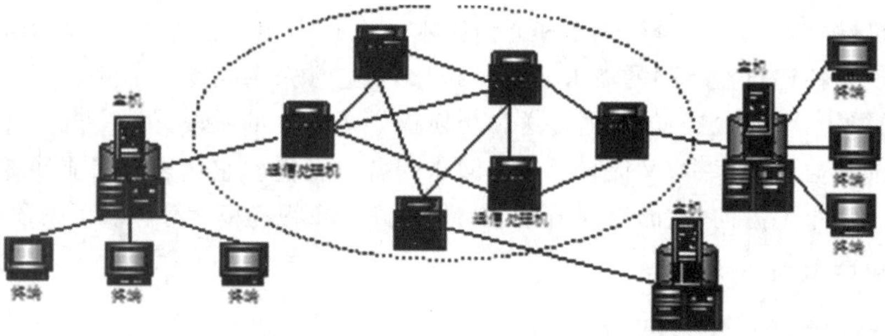

图 6-1　计算机—计算机网络系统

这一阶段结构上的主要特点是:以通信子网为中心,多主机多终端;资源的多向共享、分散控制、分组交换;采用专门的通信控制处理机、分层的网络协议。这些特点往往被认为是现代计算机网络的典型特征。1969 年,在美国建成的 ARPAnet 是这一阶段的代表。在 ARPAnet 上首先实现了以资源共享为目的的不同计算机互连的网络,它奠定了计算机网络技术的基础,成为今天因特网的前身。

这个时期的网络产品彼此之间是相互独立的,没有统一标准。这一阶段的标志是 ARPAnet 与分组交换技术。

3. 标准、开放的计算机网络阶段

第三个阶段是从 20 世纪 70 年代中期至 90 年代。由于相对独立的网络产品难以实现互连,国际标准化组织(International Standards Organization,ISO)于 1984 年颁布了一个称为“开放系统互连参考模型”的国际标准,简称 ISO/OSI,即著名的 OSI 七层模型。从此,网络产品有了统一标准,促进了企业的竞争,大大加速了计算机网络的发展。

另一个开放式标准化网络就是因特网，它遵循 TCP/IP 协议族，虽不是某个国际官方组织制定的标准但却被广泛采用，成为事实上的标准。

这一阶段的标志是网络体系结构与网络协议的国际标准化，即 ISO/OSI 模型的提出和 TCP/IP 协议的标准化。

4. 高速、智能的计算机网络阶段

第四个阶段从 20 世纪 90 年代开始，随着通信技术尤其是光纤通信技术的发展，计算机网络技术得到了迅猛发展。千兆乃至万兆传输速率的以太网已经被越来越多地用于局域网和城域网中，而基于光纤的广域网链路的主干带宽也已达到 10Gb/s。为了向用户提供更高的网络服务质量，网络管理也逐渐进入了智能化阶段，包括网络的配置管理、故障管理、计费管理、性能管理和安全管理等在内的网络管理任务都可以通过智能化程度很高的网络管理软件来实现。计算机网络已经进入了高速、智能的发展阶段。

这一阶段的标志是因特网的广泛应用，高速网络技术、网络安全技术的研究与发展。

6.1.3 数据通信概念

数据通信是指发送方将要发送的数据转换成信号通过物理信道传送到数据接收方的过程。数据通信被分为模拟数据通信和数字数据通信。所谓模拟数据通信是指在模拟信道上以模拟信号形式来传输数据；而数字数据通信则是指利用数字信道以数字信号方式来传递数据。数据通信是通信技术和计算机技术相结合而产生的一种新的通信方式。要在两地间传输信息必须有传输信道。下面简单介绍几个与数据通信密切相关的常用术语。

1. 信道

信道是信号的传输媒质或渠道，可分为有线信道和无线信道两类。常见的有线信道主要有双绞线、电缆、光缆等；常见的无线信道主要有短波传播、超短波、微波、人造卫星中继，以及各种散射信道等。

2. 数字信号与模拟信号

通信的目的是传输数据，信号是数据的表现形式。数据通信技术主要研究的是如何将表示各类信息的二进制比特序列通过传输媒介在不同计算机之间传输。信号可以分为数字信号和模拟信号两类。数字信号是一种离散的脉冲序列，计算机产生的电信号用两种不同的电平表示 0 和 1。模拟信号是一种连续变化的信号，如电话线上传输的按照声音强弱幅度连续变化所产生的电信号，就是一种典型的模拟信号，可以用连续的电波表示。

3. 数据的调制与解调

由于信号的传递有数字信号与模拟信号两种方式，为了能使这两种方式进行有效转换，需要数据的调制与解调技术，将数字信号转换为模拟信号的过程称为调制，将模拟信号转换为数字信号的过程称为解调。其中调制解调器（modem）设备是一种结合了这两

种功能的通信设备。

4. 带宽

带宽是指在固定的时间内可传输的数据量,亦指在传输管道中可以传递数据的能力。信号的带宽是指该信号所包含的各种不同频率成分所占据的频率范围。信道的频道越宽,可用的频率范围就越多,带宽就越大。在通信线路上传输模拟信号时,将通信线路允许通过的信号频带范围称为线路的带宽(或频宽);在通信线路上传输数字信号时,带宽就等同于数字信道所能传送的“最高数据率”。信道的带宽由传输介质、接口部件、传输协议及传输信息的特性等因素决定。它在一定程度上体现了信道的传输性能,是衡量传输系统的一个重要指标。通常,信道的带宽大,信道的容量也大,其传输速率相应也高。

6.1.4 计算机网络的分类

计算机网络可按不同的分类标准进行划分。

1. 按网络拓扑结构分类

在计算机网络中,把计算机、终端、通信处理机等设备抽象成点,把连接这些设备的通信线路抽象成线,将由这些点和线所构成的拓扑称为网络拓扑结构。

网络拓扑结构反映出网络的结构关系,它对于网络的性能、可靠性及建设管理成本等都有着重要的影响。因此,网络拓扑结构的设计在整个网络设计中占有十分重要的地位。在网络构建时,网络拓扑结构往往是首先要考虑的因素之一。

按照网络的拓扑结构可分为总线、星状、环形、树状和网状结构等。

1) 星状拓扑(star-topology)

星状网络是由中央节点和通过点到点通信链路连接到中央节点的各个计算机组成的,如图 6-2 所示。

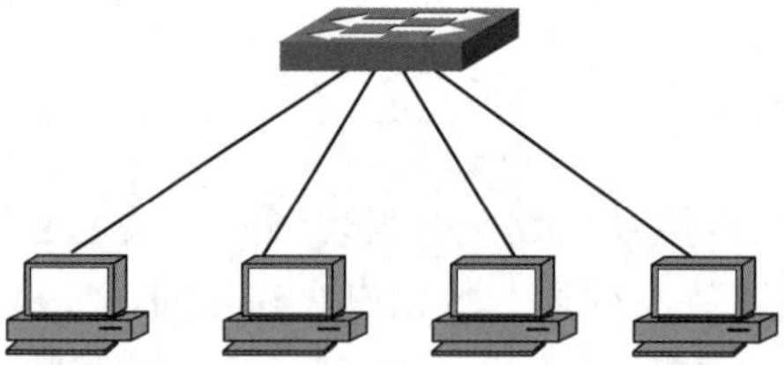

图 6-2 星状拓扑结构

采用集中控制,即任何两台计算机之间的通信都要通过中央节点进行转发,中央节点通常为集线器(hub)/交换机(switch)。它具有信号再生转发功能,同时它又是网络布线的中心,各计算机通过集线器/交换机与其他计算机通信,星状网络又称为集中式网络。

2) 总线拓扑(bus topology)

总线拓扑采用单根传输线作为传输介质,所有的站点都通过相应的硬件接口直接连接到传输介质或总线上。任何一个站点发送的信息都可以沿着介质传播,而且能被所有其他站点接收,如图 6-3 所示。任何一台计算机发送的信号都沿着传输介质双向传播,而且能被所有其他计算机侦听到。但在同一时间内只允许一个节点利用总线发送数据。当一个节点利用总线以“广播”方式发送数据时，其他节点可以用“监听”方式接收数据。

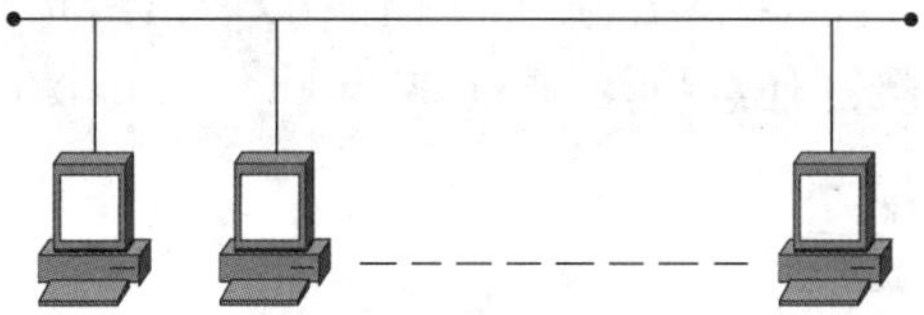

图 6-3　总线拓扑结构

3）环状拓扑（ring topology）

环状拓扑由一些中继器和连接中继器的点到点链路首尾相连形成一个闭合的环。如图 6-4 所示，每个中继器都与两条链路相连，它接收一条链路上的数据，并以同样的速度串行地把该数据送到另一条链路上，而不在中继器中缓冲。这种链路是单向的，也就是说，只能在一个方向上传输数据，而且所有的链路都按同一方向传输，数据就在一个方向上围绕着环进行循环。

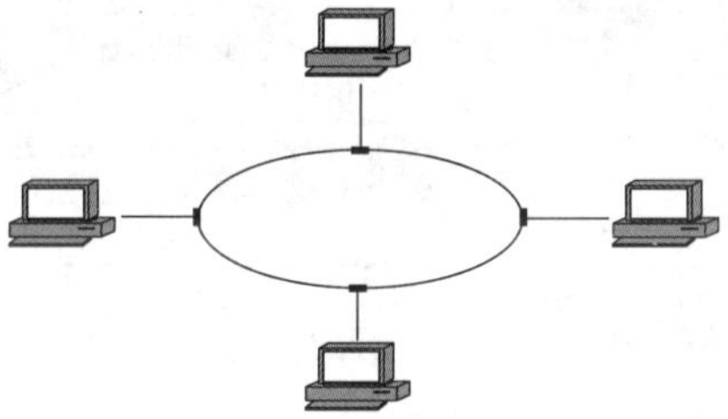

图 6-4　环状拓扑结构

4）树状结构（tree topology）

树状拓扑是从总线拓扑演变而来的，它把星状和总线结合起来，形状像一棵倒置的树，顶端有一个带分支的根，每个分支还可以延伸出子分支，层次结构中处于最高位置的节点（根节点）负责网络的控制，如图 6-5 所示。

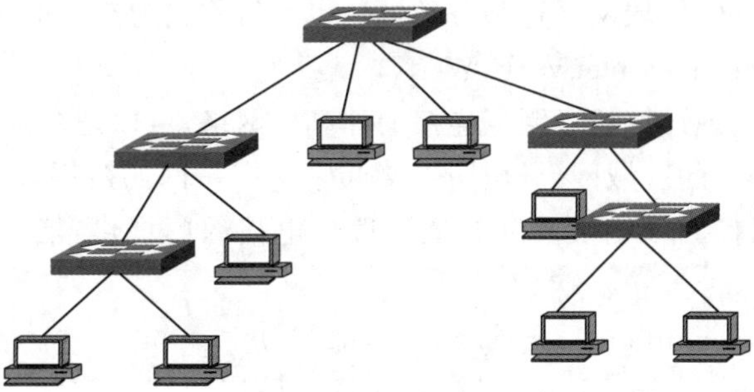

图 6-5　树状拓扑结构

5）网状拓扑（network topology）

容错能力最强、可靠性最高的网络拓扑是网状拓扑。网状结构是由星状、总线形、环状演变而来的,是前 3 种基本拓扑混合应用的结果。在网状网络中,如果一台计算机或一段线缆出现故障,网络的其他部分依然可以运行,数据可以通过其他计算机和线路到达目的计算机。图 6-6 描述了网状拓扑结构。从图上可以看出网状拓扑没有上述 4 种拓扑那么明显的规则,节点的连接是任意的,没有规律。

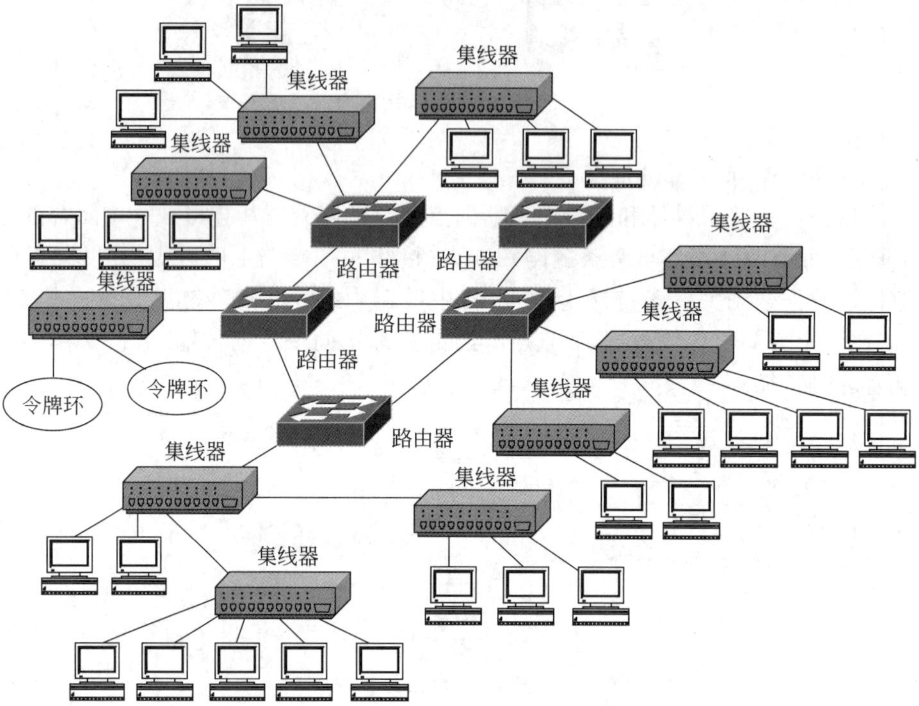

图 6-6 网状拓扑结构

2. 按网络的覆盖范围分类

根据计算机网络所覆盖的地理范围、信息的传递速率及其应用目的,计算机网络通常被分为局域网、城域网、广域网。这种分类方法也是目前较为流行的一种分类方法。

1) 广域网(Wide Area Network,WAN)

广域网指的是实现计算机远距离连接的计算机网络,可以把众多的城域网、局域网连接起来,也可以把全球的区域网、局域网连接起来。广域网的范围较大,一般从几百千米到几万千米,用于通信的传输装置和介质一般由电信部门提供,能实现大范围内的资源共享。

2) 城域网(Metropolitan Area Network,MAN)

城域网有时又称为城市网、区域网、都市网。城域网介于 LAN 和 WAN 之间,其覆盖范围通常为一个城市或地区,距离从几十千米到上百千米。城域网通常采用光纤或微波作为网络的主干通道。

3) 局域网(Local Area Network,LAN)

局域网也称局部网,是指将有限的地理区域内的各种通信设备互连在一起的通信网络。它具有很高的传输速率(几十兆至几千兆比特每秒),其覆盖范围一般不超过几十千米,通常将一座大楼或一个校园内分散的计算机连接起来构成局域网。

3. 按通信传输介质分类

按通信传输介质分类,计算机网络可分为有线网络和无线网络。

(1) 有线网络:指采用有形的传输介质,如双绞线、同轴电缆、光纤等组建的网络。

(2) 无线网络:指使用微波、红外线等无线传播介质作为通信线路的网络。

4. 按网络组件的关系分类

按照网络中的各组件的功能来划分,常见的有两种类型的网络:对等网和基于服务器的网络。最简单的网络类型就是对等网。

(1) 在对等网中,每台主机既充当客户机同时又是服务器。软硬件资源和数据都分布存储在网络中的各自独立的主机之中。每个用户都负责本地主机的数据和资源,并且有各自独立的权限和安全设置,如图 6-7 所示。对等网的优点:简单,低成本。对等网的缺点:适合小型网络环境,当计算机数量较多时,不利于管理;安全级别低,不利于数据的共享和管理。

(2) 如图 6-8 所示,在基于服务器的网络中,通常有一台或一台以上的服务器专门用来提供软硬件资源的共享服务。服务器应该选用稳定可靠、有好的性能和大的硬盘空间的计算机。服务器的性能包括 CPU、内存、网卡和硬盘等的性能。如果网络中有多于 10 个用户,那么就应该考虑使用基于服务器的网络。

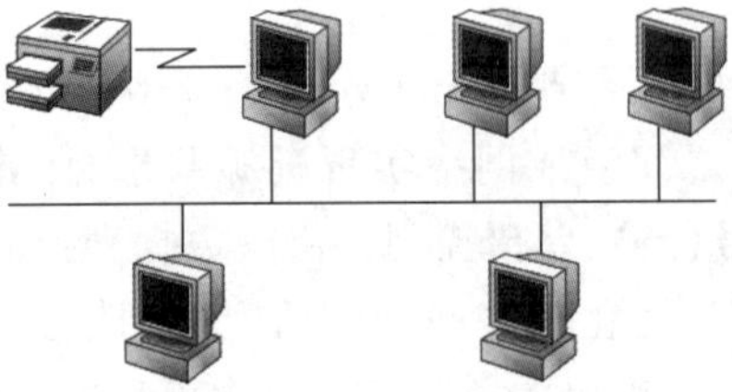

图 6-7　对等网示意图

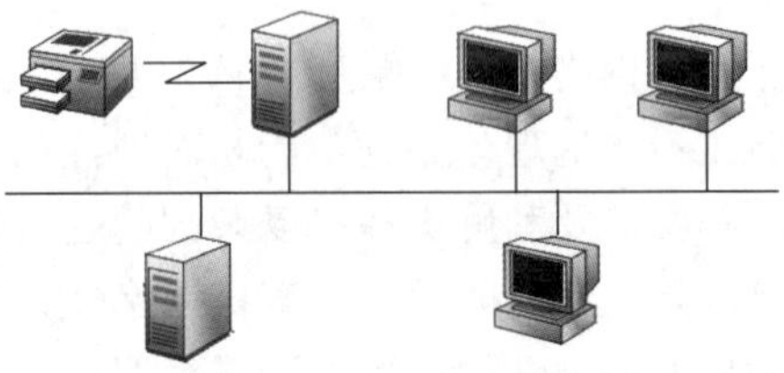

图 6-8　基于服务器的网络示意图

6.1.5　计算机网络协议

1. 网络协议概念

互相连接的计算机构成计算机网络中的一个个节点,数据在这些节点之间进行交换。因为网络上的多台计算机间有各自不同的体系结构、采用不同的数据存储格式、以不同的速率收发信息,彼此间并不都兼容,所以通信也就变得困难。为了确保不同类型的计算机之间能顺利地交换信息,这些计算机必须遵守一些事先约定好的共同规则。这些计算机网络中用于规定信息的格式以及如何发送和接收信息的一套规则称为协议(protocol)。

为了简化这些规则的设计,一般采用结构化的设计方法,将网络按照功能分成一系列的层次,每一层完成一个特定的功能。分层的好处在于每一层都向它的上一层提供一定的服务,并把这种服务是如何实现的细节对上层进行屏蔽。高层就不必再去考虑低层的问题,而只需要专注于本层的功能。分层的另一个目的是保证层与层之间的独立性,因而可将一个难以处理的复杂问题分解为若干较容易处理的子模块,更易于制定每一层的协议标准。

2. 网络协议组成

通常网络协议由语法、语义和同步(时序)三要素组成。

1) 语法

语法是指数据的结构或格式以及数据表示的顺序。例如,一个简单的协议可以定义数据的头部(前8比特)是发送者的地址,中部(第二组8比特)是接收者的地址,而尾部就是消息本身。

2) 语义

语义指传输的比特流每一部分的含义。语义定义了一个特定的比特模式该如何理解,基于这样的理解该采取何种动作。例如,一个地址指的是要经过的路由器的地址还是消息的目的地址?这些都建立在语义的定义之上。

3) 同步

同步包括两方面的特征:数据何时发送以及以多快的速率发送。例如,如果发送方以100Mb/s(兆位每秒)速率发送数据,而接收方仅能处理1Mb/s速率的数据,这样的传输会使接收者负载过重,并导致大量数据丢失。

6.1.6 计算机网络体系结构

通常将网络中的各层和协议的集合,称为网络体系结构(network architecture)。为了能够使不同地理分布且功能相对独立的计算机之间组成网络实现资源共享,计算机网络系统需要涉及和解决许多复杂的问题,包括信号传输、差错控制、寻址、数据交换和提供用户接口等一系列问题。计算机网络体系结构是为简化这些问题的研究、设计与实现而抽象出来的一种结构模型。计算机网络系统,一般采用层次模型。在层次模型中,往往将系统所要实现的复杂功能分化为若干相对简单的细小功能,每项分功能以相对独立的方式去实现。这样就有助于将复杂的问题简化为若干相对简单的问题,从而达到分而治之、各个击破的目的。目前网络体系中涉及两套体系:一个是ISO/OSI参考模型,它是一个抽象的理论模型;另一个是现实生活中使用的事实标准TCP/IP模型结构。

1. ISO/OSI 参考模型

国际标准化组织(ISO)在1977年建立了一个分委员会来专门研究体系结构,提出了开放系统互连(Open System Interconnection,OSI)参考模型,这是一个定义连接异种计算机标准的主体结构。"开放"表示能使任何两个遵守参考模型和有关标准的系统进行连接。"互连"是指将不同的系统互相连接起来,以达到相互交换信息、共享资源、分布应用和分布处理的目的。

开放系统互连参考模型采用分层的结构化技术,共分7层,从低到高依次为物理层、数据链路层、网络层、传输层、会话层、表示层、应用层，如图 6-9 所示。无论什么样的分层模型，都基于于一个基本思想，遵守同样的分层原则：目标站第 n 层收到的对象应当与源站第 n 层发出的对象完全一致。

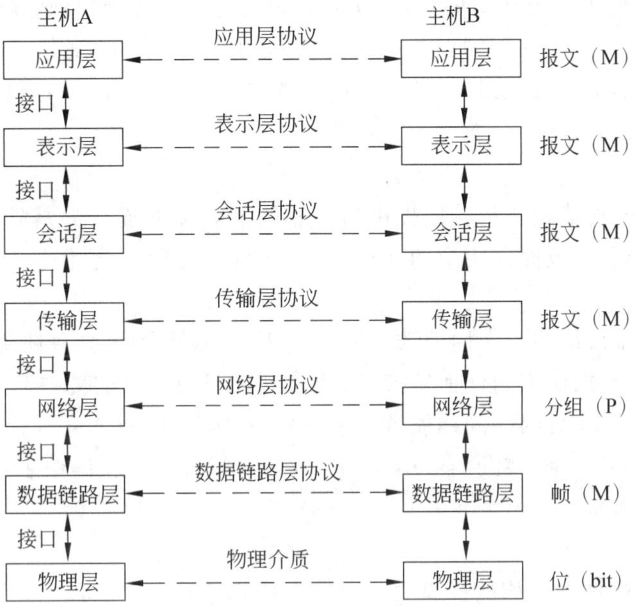

图 6-9 OSI 七层参考模型

下面依次对 OSI 各层的主要功能做简单介绍。

1）物理层

物理层位于 OSI 参考模型的最底层，它直接面向原始比特流(bit)的传输。物理层必须解决好包括传输介质、信道类型、数据与信号之间的转换、信号传输中的衰减和噪声等在内的一系列问题。另外，物理层标准要给出关于物理接口的机械、电气、功能和规程特性，以便于不同的制造厂家既能够根据公认的标准各自独立地制造设备，又能使各个厂家的产品能够相互兼容。

2）数据链路层

数据链路层建立在物理传输能力的基础上。数据链路层主要功能是在通信实体之间建立数据链路连接，无差错地传输数据帧。数据链路层协议的目的是把一条有可能出错的物理链路变成让网络层实体看起来是一条不会出错的数据链路。主要考虑相邻节点之间的数据交换，为了能够实现相邻节点之间无差错的数据传送，数据链路层在数据传输过程中提供了确认、差错检测和流量控制等机制。该层的数据传送单元是帧(frame)。

3）网络层

网络中的两台计算机进行通信时，中间可能要经过许多中间节点甚至不同的通信子网。网络层的主要任务就是在通信子网中选择一条合适的路径，使发送端传输层所传下来的数据能够通过所选择的路径到达目的端，并且负责通信子网的流量和拥塞控制。对于通信子网，各节点只涉及低三层协议。该层的数据传送单元是分组或称为数据包

(packet)。

4）传输层

传输层是OSI七层模型中唯一负责端到端节点间数据传输和控制功能的层。传输层是OSI七层模型中承上启下的层，它下面的三层主要面向网络通信，以确保信息被准确有效地传输；它上面的三层则面向用户主机，为用户提供各种服务。传输层通过弥补网络层服务质量的不足，为高层提供端到端的可靠数据传输服务。该层以上的数据单元都称为报文(massage)。

5）会话层

会话层的主要功能是在传输层提供的可靠的端到端的连接的基础上，在两个应用进程之间建立、维护和释放面向用户的连接，并对“会话”进行管理，保证“会话”的可靠性。

6）表示层

不同计算机体系结构所使用的数据表示法不同，表示层为异种机通信提供一种公共语言，完成应用层数据所需的任何转换，以便能进行互操作。定义一系列代码和代码转换功能，保证源端数据在目的端同样能被识别，例如文本数据的ASCII码、表示图像的GIF或表示动画的MPEG等。表示层的功能主要有数据语法转换、语法表示、表示连接管理、数据加密和数据压缩。

7）应用层

应用层是OSI体系结构的最高层。由若干应用组成，网络通过应用层为用户提供网络服务。这一层的协议直接为端用户服务，提供分布式处理环境。与OSI参考模型的其他层不同的是，它不为任何其他OSI层提供服务，而只是为OSI模型以外的应用程序提供服务，包括为相互通信的应用程序或进程之间建立连接、进行同步，建立关于错误纠正和控制数据完整性过程的协商等。应用层还包含大量的应用协议，如虚拟终端协议(telnet)、简单邮件传输协议(SMTP)、简单网络管理协议(SNMP)和超文本传输协议(HTTP)等。

2. TCP/IP模型

OSI参考模型的实际应用意义不是很大，但其的确对于理解网络协议内部的运作很有帮助。在现实网络世界里，TCP/IP协议族获得了广泛的应用，TCP/IP是由美国国防部创建的，是发展至今最成功的通信协议，它被用于构筑目前最大的、开放的互联网络系统Internet。TCP/IP是一组通信协议的代名词，这组协议使任何具有网络设备的用户能访问和共享Internet上的信息，其中最重要的协议是传输控制协议(TCP)和网际协议(IP)。TCP/IP体系结构将网络的不同功能划分为四层，由下而上分别为网络接口层(也称主机-网络层)、网络层、传输层、应用层。图6-10为OSI参考模型的七层结构与TCP/IP模型的四层结构。

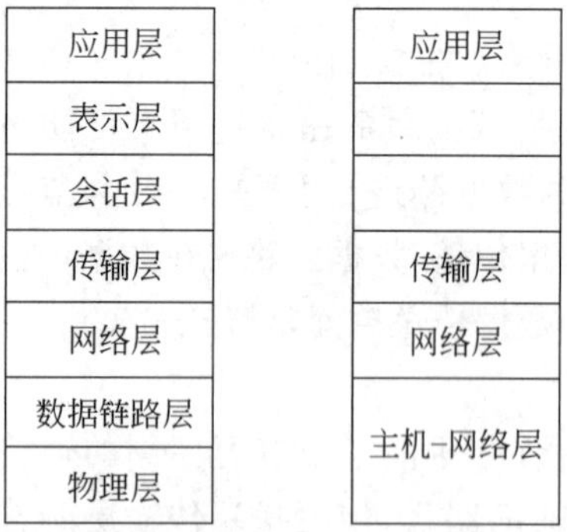

(a) OSI参考模型 (b) TCP/IP模型

图6-10 OSI参考模型与TCP/IP模型

1）网络接口层

TCP/IP 模型的最底层是网络接口层，也被称为主机-网络层，它包括了使用 TCP/IP 与物理网络进行通信的协议，且对应着 OSI 参考模型的物理层和数据链路层。TCP/IP 标准定义网络接口协议，旨在提供灵活性，以适应各种物理网络类型。这使得 TCP/IP 可以运行在任何底层网络上，以便实现它们之间的相互通信。网络接口层对高层屏蔽了底层物理网络的细节，使 TCP/IP 成为互联网协议的基础。

2）网络层

网络层负责独立地将分组从源主机送往目标主机，为分组提供最佳路径的选择和交换功能，并使这一过程与它们所经过的路径和网络无关。

3）传输层

TCP/IP 模型的传输层与 OSI 参考模型的传输层类似，它主要负责进程到进程之间的端对端通信，为保证数据传输的可靠性，传输层协议也提供了确认、差错控制和流量控制等机制。传输层从应用层接收数据，并且在必要的时候把数据分成较小的单元，传递给网络层，并确保到达对方的各段信息正确无误。

4）应用层

在 TCP/IP 模型中，应用层是最高层，它对应着 OSI 参考模型中的高三层，用于为用户提供网络服务。并为这些应用提供网络支撑服务，把用户的数据发送到低层，为应用程序提供网络接口。由于 TCP/IP 将所有与应用相关的内容都归为一层，所以在应用层要处理高层协议、数据表达和对话控制等任务。

6.1.7　计算机网络的功能和应用

1. 计算机网络的功能

计算机网络技术使计算机的作用范围和其自身的功能有了突破性的发展。计算机网络虽有各种各样，但作为计算机网络都应具有如下功能。

1）数据通信

计算机网络中的计算机之间或计算机与终端之间，可以快速可靠地相互传递数据、程序和文件。例如，电子邮件可以使相隔万里的异地用户快速准确地相互通信；文件传输协议(FTP)可以实现文件的实时传递，为用户复制和查找文件提供了有力的工具。

2）计算机系统的资源共享

充分利用计算机网络中提供的资源(包括硬件、软件和数据)是计算机网络组网的目的之一。计算机的许多资源是十分昂贵的，不可能为每个用户所拥有。例如，进行复杂运算的巨型计算机、海量存储器、高速激光打印机、大型绘图仪和一些特殊的外设等，以及一些大型数据库和大型软件等。这些昂贵的资源都可以为计算机网络上的用户所共享。资源共享可以减少重复投资，降低费用，这是计算机网络的突出优点之一。

3）进行数据信息的集中和综合处理

将分散的各地计算机中的数据适时集中或分级管理，并经综合处理后形成各种报表，提供给管理者或决策者分析和参考，如自动订票系统、政府部门的计划统计系统、银行财政及各种金融系统、数据的收集和处理系统等。

4) 均衡负载,相互协作

通过合理的网络管理,将处于重负荷计算机上的任务分送给其他轻负荷的计算机去处理,并对网络中各资源的忙闲进行合理的调节,缓解用户资源缺乏与工作任务过重的矛盾,从而达到均衡负荷、调剂资源的目的。

5) 提高了系统的可靠性和可用性

依靠可替代的资源来提高系统的可靠性。例如,所有的文档可在两台或三台计算机中留有副本,那么如果有一台计算机发生硬件故障,用户还可以使用网上的其他副本。此外,多处理机的出现,意味着当一台机器发生故障时,其余的计算机仍可以分担它的工作,这在军事、银行和航空等领域的应用中是极其重要的。

6) 进行分布式处理

对于综合性的大型问题可采用合适的算法,将任务分散到网中不同的计算机上进行分布式处理,特别是对当前流行的局域网更有意义,利用网络技术将微机连成高性能的分布式计算机系统,使它具有解决复杂问题的能力。

2. 计算机网络的应用

随着现代信息社会进程的推进,通信和计算机技术的迅猛发展,计算机网络的应用日益多元化,打破了空间和时间的限制,几乎深入社会的各个领域。可以在一套系统上提供集成的信息服务,包括来自政治、经济等方面的信息资源,同时还提供多媒体信息,如图像、语音、动画等,在多元化发展的趋势下,许多网络应用的新形式不断出现,如 IP-Phone、视频点播、网上交易、视频会议等。其应用可归纳为下列 8 个方面。

(1) 方便的信息检索。这方面的应用由来已久,随着全球互联网的建立和扩展,在这方面的应用更有价值。

(2) 现代化的通信方式。通过计算机网络实现电子邮件已很普遍,随着高速、宽带网络技术和多媒体技术的发展,传统的电信业务发生了很大的变化。例如,可利用计算机网络召开国际会议,就如同亲临会场一样。

(3) 办公自动化。办公自动化(OA)是计算机网络的一个重要应用领域,对办公信息的所有管理都可以通过网络系统实施,以达到无纸办公的目标。目前正方兴未艾,并且为越来越多的人所关注。多媒体技术的应用使 OA 系统不仅能够处理文字和数据,而且还能处理图像、文本、音频、视频等多种信息,将计算机、电视、录像、录音、电话、传真等融为一体,形成智能化的多媒体终端与人之间相互交流的全新操作环境。

(4) 电子商务与电子政务。计算机网络还推动了电子商务与电子政务的发展,企业与企业之间、企业与个人之间可以通过网络来实现贸易、购物;政府部门则可以通过电子政务工程实施政务公开化,审批程序标准化,提高了政府的办事效率并使之更好地为企业或个人服务。

(5) 企业的信息化。通过在企业中实施基于网络的管理信息系统和企业资源计划,可以实现企业的生产、销售、管理和服务的全面信息化,从而有效提高生产率。

(6) 远程教育。基于网络的远程教育、网络学习使得人们突破时间、空间、身份的限制，方便地获取网络上的教育资源并接受教育。

(7) 丰富的娱乐和消遣。交互式娱乐将是一个巨大的潜在市场，这里最吸引人的是视频点播，人们可选择自己喜爱的电影、电视节目，另外网络实时交互游戏更是一个非常诱人的应用。

(8) 军事指挥自动化。基于网络的军事应用系统，把军事情报采集、目标定位、武器控制、战地通信和指挥员决策等环节在计算机网络基础上联系起来，形成各种高速高效的指挥自动化系统。

6.2　计算机网络的组成

从功能上将计算机网络逻辑划分为资源子网和通信子网。如图 6-11 所示，给出了典型的计算机网络结构。其中，资源子网负责全网的数据处理业务，并向网络用户提供各种网络资源和网络服务。资源子网主要由主机、终端及相应的 I/O 设备、各种软件资源和数据资源构成；通信子网主要由通信控制处理机、通信链路及其他设备如调制解调器等组成。通信链路是用于传输信息的物理信道及为达到有效、可靠的传输质量所必需的信道设备的总称。

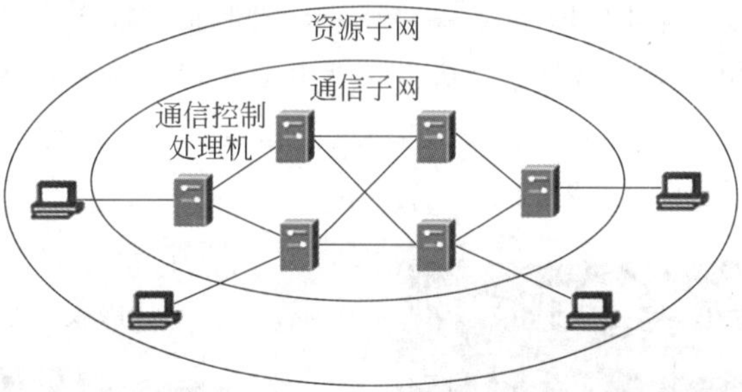

图 6-11　计算机网络的逻辑构成

6.2.1　网络硬件系统

1. 网络硬件组成

网络硬件系统包括计算机(网络服务器、网络工作站)、传输介质、网络设备、其他设备(外部设备、硬件防火墙)。

(1) 网络服务器：被网络用户访问的计算机系统，包括供网络用户使用的各种资源，并负责对这些资源的管理，协调网络用户对这些资源的访问。

(2) 网络工作站：使用户在网络环境上进行工作的计算机，常被称为客户机。

(3) 传输介质：同轴电缆、双绞线、光纤、微波等构成通信线路的物理介质。

(4) 网络设备：包括网卡、调制解调器、集线器、中继器、网桥、交换机、路由器等物理设备。

(5) 外部设备：可被网络用户共享的常用硬件资源，通常指一些大型的、昂贵的外部设备，如大型激光打印机、绘图设备、大容量存储系统等。

(6) 硬件防火墙：是在内联网和互联网之间构筑的一道屏障，用以保护内联网中的信息、资源等不受来自互联网中非法用户的侵犯。

以下着重介绍传输介质和常用网络设备。

2. 传输介质

传输介质用来传送计算机网络中的数据。常用的传输介质大致分为有线介质和无线介质。有线介质将信号约束在一个物理导体之内，如双绞线、同轴电缆、光纤等；无线介质不能将信号约束在某个空间范围之内，如微波、卫星、红外线等。联网究竟选择哪种传输介质，必须考虑价格、安装难易程度、容量、抗干扰能力、衰减等方面的因素，同时还要根据具体的运行环境全面考虑。

1) 双绞线

双绞线是一种价格便宜、安装方便、可靠性高的传输介质。它由两根绝缘导线组成，如图 6-12 所示为五类非屏蔽双绞线，有 8 根，分为 4 对，两根导线互相绞扭，可减少线对之间的电磁干扰。双绞线适用于短距离传输。

2) 同轴电缆

同轴电缆由两层导体组成，其外导体是一个空心圆柱形导体，它围裹着一个内芯导体，内外导体间用绝缘材料隔开，如图 6-13 所示。同轴电缆分为基带同轴电缆(阻抗为 50Ω)和宽带同轴电缆(阻抗为 75Ω)。基带同轴电缆又可分为粗缆和细缆两种，都用于直接传输数字信号；宽带同轴电缆用于模拟信号传输，也可用于高速数字信号传输。有线电视所使用的电缆就是宽带同轴电缆。

图 6-12　五类非屏蔽双绞线

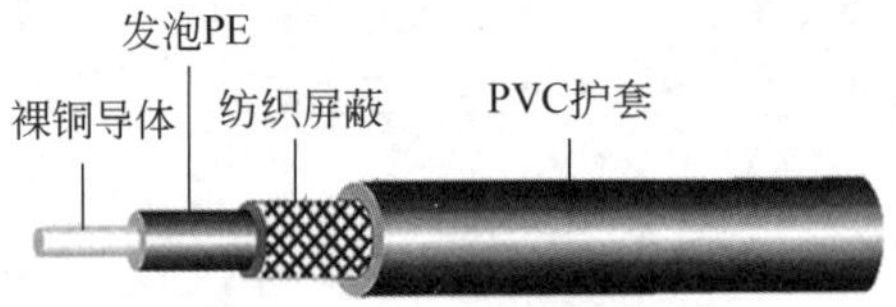

图 6-13　同轴电缆示意图

3) 光纤

光纤是光导纤维的简称，也称光缆。它由能传导光波的石英玻璃纤维外加保护层构成，如图 6-14 所示。每根光纤只能单向传送信号，因此光纤中至少包括两条独立的纤芯，一条用于发送，另一条用于接收。它具有传输速率高(103Mb/s 以上)、误码率低(10^{-9})、线路损耗小、抗干扰能力强、保密性好等优点，但价格较高，是信息传输技术中发展潜力最大的一类传输介质，将广泛用于信息高速公路的主干线中。

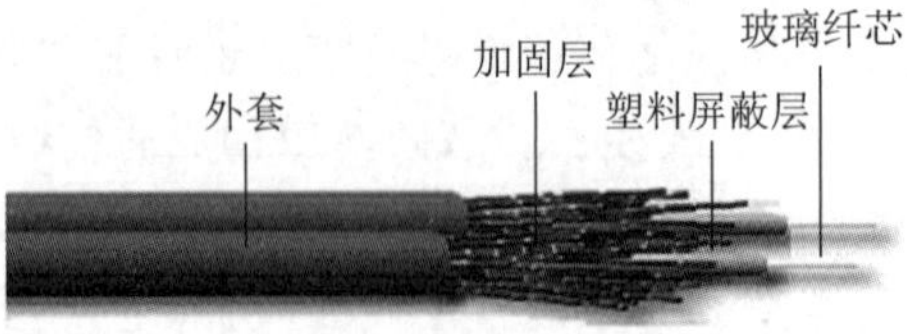

图 6-14　光纤结构图

光纤可以分为单模光纤和多模光纤两种。由多条入射角度不同的光线同时在一条光纤中传播,这种光纤称为多模光纤;光纤不经过多次反射而是一直向前传播,这种光纤称为单模光纤。

4）微波

微波是指频率为几吉赫兹至几十吉赫兹的电磁波。微波通信是一种无线通信,不需要架设明线或铺设电缆,可同时传送大量信息,建设费用比同轴电缆低。微波通信已广泛应用于电力系统各部门中,如图 6-15 所示。

图 6-15 微波接力示意图

5）红外线

红外线通信不受电磁干扰和射频干扰的影响。红外无线传输建立在红外线的基础上,采用发光二极管、激光二极管或光电二极管来进行站点与站点之间的数据交换。红外无线传输技术要求通信节点之间必须在直线视距之内,不能穿越墙体。红外线传输技术数据传输速率相对较低,在面向一个方向通信时,数据传输率为 16Mb/s。如果选择数据向各个方向上传输时,速度将不能超过 1Mb/s。

6）激光通信

激光通信多用于短距离的传输。激光通信的优点是带宽更高、方向性好、保密性能好等。激光通信的缺点是传输效率受天气影响较大。

7）卫星通信

卫星通信系统是一种特殊的微波中继系统。卫星通信可以看成一种特殊的微波通信,与一般的地面微波通信不同,它使用人造卫星作为中继站来转发微波信号。卫星上的转发器装备有接收和发射天线,接收由地面发射来的信号和向地面发送信号。由地面发射来的信号通常经过放大和变换后再转发回地面。一颗卫星上可以有多个转发器。卫星信道的频带较宽,通常可以按不同的频率分成若干子信道。

3. 常用网络设备

常选用的网络设备主要有中继器、集线器、网络适配器、交换机、路由器、网关等。

1）中继器(repeater)和集线器(hub)

中继器具有对物理信号进行放大和再生的功能,将从输入接口接收的物理信号通过放大和整形后再从输出接口输出。它用于连接具有相同物理层协议的局域网,是局域网互连的最简单的设备。

集线器在物理上被设计成集中式的多端口中继器。如图 6-16 所示,为常见的 24 端口集线器。

2）网络适配器(network adapter)

网络适配器也称网卡,它是计算机与物理传输介质之间的接口设备,是计算机之间相

图 6-16　24 端口集线器

互通信的接口,也是计算机和网络之间的逻辑链路。其主要作用是:通过有线传输介质建立计算机与局域网的物理连接,负责执行通信协议,在计算机之间通过局域网实现数据的快速传输。每块网卡都有一个全世界唯一的编号来标识它,即网卡物理地址(也称 MAC 地址,它由厂家设定,一般不能修改)。

网卡的性能主要取决于总线宽度和卡上内存:网卡的总线宽度与计算机总线对应,对于 PC 机,一般 PCI 总线网卡优于 ISA 总线网卡或 EISA 总线网卡;网卡上拥有的内存越大则可以缓存越多的数据。有的网卡上还有处理器(通常称为智能网卡),从而可以大大减轻主机 CPU 的负担,提高主机的性能,但这种网卡一般比较昂贵。

用户应根据所使用的局域网络系统(如以太网或令牌网)和传输介质(如细同轴电缆或双绞线)来选择网卡,另外应选用具有高性能价格比的产品,如图 6-17 所示。目前常用的网卡类型有 10Mb/s、100Mb/s、10/100Mb/s 自适应网卡、1000Mb/s 等几种。

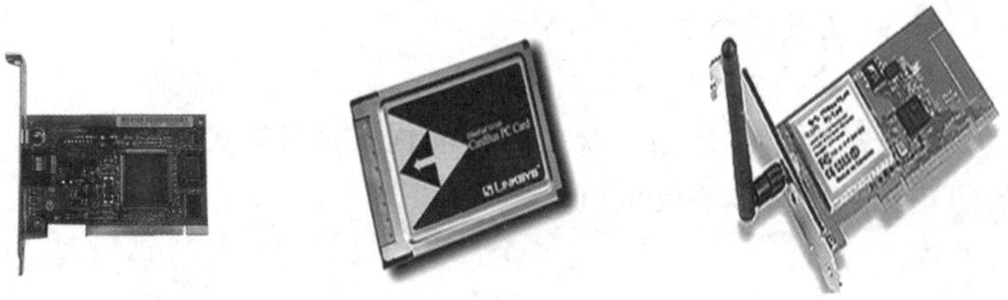

(a)　(b)　(c)

图 6-17　常见网卡类型

3) 交换机(switch)

交换机可以提供高密度的连接端口,交换机的数据转发基于硬件实现。每个交换机端口提供更高的专用带宽,即交换机的任意两个端口之间都可以进行通信而不影响其他端口,每对端口都可以并发地进行通信而独占带宽。它突破了集线器同时只能有一对端口工作的限制,提高了整个网络的带宽。如图 6-18 所示,其外观和共享式集线器相似。交换机根据其工作的层次,可以分为第二层交换机和第三层交换机。

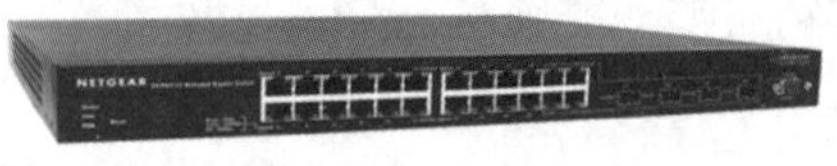

图 6-18　24 端口交换机

4) 路由器(router)

路由器是一种连接多个网络或网段的网络设备,它能将不同网络或网段之间的数据信息进行"翻译",以使它们能够相互"读懂"对方的数据,从而构成一个更大的网络。路径的选择就是路由器的主要任务。也就是说,将路由器某个输入端口收到的分组,按照分组要去的目的地（目的网络），将该分组从某个合适的输出端口转发给下一个路由器。路径选择包括两种基本的活动：一是最佳路径的判定；二是网间信息包的传送，信息包的传送一般又称为“转发”。图 6-19 为常见的路由器。

图 6-19　常见的路由器

5）调制解调器（modem）

调制就是将数字信号变换成适合于模拟信道传输的模拟信号，解调则是将模拟信号还原成数字信号。目前在多数情况下，很多远程网络的数据通信还在利用现有的电话通信线路和电话网（虽然长途干线大部分是数字式），而且可能还要维持若干年，这就需要进行数字信号和模拟信号的转变。

6）网桥（bridge）

网桥也称桥接器，网桥是一种网段连接与网络隔离的网络设备，属于数据链路层的连接设备，准确地说，它工作在 MAC 子层上，使用 MAC 地址来判别网络设备或计算机属于哪个网段。网桥用于连接同构型局域网，用它可以连接两个采用不同数据链路层协议、不同传输介质与不同传输速率的网络。

网桥的作用可概括如下。

（1）扩展工作站平均占有频带（具有地址识别能力，用于网络分段）。

（2）扩展 LAN 地理范围（两个网段的连接）。

（3）提高网络性能及可靠性。

7）网关（gateway）

当需要将不同网络互相连接时，需要网关来完成不同协议之间的转换，所以网关又称为协议转换器。网关是能够将一种体系结构的网络传输类型转换到另外一种体系结构的唯一一种网络互连设备。网关是软件和硬件的结合产品，网关的作用一般是通过路由器或者防火墙来完成的。网关除传输信息外，还将这些信息转化为接收网络所用协议认可的形式。例如，一个使用 WX 协议的 NetWare 局域网通过网关可以访问 IBM 的 SNA 网络，两者不仅硬件不同，而且使用的协议和数据结构也不同。

在 Internet 中两个网络要通过一台称为默认网关的计算机实现互连。这台计算机能根据用户通信目标的 IP 地址，决定是否将用户发出的信息送出本地网络，同时，它还将外界发送给属于本网络的信息接收过来，它是一个网络与另一个网络相连的通道。为了使 TCP/IP 能够寻址，该通道被赋予一个 IP 地址，这个 IP 地址称为网关地址。图 6-20 为使用网关无线连接 ISP 服务器的示意。

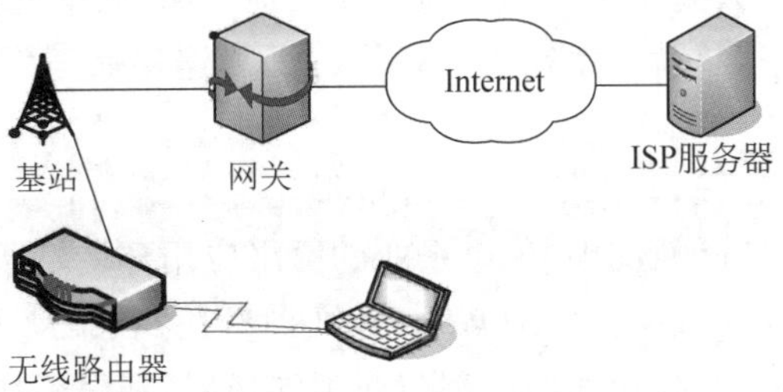

图 6-20　用网关无线连接 ISP 服务器

8) 无线 AP(access point)

无线 AP 也称为无线访问点或无线桥接器,即当作传统的有线局域网与无线局域网之间的桥梁,通过无线 AP,任何一台装有无线网卡的主机都可以连接有线局域网。无线 AP 含义较广,不仅提供单纯性的无线接入点,也同样是无线路由器等类设备的统称,兼具路由、网管等功能。单纯性的无线 AP 就是一个无线的交换机,仅仅是提供一个无线信号发射的功能,其工作原理是将网络信号通过双绞线传送过来,无线 AP 将电信号转换成为无线信号发送出来,形成无线网的覆盖。无线 AP 型号不同则具有不同的功率,可以实现不同程度、不同范围的网络覆盖,一般无线 AP 的最大覆盖距离达 300m,非常适合于在建筑物之间、楼层之间等不便于架设有线局域网的地方构建无线局域网。

6.2.2 网络软件

网络软件系统包括网络系统软件和网络应用软件。

1. 网络系统软件

网络系统软件负责控制及管理网络运行和网络资源的使用,并为用户提供访问网络和操作网络的人机接口。网络系统软件通常包括网络操作系统、网络协议软件、通信软件等。

网络操作系统是网络系统软件的核心,是向网络计算机提供网络通信和网络资源共享功能的操作系统,是负责管理整个网络资源和方便网络用户的软件的集合。通常网络操作系统中都带有网络协议软件和网络通信软件。网络操作系统与运行在工作站上的单用户操作系统或多用户操作系统由于提供的服务类型不同而有差别。通常情况下,网络操作系统是以使网络相关特性最佳为目的的,如共享数据文件、软件应用以及共享硬盘、打印机、调制解调器、扫描仪和传真机等。

2. 网络应用软件

网络应用软件指为某个特定网络应用目的而开发的网络软件。例如,网络浏览器、网络聊天工具、邮件客户端软件、FTP 软件等都属于网络应用软件。

6.2.3 无线局域网

随着计算机硬件的快速发展,笔记本计算机、掌上计算机等各种移动便携设备迅速普及,人们希望在家中或办公室里也可以一边走动一边上网,而不是被网线牵在固定的书桌上。于是许多研究机构很早就开始在为计算机的无线连接而努力,使它们之间可以像有线网络一样进行通信。

常见的有线局域网建设,其中铺设、检查电缆是一项费时费力的工作,在短时间内也不容易完成。而在很多实际情况中,一个企业的网络应用环境不断更新和发展,如果使用有线网络重新布局,则需要重新安装网络线路,维护费用高、难度大。尤其是在一些比较特殊的环境当中,例如,一个公司的两个部门在不同楼层,甚至不在一个建筑物中,安装线路的工程费用就更高了。因此,架设无线局域网就成为最佳解决方案。

新一代的无线网，不仅仅是简单地将两台计算机相连，而是建立无须布线和使用非常自由的无线局域网(Wireless LAN，WLAN)。在 WLAN 中有许多计算机，每台计算机都有一个无线调制解调器和一个天线，通过该天线，它可以与其他系统进行通信。通常在室内的墙壁或天花板上也有一个天线，所有机器都与它通信，然后彼此之间就可以相互通信了，如图 6-21 所示。

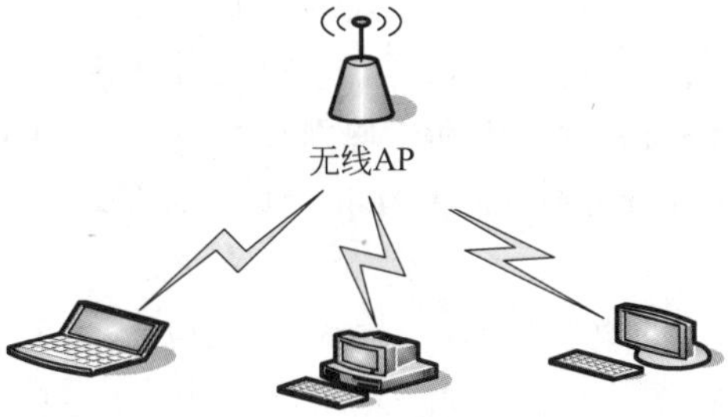

图 6-21　无线局域网示意图

无线局域网的发展中，WiFi(Wireless Fidelity)由于具有较高的传输速度、较大的覆盖范围等优点，发挥了重要的作用。WiFi 不是具体的协议或标准，而是无线局域网联盟(WLANA)为了保障使用 WiFi 标志的商品之间可以相互兼容而推出的，在如今许多的电子产品(如笔记本计算机、手机、PDA 等)上面我们都可以看到 WiFi 的标志。针对无线局域网，IEEE(Institute of Electrical and Electronics Engineers，美国电气和电子工程师协会)制定了一系列无线局域网标准，即 IEEE 802.11 家族，包括 IEEE 802.11a、IEEE 802.11b、IEEE 802.11g 等，IEEE 802.11 现在已经非常普及了。随着协议标准的发展，无线局域网的覆盖范围更广，传输速率更高，安全性、可靠性等也大幅提高。

6.3　Internet 基础知识

Internet 的中文名称为因特网。Internet 是当今信息社会的一个巨大的信息资源宝藏，是全球最大的计算机网络。只要将自己的计算机连入 Internet，就可以在这个信息资源宝库中漫游，如发邮件、查阅资料、下载资料、获知新闻、聊天、购物等。

6.3.1　因特网的基本概念

1. Internet 的概念

Internet 是国际计算机互联网的英文简称，是世界上规模最大的计算机网络，准确地说是网络中的网络。Internet 是由各种网络组成的一个全球信息网，可以说是由成千上万个具有特殊功能的专用计算机通过各种通信线路，把地理位置不同的网络在物理上连接起来的网络。一般认为，Internet 是指以美国国家科学基金会(National Science Foundation，NSF)的主干网 NSFnet 为基础的全球最大的计算机互联网。Internet 共同遵循 TCP/IP，将数万个计算机网络、数千万台主机互连在一起，覆盖全球。它从提供信息资源的角度来看，Internet 是一个集各个部门、领域内各种信息资源为一体的超级资源网。凡是加入 Internet 的用户，都可以通过各种工具访问所有信息资源，查询各种信息库、数据库，获取自己所需的各种信息资料。

2. Internet 的特点

(1) Internet 是采用 TCP/IP 来实现互连的开放网络。

(2) Internet 是一个庞大的网际互联网，由各种异构网络互连而成。

(3) Internet 包括各种局域网技术和广域网技术，是一种非集中管理的松散型网络。

(4) Interent 的应用是广泛的，在 Internet 上可以通信，可以传输文字，也可以传输视频和音频。

(5) 交互性是 Internet 的重要技术，是游戏网站、电子商务网站和企业内部网的核心技术和关键技术。

6.3.2 接入方式

目前常用的 Internet 接入方式主要有下面 7 种。

1. 拨号方式入网

拨号入网费用较低，比较适于个人和业务量小的单位使用。用户所需设备简单，只需要在计算机前增加一台调制解调器和一根电话线，再到 ISP 申请一个上网账号即可使用。拨号上网的连接速率一般为 14.4～56kb/s。

2. DDN 专线入网

DDN(Digital Data Network)专线是利用光纤、数字微波或卫星等数字传输通道和数字交叉复用设备组成，为用户提供高质量的数据传输通道，传送各种数据业务，以满足用户多媒体通信和组建中高速计算机通信网的需要。DDN 区别于传统的模拟电话专线，其显著特点是质量高、延时小、通信速率可根据需要选择、可靠性高，目前可提供的传输速率为 64kb/s～2Mb/s。

3. ADSL 方式入网

ADSL(Asymmetrical Digital Subscriber Line，非对称数字用户环路)利用现有的电话线，为用户提供上、下行非对称的传输速率(带宽)，上行(从用户到网络)为低速的传输，可达 640kb/s；下行(从网络到用户)为高速传输，可达 7Mb/s。它最初主要是针对视频点播业务开发的，随着技术的发展，逐步成为一种较方便的宽带接入技术。

目前提供的 ADSL 接入方式有专线入网方式和虚拟拨号入网方式。专线入网方式(即静态 IP 方式)由电信公司给用户分配固定的静态 IP 地址，这种方式上网相对要简单一些；虚拟拨号入网方式(即 PPPoE 拨号方式)并非拨电话号码，费用也与电话服务无关，而是用户输入账号、密码，通过身份验证获得一个动态的 IP 地址。

ADSL 安装包括局端线路调整和用户端设备安装。在局端方面，由 ADSL 服务商将用户原有的电话线再串接入 ADSL 局端设备;用户端的 ADSL 安装将根据所连接的客户端数量采用不同的联网方案。

1) 方案一：单用户方案

单用户方案一般符合家庭或个人单机上网需要。联网方案比较简单：将电话线端连接到滤波器上,滤波器通过一条两芯电话线与 ADSL 调制解调器相连,然后用一条双绞网线或 USB 线缆(一般购买 ADSL 调制解调器会配有这些附件)将 ADSL 调制解调器与计算机中的网卡连通即可。

2) 方案二：多用户方案

多用户方案一般符合小型单位多客户机上网需要。联网方案与方案一基本相同,只是需要选择一个带路由功能的 ADSL 调制解调器。如果该路由器所带的 LAN 端口够用,如 2～4 个,可以满足家庭或部门多台计算机同时上网的需要;如果不够用,则可以增加一台小型交换机实现多计算机同时上网。

4. LAN 方式入网

LAN 主要采用以太网技术,以信息化小区的形式为用户服务。在中心节点使用高速交换机,为用户提供光纤到小区及双绞线到户的宽带接入。基本做到千兆到小区、百兆到大楼、十兆到用户。用户只需一台计算机和一块网卡,就可享受网上冲浪、视频点播、远程教育、远程医疗和虚拟社区等宽带网络服务。其特点是：接入设备成本低、可靠性好,用户只需一块 10Mb/s 的网卡即可轻松上网;解决了传统拨号上网方式的瓶颈问题,宽带接入用户上网的速率最高可达 10Mb/s;不需要拨号,用户开机即可联入互联网。

5. Cable-Modem 方式入网

Cable-Modem(线缆调制解调器)是近两年开始试用的一种超高速调制解调器,它利用现成的有线电视(CATV)网进行数据传输,已是比较成熟的一种技术。连接方式可分为两种：对称速率型和非对称速率型。

6. HFC 方式入网

HFC(Hybrid Fiber Coaxial,混合光纤同轴电缆)是采用光纤和有线电视网络传输数据的宽带接入技术。有线电视 HFC 网络是一个城市非常宝贵的资源,通过双向化和数字化的发展,有线电视系统除了能够提供更多、更丰富、质量更好的电视节目外,还有着足够的频带资源来提供其他各种非广播业务、数字通信业务。在现有的 HFC 网络中,经调制后,可以在 6MHz 模拟带宽上传输 30Mb/s 的数据流,以现有 HFC 网络可以传输 860MHz 模拟信号计算,其数据传输能力为 4Gb/s。

7. 无线接入技术

随着移动用户终端的增多和用户移动性的增加,无线接入方式已越来越普及。无线接入技术是指在终端用户和交换局端间的接入网部分或全部采用无线传输方式,为用户提供固定或移动接入服务的技术。无线接入的方式有很多,如微波传输技术、卫星通信技术、蜂窝移动通信技术(包括 FDMA、TDMA、CDMA 和 S-CDMA、WCDMA 和 TD-SCDMA)、无线局域网技术(WLAN)、无线异步转移模式(WATM)等。

6.3.3 Internet 工作机理

1. TCP/IP 概述

TCP/IP 在因特网中能够迅速发展,不仅因为它最早在 ARPANET 中使用,由美国军方指定,更重要的是它恰恰适应了世界范围内的数据通信的需要。

TCP/IP 所采用的通信方式是分组交换方式。所谓分组交换,简单说就是数据在传输时分成若干段,每个数据段称为一个数据包,TCP/IP 的基本传输单位是数据包(packet),也称为分组。TCP/IP 事实上是一个协议系列或协议族,目前包含了 100 多个协议,用来将各种计算机和数据通信设备组成实际的 TCP/IP 计算机网络。在这组协议中,包括了不同层次上的多个协议。网络接口层是最底层,包括各种硬件协议,面向硬件;应用层面向用户,提供一组常用的应用层协议,如文件传输协议、电子邮件发送协议等。而传输层的 TCP 和网络层的 IP 是众多协议中最重要的两个核心协议。这两个协议可以联合使用,也可以与其他协议联合使用。

1) TCP(Transmission Control Protocol)

TCP 即传输控制协议,位于传输层。TCP 向应用层提供面向连接的服务。确保网上所发送的数据包可以完整地接收,即发送端到接收端的可靠传输。依赖于 TCP 的应用层协议主要是需要大量传输交互式报文的应用,如远程登录协议(telnet)、简单邮件传输协议(SMTP)、文件传输协议(FTP)、超文本传输协议(HTFP)等。

2) IP(Internet Protocol)

IP 是 TCP/IP 协议体系中的网络层协议,它的主要作用是将不同类型的物理网络互连在一起。为了达到这个目的,需要将不同格式的物理地址转换成统一的 IP 地址,将不同格式的帧(物理网络传输的数据单元)转换成"IP 数据报",从而屏蔽了下层物理网络的差异,向上层传输层提供 IP 数据报,实现无连接数据报传送服务;IP 的另一个功能是路由选择,简单地说,就是从网上某个节点到另一个节点的传输路径的选择,将数据从一个节点按路径传输到另一个节点。

3) 具体的实现步骤

首先由 TCP 把数据分成若干数据包,给每个数据包写上序号,以便接收端把数据还原成原来的格式。

其次 IP 给每个数据包写上发送和接收的地址,一旦写上源地址和目的地址,数据包就可以在物理网上传送数据了。IP 还具有利用路由算法进行路由选择的功能。

最后,这些数据包可以通过不同的传输途径(路由)进行传输,由于路径不同,加上其他原因,可能出现顺序颠倒、数据丢失、数据失真甚至重复的现象。这些问题都由 TCP 来处理,它具有检查和处理错误的功能,必要时还可以请求发送端重发。简言之,IP 负责数据的传输,而 TCP 负责数据的可靠传输。

2. IP 地址

Internet 上所有的计算机都必须有一个唯一的编号作为其在 Internet 上的标识，这个编号就是 IP 地址。

IP 地址以 32 位二进制位的形式存储于计算机中。分为 4 个 8 位二进制数，即 4 字节。32 位的 IP 地址结构由网络号和主机号两部分组成，如图 6-22 所示。其中，网络号用于标识该主机所在的网络，而主机号则表示该主机在相应网络中的特定位置。

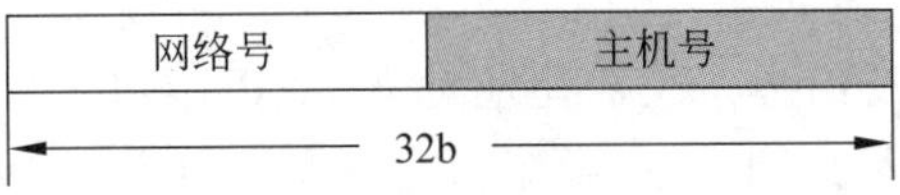

图 6-22　IP 地址的组成

由于 32 位的 IP 地址不太容易书写和记忆，通常采用点分十进制标识法(dotted decimal notation)来表示 IP 地址。在这种格式下，将 32 位的 IP 地址分为 4 个 8 位组，每个 8 位组以一个十进制数表示，取值范围为 0～255；代表相邻 8 位组的十进制数以小圆点分隔。所以点分十进制标识法表示的最低 IP 地址为 0.0.0.0，最高 IP 地址为 255.255.255.255。

如 11010010.00101000.01000101.01000011，写成点分十进制表示形式为 210.40.69.67。

IP 地址的分类：根据网络号的范围 IP 地址可分为 A 类、B 类、C 类、D 类和 E 类五类。其中 A、B、C 类作为普通的主机地址，D 类用于提供网络组播服务或作为网络测试之用，E 类保留给将来扩充使用。A、B、C 类的最大网络数和可以容纳的主机数信息如图 6-23 所示。

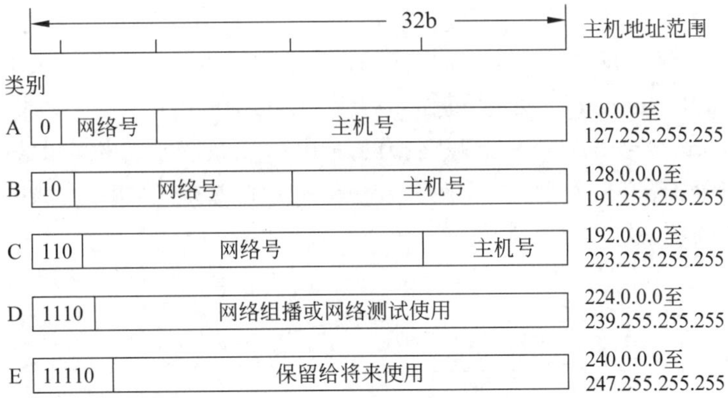

图 6-23　IP 地址的类型

A 类 IP 地址用来支持超大型网络。A 类 IP 地址仅使用第一个 8 位组标识地址的网络部分。其余的 3 个 8 位组用来标识地址的主机部分。用二进制数表示时，A 类地址的第 1 位(最左边)总是 0。因此，第 1 个 8 位组的最小值为 00000000(十进制数为 0)，最大值为 01111111(十进制数为 127)，但是 0 和 127 两个数保留使用，不能用作网络地址。任何 IP 地址第 1 个 8 位组的取值范围在 1～126 都是 A 类 IP 地址。

B 类 IP 地址用来支持中大型网络。B 类 IP 地址使用 4 个 8 位组的前 2 个 8 位组标识地址的网络部分，其余的 2 个 8 位组用来标识地址的主机部分。用二进制数表示时，B

类地址的前 2 位(最左边)总是 10。因此,第 1 个 8 位组的最小值为 10000000(十进制数为 128),最大值为 10111111(十进制数为 191)。任何 IP 地址第 1 个 8 位组的取值范围在 128～191 时都是 B 类 IP 地址。

C 类 IP 地址用来支持小型网络。C 类 IP 地址使用 4 个 8 位组的前 3 个 8 位组标识地址的网络部分,其余的一个 8 位组用来标识地址的主机部分。用二进制数表示时,C 类地址的前 3 位(最左边)总是 110。因此,第 1 个 8 位组的最小值为 11000000(十进制数为 192),最大值为 11011111(十进制数为 223)。任何 IP 地址第 1 个 8 位组的取值范围在 192～223 时都是 C 类 IP 地址。

D 类 IP 地址用来支持组播。组播地址是唯一的网络地址,用来转发目的地址为预先定义的一组 IP 地址的分组。因此,一台工作站可以将单一的数据流传输给多个接收者。用二进制数表示时,D 类地址的前 4 位(最左边)总是 1110。D 类 IP 地址的第 1 个 8 位组的范围是从 11100000 到 11101111,即从 224 到 239。任何 IP 地址第 1 个 8 位组的取值范围在 224～239 时都是 D 类 IP 地址。

Internet 工程任务组保留 E 类 IP 地址作为研究使用,因此 Internet 上没有发布 E 类 IP 地址。用二进制数表示时,E 类 IP 地址的前 4 位(最左边)总是 1111。E 类 IP 地址的第 1 个 8 位组的范围是从 11110000 到 11111111,即 240～255。任何 IP 地址第 1 个 8 位组的取值范围在 240～255 时都是 E 类 IP 地址。

3. 域名系统及工作原理

1) 域名(domain name)

十进制形式的 IP 地址尽管比二进制形式的 IP 地址具有书写简洁的优势,但毕竟不便记忆,也不能直观地反映计算机的属性。为了克服十进制形式 IP 地址的缺陷,人们普遍使用域名来表示 Internet 中的主机。1983 年,Internet 采用了层次树状结构的域名系统(Domain Name System,DNS)。域名指的是用字母、数字形式来表示的 IP 地址。

采用这种命名方法,任何一个连接在 Internet 上的主机或路由器,都可以有一个层次结构的名字即域名,最多 5 层,如图 6-24 所示。

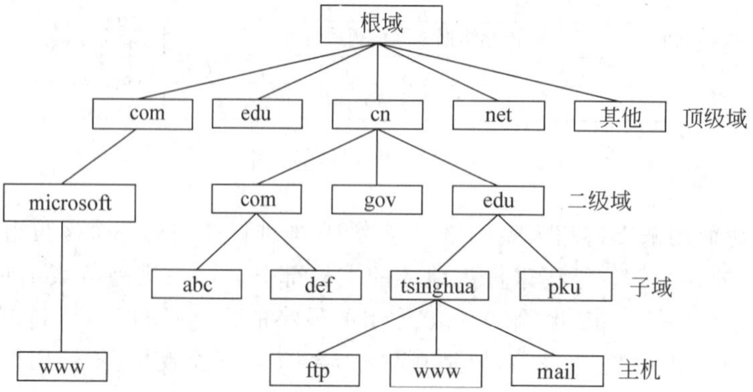

图 6-24 域名系统结构

域名的一般构造形式为

主机名.N 级域名.二级域名.顶级域名

该方案中按主机所属单位分级划分，不同级别代表不同范围，越往左其代表范围就越小。其中，顶级域名代表某一国家、地区、组织的节点；最左端主机名是指计算机的名称。例如，center.cs.tsinghua.edu.cn 中，center 表示主机名；cs.tsinghua 是结构名，表示清华大学计算机系；edu 是组织类型名，表示教育界；cn 是域，表示中国域，表 6-1 示出了常见顶级域名代码。

表 6-1　常见顶级域名代码

域　名	代表组织	域　名	代表组织
com	商业机构	net	网络服务机构
gov	政府机构	mil	军事机构
edu	教育机构	org	非营利组织

域名与 IP 地址的关系类似于人的姓名与身份证号码的关系。对于用户来说，使用域名比直接使用 IP 地址方便多了，但对于 Internet 内部数据传输来说，使用的还是 IP 地址。因此在通信之前，必须将域名翻译成 IP 地址，这种转换由 Internet 的域名系统自动完成。

2）域名系统的原理

用户可以使用主机的 IP 地址，也可以使用它的域名。从域名到 IP 地址或者从 IP 地址到域名的转换由域名系统(Domain Name System，DNS)完成。当我们用域名访问网络上某个资源地址时，必须获得与这个域名相匹配的真正的 IP 地址。这时用户可以将希望转换的域名放在一个 DNS 请求信息中，并将这个请求发送给 DNS。DNS 从请求中取出域名，将它转换为对应的 IP 地址，然后在一个应答信息中将结果地址返回给用户。

当然，因特网中的整个域名系统是以一个大型的分布式数据库方式工作的，并不只有一个或几个 DNS。大多数具有因特网连接的组织都有一个域名服务器。每个服务器包含连向其他域名服务器的信息，这些服务器形成一个大的协同工作的域名数据库。这样，即使第一个处理 DNS 请求的 DNS 没有域名和 IP 地址的映射信息，它依旧可以向其他 DNS 提出请求，无论经过几步查询，最终会找到正确的解析结果，除非这个域名不存在。

4. Internet 应用服务工作模式

应用软件之间最常用、最重要的交互模型是客户机/服务器模型。互联网提供的 Web 服务、E-mail 服务、FTP 服务等都是以该模型为基础的。

1）C/S(客户机/服务器)模式

应用程序之间为了能顺利地进行通信，一方通常需要处于守候状态，等待另一方请求的到来。在分布式计算中，一个应用程序被动地等待，而另一个应用程序通过请求启动通信的模式就是客户机/服务器模式。客户机(client)和服务器(server)分别是指两个应用程序。客户机向服务器发出服务请求，服务器对客户机的请求做出响应。服务器处于守候状态,并监视客户机的请求。客户机发出请求,经互联网传输给服务器。一旦服务器接收到这个请求,就可以执行请求所指定的任务,并将执行的结果经互联网回送给客户,如图 6-25 所示。

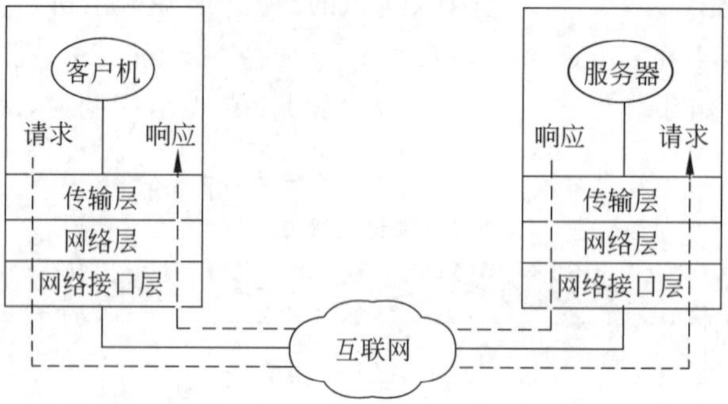

图 6-25 客户机/服务器模式交互模型

2) B/S(浏览器/服务器)模式

近年来,浏览器已成为访问 Internet 各种信息服务的通用客户程序与公共工作平台,一般用户大都通过浏览器访问 Internet 的资源,而较少使用各种不同的专用客户程序,因此对一般用户来说,典型的工作模式可以简称为浏览器/服务器模式。

在 B/S 结构中,客户机上安装一个浏览器(browser),如 Netscape Navigator 或 Internet Explorer 等,服务器上安装 Oracle、Sybase、Informix 或 SQL Server 等数据库和应用程序。B/S 模式是一种分布式的 C/S 模式,中间多了一层 Web 服务器,用户可以通过浏览器向分布在网络上的许多服务器发出请求,通过应用程序服务器-数据库服务器之间一系列复杂的操作之后,返回相应的 HTML 页面给浏览器。B/S 的特点:更加开放、与软件和硬件平台无关、应用开发速度快、生命周期长、应用扩充和系统维护升级方便等,如图 6-26 所示。

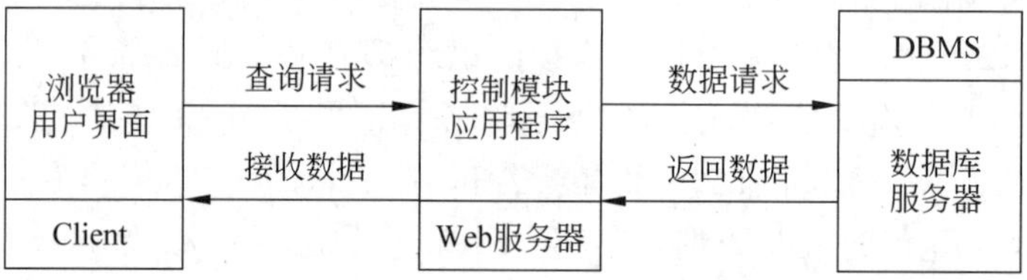

图 6-26 B/S 模式示意图

6.4 Internet 的应用

因特网已经成为人们获取信息的主要渠道,人们已经习惯每天到一些感兴趣的网站上看看新闻、收发电子邮件、下载资料、与同事朋友在网上交流等。本节将介绍常见的一些简单因特网应用和使用技巧,包括浏览器的使用、电子邮件的收发和搜索引擎的使用等。

6.4.1 网上漫游

在因特网上浏览信息是因特网最普遍也最受欢迎的应用之一。用户可以随心所欲地在信息的海洋中冲浪，获取各种有用的信息。在开始使用浏览器上网浏览之前，先简单介绍几个与浏览相关的概念。

1. 相关概念

1）万维网

万维网（World Wide Web，WWW）有不少名字，如 3W、WWW、Web、全球信息网等。WWW 是一种建立在因特网上的全球性的、交互的、动态的、多平台的、分布式的、超文本超媒体信息查询系统。它也是建立在因特网上的一种网络服务。WWW 最初是欧洲粒子物理实验室的 Tim Bemers-Lee 创建的，目的是为分散在世界各地的物理学家提供服务，以便交换彼此的想法、工作进度及有关信息。现在 WWW 的应用已远远超出了原定的目标，成为因特网上最受欢迎的应用之一。WWW 的出现极大地推动了因特网的发展。

在 WWW 创建之前，几乎所有的信息发布都是通过 E-mail、FTP 和 Telnet 等。但由于 Internet 上的信息散乱地分布在各处，因此除非知道所需信息的位置，否则无法对信息进行搜索。WWW 由遍布在 Internet 中的被称为 WWW 服务器（又称为 Web 服务器）的计算机组成。WWW 网站中包含很多网页（又称 Web 页）。Web 是一个容纳各种类型信息的集合，它可以提供包括文本、图形、声音和视频等在内的多媒体信息的浏览。网页是用超文本标记语言（HyperText Markup Language，HTML）编写的，并在 HTTP 支持下运行，将不同文件通过关键字建立链接，提供一种交叉式查询方式。在一个超文本的文件中，一个关键字链接着另一个关键字有关的文件，该文件可以在同一台主机上，也可以在 Internet 的另一台主机上，同样该文件也可以是另一个超文本文件。

2）主页（home page）

WWW 是通过相关信息的指针链接起来的信息网络，由提供信息服务的 Web 服务器组成。在 Web 系统中，这些服务信息以超文本文档的形式存储在 Web 服务器上。当一个网站服务器收到一台计算机上浏览器的消息连接请求时，便会向这台计算机发送这个文档。主页就是用户打开浏览器时默认打开的网页，通常也把它们称作页面或 Web 页。

3）超文本和超链接

超文本（hypertext）中不仅包含文本信息，而且还可以包含图形、声音、图像和视频等多媒体信息，因此称为“超”文本，更重要的是超文本中还包含指向其他网页的链接，这种链接叫作超链接（hyper link）。在一个超文本文件里可以包含多个超链接，它们把分布在本地或远程服务器中的各种形式的超文本文件链接在一起，形成一个纵横交错的链接网。用户可以打破传统阅读文本时顺序阅读的老规矩，而从一个网页跳转到另一个网页进行阅读。当鼠标指针移动到含有超链接的文字或图片时，指针会变成一个手形指针，文字也会改变颜色或加一下画线，表示此处有一个超链接，可以单击它转到另一个相关的网页。

这种通过指针可以转向其他的 Web 页,而新的 Web 页又指向另一些 Web 页的指针……没有顺序、没有层次结构,如同蜘蛛网般的链接关系就是超链接。这对浏览来说非常方便。可以说超文本是实现浏览的基础。

4) 统一资源定位器

WWW 用统一资源定位器(Uniform Resource Locator,URL)来描述 Web 网页的地址和访问它时所用的协议。因特网上几乎所有功能都可以通过在 WWW 浏览器里输入 URL 地址实现,通过 URL 标识因特网中网页的位置。

URL 的格式如下:

协议://IP 地址或域名/路径/文件名

其中,协议就是服务方式或获取数据的方法,常见的有 HTTP、FTP 等;协议后的冒号加双斜杠表示接下来是存放资源的主机的 IP 地址或域名;路径和文件名是用路径的形式表示 Web 页在主机中的具体位置(如文件夹、文件名等)。举例来说,http//www.china.com.cn/tech/txt/2008-04/29/content_15033389.htm 就是一个 Web 页的 URL,浏览器可以通过这个 URL 得知:使用协议是 HTTP,资源所在主机的域名为 www.china.com.cn,要访问的文件具体位置在文件夹 tech/txt/2008-04/29 下,文件名为 content_l5033389.htm。

5) 超文本标记语言

HTML 是 ISO 标准 8879——标准通用标识语言(Standard Generalized Markup Language,SGML)在万维网上的应用。所谓标识语言就是格式化的语言,存在于 WWW 服务上的页,是由 HTML 描述的。

6) 超文本传输协议

超文本传输协议(Hypertext Transfer Protocol,HTTP)是用来在浏览器和 WWW 服务器之间传输超文本的协议。它能够传输任意类型的数据对象,从而成为 Internet 中发布多媒体信息的主要协议。从层次的角度来看,HTTP 是 WWW 客户端与 WWW 服务器之间的应用层协议,它是万维网上能够可靠地交换文件的重要基础。为了保证 WWW 客户端与 WWW 服务器之间能顺利进行通信,HTTP 定义了通信交换机制、请求报文和响应报文的格式。

7) 浏览器

浏览器是万维网服务的客户端浏览程序,用于浏览 WWW、HTML 文档以及其他信息资源的软件,显示在万维网或局域网等内的文字、影像及其他信息。这些文字或影像,可以是链接其他网址的超链接,用户可迅速及轻易地浏览各种信息。

个人计算机上常见的网页浏览器包括微软的 Internet Explorer、Mozilla 的 Firefox、Apple 的 Safari、Google Chrome、360 极速浏览器、搜狗浏览器等。下面将以 IE 11.0 为例说明浏览器软件的基本使用方法。

2. 启动浏览器

IE 11.0 浏览器的启动主要有 3 种方式。

(1) 双击桌面上的 Internet Explorer 快捷方式图标。

(2) 单击“开始”→“所有程序”→Internet Explorer 启动 IE 浏览器。

(3) 单击“任务栏”左边的 IE 快捷方式图标。

3. 关闭浏览器

IE 11.0 浏览器的关闭主要有 4 种方式。

(1) 选择 IE 窗口中的“文件”→“关闭”命令,完成浏览器的关闭。

(2) 直接单击 IE 窗口右上角的“关闭”按钮,即右上角的带叉图标按钮,关闭浏览器。

(3) 右击在任务栏中选中要关闭的 IE 窗口,在弹出的快捷菜单中选择“关闭”命令。

(4) 按组合键 Alt+F4 即可完成对当前 IE 浏览器窗口的关闭。

4. 浏览器窗口组成

启动 IE 11.0 浏览器,如打开“新浪网”首页,IE 浏览器窗口组成如图 6-27 所示。

图 6-27　IE 浏览器窗口

(1) 地址栏:是输入和显示网页地址的文本框,如输入 http://www.sina.com.cn,按 Enter 键后进入新浪网站。有时在地址栏无须输入完整的地址就可以跳转。

(2) “工具”按钮:IE 11.0 的“工具”按钮位于窗口右侧,在“关闭”按钮下面。单击“工具”按钮,弹出如图 6-28 所示的菜单。使用此菜单及相应的子菜单可以方便地执行打印、保存、安全设置等操作。

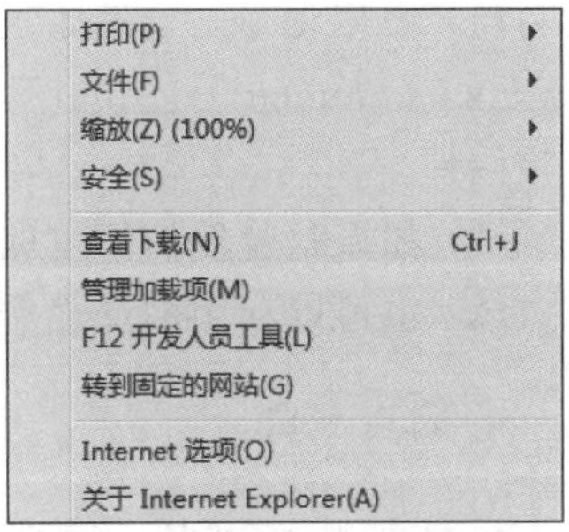

图 6-28　工具菜单

(3) “收藏夹”按钮:IE 11.0 的“收藏夹”按钮在窗口中位于“工具”按钮的左侧。单击“收藏夹”按钮,弹出如

图 6-29 所示的菜单,可以查看收藏夹、源和历史记录。单击"添加到收藏夹"按钮,可以将正在浏览的网页添加到指定的收藏夹文件夹中;单击"添加到收藏夹"右侧的按钮,可执行"整理收藏夹"等操作。单击左侧的"固定收藏中心"按钮,可将"收藏中心"固定到浏览器窗口左侧。

(4) 菜单栏:IE 11.0 默认窗口不显示菜单栏。右击选项卡上方任意空白处,弹出如图 6-30 所示的快捷菜单。单击"菜单栏"就可将"菜单栏"显示在窗口上方。"菜单栏"包括文件、编辑、查看、收藏夹、工具和帮助等菜单项,利用其相应的菜单命令可以方便快捷地对网页进行保存、收藏,以及对浏览器的运行环境进行设置。在图 6-30 所示的快捷菜单中选中"收藏夹栏""命令栏",可以在浏览器上方窗口显示"收藏夹栏"和"命令栏";若选中"状态栏",则显示在窗口下方。

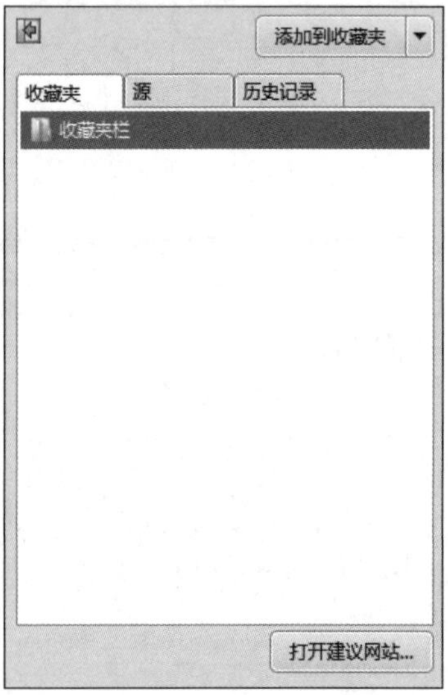

图 6-29 收藏夹菜单

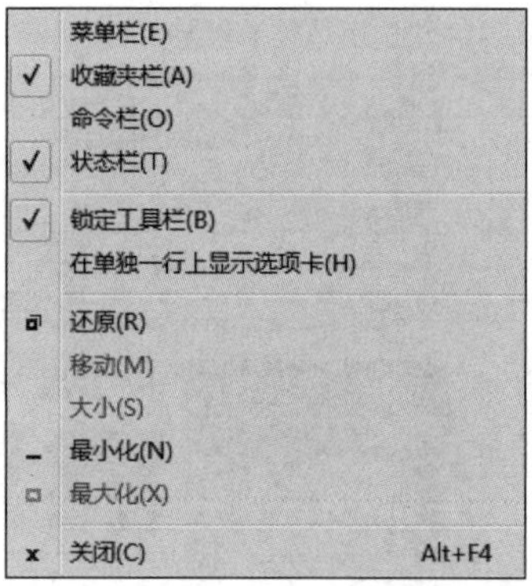

图 6-30 快捷菜单

5. 打开网站

通过网页进行浏览,首先打开 IE 浏览器,当需要访问某网站时,可以使用以下 3 种方式。

(1) 使用地址栏,在地址栏输入一个网址后按 Enter 键。例如,在地址栏中输入 www.sina.com.cn,按 Enter 键,即可进入"新浪"网站,如图 6-31 所示为在地址栏中输入新浪网址。

(2) 如果是曾经访问过的地址,也可从地址下拉列表中选择,如图 6-32 所示。

(3) 也可以利用网址之家、百度搜索引擎等汇集众多网址的网站来寻找常用的网站。

6. 网页浏览

在网页上拖动鼠标,当鼠标箭头变成"手形"符号时,即可单击进入各项链接的网

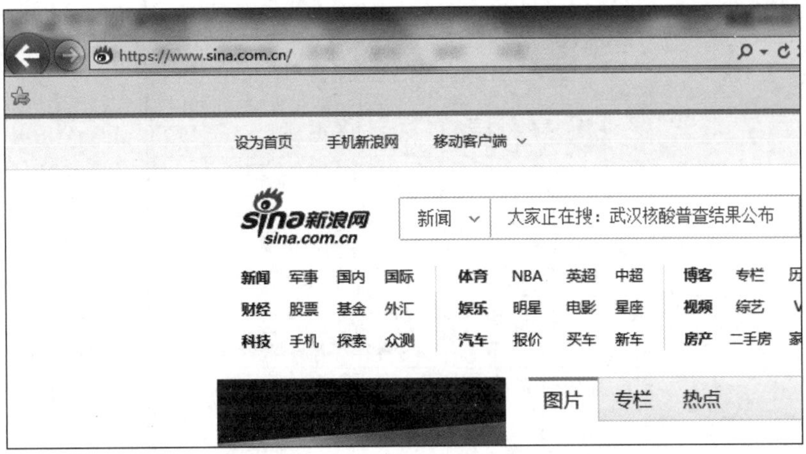

图 6-31　通过地址栏的输入登录网站

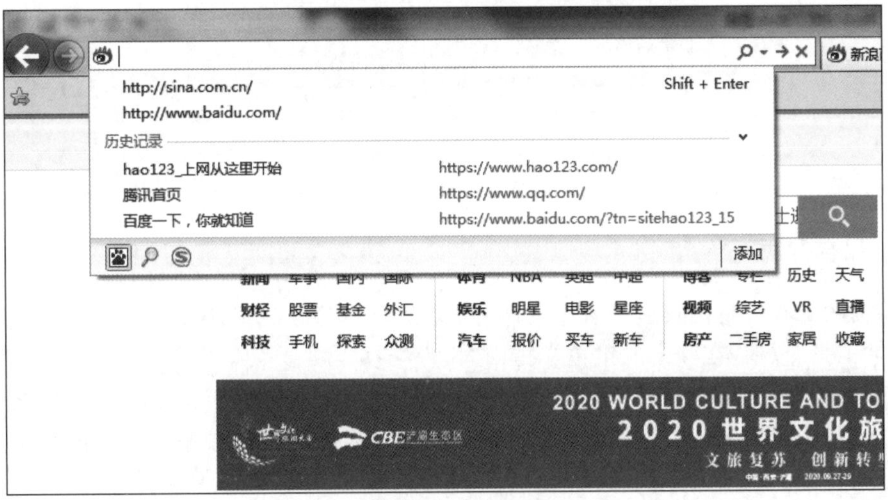

图 6-32　通过地址栏下拉列表网址登录网站

页浏览。

7. 设置主页

浏览器的主页是浏览器启动后默认打开的网址，如果把经常访问的网址设为浏览器的默认网址，则可迅速开启该网页，以提高效率。设置主页的操作步骤如下。

(1) 在浏览器窗口中，单击“工具”按钮，在弹出的菜单上选择“Internet 选项”命令，打开“Internet 选项”对话框。

(2) 在“Internet 选项”对话框的“常规”选项卡的“主页”文本框中输入主页的网址，例如输入 http://www.sina.com.cn。或者单击“使用当前页”按钮或“使用默认值”按钮或“使用新选项卡”按钮。图 6-33 所示的“主页”文本框中的地址是单击“使用默认值”按钮后产生的。

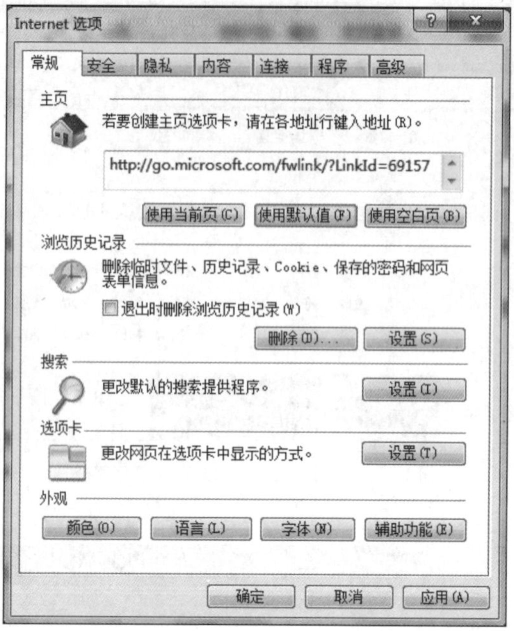

图 6-33 设置主页对话框

(3) 单击“应用”按钮，再单击“确定”按钮。

8. 保存网页

网页的保存可将网页或网页中的图片、文字完整地保存到计算机上。在浏览器窗口中单击“工具”按钮，在弹出的菜单中指向“文件”，在下级子菜单中单击“另存为…”命令，在“保存网页”对话框中选择用于保存网页的文件夹，在“文件名”框中输入文件名。单击“保存类型”选择框旁边的下三角，可以有几种类型选择。如果想保存当前网页中所有文件则选择“网页，全部”类型；如果想将当前网页作为文本文件保存并可以被浏览器或HTML编辑器查看，则选择“网页，仅HTML”类型；如果要将当前网页保存为可以被任何文本编辑器修改或查看的文本文件，则选择“文本文件”类型。单击“保存”按钮，完成对当前网页的保存。

9. 下载

(1) 下载文字：选定要下载的文字复制，并在文字编辑器中将内容粘贴出来，即可将需要的文字资料保存到本地计算机中。

(2) 下载图片：在网页中的图片或背景图上右击，选择快捷菜单中的“图片另存为”菜单项，在弹出的保存图片对话框中输入存储位置和文件名，即可将图片保存到本地计算机中。

(3) 下载应用程序：有些网页在页面内直接提供了下载的超链接，可以直接单击超链接下载，即内嵌式FTP服务，打开“文件下载”对话框，选中“将该程序保存到磁盘”选项，再选择保存位置，单击“保存”按钮即可；从FTP站点上下载文件，如果知道FTP服务器名称及其在服务器的位置,可以通过打开浏览器,在地址栏中输入 FTP 站点的地址,访问 FTP 站点下载文件,将要下载的文件或文件夹复制到指定位置;使用专用工具下载,例如迅雷等。

10. 添加和整理收藏夹

1) 将喜欢的 Web 页添加到收藏夹

对于用户经常要访问的一些站点或页面,可以将它们的地址添加到收藏夹列表中保存起来,当需要再次打开该网页或站点时,可通过单击工具栏上的"收藏夹"按钮,从收藏夹列表中选择相关的网页。收藏的方法如下:执行"收藏"菜单中的"添加到收藏夹"命令,就弹出如图 6-34 所示的"添加收藏"对话框。设置好后单击"添加"按钮,就可以将该网页收藏到收藏夹中。

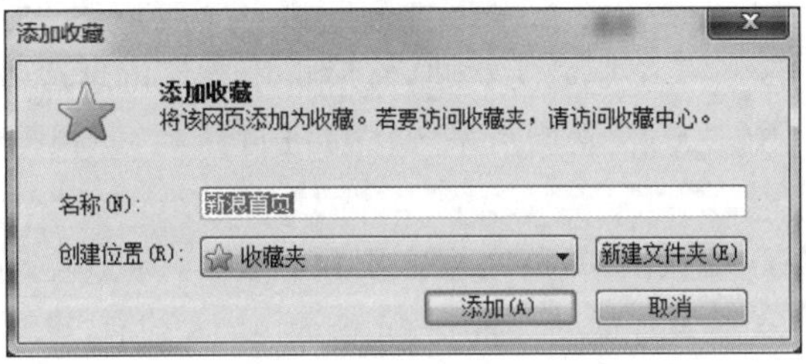

图 6-34　"添加收藏"对话框

2) 整理收藏夹

用户保存在收藏夹中的 Web 页的快捷方式可能五花八门,各种类型都有。用户在打开收藏夹时,难免会有眼花缭乱的感觉;此外,指向 Web 页的快捷方式没有一定的顺序,查找起来也不方便。为此,用户可在"收藏夹"中创建子文件夹,分类保存 Web 页。例如,可以根据主题组织收藏 Web 页,将软件类的 Web 页保存在名为"软件"的文件夹中,而将体育新闻类的 Web 页保存到"体育"文件夹中等。这样,以后再打开收藏夹时,就可以快速找到自己所要的 Web 页。

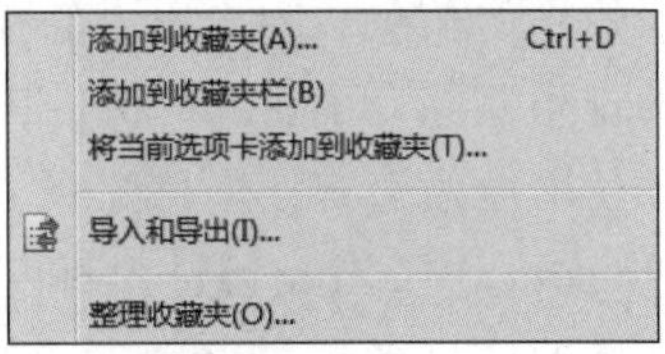

图 6-35　添加到收藏夹的按钮菜单

整理收藏夹的步骤如下:单击"添加到收藏夹"右侧的按钮,如图 6-35 所示,选择"整理收藏夹"命令,可打开"整理收藏夹"对话框。在此对话框中按提示操作就可以了。

6.4.2　搜索引擎的使用

Internet 中的站点、网页信息不断增多,而且变化相当快。如果逐个顺序阅读,花费一生的精力也无法尽览,想要在浩瀚无际的网络中找到有价值的信息,必须借助网络上的搜索引擎的帮助。

1. 什么是搜索引擎

所谓搜索引擎,就是在 Internet 上执行信息搜索的专门站点,它们本身并不提供信息,而是致力于组织和整理网上的信息资源,建立信息的分类目录,如按社会科学、教育、艺术、商业、娱乐、计算机等分类。用户连接上这些站点后通过一定的索引规则,可以方便地查找所需要信息的存放位置,这类网站叫作搜索引擎。如果输入一个特定的搜索词,搜索引擎就会自动进入索引清单,将所有与搜索词相匹配的内容找出,并显示一个指向存放这些信息的链接清单。

当前 Internet 上的搜索引擎基本上都是由信息提取系统、信息管理系统和信息检索系统 3 部分组成。信息提取系统是在搜索引擎服务器上运行的绰号为“蜘蛛(spider)”或“机器人(robots)”的网页搜索软件,用于自动访问 WWW 站点,并提取被访问站点的信息(如标题、关键词等)。当发现被访问站点中的链接时,这些程序还会自动转到这些链接,继续进行信息提取。信息管理系统要对所提取的信息进行分类整理。不同的搜索引擎在搜索结果的数量上,以及经过分类整理后提供给用户使用的数据质量上可能大不相同。有的系统是利用网页搜索软件记录下每页的所有文本内容;而有的系统则首先分析数据库中的地址,以判断哪些站点最受欢迎,然后再用软件记录这些站点的信息。信息检索系统主要用于将用户输入的检索词与系统信息进行匹配,并根据内容相关度对检索结果进行排序。

目前,Internet 中有一些著名的英文搜索引擎,例如 Google、Yahoo 等。掌握它们的使用方法,对提高搜索效率很有帮助。现在 Internet 上大约有 98%的信息以英文形式出现,因此,对于上网的中国人来说,需要有熟悉的中文搜索引擎来指路。常用的中文搜索引擎有百度等。

2. 搜索引擎的使用

使用搜索引擎首先要在检索栏内输入所需要的关键字,单击“搜索”按钮(或 Enter 键),搜索引擎就会自动搜寻其中的分类类目、网站、资料库信息及新闻资料库,并依此列出所找到的信息。列出资料的排列次序是根据与关键字的匹配程度高低为序,而新闻资料的排列还综合了更新时间的因素等。下面就以百度网站为例介绍怎样使用搜索引擎。

使用搜索引擎搜索信息的过程如下:在浏览器的地址栏中输入百度的网址 www.baidu.com,按 Enter 键进入百度网的站点。在搜索框内输入要查找的内容,再根据自己所需要的信息形式选择网页、新闻、MP3、图片等类型。例如输入“西安旅游景点”,按 Enter 键或单击“百度一下”按钮会搜索出很多与“西安旅游景点”有关的网页,如图 6-36 所示。

在搜索结果网页中,当鼠标变成“手形”时单击想要看的标题,就可打开相应的网页。

搜索时也可以使用较复杂的方式,单击右上角的“设置”按钮,进行搜索设置、高级搜索等。

6.4.3 电子邮件服务

1. 什么是电子邮件

电子邮件是 Electronic Mail 直译过来的,是通过 Internet 在全球范围内传递信息的

图 6-36　百度搜索结果

一种通信方式，是利用计算机网络传递的电子信件。可以用先进的计算机工具书写、编辑和处理电子邮件，通信简易、快捷且不受时间和计算机状态的限制。

2. 使用电子邮件的要求

使用电子邮件的首要条件是要拥有一个电子邮箱（mail box）。电子邮箱实际上是在 ISP 的 E-mail 服务器磁盘上为用户开辟的一块专用存储空间，用来存放该用户所有的电子邮件。

用户的 E-mail 账户包括用户名与用户密码。

每个电子邮箱都有一个邮箱地址，称为电子邮件地址（E-mail address）。其格式为：用户名@主机名，由用户名和主机名两部分组成，中间用@连接（@相当于英文的 at，即“在、位于”的意思）。例如，marp@yahoo.com.cn。

电子邮件系统采用的协议为简单邮件传输协议（SMTP），它可以保证不同类型的计算机之间电子邮件的传送。

电子邮件的格式大体可分为 3 部分：邮件头、邮件体和附件。

（1）邮件头：相当于传统邮件的信封，一般包括收件人地址（to）、发信人地址（from）和邮件主题（subject）及其他一些由邮件系统自动生成的项目。

（2）邮件体：相当于传统邮件的信纸，用户在这里输入邮件的正文。

（3）附件：是传统邮件没有的东西，相当于一封信之外还附带一个“包裹”。它可以是一个或多个文件，如程序软件、数据、声音、图像等。

3. 申请电子邮箱

目前，网上有很多网站均设有收费与免费的电子邮箱，供广大用户使用。虽然免费的电子邮箱比收费的电子邮箱保密性差、不够安全，但还是有相当多的用户申请并获得了免费的电子邮箱。

现将申请免费的电子邮箱的方法介绍如下。首先,选择一个设有免费邮箱的网站。国内外很多网站都为广大用户提供免费的通信服务,如新浪网站的邮箱、雅虎网站的邮箱、网易网站的邮箱等。邮箱容量目前高达从百兆字节到几吉字节不等,例如网易163邮箱容量目前达到5GB。可以根据需要选择一个网站进行申请。当然,邮箱容量愈大愈好,因为它可以传送、存储更多的信息。其次,设置与确定自己的电子邮箱地址(E-Mail号,亦称电子邮箱号,简写为ID),一般电子邮箱地址由用户名和主机名两部分组成,中间用@连接。其中第一部分是用户名,即自己网名的代号,一般由英文字母、数字、下画线组成,网名最长不能超过18个字符。中间的@是电子邮箱地址(邮箱号)的通用标志。第二部分就是主机名,即邮箱服务器的网址(或域名),说明用的是哪个网站的邮箱。可根据自己的情况设置,应以简单、易记、不与别人重复为原则。下面以163免费邮箱为例介绍申请过程。

(1) 联网后,进入"http://mail.163.com/",即163邮箱主页,单击"注册网易邮箱"按钮,如图6-37所示。

(2) 创建163邮箱新账号,标*项为必填项。然后单击"立即注册"按钮,如图6-38所示,完成注册。

图6-37 申请邮箱

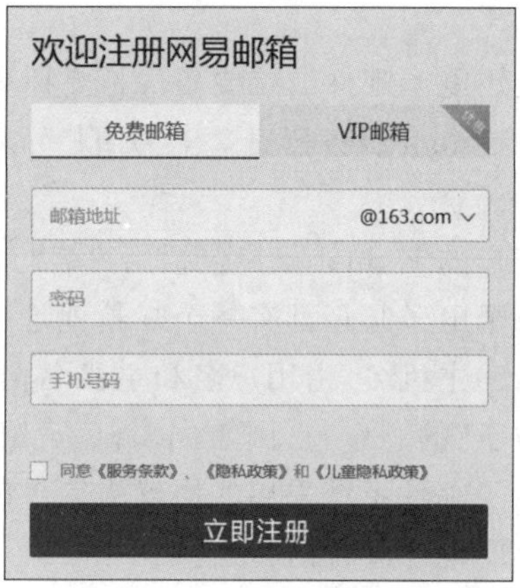

图6-38 创建新邮箱

(3) 163邮箱注册成功,单击进入邮箱,就可以通过该邮箱进行收信和发信了。

4. 收、发电子邮件

申请了新的电子邮箱之后,就可以通过该邮箱收发电子邮件了。大多数免费电子邮箱,可以使用浏览器以WWW方式在线收发邮件,并进行管理。

1) 收取邮件

首先,进入所申请邮箱的主页,输入申请过的账号和密码,单击"登录"按钮。然后进入邮箱页面,如图6-39所示,现在就可以进行查阅邮件和发送新邮件了。

图 6-39　163 邮箱页面

单击"收信"或"收件箱"按钮,可以阅读邮件。邮件一般按时间顺序排列,右侧有"曲别针"标志,说明有附件。单击某一邮件,就可以打开本邮件的页面,页面上显示该邮件的主题内容、发件人、时间、收件人、附件及邮件正文内容等信息。收件人对附件可直接打开,也可通过网络下载到本地计算机上。

页面提供回复、转发、删除等功能按钮,可根据需要单击这些按钮,完成相应功能。例如单击"回复"按钮,进入回复邮件的页面,一般通知或比较重要的信件,阅读完邮件后,可以马上回复,此时,系统会在收件人地址栏自动显示出对方的邮箱地址,自动生成标题,正文中有原文字样;当某一邮件比较有意义,想转发给其他人时,可以单击"转发"按钮,只需要输入"收件人"即可。

2）发送邮件

当单击"写信"按钮时,进入写信页面,如图 6-40 所示,就可以撰写邮件了。

(1) 填写收件人地址：在"收件人""抄送"和"密送"等的地址输入框内,可以输入对方的 E-mail 地址(当有多个地址时用逗号或分号分隔);也可以分别单击每个输入框前的蓝色链接打开"通讯录"窗口,选中所需的联系人或小组,单击"确定"按钮,将所选地址添加到输入框。需要说明的是,收件人可以看到"抄送"中的地址,但看不到"密送"中的地址。

(2) 邮件的主题和正文：在"主题"栏中输入所发出的 E-mail 主题,该主题将显示在收件人收件夹的"主题"区。在输入区内输入要发送的内容,按 Enter 键可换行。

(3) 发送附件：可以将本地硬盘、磁盘或光盘中的文件以附件的形式发送给对方。作为附件的文件类型不限,不同的邮箱,附件的大小限制也不同。单击"添加附件"按钮,输入要发送的文件绝对路径和名称,选定文件后单击"打开"按钮,即可添加一个附件并返

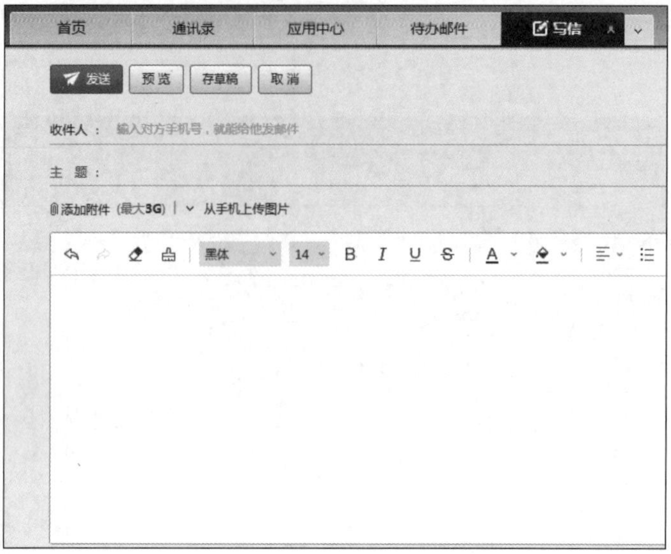

图 6-40　写邮件页面

回到写邮件页面。可以添加多个附件。

(4) 邮件相关设置：在发送邮件前，如果邮件比较重要，可以选中"紧急"复选框，不同的邮箱设置使邮件的发送级别不同；需要对邮件进行加密时，选中"邮件加密"复选框，输入查看密码，收件人需要密码才能查看邮件；另外，根据需要还可以选择诸如纯文本、定时发信、已读回执等选项。需要说明的是，申请的邮箱不同，功能设置上有所不同。

(5) 发送邮件：单击"发送"按钮，系统发出邮件。发送成功后，系统显示成功信息。

6.4.4 使用 Outlook Express 收发电子邮件

收发电子邮件可以采用多种方法，可以通过 IE 浏览器直接进入邮箱，也可以通过其他客户端软件如 Outlook、Foxmail 等进入，我们以 Outlook 为例来说明收发电子邮件的过程。

1. 客户端程序配置

电子邮件软件使用前都需建立邮件账户，并对账户进行一些简单设置。

(1) 单击"开始"→"所有程序"→Microsoft Office→Microsoft Outlook 2010 命令，启动 Outlook。

(2) 单击"文件"→"信息"→"添加账户"按钮，打开"添加新账户"对话框，如图 6-41 所示。如果是第一次启动 Outlook，那么系统会自动打开"自动账户设置"对话框，提醒用户设置账户。

(3) 选中"电子邮件账户"单选钮，单击"下一步"按钮，显示"自动账户设置"列表。在"您的姓名"文本框中输入发件人的名称，该名称将在邮件接收方一端显示，以便收件人知道发件人是谁；在"电子邮件地址"文本框中输入有效的、完整的电子邮件地址；在"密码"

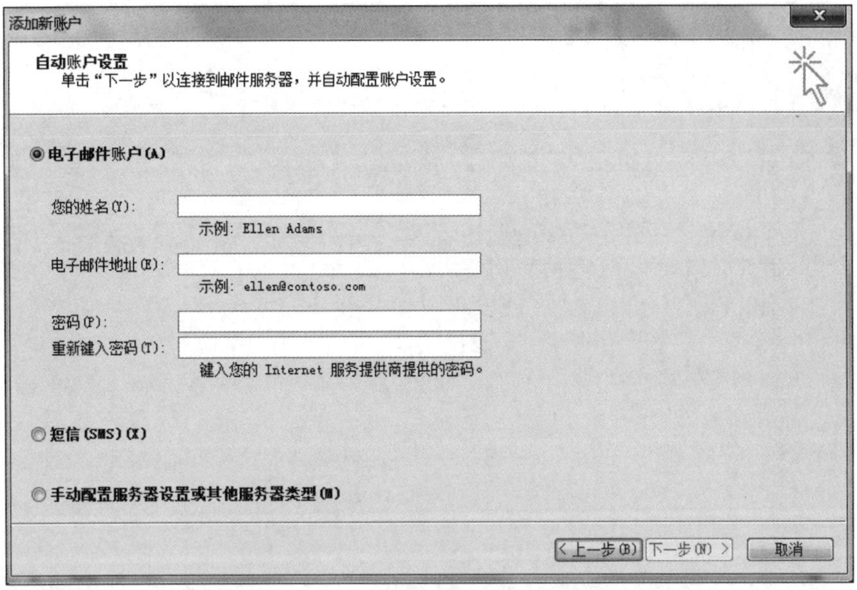

图 6-41 “添加新账户”对话框

和“重新键入密码”文本框中输入用户的电子邮件密码。完成设置后，单击“下一步”按钮。

(4) Outlook 开始联机搜索用户的服务器设置，配置过程可能需要几分钟。设置成功后，将显示成功提示，单击“完成”按钮。返回到 Outlook 窗口，显示测试消息。当看到“这是在测试您的账户设置时 Microsoft Outlook 自动发送的电子邮件。”消息时，表明真正完成了自动账户设置。

特别提醒：在配置过程中，务必保持网络畅通！

如果 Outlook 配置失败，那么系统会提示使用未加密连接，对邮件服务器再次进行尝试。如果在自动设置账户时出现了错误，或者邮件服务器发生了变化，或者对账户内容(如密码)进行了修改，那么可使用手动设置账户的方式进行设置。用户可按系统提示进行手动设置。

2. 编辑电子邮件

编辑电子邮件的操作步骤如下。

(1) 启动 Outlook。

(2) 在“开始”选项卡“新建”组中单击“新建电子邮件”按钮，打开“邮件”窗口，如图 6-42 所示。

“收件人”框：填写收信人的 E-mail 地址。这是必填项目，可同时便入多个 E-mail 地址，中间用英文分号“;”隔开。用户可以在“邮件”选项卡“姓名”组中单击“通讯簿”，或者单击“收件人”按钮，从已有的“通讯簿”中选择收件人。

“抄送”框：若想把该邮件同时发送给另外的人，则可在此栏输入其 E-mail 地址。

“主题”框：输入邮件的标题。

正文框：输入邮件内容。

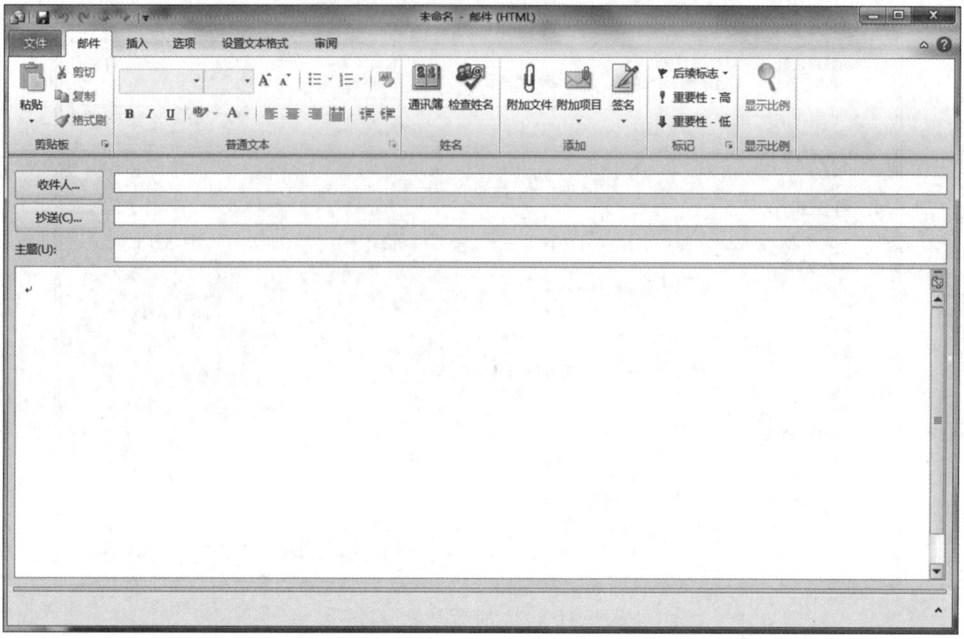

图 6-42 “邮件”窗口

3. 发送邮件

编辑好邮件后,单击“发送”按钮即可将邮件发送出去。若发送邮件成功,则会在“已发送邮件”文件夹中保存备份。若正在脱机撰写邮件,单击“文件”选项卡的“另存为”选项,则可将邮件保存在文档库的 Outlook 文件夹中,以便以后发送。

4. 接收邮件

单击“发送/接收”选项卡“发送和接收”组中的“发送/接收所有文件夹”按钮,系统将在邮件服务器中检查自己的邮箱,如果有新的邮件,则将自动接收。

5. 在邮件中插入超链接、图片或附件

Outlook 提供了在电子邮件中插入超链接、图片或附件的功能,用户可将多种格式的文件发送到收件人手中。在邮件中单击想要放置图片或文件的位置,或者选定需要链接到文件或网页的文本,然后进行以下操作就可完成相应任务。

(1) 插入超链接:选定需要超链接的文本或其他对象,单击“插入”选项卡“链接”组中的“超链接”按钮,选择超链接类型,再输入超链接的位置或地址。

(2) 插入图片:单击“插入”选项卡“插图”组中的“图片”按钮,在“插入图片”窗口查找要插入的图片文件,单击“插入”按钮。

(3) 插入文件:选择“插入”选项卡“添加”组中的“附加文件”按钮,在“插入文件”窗口查找要插入的文件,单击“插入”按钮。

6.4.5 Internet 的其他服务

1. 公告板系统(BBS)

BBS 全称为公告板系统(Bulletin Board System),它是 Internet 上著名的信息服务系统之一,发展非常迅速,几乎遍及整个 Internet,因为它提供的信息服务涉及的主题相当广泛,如科学研究、时事评论等各个方面,世界各地的人们可以开展讨论、交流思想、寻求帮助。BBS 站为用户开辟一块展示"公告"信息的公用存储空间作为"公告板"。这就像实际生活中的公告板一样,用户在这里可以围绕某一主题开展持续不断的讨论,可以把自己参加讨论的文字"张贴"在公告板上,或者从中读取其他人"张贴"的信息。电子公告板的好处是可以由用户来"订阅",每条信息也能像电子邮件一样被复制和转发。

2. 远程登录服务 Telnet

远程登录(remote login)是 Internet 提供的基本信息服务之一,是提供远程连接服务的终端仿真协议。它可以使你的计算机登录到 Internet 上的另一台计算机上。你的计算机就成为你所登录计算机的一个终端,可以使用那台计算机上的资源,例如打印机和磁盘设备等。Telnet 提供了大量的命令,这些命令可用于建立终端与远程主机的交互式对话,可使本地用户执行远程主机的命令。

3. 文件传送服务 FTP

FTP(File Transfer Protocol)即文件传输协议,是因特网提供的基本服务。FTP 在 TCP/IP 体系结构中位于应用层。使用 FTP 可以在因特网上将文件从一台计算机传送到另一台计算机,并且文件的类型不限,可以是文本文件,也可以是二进制可执行文件、声音文件、图像文件、数据压缩文件等。不管这两台计算机位置相距多远,使用的是什么操作系统,也不管它们通过什么方式接入因特网,FTP 都可以实现因特网上两个站点之间文件的传输。

FTP 使用 C/S 模式工作,一般在本地计算机上运行 FTP 客户端软件,由这个客户端软件实现与因特网上 FTP 服务器之间的通信。在 FTP 服务器上,运行着 FTP 服务器程序,它负责为客户端提供文件的上传、下载等服务。FTP 在客户端与服务器之间建立了两个连接:控制连接和数据传输连接。控制连接用于传送客户端与服务器间的命令以及相应的回送信息,数据传输连接用于客户端与服务器之间的数据交换。

在 FTP 服务器程序允许客户进入 FTP 站点并下载文件之前,必须使用一个 FTP 账号和密码进行登录,一般专有的 FTP 站点只允许使用特许的账号和密码登录。还有一些 FTP 站点允许任何人进入,但是客户也必须输入账号和密码,这种情况下,通常可以使用 anonymous 作为账号,使用客户的电子邮件地址作为密码即可,这种 FTP 站点被称为匿名 FTP 站点。

4. 电子出版物

电子出版物是指能够在计算机上阅读的刊物,包括图书(book)、文学作品

(litergwork)、杂志(magazine)、期刊(journal)等。在 Internet 上有许多电子出版物,这些刊物主要来源于各大学的图书馆以及专门的电子刊物出版组织。Internet 上的电子刊物大部分是文本文件,用户可以方便地阅读并下载到自己的计算机中。

5. 网络新闻

网络新闻系统是由新闻稿(article)、新闻组(news group)、新闻服务器及新闻阅读软件组成的。新闻组和新闻稿统称为网络新闻(usenet),网络新闻存放在新闻服务器中;新闻阅读软件安装在用户计算机上。在 Internet 上有许多新闻服务器,它们之间可以根据一定的协议交流新闻稿。整个网络新闻系统是一个整体,用户在使用时只要与一台新闻服务器连接,就可以阅读网络新闻。在网络新闻中,新闻稿是指一条消息、一个课题或一份报告。

6. IP 电话和 VoIP

IP 电话是指在 IP 网上通过 TCP/IP 实时传输语音信息的应用。它采用了压缩编码及统计复用等技术,把普通电话的模拟信号转换成可由 Internet 传输的 IP 数据报。基于 Internet 的实时语音通信,是目前 Internet 技术应用的一个重大发展方向,通过 IP 网络,传输商业质量的语音/传真,已经开始冲击到传统的电话业务,特别是国际长途业务。VoIP 即 Voice Over IP,是指应用于 IP 网络上实现话音及传真信号传输的一门全新的集成业务数据网络技术。

7. 流媒体

流媒体是指采用流式传输的方式在因特网上播放的媒体格式。流式传输时,音频和视频文件由流媒体服务器向用户计算机连续、实时地传送。用户不必等到整个文件全部下载完毕,而只需要经过很短时间的启动延时即可进行观看,即"边下载边播放",这样当下载的一部分播放时,后台也在不断下载文件的剩余部分。实现流媒体需要两个条件:合适的传输协议和缓存。使用缓存的目的是消除延时和抖动的影响,以保证数据报顺序正确,从而使媒体数据能够顺序输出。流媒体方式不仅使播放延时大大缩短,而且不需要本地硬盘留有太大的缓存容量,避免了用户必须等待整个文件全部从因特网上下载完成之后才能播放观看的缺点。因特网的迅猛发展、多媒体的普及都为流媒体业务创造了广阔的市场前景,流媒体日益流行。如今,流媒体技术已广泛应用于多媒体新闻发布、在线直播、网络广告、电子商务、视频点播、远程教育、远程医疗、网络电台、实时视频会议等方方面面。

目前的流媒体格式有很多,如 asf、rna、ra、mpg、flv 等,不同格式的流媒体文件需要不同的播放软件来播放。常见的流媒体播放软件有 RealNetworks 公司出品的 RealPlayer、微软公司的 Media Player、苹果公司的 QuickTime 和 Macromedia 的 Shockwave Flash 技术。

6.5　计算机网络安全

6.5.1　计算机网络安全的概述

1. 计算机网络安全的概念

计算机网络安全涉及计算机科学、网络技术、通信技术、密码技术、信息安全技术、应用数学、数论、信息论等多种学科。

网络安全从其本质上来讲就是网络上的信息安全，是指网络系统的硬件、软件及其系统中的数据受到保护，不受偶然的或者恶意的原因而遭到破坏、更改、泄露，系统连续可靠正常地运行，网络服务不中断。从广义上来说，凡是涉及网络上信息的保密性、完整性、可用性、真实性和可控性的相关技术和理论都是网络安全所要研究的领域。网络安全涉及的内容既有技术方面的问题，也有管理方面的问题，两方面相互补充，缺一不可。

技术方面主要侧重于防范外部非法用户的攻击，管理方面则侧重于内部人为因素的管理。如何更有效地保护重要的信息数据、提高计算机网络系统的安全性已经成为所有计算机网络应用必须考虑和必须解决的一个重要问题。

2. 网络安全的内容

计算机网络安全问题实际上包括两方面的内容：一是网络的系统安全；二是网络的信息安全。

概括起来讲，网络安全就是通过计算机技术、通信技术、密码技术和安全技术保护在公用网络中存储、交换和传输的信息的可靠性、可用性、保密性、完整性和不可抵赖性的技术。

从技术角度看，网络安全的内容包括 4 个方面。

(1) 网络实体安全：如机房的物理条件、物理环境及设施的安全标准，计算机硬件、附属设备及网络传输线路的安装及配置等。

(2) 软件安全：如保护网络系统不被非法侵入，系统软件与应用软件不被非法复制、篡改、不受病毒的侵害等。

(3) 网络数据安全：如保护网络信息的数据不被非法存取，保护其完整一致等。

(4) 网络安全管理：如运行时突发事件的安全处理等，包括采取计算机安全技术、建立安全管理制度、开展安全审计、进行风险分析等内容。

3. 计算机网络面临的威胁

计算机网络面临的威胁大体可分为两种：一是对网络中信息的威胁；二是对网络中设备的威胁。影响计算机网络的因素很多，有些因素可能是有意的，也可能是无意的；可能是人为的，也可能是非人为的；可能是外来黑客对网络系统资源的非法使用。归结起来，针对网络安全的威胁主要有 3 种。

1）人为的无意失误

如操作员安全配置不当造成的安全漏洞,用户安全意识不强,用户口令选择不慎,用户将自己的账号随意转借他人或与别人共享等都会对网络安全带来威胁。

2）人为的恶意攻击

这是计算机网络所面临的最大威胁,恶意的攻击和计算机犯罪就属于这一类。此类攻击又可以分为以下两种：一种是主动攻击,它以各种方式有选择地破坏信息的有效性和完整性;另一类是被动攻击,它是在不影响网络正常工作的情况下,进行截获、窃取、破译以获得重要机密信息。这两种攻击均可对计算机网络造成极大的危害,并导致机密数据的泄露。

3）网络软件的漏洞和“后门”

网络软件不可能是百分之百的无缺陷和无漏洞的,然而,这些漏洞和缺陷恰恰是黑客进行攻击的首选目标,曾经出现过的黑客攻入网络内部的事件,这些事件的大部分就是因为安全措施不完善所招致的苦果。另外,软件的“后门”都是软件公司的设计编程人员为了方便而设置的,一般不为外人所知,但一旦“后门”洞开,其造成的后果将不堪设想。

6.5.2 黑客及防御策略

1. 黑客

黑客一词,源于英文 Hacker,原意为热衷于计算机程序的设计者,指对于任何计算机操作系统的奥秘都有强烈兴趣的人。现在“黑客”一词在信息安全范畴内的普遍含义是特指对计算机系统的非法侵入者。黑客犯罪是指个别人利用计算机高科技手段,盗取密码侵入他人计算机网络,非法获得信息、盗用特权等,如非法转移银行资金、盗用他人银行账号购物等。随着网络经济的发展和电子商务的展开,严防黑客入侵、切实保障网络交易的安全,不仅关系到个人的资金安全、商家的货物安全,还关系到国家的经济安全、国家经济秩序的稳定问题。因此,各级组织和部门必须给予高度重视。

2. 常见的黑客攻击方法

信息收集是突破网络系统的第一步,有了第一步的信息搜集,黑客就可以采取进一步的攻击方法。

1）口令攻击

对付口令攻击的有效手段是加强口令管理,选取特殊的不容易猜测的口令,口令长度不要少于 8 个字符。

2）拒绝服务攻击

拒绝服务攻击是指占据了大量的系统资源,没有剩余的资源给其他用户,系统不能为其他用户提供正常的服务。

有两种类型的拒绝服务攻击：第一种攻击试图去破坏或者毁坏资源,使得无人可以使用这个资源;第二种攻击是过载一些系统服务,或者消耗一些资源,这样阻止其他用户使用这些服务。

3）网络监听

网络监听工具是黑客们常用的一类工具。使用这种工具，可以监视网络的状态、数据流动情况以及网络上传输的信息。网络监听可以在网上的任何一个位置，如局域网中的一台主机、网关上，路由设备或交换设备上或远程网的调制解调器之间等。黑客们用得最多的是通过监听截获用户的口令。

4）缓冲区溢出

缓冲区溢出是一个非常普遍、非常危险的漏洞，在各种操作系统、应用软件中广泛存在。产生缓冲区溢出的根本原因在于，将一个超过缓冲区长度的字串复制到缓冲区。溢出带了两种后果：一是过长的字串覆盖了相邻的存储单元，引起程序运行失败，严重的可引起死机、系统重新启动等后果；二是利用这种漏洞可以执行任意指令，甚至可以取得系统特权，在 UNIX 系统中，利用 SUID 程序中存在的这种错误，使用一类精心编写的程序，可以很轻易地取得系统的超级用户权限。

5）电子邮件攻击

电子邮件系统面临着巨大的安全风险，它不但要遭受前面所述的许多攻击，如恶意入侵者破坏系统文件，或者对端口 25（默认为 SMTP 口）进行 SYN-Flood 攻击，它们还容易成为某些专门面向邮件攻击的目标。

（1）窃取/篡改数据：通过监听数据报或者截取正在传输的信息，攻击者能够读取数据，甚至修改数据。

（2）伪造邮件：发送方黑客伪造电子邮件，使它们看起来似乎发自某人/某地。

（3）拒绝服务（Denial of Service，DoS）：黑客可以让系统或者网络充斥邮件信息（即邮件炸弹攻击）而瘫痪。这些邮件信息塞满队列，占用宝贵的 CPU 资源和网络带宽，甚至让邮件服务器完全瘫痪。

（4）病毒：现代电子邮件可以使得传输文件附件更加容易。如果用户毫不提防地去打开文件附件，病毒就会感染他们的系统。

6）其他攻击方法

其他攻击方法主要是利用一些程序进行攻击，如后门、程序中有逻辑炸弹和时间炸弹、病毒、蠕虫、特洛伊木马程序等。陷门（trap door）和后门（back door）是一段非法的操作系统程序，其目的是为闯入者提供后门。逻辑炸弹和时间炸弹是当满足某个条件或到预定的时间时发作，破坏计算机系统。

3. 黑客防御

下面介绍几种防御黑客入侵的方法。

1）实体安全防范

包括控制机房、网络服务器、线路和主机等的安全隐患可能受到智能化犯罪分子的青睐。那么，加强对于实体安全的检查和监护是银行及证券交易所的网络维护的首要和必备措施。除了做好环境的安全保卫工作以外，更主要的是对系统进行全天候的动态监控。

2）基础安全防范

首先，加强授权认证。防止黑客和非法使用者进入网络并访问信息资源，为特许用户提供符合身份的访问权限并且有效地控制这种权限。

其次,对数据和信息传输进行加密。利用加密技术可以解决以下一些环节上的安全问题:钥匙管理和权威部门的钥匙分发工作、保证信息的完整性、数据加密传输、密钥解读和数据存储加密等。

最后,设置防火墙。通常网络采用防火墙的主要目的是对系统外部(一定的空间时间)范围内的访问者实施隔离。

3) 内部安全防范和内部防范机制

内部安全防范主要是预防和制止内部信息资源或数据的泄露,防止攻击者从内部把"堡垒"攻破。该机制的主要作用如下。

(1) 防止和预防内部人员的越权访问。

(2) 保护用户信息资源的安全。

(3) 对网内所有级别的用户实时监测并监督用户。

(4) 全天候动态检测和报警功能。

(5) 提供详尽的访问审计功能。

6.5.3 防火墙

1. 防火墙的概念

所谓防火墙(firewall),是指在两个网络之间加强访问控制的一整套装置,通常是软件和硬件的组合体。或者说,防火墙是用来在一个可信网络(如内部网)与一个不可信网络(如外部网)间起保护作用的一整套装置,在内部网和外部网之间的界面上构造一个保护层,它强制所有的访问或连接都必须经过这一保护层,按照一定的安全策略在此进行检查和连接,只有被授权的通信才能通过此保护层,从而保护内部网资源免遭非法入侵,并监视网络运行状态,实现了对计算机的保护功能。

防火墙属于网络层安全技术范畴。负责网络间的安全认证与传输,但随着网络安全技术的整体发展和网络应用的不断变化,现代防火墙技术已经逐步走向网络层之外的其他安全层次,不仅要完成传统防火墙的过滤任务,同时还能为各种网络应用提供相应的安全服务。另外还有多种防火墙产品正朝着数据安全与用户认证、防止病毒与黑客侵入等方向发展。

2. 防火墙的功能

(1) 访问控制——对内部与外部、内部不同部门之间实行隔离。

(2) 授权认证——授权并对不同用户访问权限隔离。

(3) 安全检查——对流入网络内部的信息流进行检查或过滤,防止病毒和恶意攻击的干扰破坏(安全隔离)。

(4) 加密——提供防火墙与移动用户之间在信息传输方面的安全保证,同时也保证防火墙与防火墙之间的信息安全。

(5) 对网络资源实施不同的安全对策,提供多层次和多级别的安全保护。

（6）集中管理和监督用户的访问。

（7）报警功能和监督记录。

习题

1. 在互联网上浏览网页。

（1）在地址栏输入任意主页地址。

（2）在主页上单击要浏览的页面标签。

（3）在页面上单击要查找的内容的超链接。

（4）打开页面后，单击“设置”→“文件”菜单中的“另存为”命令。

（5）选择保存位置和保存类型，输入文件名后，单击“确定”按钮。

按照上述步骤，浏览自己所在学校的网页，把有关学校介绍的网页保存起来，保存的文件格式为“文本文件”。

2. 利用 Outlook，同时向下列两个 E-mail 地址发送一个电子邮件（注：不准用抄送），并将指定文件夹下的一个 Word 文档作为附件一起发出。具体内容如下。

【收件人】Sujy@bj163.com 和 Gouhj@263.net.cn

【主题】会计报表

【函件内容】“发去一个，具体见附件”。

【注意】“格式”菜单中的“编码”命令中用“简体中文(GB2312)”项。邮件发送格式为“多信息文本(HTML)”。

3. 利用 Outlook，向教务处张晓丽老师发送一封电子邮件，并将 C 盘根目录下的一个 Word 文档 chengji.doc 作为附件一起发出，同时抄送给科研部王先生。具体内容如下。

【收件人】zhangxl@163.com【抄送】wangqiang@sina.com

【主题】毕业设计成绩统计表

【内容】“发去全年毕业班毕业设计成绩统计表，请审阅。具体统计见附件。”

【注意】“格式”菜单中的“编码”命令中用“简体中文(GB2312)”项。邮件发送格式为“多信息文本(HTML)”。

4. 申请一个免费的电子邮箱，给同学发送电子邮件。学会在平时的学习中使用 E-mail 进行交流。

5. 利用百度或谷歌等搜索引擎查找：目前网络提供的搜索引擎的种类。

附录A

等级考试模拟练习题

第1章 选择题

1. 第二代电子计算机使用的电子器件是(　　)。

A. 电子管　　B. 晶体管
C. 集成电路　　D. 超大规模集成电路

2. 目前,制造计算机所用的电子器件是(　　)。

A. 电子管　　B. 晶体管
C. 集成电路　　D. 超大规模集成电路

3. 计算机病毒是指(　　)。

A. 带细菌的磁盘　　B. 已损坏的磁盘
C. 具有破坏性的特制程序　　D. 被破坏的程序

4. 将十进制数 97 转换成无符号二进制整数等于(　　)。

A. 1011111　　B. 1100001　　C. 1101111　　D. 1100011

5. 与十六进制数 AB 等值的十进制数是(　　)。

A. 171　　B. 173　　C. 175　　D. 177

6. 与二进制数 101101 等值的十六进制数是(　　)。

A. 1D　　B. 2C　　C. 2D　　D. 2E

7. 设汉字点阵为 32×32,那么 100 个汉字的字形状信息所占用的字节数是(　　)。

A. 12800　　B. 3200　　C. 32×3200　　D. 128 K

8. 大写字母 B 的 ASCII 码值是(　　)。

A. 65　　B. 66　　C. 41H　　D. 97

9. 计算机中所有信息的存储都采用(　　)。

A. 十进制　　B. 十六进制　　C. ASCII 码　　D. 二进制

10. 标准 ASCII 码的码长是(　　)。

A. 7　　B. 8　　C. 12　　D. 16

11. 一个完整的计算机系统包括(　　)。

A. 计算机及其外部设备　　B. 主机、键盘、显示器
C. 系统软件和应用软件　　D. 硬件系统和软件系统

12. 组成中央处理器(CPU)的主要部件是(　　)。
A. 控制器和内存　　B. 运算器和内存
C. 控制器和寄存器　　D. 运算器和控制器
13. 计算机的内存储器是指(　　)。
A. RAM 和 C 磁盘　　B. ROM
C. ROM 和 RAM　　D. 硬盘和控制器
14. 下列各类存储器中,断电后其中信息会丢失的是(　　)。
A. RAM　　B. ROM　　C. 硬盘　　D. 光盘
15. 计算机能够直接识别和执行的语言是(　　)。
A. 汇编语言　　B. 自然语言　　C. 机器语言　　D. 高级语言
16. 将高级语言源程序翻译成目标程序,完成这种翻译过程的程序是(　　)。
A. 汇编程序　　B. 编辑程序　　C. 解释程序　　D. 编译程序
17. 运算器的完整功能是进行(　　)。
A. 逻辑运算　　B. 算术运算和逻辑运算
C. 算术运算　　D. 逻辑运算和微积分运算
18. 下列不能用作存储容量单位的是(　　)。
A. Byte　　B. MIPS　　C. KB　　D. GB
19. 下列叙述中,正确的是(　　)。
A. 激光打印机属于击打式打印机
B. CAI 软件属于系统软件
C. 就存取速度而论,优盘比硬盘快,硬盘比内存快
D. 计算机的运算速度可以用 MIPS 来表示
20. 下列描述中不正确的是(　　)。
A. 多媒体技术最主要的两个特点是集成性和交互性
B. 所有计算机的字长都是固定不变的,都是 8 位
C. 计算机的存储容量是计算机的性能指标之一
D. 各种高级语言的编译系统都属于系统软件
21. 计算机之所以按人们的意志自动进行工作,最直接的原因是因为采用了(　　)。
A. 二进制数制　　B. 高速电子元件
C. 存储程序控制　　D. 程序设计语言
22. 微型计算机主机的主要组成部分是(　　)。
A. 运算器和控制器　　B. CPU 和内存储器
C. CPU 和硬盘存储器　　D. CPU、内存储器和硬盘
23. 世界上公认的第一台电子计算机诞生的年代是(　　)。
A. 20 世纪 30 年代　　B. 20 世纪 40 年代
C. 20 世纪 80 年代　　D. 20 世纪 90 年代
24. 无符号二进制整数 1011010 转换成十进制数是(　　)。
A. 88　　B. 90　　C. 92　　D. 93

25. 办公自动化(OA)是计算机的一项应用,按计算机应用的分类,它属于( )。

A. 科学计算　B. 辅助设计　C. 实时控制　D. 信息处理

26. 用高级程序设计语言编写的程序( )。

A. 计算机能直接运行　B. 可读性和可移植性好

C. 可读性差但执行效率高　D. 依赖于具体机器,不可移植

27. 在下列字符中,其 ASCII 码值最大的是( )。

A. 9　B. Z　C. d　D. X

28. 下列设备组中,完全属于输出设备的一组是( )。

A. 喷墨打印机、显示器、键盘　B. 键盘、鼠标器、扫描仪

C. 激光打印机、键盘、鼠标器　D. 打印机、绘图仪、显示器

29. 计算机存储器中,组成一字节的二进制位数是( )。

A. 4　B. 8　C. 26　D. 32

30. 计算机的系统总线是计算机各部件可传递信息的公共通道,它分为( )。

A. 数据总线和控制总线　B. 数据总线、控制总线和地址总线

C. 地址总线和数据总线　D. 地址总线和控制总线

31. 一个汉字的内码长度为 2 字节,其每字节的最高二进制位的值依次是( )。

A. 0,0　B. 0,1　C. 1,0　D. 1,1

32. 下列叙述中,正确的是( )。

A. 把数据从硬盘上传送到内存的操作称为输出

B. WPS Office 2010 是一个国产的操作系统

C. 扫描仪属于输出设备

D. 将高级语言编写的源程序转换成机器语言程序的程序叫编译程序

33. 十进制数 269 转换为十六进制数为( )。

A. 10E　B. 10D　C. 10C　D. 10B

34. 二进制数 1010.101 对应的十进制数是( )。

A. 11.33　B. 10.625　C. 12.755　D. 16.75

35. 计算机操作系统通常具有的五大功能是( )。

A. CPU 管理、显示器管理、键盘管理、打印管理和鼠标器管理

B. 硬盘管理、软盘驱动器管理、CPU 管理、显示器管理和键盘管理

C. 处理器(CPU)管理、存储管理、文件管理、设备管理和作业管理

D. 启动、打印、显示、文件存取和关机

36. 目前,度量中央处理器(CPU)时钟频率的单位是( )。

A. NIFS　B. GHz　C. GB　D. Mb/s

37. 下列各类计算机程序语言中,不属于高级程序设计语言的是( )。

A. Visual Basic　B. FORTRN 语言　C. Pascal 语言　D. 汇编语言

38. 在标准 ASCII 码表中,已知英文字母 K 的十进制码值是 75,英文字母 k 的十进制码值是( )。

A. 107　B. 101　C. 105　D. 103

39. 下列叙述中，正确的一条是(　　)。

A. Word 文档不会带计算机病毒

B. 计算机病毒具有自我复制的能力，能迅速扩散到其他程序上

C. 清除计算机病毒的最简单的办法是删除所有感染了病毒的文件

D. 计算机杀病毒软件可以查出和清除任何已知或未知的病毒

40. 目前市售的 USB Flash Disk(俗称 U 盘)是一种(　　)。

A. 输出设备　　B. 输入设备　　C. 存储设备　　D. 显示设备

41. 下列计算机技术词汇的英文缩写和中文名字对照中，错误的是(　　)。

A. CPU——中央处理器　　B. ALU——算术逻辑部件

C. CU——控制部件　　D. OS——输出服务

42. 对于 ASCII 码在机器中的表示，下列说法正确的是(　　)。

A. 使用 8 位二进制代码，最右边一位是 0

B. 使用 8 位二进制代码，最右边一位是 1

C. 使用 8 位二进制代码，最左边一位是 0

D. 使用 8 位二进制代码，最左边一位是 1

43. 一台计算机可能有多种多样的指令，这些指令的集合就是(　　)。

A. 指令系统　　B. 指令集合　　C. 指令群　　D. 指令包

44. 能把汇编语言源程序翻译成目标程序的程序称为(　　)。

A. 编译程序　　B. 解释程序　　C. 编辑程序　　D. 汇编程序

45. SRAM 存储器是(　　)。

A. 静态随机存储器　　B. 静态只读存储器

C. 动态随机存储器　　D. 动态只读存储器

46. RAM 具有的特点是(　　)。

A. 海量存储

B. 存储在其中的信息可以永久保存

C. 一旦断电，存储在其上的信息将全部丢失

D. 存储在其中的数据不能改写

47. 在微机的硬件设备中，既可以作为输出设备，又可以作为输入设备的是(　　)。

A. 绘图仪　　B. 扫描仪

C. 磁盘驱动器　　D. 手写笔

48. 计算机病毒可以使整个计算机瘫痪，危害极大。计算机病毒是(　　)。

A. 一种芯片　　B. 一段特制的程序

C. 一种生物病毒　　D. 一条命令

49. 下列关于计算机的叙述中，不正确的一条是(　　)。

A. 软件就是程序、关联数据和文档的总和

B. Alt 键又称为控制键

C. 断电后，信息会丢失的是 RAM

D. MIPS 是表示计算机运算速度的单位

50. 下列4种软件中属于应用软件的是(　　)。

A. BASIC解释程序　　B. 图书管理系统

C. UCDOS系统　　D. Pascal编译程序

51. 计算机软件系统包括(　　)。

A. 系统软件和应用软件　　B. 编译系统和应用系统

C. 数据库管理系统和数据库　　D. 程序、相应的数据和文档

52. 微型计算机中,控制器的基本功能是(　　)。

A. 进行算术和逻辑运算

B. 存储各种控制信息

C. 保持各种控制状态

D. 控制计算机各部件协调一致地工作

53. 计算机操作系统的作用是(　　)。

A. 管理计算机系统的全部软硬件资源,合理组织计算机的工作流程,以达到充分发挥计算机资源的效率,为用户提供使用计算机的友好界面

B. 对用户存储的文件进行管理,方便用户

C. 执行用户输入的各类命令

D. 为汉字操作系统提供运行基础

54. 下列各组设备中,完全属于外部设备的一组是(　　)。

A. 内存储器、磁盘和打印机　　B. CPU、软盘驱动器和RAM

C. CPU、显示器和键盘　　D. 硬盘、软盘驱动器、键盘

55. 五笔字型码输入法属于(　　)。

A. 音码输入法　　B. 形码输入法

C. 音形结合输入法　　D. 联想输入法

56. 一个GB2312编码字符集中的汉字的机内码长度是(　　)。

A. 32位　　B. 24位　　C. 16位　　D. 8位

57. 不属于ROM特点的是(　　)。

A. 断电后,存储在其内的数据将会丢失

B. 存储在其内的数据将永久保存

C. 用户只能读出数据

D. 用户不能随机写入数据

58. 一条计算机指令中,通常包含(　　)。

A. 数据和字符　　B. 操作码和操作数

C. 运算符和数据　　D. 被运算数和结果

59. KB(千字节)是度量存储器容量大小的常用单位之一,1KB实际等于(　　)。

A. 1000字节　　B. 1024字节

C. 1000个二进制位　　D. 1024个字

60. 计算机病毒破坏的主要对象是(　　)。

A. 磁盘片　　B. 磁盘驱动器　　C. CPU　　D. 程序和数据

61. 目前使用的杀毒软件的作用是(　　)。
A. 检查计算机是否感染病毒,清除已感染的任何病毒
B. 杜绝病毒对计算机的侵害
C. 检查计算机是否感染病毒,清除部分已感染的病毒
D. 查出已感染的任何病毒,清除部分已感染的病毒
62. 衡量计算机指令执行速度的指标是(　　)。
A. KB　　B. BAUD　　C. MIPS　　D. VGA
63. 下列叙述中,正确的是(　　)。
A. 存储在任何存储器中的信息,断电后都不会丢失
B. 操作系统是只对硬盘进行管理的程序
C. 硬盘装在主机箱内,因此硬盘属于主存
D. 磁盘驱动器属于外部设备
64. 在下列各种编码中,每个字符最高位均是1的是(　　)。
A. 外码　　B. 汉字机内码　　C. 汉字国标码　　D. ASCII码
65. 在下列各种编码中,属于汉字字形编码的是(　　)。
A. 全拼编码　　B. 汉字机内码　　C. 五笔字型码　　D. ASCII码
66. ASCII码可表示的最大值为(　　)。
A. 126　　B. 127　　C. 128　　D. 129
67. 在微型计算机中,字符的编码方式是(　　)。
A. 西文码　　B. ASCII码　　C. 国标码　　D. 机内码
68. 下面不属于计算机病毒特点的是(　　)。
A. 传染性　　B. 破坏性　　C. 免疫性　　D. 隐藏性

第6章　选择题

1. 一台微型计算机要与局域网连接,必须安装的硬件是(　　)。
A. 集线器　　B. 网关　　C. 网卡　　D. 路由器
2. 域名 MH.BIT.EDU.CN 中主机名是(　　)。
A. MH　　B. EDU　　C. CN　　D. BIT
3. 正确的IP地址是(　　)。
A. 202.112.111.1　　B. 202.2.2.2.2
C. 202.202.1　　D. 202.257.14.13
4. 下列关于电子邮件的说法,正确的是(　　)。
A. 收件人必须有E-mail地址,发件人可以没有E-mail地址
B. 发件人必须有E-mail地址,收件人可以没有E-mail地址
C. 发件人和收件人都必须有E-mail地址
D. 发件人必须知道收件人住址的邮政编码
5. 某人的电子邮件到达时,若他的计算机没有开机,则邮件(　　)。

A. 退回给发件人　　B. 开机时对方重发
C. 该邮件丢失　　D. 存放在服务商的 E-mail 服务器

6. 在下列网络的传输介质中,抗干扰能力最好的一个是(　　)。
A. 光缆　　B. 同轴电缆　　C. 双绞线　　D. 电话线

7. Modem 是计算机通过电话线接入 Internet 时所必需的硬件,它的功能是(　　)。
A. 只将数字信号转换为模拟信号　　B. 只将模拟信号转换为数字信号
C. 为了在上网的同时能打电话　　D. 将模拟信号和数字信号互相转换

8. 在计算机网络中,英文缩写 WAN 的中文名是(　　)。
A. 局域网　　B. 无线网　　C. 广域网　　D. 城域网

9. 在计算机网络中,英文缩写 LAN 的中文名是(　　)。
A. 局域网　　B. 无线网　　C. 广域网　　D. 城域网

10. Internet 实现了分布在世界各地的各类网络的互联,其最基础和核心的协议是(　　)。
A. HTTP　　B. TCP/IP　　C. HTML　　D. FTP

11. 下列域名中,表示教育机构的是(　　)。
A. ftp.Bta.net.cn　　B. ftp.cnc.ac.cn
C. www.ioa.ac.cn　　D. www.buaa.edu.cn

12. 计算机网络的目标是实现(　　)。
A. 数据处理　　B. 文献检索
C. 资源共享和信息传输　　D. 信息传输

13. 假设邮件服务器的地址是 email.bj163.com,则用户正确的电子邮箱地址的格式是(　　)。
A. 用户名#email.bj163.com　　B. 用户名@email.bj163.com
C. 用户名 email.bj163.com　　D. 用户名$email.bj163.com

14. Internet 网中不同网络和不同计算机相互通信的基础是(　　)。
A. ATM　　B. TCP/IP　　C. Novell　　D. X.25

15. http://www.online.sh.cn 是中国上海热线主页的(　　)。
A. 域名　　B. IP 地址
C. 统一资源定位器　　D. 文件名

16. 因特网中完成域名和 IP 地址转换的系统是(　　)。
A. POP　　B. DNS　　C. SLIP　　D. SMTP

17. 将发送端数字脉冲信号转换成模拟信号的过程称为(　　)。
A. 链路传输　　B. 调制　　C. 解调　　D. 数字信道传输

18. 不属于 TCP/IP 参考模型中的层次是(　　)。
A. 应用层　　B. 传输层　　C. 会话层　　D. 互联层

19. 实现局域网与广域网互联的主要设备是(　　)。
A. 交换机　　B. 集线器　　C. 网桥　　D. 路由器

20. 下列各项不能作为 IP 地址的是(　　)。

A. 10.2.8.112　　B. 202.205.17.33

C. 222.234.256.240　　D. 159.225.0.1

21. 下列各项不能作为域名的是(　　)。

A. WWW.cemet.edu.cn　　B. news.baidu.com

C. ftp.pku.edu.cn　　D. WWW,cba.gov.cn

22. IE 浏览器收藏夹的作用是(　　)。

A. 收集感兴趣的页面地址　　B. 记忆感兴趣的页面内容

C. 收集感兴趣的文件内容　　D. 收集感兴趣的文件名

23. 关于电子邮件,下列说法中错误的是(　　)。

A. 发件人必须有自己的 E-mail 账户

B. 必须知道收件人的 E-mail 地址

C. 收件人必须有自己的邮政编码

D. 可以使用 Outlook Express 管理联系人信息

24. 关于使用 FTP 下载文件,下列说法中错误的是(　　)。

A. FTP 即文件传输协议

B. 登录 FTP 不需要账户和密码

C. 可以使用专用的 FTP 客户端下载文件

D. FTP 使用客户机/服务器模式工作

25. 无线网络相对于有线网络来说,它的优点是(　　)。

A. 传输速度更快,误码率更低　　B. 设备费用低廉

C. 网络安全性好,可靠性高　　D. 组网安装简单,维护方便

26. 关于流媒体技术,下列说法中错误的是(　　)。

A. 流媒体技术可以实现边下载边播放

B. 媒体文件全部下载完成才可以播放

C. 流媒体可用于远程教育、在线直播等方面

D. 流媒体格式包括 asf、rm、ra 等

27. 以下说法中,正确的是(　　)。

A. 域名服务器(DNS)中存放 Internet 主机的 IP 地址

B. 域名服务器(DNS)中存放 Internet 主机的域名

C. 域名服务器(DNS)中存放 Internet 主机的域名与 IP 地址对照表

D. 域名服务器(DNS)中存放 Internet 主机的电子邮箱地址

28. 以下关于 TCP 特点的描述中,错误的是(　　)。

A. TCP 是一种可靠的面向连接的协议

B. TCP 可以将源主机的字节流无差错地传送到目的主机

C. TCP 将网络层的字节流分成多个字节段

D. TCP 具有流量控制功能

29. 以下对拓扑的描述正确的是(　　)。

A. 为了进行通信而将计算机、打印机和其他一些设备进行连接

B. 企业网络结构中网络节点和介质的网络布局

C. 一种预防数据包冲突的网络类型

D. 减少网络瓶颈和网络拥塞而对网络流量进行过滤的一种方法

30. 以(　　)为代表,标志着我们目前常称的计算机网络的兴起。

A. Internet　　B. NetWare　　C. ARPA 网　　D. IBM 网

参考答案

第 1 章　选择题参考答案

1. B	2. D	3. C	4. B	5. A	6. C	7. A	8. B	9. D	10. A
11. D	12. D	13. C	14. A	15. C	16. D	17. B	18. B	19. D	20. B
21. C	22. B	23. B	24. B	25. D	26. B	27. C	28. D	29. B	30. B
31. D	32. D	33. C	34. B	35. C	36. B	37. D	38. A	39. B	40. C
41. D	42. C	43. A	44. A	45. A	46. C	47. C	48. B	49. B	50. B
51. A	52. D	53. A	54. D	55. B	56. C	57. A	58. B	59. B	60. D
61. C	62. C	63. D	64. B	65. C	66. B	67. B	68. C		

第 6 章　选择题参考答案

1. C	2. A	3. A	4. C	5. D	6. A	7. D	8. C	9. A	10. B
11. D	12. C	13. B	14. B	15. C	16. B	17. B	18. C	19. D	20. C
21. D	22. A	23. C	24. B	25. D	26. B	27. C	28. C	29. B	30. C

参考文献

[1] 李秀. 计算机文化基础[M].5 版. 北京：清华大学出版社，2005.

[2] 杜茂康. 大学计算机基础[M]. 北京：清华大学出版社，2010.

[3] 陆丽娜. 计算机应用基础[M]. 西安：西安交通大学出版社，2011.

[4] 张高亮. 大学计算机基础教程[M]. 北京：清华大学出版社，2010.

[5] 候殿有. 计算机文化基础[M]. 北京：清华大学出版社，2010.

[6] 杨兰芳. 大学计算机应用基础[M]. 北京：北京邮电大学出版社，2009.

[7] 杨青. 大学计算机基础教程[M]. 北京：清华大学出版社，2010.

[8] 管会生. 大学计算机基础[M]. 北京：科学出版社，2009.

[9] 冯博琴. 计算机文化基础教程[M]. 北京：清华大学出版社，2010.

[10] 教育部考试中心. 全国计算机等级考试一级 MS Office 教程[M]. 天津：南开大学出版社，2011.

[11] 桂阳. 30 天通过全国计算机等级考试：一级 MS Office[M]. 北京：电子工业出版社，2011.

[12] 杨振山，龚沛曾. 大学计算机基础[M]. 4 版. 北京：高等教育出版社，2004.

[13] 刘瑞新. 计算机组装与维护[M]. 北京：机械工业出版社，2005.

[14] 林宗福. 多媒体技术基础[M]. 3 版. 北京：清华大学出版社，2009.

[15] 谢希仁. 计算机网络[M]. 4 版. 大连：大连理工大学出版社，2004.

[16] 褚建立. 计算机网络技术[M]. 北京：清华大学出版社，2009.

[17] 教育部考试中心. 全国计算机等级考试一级教程——计算机基础及 MS Office 应用（2016 年版）[M]. 北京：高等教育出版社，2015.

[18] 全国计算机等级考试研究中心. 全国计算机等级考试一级教程——MS Office[M]. 西安：西北工业大学出版社，2014.

[19] 马希荣. 计算机应用基础[M]. 北京：清华大学出版社，2013.

[20] 唐铸文. 计算机应用基础[M]. 6 版. 武汉：华中科技大学出版社，2014.

[21] 刘云翔. 计算机应用基础[M]. 3 版. 北京：清华大学出版社，2011.